Versuche mit Menschen

in Medizin, Humanwissenschaft und Politik

W0227265

Herausgeber
Hanfried Helmchen · Rolf Winau

Beiträge von
Gerhard Baader · Hellmut Becker · Karl W. Deutsch · Rainer
Flöhl · Hanfried Helmchen · Gerd Koch · Fritz Krafft · Günter
A. Neuhaus · Günther Patzig · Hans-Ludwig Schreiber · Heinz
Schuler · Alexander Schwan · Karl Sperling · Manfred Stau-
ber · Elmar Weingarten · Rolf Winau

Walter de Gruyter · Berlin · New York 1986

Umschlagbild: Hans Gersdorff, Feldtbuch der Wundartzney, Straßburg 1517

CIP-Kurztitelaufnahme der Deutschen Bibliothek

**Versuche mit Menschen in Medizin, Humanwissenschaft und
Politik** / Hrsg. Hanfried Helmchen ; Rolf Winau. Beitr. von
Gerhard Baader ... — Berlin ; New York : de Gruyter, 1986.
    ISBN 3-11-010545-4
NE: Helmchen, Hanfried [Hrsg.]; Baader, Gerhard [Mitverf.]

Satz: Arthur Collignon GmbH, Berlin. — Druck: Druckerei Gerike
GmbH, Berlin. — Bindung: Dieter Mikolai, Berlin. — Umschlagent-
wurf: Rudolf Hübler, Berlin.

Inhalt

Hanfried Helmchen/Rolf Winau

Einführung

In einer Zeit, in der eine tiefe Skepsis gegenüber der Forschung ebenso wie ein ängstliches Gefühl von Ausgeliefertsein des Menschen an anonym-undurchschaubare Organisationen, z. B. „Die Bürokratie", „Das Parteien-System", „Die Medizin" oder auch „Das Krankenhaus", um sich greifen, erscheinen Gespräche über „Versuche mit Menschen" notwendig. Sie sind aber auch schwierig, da sie entweder tabuisiert oder mit besonderen, meist aversiven Gefühlen besetzt sind und vor allem auch, weil ausreichende Informationen über die Sachverhalte fehlen. Dementsprechend soll dieses Buch informieren über Voraussetzungen, Ziele und Methoden, über Nutzen und Risiken von Versuchen mit Menschen. Aufmerksamkeit wird auch auf die Folgen gelenkt, wenn solche Versuche nicht durchgeführt werden.

Über spezielle Sachverhalte des versuchsweisen Umganges mit Menschen in der Wissenschaft wie in der Politik öffentlich zu informieren und das Verständnis der Menschen dafür zu fördern, gehört zu der Verantwortung des Wissenschaftlers wie des Politikers (The public understanding of science. The Royal Society 1985). Es ist die Verantwortung für eine Bringeschuld gegenüber jenen, die — sei es über Steuern, sei es über Preise — dafür zahlen und mit den Folgen von Forschung und politischen Entscheidungen leben müssen. Hinzu kommt aber auch eine aufklärerische Absicht, die von der Hoffnung getragen wird, daß sich ein aufgeklärtes Publikum sachlicher und motivierter mit den Aufgaben und Pflichten, den Ansinnen und Forderungen der Forscher und Politiker auseinandersetzt. Gleichwohl unterscheidet sich die Einstellung des Wissenschaftlers zu den Medien der Öffentlichkeit offenbar von der des Politikers. Weniger gravierend ist, daß der Wissenschaftler

— zumindest in der Tradition unseres Landes — der öffentlichen Meinung viel weniger zu bedürfen meint als der Politiker, als vor allem, daß er seine Ergebnisse nur unvollkommen wiedergegeben sieht, wenn er sich des Journalisten als professionellen Mittlers zur Öffentlichkeit bedient. Eine „fundamentale Aussage der Informationstheorie, daß nämlich die Übermittlung einer Botschaft notwendig von einem gewissen Verlust der in ihr enthaltenen Information begleitet ist" (Monod 1971) scheint bei der öffentlichen Vermittlung von Wissenschaft besonders durchzuschlagen. Ein Grund mag darin liegen, daß sich wissenschaftliche und journalistische Methode wesentlich unterscheiden. Erstere ist eher rational sachlich, detailliert, vorsichtig, und ihr begrifflich präziser Ausdruck wirkt nicht selten trocken, umständlich und vor allem fachsprachlich unverständlich, während letztere dazu tendiert, Einzelheiten wegzulassen und sich einer griffig-klaren, anschaulichen Sprache mit stärkerem Assoziations- und Gefühlsgehalt zu bedienen. Unkontrollierte Vereinfachung kann indessen zur Verzerrung der Information führen, zumal wenn der Journalist seine unterschiedlichen Aufgaben wie etwa Sachinformation, kritische Analyse, Meinungsäußerung, Unterhaltung unerkennbar vermischt. Es ist die Pflicht des Wissenschaftlers, seiner Verantwortung zur öffentlichen Aufklärung nachzukommen und es ist die Verantwortung des Journalisten, professionell seriös zu arbeiten und die Folgen zu bedenken, ganz besonders, wenn es um Versuche mit Menschen geht. Die sensationelle Darstellung vermeintlicher „wissenschaftlicher Durchbrüche", z. B. in der Behandlung schwerer Krankheiten, vermag ebenso unbegründete Erwartungen zu wecken wie eine übertriebene oder gar denunziatorische Darstellung, etwa von Risiken einer medikamentösen Therapie, behandlungsbedürftigen Kranken jegliche Hoffnung nehmen und einen Selbstmord derselben provozieren kann (Helmchen und Degkwitz 1979, Royal Society 1985).

Mindestens ebenso bedeutungsvoll sind aber tiefer greifende Fragen, die an zwei Beispielen erläutert seien:

1. Das ethische Dilemma der vornehmlich in der Sozialpsychologie entwickelten verdeckten oder gar der teilnehmend ver-

deckten Beobachtung besteht darin, in durch zwischenmensch-
liches Vertrauen geschützte persönliche Bereiche einzudringen
oder gar Vertrauen zu mißbrauchen und zu täuschen, um
der Erkenntnis bestimmter sozialer Sachverhalte willen, deren
Aufklärung anders nicht möglich, aber wichtig erscheint. Weingarten hat dies am Beispiel der teilnehmend verdeckten Beobachtung des dringend korrekturbedürftigen Pflegerverhaltens
in einer psychiatrischen Abteilung aufgezeigt. In der Diskussion dazu wurde einerseits darauf hingewiesen, daß das gleiche
Ergebnis, aber in unbedenklicher Weise, erreicht worden wäre,
wenn die Dienstaufsicht ihrer Verantwortung nachgekommen
wäre. Andererseits aber wurde versucht, die Bedenken gegen
die verdeckte Beobachtung mit dem Argument auszuräumen,
daß ein Krankenhaus eine öffentliche Einrichtung sei, dementsprechend öffentlicher Kontrolle unterliegen müsse und auch
die verdeckte Beobachtung eine Form dieser Kontrolle sei. Die
Bedenkenlosigkeit gegenüber der Veröffentlichung aus sehr
persönlichen Bereichen, man könnte auch an die Fernseh-
Shows mit der verdeckten Kamera denken, verwundert sehr,
da doch die Öffentlichkeit gleichzeitig auf das Abhören von
Telefonen oder mit Wanzen mit Recht höchst allergisch rea-
giert.

Welche Gefahren hier einem Journalismus drohen, dessen Mittel den Zweck verderben, vermutete oder auch tatsächliche
Sünden aufzudecken und ins Bild zu setzen, zeigen beispielsweise Fernsehaufnahmen von Patienten psychiatrischer Einrichtungen, in denen einwilligungsunfähige Kranke unzulässi-
gerweise in Arzneimittelprüfungen einbezogen worden sein
sollen, ohne daß auch nur ein Wort darüber verloren wird, ob
die im Fernsehen gezeigten Kranken einwilligungsfähig sind
und in die Fernsehaufnahmen eingewilligt haben.

2. Abgesehen von der ethischen Fragwürdigkeit solchen Verfahrens stärkt es auch nicht gerade die Überzeugungskraft und
das Vertrauen in die kritische Kontrollfunktion des Journalismus. Wie wichtig deren Funktionieren aber wäre, illustrierte
Rosemeier mit dem Hinweis auf die publizistische Aufarbeitung der Milgram-Experimente (siehe Beitrag Schuler). Die

öffentliche Diskussion sei so sehr von dem erschreckenden
Forschungsergebnis der hohen Manipulierbarkeit des durch-
schnittlichen Bürgers beherrscht worden, daß ein kritischer
Blick auf die Fragwürdigkeit des Forschungsverfahrens selbst
gar nicht mehr möglich war.

Die Beiträge dieses Bandes machen deutlich, daß Inhalt, Bedeutung und Grenzen von Versuchen mit Menschen schwierig
zu bestimmen sind. Das zeigt auch die historische Analyse des
strengen Begriffs des Versuches, wie er sich in den modernen
Wissenschaften als experimentelles Verfahren entwickelt hat,
das auf Erkenntnisgewinn zielt und unter kontrollierten Bedingungen abläuft. Krafft relativiert die Bedeutung des Experiments, indem er zeigt, daß Fragestellung, Wahl des Beobach-
tungsgegenstandes und seine Eingrenzung im Beobachtungs-
feld, Verfügbarkeit über Beobachtungsmethoden, Wahrnehmung und Interpretation des Beobachteten vom jeweiligen
„historischen Erfahrungsraum" des Forschers abhängen. Damit meint er auch die zeitgeschichtlich-epochale Dominanz
von Erkenntnisideen wie der mathematischen Auffassung der
Natur durch Newton gegenüber der mechanischen Naturauf-
fassung von Descartes oder der Frage des Aristoteles nach
dem Warum von Naturvorgängen gegenüber der Frage des
Galilei nach deren Wie. Und er stellt die Frage, ob das aus
der klassischen Physik entwickelte Experiment im engeren
Sinne, definiert durch reduktionistische Kontrolle der Kontextvariablen, systematische Variation der intervenierenden Variablen, und Wiederholbarkeit, auf biologische oder gesellschaftliche Phänomene überhaupt erkenntnisfördernd anwendbar sei. Denn selbst in der Physik werde es weder der
Komplexität des Erfahrungsgegenstandes gerecht, die diesem,
obwohl unbelebt, eine gleichsam organische Qualität gibt,
noch sei das Experiment weder das einzige oder auch nur
ein eindeutiges Erfahrungsmittel. Diese Analyse zwingt den
Humanwissenschaftler, d. h. den Wissenschaftler, der um des
Erkenntniszuwachses über den Menschen willen mit diesem
wissenschaftlich umgeht, ihn also beforscht, einmal mehr zu
bedenken, ob es neben der Beobachtung und dem Experiment

noch andere wissenschaftliche Erfahrungsmittel gibt und weiterhin, ob der experimentelle Umgang mit Menschen jeweils problemadäquat ist und tatsächlich Erkenntnisgewinn fördert. Wenn nun aber das Experiment als Versuch im streng naturwissenschaftlichen Sinn gar nicht so streng, so eindeutig zu Ergebnissen führt, dann wäre die gleiche skeptische Reflexion auch vom Politiker zu erhoffen, wenn sich doch herausstellen sollte, daß zumindest einige Komponenten und Abhängigkeiten seines Handelns die gleichen wie in einem Experiment sind. Das gilt um so mehr, als der Wissenschaftler primär erkennen will und nur in diesem Zusammenhang, also sekundär, handelt, während der Politiker primär handeln und damit auf Menschen wirken muß und sich dabei allenfalls auch von wissenschaftlichen Erkenntnissen gelegentlich beeinflussen läßt. Dabei ist hier das politische Handeln selbst gemeint, keineswegs aber Handeln im Rahmen politikwissenschaftlichen Erkennenwollens. Es geht also nicht um die Frage, ob Humanexperimente auch Erfahrungsmittel der Politikwissenschaft sind, sondern um die Frage, ob bestimmte Elemente politischen Handelns bestimmten Formen des Humanexperimentes entsprechen.

Um dies deutlicher zu machen, um Unterschiede, Konvergenzen und Übereinstimmungen zwischen Politik und Wissenschaft herauszuarbeiten, werden über die Darstellung von Versuchen mit Menschen im engeren Sinn in der Medizin hinausgehende und der Kenntnis vom Menschen dienende wissenschaftliche Beobachtung, Beschreibung und Bewertung von Menschen und menschlichen Verhältnissen einbezogen, wie sie vornehmlich in der Psychologie, den Sozialwissenschaften und der Völkerkunde durchgeführt werden. Vor allem aber werden in einem dritten Abschnitt Beispiele politischen Handelns, bei denen gemeinhin nicht von einem Versuch gesprochen wird, daraufhin untersucht, inwieweit auch bei ihnen Elemente eines versuchsweisen Umganges mit Menschen erkennbar sind. Ziel ist, aus dem Vergleich von wissenschaftlichen Versuchen mit politischen Handlungen nicht nur die Ziele, Voraussetzungen und Durchführungsbedingungen der auf Erkenntnisgewinn zielenden wissenschaftlichen Versuche klarer zu machen, sondern auch Licht auf den Versuchscharakter vieler politischer Handlungen mit weitreichenden Konsequenzen für die betroffenen Menschen zu werfen.

Natürlich sind Wissenschaft und Politik voneinander so unterschieden wie Erkennen und Handeln. Immer wieder haben auch Wissenschaftler ebenso wie Politiker Wert auf ihre Unabhängigkeit vom jeweils anderen Bereich gelegt. So ist in dem von Max Weber und Georg Simmel initiierten sogenannten Werturteilsstreit immer wieder darauf verwiesen worden, daß, wer erkennen will, von parteilichen Wahrnehmungsverfälschungen frei sein muß und umgekehrt, daß wer handeln will, Partei ergreifen muß. In gleiche Richtung zielt das Argument, daß unverfälschte Erkenntnis nur ohne Rücksicht auf die Folgen derselben gewonnen werden kann, während politisches Handeln gerade im Hinblick auf angestrebte praktische Folgen politischer Entscheidungen geschieht. Wenn also Politik keine Wissenschaft ist, dann kann Politik auch nicht nach den Regeln eines Versuches der exakten (Natur-)Wissenschaften durchgeführt werden. Dazu sind die Gründe politischer Entscheidungen zu komplex, ihre Realisierung vom jeweilig unwiederholbaren historischen Kontext zu abhängig, ihre Folgen wegen unzureichender Indikatoren (denen es — wissenschaftlich gesprochen — an Reliabilität und Validität mangelt), und wegen unüberschaubarer Langfristigkeit unkontrollierbar. Wissenschaftliche Versuche sind dagegen konkreter, kurzfristiger, wiederholbarer und durch Standardisierung der Kontextvariablen kontrollierbarer. Deshalb sind sie auch konkreter, rationaler und direkter angreifbar. Hinzu kommt, daß die Zielvorstellungen des Politikers wohl kaum von Neugier, Erkenntniswillen und rationaler Distanz des Wissenschaftlers, sondern eher von Entscheidungsbedarf, Gestaltungswillen, Ideologie und emotionaler Umsetzbarkeit bestimmt werden.

Diese eindeutige Unterscheidung zwischen Erkennen und Handeln scheint nun aber an Deutlichkeit zu verlieren. Mit der Einführung des Experimentes, d. h. des kontrollierten Versuches zum Erkenntnisgewinn, hat das reine Erkennen in den empirischen bzw. den Regel-Wissenschaften einen immer stärker gewordenen Handlungsanteil gewonnen. Dieser reicht heute bis weit in den politischen Bereich hinein, wenn man etwa an die politischen Handlungen denkt, die erforderlich sind, um kernphysikalische Großforschungseinrichtungen wie z. B. CERN aufzubauen und damit wesentliche Arbeitsbedingungen für Grundlagenforschung zum Erkenntnisgewinn zu schaffen. Oder aber: Hinsichtlich der Komplexität, der Unwiederholbarkeit, der Langfristigkeit und schließlich der Konsequenzen für viele Menschen unterscheidet sich die Phase IV-Forschung zur genauen Bestimmung der Sicherheit und Wirksamkeit eines Arzneimittels nach Zulassung zum Markt wohl nicht wesentlich von vielen politischen Entscheidungen (und die Ergebnisse dieser Forschung begründen nicht selten politischen Handlungsbedarf). Wenn sich auch der Wissenschaftler auf die grundgesetzlich garantierte Forschungsfreiheit beruft, deren Wesen in erster Linie in der Freiheit der Themenwahl beruht (Westmäcker), so gilt dies heute wohl nur noch für kostenlose Forschung, während der Forscher im Hinblick auf die Finanzierung seiner Forschung, vor allem der Grundlagenforscher, sich zunehmend gedrängt fühlt, die gesellschaftliche Relevanz seiner Forschung zu bedenken oder zumindest dem Ansinnen Rechnung zu tragen, daß bereits die Grundlagenforschung auf bestimmte Anwendungen zu zielen habe (Maier-Leibnitz, Lübbe). Aber auch hinsichtlich der möglichen politischen Brauchbarkeit bzw. Mißbrauchbarkeit seiner Erkenntnisse kann sich der Wissenschaftler als Bürger zu politischem Handeln veranlaßt sehen, das bis zur Verweigerung von Forschung, etwa militärisch brauchbarer Forschung, gehen kann. Umgekehrt wird in ähnlicher Weise das Interesse des handelnden Politikers offenbar größer, wissenschaftliche Erkenntnisse in sein politisches Handeln einzubeziehen. Bisher allerdings scheinen die Politiker ihre Entscheidungen tatsächlich weniger auf wissenschaftliche Erkenntnis zu gründen als mit wissenschaftlichen Erkenntnissen ihre Entscheidungen gegenüber der Öffentlichkeit plausibel zu machen. Die willkürliche Auswahl wissenschaftlicher Einzelerkenntnisse zur Begründung seiner Entscheidung und damit ihre Alibifunktion bis hin zum Mißbrauch wird dem Politiker aber gelegentlich durch Wissenschaftler auch sehr leicht gemacht, wenn man nur an manche Experten-Hearings im Bundestag und anderen politischen Gremien denkt. Dies wiederum kann die politisch Handelnden nur darin bestärken, wissenschaftliche Erkenntnis als irrelevant für ihre Entscheidungen anzusehen.

Um all diese Aspekte des Verhältnisses von Wissenschaft zu Politik geht es hier aber nicht, sondern darum, ob wissenschaftliches und politisches Tun — zumindest einige — vergleichbare oder gar gleiche Elemente enthält, die dann auch zu für beide Bereiche gleichen Konsequenzen führen könnten oder vielleicht sogar müßten.

Empirisch kontrolliertes, wissenschaftliches Erkennenwollen ist ebenso wie politisches Handeln ein Versuch in der eigentlichen Wortbedeutung, indem es ein zielbestimmtes Handeln meint, das Chancen und Risiken enthält und dessen Ausgang offen ist. Das Ziel ist dabei wissenschaftlich Erkenntniszuwachs und politisch Verteidigung oder Veränderung von menschlichen Lebensbedingungen. Dementsprechend betrifft politisches Handeln immer Menschen, die Entscheidungen treffen, die sie umsetzen, und die ihre Folgen (er-)tragen müssen, während dies so umfassend für die Wissenschaften wohl nicht gilt, allenfalls für jene, deren Gegenstand der Mensch selbst ist und da sicher seltener bei den Historikern als bei den hier exemplifizierten Wissenschaften. In beiden Fällen aber zielt der um wissenschaftlicher Erkenntnis ebenso wie der um politischer Gestaltung willen mit Menschen umgehende Wissenschaftler bzw. Politiker über eben diese konkreten, individuellen Menschen hinaus auf Menschen schlechthin oder gar auf die Menschheit. Für beide, den Wissenschaftler wie den Politiker, stellt sich damit die Frage, ob und gegebenenfalls in welchem Umfang dieser Bezug auf darüber hinausweisende Ziele den direkten persönlichen zwischenmenschlichen Umgang verändert und ob es dafür Grenzen gibt.

Hängen die Grenzen von der Größe, dem Umfang und dem Wert (für wen?) sowie der Begründung und der Überzeugungskraft der Ziele ab (z. B. der Zulässigkeit des Massentodes im

„gerechten" Krieg zur Verteidigung sozialer Errungenschaften oder in jenem für die Freiheit), und/oder gibt es absolute Grenzen, wie z. B. im medizinischen Humanversuch die schwerwiegende oder irreversible Schädigung des Probanden, deren Überschreitung in jedem Fall moralisch und rechtlich unzulässig ist. Hat die zeitliche, räumliche und hinsichtlich der beteiligten Menschen zahlenmäßige Ausdehnung des wissenschaftlichen wie des politischen Versuches Bedeutung für die Begrenzbarkeit und Kontrollierbarkeit, aber auch für die Übersetzbarkeit und Gültigkeit seiner Ergebnisse bzw. Folgen? Werden manche wissenschaftlichen Versuche als Modell zu lebensfern und unverbindlich und manche politischen Versuche zu lebensverändernd und zu schnell als definitive Gestaltung angelegt? Beeinflußt die zeitliche, räumliche, zahlenmäßige Entfernung des Handelnden zum Betroffenen die menschliche Qualität der Durchführung wissenschaftlicher Versuche ebenso wie die Realisierung politischer Programme und Entscheidungen? Konnte die Bombe auf Hiroshima nur deswegen geworfen werden, weil die politische Entscheidung dazu jenseits des Meeres in einem anderen Land getroffen wurde und der Pilot die Menschen, die er tötete, nicht sah? Ist der zum Teil blutige europäische Regionalismus der letzten zwei Dekaden auch ein Hinweis darauf, daß die politischen Entscheidungszentralen von der Lebenswirklichkeit mancher Minderheiten zu weit entfernt sind? Deutsch spricht davon, daß hier der Selbstversuch in den Fremdversuch übergegangen sei. Hat eine große multizentrische Studie zum Vergleich verschiedener Behandlungsstrategien beim Brustkrebs der Frau deswegen kein klares Ergebnis gehabt, weil die Mehrzahl der beteiligten Ärzte die im Untersuchungsplan verlangte Zufallszuteilung angesichts der Nähe zum einzelnen Patienten nicht konsequent durchführte? Von welchem Punkt ab korrumpiert menschliche Nähe und Erfahrung eine Idee bis zur Ergebnislosigkeit eines wissenschaftlichen Versuches oder bis zu politischer Handlungsunfähigkeit? Ist dieser Punkt gleich jenem, an dem die wissenschaftliche oder politische Umsetzung einer Idee die Mitmenschlichkeit in Unmenschlichkeit verwandelt? Handelt es sich überhaupt um Punkte oder nicht doch viel eher um (Grau-)Zonen?

Klar ist seit Kant, daß der Menschen nicht Mittel, sondern Zweck ist und daß nach unserem Grundgesetz die Würde des Menschen es verbietet, ihn als Objekt zu behandeln. Letzteres erscheint ausgeschlossen, wenn auch der Betroffene als Subjekt selbstbestimmend handelt, sich beteiligt oder sich versagt. So klar diese Feststellungen sind, so fließend ist in der Lebenswirklichkeit jedoch der Übergang vom handelnden Subjekt zum behandelten Objekt, so wechselhaft und schillernd das Verhältnis von selbstbestimmten zu fremdbestimmten Anteilen menschlichen Handelns. Grenzpunkte für den Übergang von mitmenschlicher Begegnung zur Nutzung des Menschen für eine Idee — und sei sie das sehr menschliche Ideal der Humanitas —, sind nicht so leicht zu definieren und in der Vielfalt des Lebensalltages noch schwerer zu erkennen.

Alle Beiträge des Buches, sowohl jene aus den wissenschaftlichen wie auch jene anderen aus den politischen Erfahrungsbereichen, kreisen letztlich um zwei Fragen:

1. Was geht eigentlich dabei vor, wenn Menschen mit anderen Menschen nicht nur um ihrer selbst willen, z. B. als Mitmensch oder als Arzt mit seinem Patienten, sondern um eines über diesen anderen Menschen hinausgreifenden Zieles, z. B. um wissenschaftlicher Erkenntnis oder auch um politischer Notwendigkeit willen, umgehen?

2. Welche Wirkungen hat ein den genannten Zielsetzungen unterworfener Umgang des Menschen mit dem Menschen auf das „Menschenbild", auf die Auffassung vom Menschen, vom Anderen, vom Gegenüber, vom Mitmenschen, bei allen Beteiligten eines solchen wissenschaftlichen oder politischen Prozesses?

In der Formulierung „Versuche *mit* Menschen" soll der Doppelcharakter eines versuchsweisen Umganges mit Menschen deutlich werden: Zum einen ist der Mensch dabei ausgeliefertes Objekt, zum anderen aber auch handelndes Subjekt. Bei der Entfaltung des Themas in verschiedene Bereiche hinein und an unterschiedlichen Beispielen ist dieser Doppelaspekt eine Leitlinie, z. B. hinsichtlich der Verantwortung dessen, der Versuche macht oder politische Entscheidungen trifft, ebenso wie zur Motivation dessen, der an Versuchen als Versuchsperson oder als Bürger am gesellschaftlichen, am politischen Leben teilnimmt.

*

Das vorliegende Buch verdankt sein Entstehen den Universitätsvorlesungen der Freien Universität Berlin, die seit einigen Jahren zu einem wichtigen Forum der fachübergreifenden und in die Öffentlichkeit hineinwirkenden Diskussion geworden sind.

Unser Dank gilt der Senatskommission für die Universitätsvorlesungen, die unser Angebot einer Vorlesung „Versuche mit Menschen" angenommen hat.

Dr. Renate Kunze hat uns von den ersten Phasen der Planung an tatkräftig und umsichtig unterstützt. Ohne die Hilfe des Außenamtes der FU Berlin wäre es uns nicht möglich gewesen, unsere Gäste nach Berlin einzuladen.

Wir danken allen Autoren dieses Bandes, die nicht nur ihre Beiträge fristgerecht geliefert haben, sondern auch in einem Seminar unser Konzept mit uns diskutiert und wesentliche und weiterführende Anregungen gegeben haben.

Unser Dank gilt dem Verlag Walter de Gruyter für die Drucklegung des Bandes.

Zu danken haben wir unseren Mitarbeitern, ohne deren Hilfe das Buch nicht so bald nach Beendigung der Vorlesung erscheinen könnte.

Literatur

Helmchen, H., R. Degkwitz: „Freiheit" der Presse. Eine Dokumentation, Deutsches Ärzteblatt 77 (1980) 2750—2752.

Lübbe, H.: Sozialwissenschaften und Politik. Der Werturteilsstreit als exemplarischer Fall, in : Verantwortung und Ethik in der Wissenschaft. Max-Planck-Gesellschaft. Berichte und Mitteilungen 3/1984, S. 235—247.

Maier-Leibnitz, H.: Zwischen Wissenschaft und Politik. Ausgewählte Reden und Aufsätze 1974—1979. Im Auftrage der Deutschen Forschungsgemeinschaft hrsg. v. H. Fröhlich, Boppard 1979.

Monod, J.: Zufall und Notwendigkeit. Philosophische Fragen der modernen Biologie, München 1971.

Report of The Royal Society: The public understanding of Science, The Royal Society 1985.

Taylor, K. M., R. G. Margolese, G. L. Soskolne: Physicians' reasons for not entering eligible patients in a randomized clinical trial of surgery for breast cancer, N. Engl. J Med. 310 (1984), 1363—1366.

Westmäcker, E. J.: Diskussionsbemerkung, in: Verantwortung und Ethik in der Wissenschaft, Max-Planck-Gesellschaft. Berichte und Mitteilungen 3/1984, 209.

Versuche in der Medizin

Hans-Ludwig Schreiber

Rechtliche Regeln für Versuche mit Menschen

Während der öffentlichen Anhörung zum Thema *Sterbehilfe* im Rechtsausschuß des Deutschen Bundestages am 15. Mai 1985 äußerte der Chirurg Professor Julius Hackethal: „Noch viel gefährlicher als der Götze Mammon ist für Patienten die Götzin Wissenschaft, auf deren Altar nicht nur Folteropfer dargebracht werden. Die gräßlichste Errungenschaft der Neuzeitmedizin aus der Sicht eines Patientenarztes aus Liebe ist die Einführung der klinischen Studie mit doppeltem Blindversuch und Losentscheidung über Patientenschicksale. Sie hat die letzten berufsethischen Hürden gegen die Benutzung von Patienten als Versuchskaninchen ausgeräumt und die Gesetzeshüter schauen zu, als ob sie das alles nichts angehe."[1]

Mit diesen Worten verunsicherte Hackethal die anwesenden Abgeordneten. Sie richteten Nachfragen an die anderen anwesenden Ärzte, Juristen und Ethiker. Wir hatten Mühe, in Kürze zu erläutern, was es mit den medizinischen Versuchen aus ethischer und rechtlicher Perspektive auf sich habe, insbesondere mit Blindversuch und Losentscheid.

Das Thema der wissenschaftlichen Versuche am Menschen ist — das zeigte sich in der Erörterung im Rechtsausschuß wieder — seit den unmenschlichen Praktiken im Dritten Reich, wo Menschenversuche in großem Umfange vorgenommen wurden, bis heute bei uns belastet, wir können es kaum unbefangen erörtern. Zu sehr lastet auf uns die historische Erinnerung, wie Menschen bedenkenlos für Zwecke der Forschung geopfert worden sind.

Doch erscheint Forschung mit Menschen in vielen Bereichen unerläßlich. Der Fortschritt der Wissenschaften wäre auf andere Weise nicht möglich. Das gilt zunächst einmal für die Medizin. Ihr heutiger Stand, der die Chancen auf Bewahrung des Lebens und Wiederherstellung der Gesundheit gegenüber früher vervielfacht hat, der es ermöglicht, tagtäglich unzählige Menschen vor dem Tode zu retten, wäre ohne Forschungen an Menschen nicht erreichbar gewesen. Nach dem Versuch im Labor und nach dem Versuch am Tier muß schließlich die Erprobung eines neuen Arzneimittels und einer neuartigen Operationsmethode am Menschen riskiert werden. Solche Versuche sind unerläßlich, soll die Medizin ihre Aufgaben erfüllen können und nicht der Stagnation anheimfallen.

Auch in anderen Wissenschaften, etwa in Psychologie und Soziologie wird vielfach mit Experimenten an Menschen, mit Tests, Beobachtungen von Verhalten gearbeitet, die als unverzichtbar gelten.

Andererseits werden bei der Forschung am Menschen Rechte der von ihr betroffenen Personen tangiert. Von Verfassung wegen ist jedermann das Recht auf Leben und körperliche Unversehrtheit in Artikel 2 Abs. 2 des Grundgesetzes garantiert. Viele Experimente mit Menschen bedeuten einen Eingriff in Körper und Gesundheit oder gefährden jedenfalls diese Rechtsgüter.

Forschung bemüht sich im Interesse der Allgemeinheit um künftig besseren Schutz von Leben und Gesundheit. Das kann mit den rechtlich geschützten Interessen der Versuchspersonen kollidieren, ihr individuelles Leben und ihre Gesundheit vor Gefahren zu schützen[2].

Forschung sucht allgemeingültige Aussagen über künftige bessere Behandlungsmethoden. Dafür kann es wichtig und förderlich sein, an Einzelfällen die Eignung einer Methode zu erproben und eventuell ihre Ungeeignetheit festzustellen. Für den einzelnen Betroffenen kann es den Verlust seines Lebens bedeuten. Dieser Konflikt zwischen den allgemeinen Forschungsinteressen und den Individualinteressen der betroffenen Patienten bestimmt alle ethischen und rechtlichen Erörterungen über Regeln für Versuche am Menschen[3].

Helmchen hat dieses Dilemma jüngst während des Kolloquiums der Max-Planck-Gesellschaft über Verantwortung und
Ethik in der Wissenschaft präzise dahin formuliert, daß medizinische Forschung mit Patienten über den einzelnen Kranken
hinausziele und damit die oberste ärztliche Verpflichtung für
sein Wohl übersteige und die beteiligten Personen dem Einfluß
möglicherweise konkurrierender Wertnormen aussetze[4].

Der Konflikt stellt sich unterschiedlich dar beim Heilversuch
und beim klinischen Experiment, auch Humanexperiment genannt. Diese Unterscheidung ist bereits seit den im Jahre 1931
vom damaligen Reichsministerium des Inneren veröffentlichten *Richtlinien für neuartige Heilbehandlung und die Vornahme wissenschaftlicher Versuche am Menschen*[5] gebräuchlich,
sie bestimmt auch die neueren Deklarationen von Helsinki
und Tokio, von denen noch näher die Rede sein wird. Unter
Heilversuch — der neuartigen Heilbehandlung — sollen Eingriffe und Behandlungsweisen am Menschen verstanden werden, die der Heilbehandlung in einem Einzelfall dienen, also
zur Erkennung, Verhütung und Heilung einer Krankheit oder
eines Leidens vorgenommen werden, obwohl ihre Auswirkungen und Folgen aufgrund der bisherigen Erfahrung noch nicht
ausreichend zu übersehen sind[6].

Wissenschaftliche Versuche — *Humanexperimente* — sind
demgegenüber Eingriffe und Behandlungsweisen an Menschen, die zu Forschungszwecken vorgenommen werden, ohne
der Heilbehandlung im einzelnen Fall zu dienen und deren
Auswirkungen und Folgen aufgrund der bisherigen Erfahrungen noch nicht ausreichend zu übersehen sind[7].

Nun kann diese Unterscheidung nicht streng durchgeführt
werden. Schon die Grenze zwischen normaler Standardtherapie und Heilversuch ist fließend. Es gibt auch Heilversuche,
die daneben zugleich teilweise experimentellen Charakter
haben, etwa wenn bei einer Neulandbehandlung zugleich auch
im allgemeinen Forschungsinteresse liegende Beobachtungen
gemacht oder Befunde erhoben werden. Neuartige Heilbehandlung zielt stets auch auf künftige weitere Anwendbarkeit
in anderen Fällen.

Prinzipiell haben aber Heilversuch und klinisches Experiment, jedenfalls der Gewichtung nach, unterschiedliche Interessenrichtungen.

Das geltende deutsche Recht kennt bisher keine umfassende, allgemeine Regelung des wissenschaftlichen Versuchs am Menschen, jetzt im allgemeinen Sinne gemeint. Lediglich im Arzneimittelgesetz sowie in der Strahlenschutzverordnung finden sich einige spezielle Vorschriften. So ist ein Rückgriff auf allgemeine Rechtsgrundsätze erforderlich. Diese liegen in der Verfassung und in den Grundregeln des Straf- und Zivilrechts. Ihren Niederschlag finden sie auch in durch Gruppen von Ärzten entwickelten Erklärungen und Deklarationen, die selbst freilich keinen Rechtscharakter besitzen. Zu nennen wären etwa die Grundsatzerklärung des Weltärztebundes aus dem Jahre 1954, die 1970 veröffentlichten Richtlinien der Schweizerischen Akademie der Medizinischen Wissenschaften über *Forschungsuntersuchungen am Menschen*, die 1977 abgefaßte Erklärung von Hawaii des Weltverbandes für Psychiatrie[8]. Besondere Bedeutung gewonnen haben die Deklarationen von Helsinki/ Tokio (1964/1975) des Weltärztebundes. Sie sind u. a. im Bundesanzeiger publiziert worden, ohne dadurch allerdings irgend einen besonderen rechtlichen Charakter zu gewinnen[9]. Es handelt sich dabei lediglich um Empfehlungen des Weltärztebundes an die mit der Forschung am Menschen befaßten Ärzte. Diese Empfehlungen gewinnen darüber hinausgehende Bedeutung dadurch, daß sich die Forschungsförderung sowohl durch die Ministerien als auch etwa durch die Deutsche Forschungsgemeinschaft an sie hält und die Mittelbewilligung von ihrer Beachtung abhängig macht. Auch gewinnen die Empfehlungen Bedeutung für die Ausfüllung rechtlicher Blankettnormen, etwa bei der Bestimmung von Standards der gebotenen Sorgfalt.

Es handelt sich bei diesen Deklarationen um wesentliche Ansätze, über Länder und Kulturgrenzen hinweg gemeinsame ethische und rechtliche Grundsätze für die Forschung mit

Menschen zu erarbeiten. Die Deklarationen unterscheiden nicht nach Ethik und Recht. In ihnen sind Konsense über gemeinsam akzeptierte Grundsätze entwickelt, die in der Erwartung niedergelegt worden sind, über den Kreis der Verfasser hinaus Beachtung und Zustimmung zu finden. Sie beeinflussen auch die Gesetzgebung. So hat z. B. die Deklaration von Helsinki/Tokio erkennbar das deutsche Arzneimittelgesetz beeinflußt.

Die Deklaration von Helsinki/Tokio vom 10. Oktober 1975[10] unterscheidet, wie schon die erwähnten Richtlinien des Reichsinnenministeriums aus dem Jahre 1931 den Heilversuch, der im wesentlichen im Interesse des Patienten liegt, von solchen Versuchen, die mit rein wissenschaftlichem Ziel ohne unmittelbaren diagnostischen oder therapeutischen Wert für die Versuchsperson selbst durchgeführt werden.

Die Deklaration geht davon aus, daß es notwendig ist, die Ergebnisse von Laborversuchen auch auf den Menschen anzuwenden. Recht undeutlich heißt es, daß besondere Vorsicht bei der Durchführung von Versuchen walten müsse, die die Umwelt in Mitleidenschaft ziehen könnten. Auf das Wohl der Versuchstiere müsse Rücksicht genommen werden. Kein Arzt werde durch die als Leitlinie gedachte Deklaration von der straf-, zivil- und berufsrechtlichen Haftung nach den Gesetzen seines Landes befreit.

Als Prinzip wird herausgestellt, daß biomedizinische Forschung am Menschen nur zulässig ist, wenn die Bedeutung des Versuchszieles in einem angemessenen Verhältnis zum Risiko für die Versuchsperson steht (Deklaration I, 4).

Der wohl wichtigste Satz der Deklaration ist eine Bestimmung, die allgemein gelten soll, obwohl sie im Abschnitt über rein wissenschaftliche Experimente steht: Das Interesse der Wissenschaft und der Gesellschaft sollte niemals Vorrang vor den Erwägungen haben, die das Wohlbefinden der Versuchspersonen betreffen (Deklaration III, 4).

Die Versuchspersonen müssen ausreichend über Absicht, Durchführung, erwarteten Nutzen und die Risiken des Versuchs sowie über möglicherweise damit verbundene Störungen des Wohlbefindens unterrichtet werden. Voraussetzung der Teilnahme am Versuch ist die freiwillige Zustimmung, die jederzeit widerrufen werden kann. Freilich sieht die Deklaration auch vor, daß der Arzt es für unentbehrlich halten kann, auf die Einwilligung nach Aufklärung zu verzichten. Er muß dann die besonderen Gründe für sein Vorgehen im Versuchsprotokoll niederlegen (Deklaration II, 5).

Über jeden Versuch soll hinsichtlich Planung und Durchführung ein solches Versuchsprotokoll erstellt werden. Dieses Protokoll soll einem besonders berufenen, unabhängigen Ausschuß zur Beratung, Stellungnahme und Orientierung vorgelegt werden (Deklaration I, 2). Diese Bestimmung ist der Ausgangspunkt für die allenthalben gebildeten sogenannten *Ethikkommissionen*, denen Vorhaben der Forschung zur Begutachtung vorgelegt werden.

Der Ansatz der Deklaration, die Belange der Versuchsperson den allgemeinen Forschungsinteressen voranzustellen, stimmt mit den Grundsätzen unseres staatlichen Rechts überein. Bei der Lösung des einleitend umschriebenen Konfliktes zwischen Individual- und Gemeininteressen haben prinzipiell die Individualinteressen den Vorrang. Das folgt aus Art. 2 Grundgesetz, der Leben und körperliche Unversehrtheit garantiert. Zwar ist auch die Forschungsfreiheit verbürgt. Aber ihre Belange haben zurückzutreten, wenn sie nur auf Kosten von Leben und Gesundheit des einzelnen befriedigt werden können[11].

Andererseits kann sich das Recht im Interesse aller der Notwendigkeit riskanter Neulandbehandlung nicht verschließen. Man kann nicht, wie es gelegentlich in Diskussionen geschieht, den Versuch am Menschen mit der Begründung rechtfertigen, die heute Lebenden kämen in den Genuß einer Medizin, die sich nur aufgrund der Versuche an früheren Generationen habe entwickeln können. Daher sei es Pflicht der heute Lebenden, zum Ausgleich dafür für Versuche zur Verfügung zu stehen. Einen solchen *Generationenvertrag* kann es m. E. angesichts des individualistischen Ansatzes unserer staatlichen Verfassung nicht geben.

Die Linie des Ausgleichs liegt in der Hinnahme eines gewissen Risikos, eines bestimmten Grades von Gefahren. Die in der Deklaration von Helsinki/Tokio geforderte Nutzen-Risikoabwägung bringt das zum Ausdruck: „Biomedizinische Forschung am Menschen ist nur zulässig, wenn die Bedeutung des Versuchsziels in einem angemessenen Verhältnis zum Risiko für die Versuchsperson steht". Im Ansatz ähnlich geht das Arzneimittelgesetz vor, wenn es verlangt, daß die Risiken, die mit der Prüfung einer Arznei für die Person verbunden sind, gemessen an der voraussichtlichen Bedeutung des Arzneimittels für die Heilkunde „ärztlich vertretbar" sind[12].

Unsere Rechtsordnung verbietet ja keineswegs jedes Verhalten, das Gefahren für Leben und Gesundheit mit sich bringt. Das zeigt u. a. die Zulassung des Autoverkehrs im gegenwärtigen Umfang sowie die Verwendung der Atomenergie. Zugelassen wird entsprechend auch im Bereich der medizinischen Forschung eine gewisse Gefährdung der betroffenen Personen. Ein Verhalten wird gestattet, das möglicherweise zu Einbußen führen kann. Es ist zulässig, ein Risiko einzugehen. Beim Heilversuch geschieht das in erster Linie im Interesse des Patienten, soweit von einer eingeführten Standardtherapie abgewichen wird. Dabei ist maßgeblich, ob angesichts der Situation des Patienten die Anwendung des möglicherweise wirksamen und hilfreichen neuen Verfahrens trotz der damit verbundenen Gefahren dem eigenen Interesse des betroffenen Patienten entspricht. Hier findet also auch eine Abwägung zwischen den verschiedenen Möglichkeiten der Behandlung im Interesse des Patienten statt. Anders erfolgt die Abwägung beim Humanexperiment: Die Gefährdung ist im Interesse der Weiterentwicklung der Medizin im allgemeinen gestattet. Mögliche Patienteninteressen stehen hier den allgemeinen Interessen weit mehr unvermittelt gegenüber[13].

Das Kriterium für die Zulässigkeit des Ausmaßes einer Gefährdung ist zunächst die Nähe der Gefahr. Naheliegende Risiken sind nicht zulässig.[14]

Das Nutzen/Risiko-Verhältnis kann nicht bedeuten, daß bei hoher, allgemeiner Wichtigkeit ein sich mit an Sicherheit grenzender Wahrscheinlichkeit realisierendes Risiko hingenommen werden könnte. Es wäre also z. B. nicht zulässig, bei der Aussicht, etwa den Schlüssel zur Ausrottung des Krebses zu finden, Versuche durchzuführen, die mit hoher Wahrscheinlichkeit den Tod der Probanden zur Folge hätten. Die Nutzen/Risiko-Formel ist nicht dahin zu verstehen, daß es sich um den Anwendungsfall eines sozialen Utilitarismus handele. In negativer Fassung gibt das Prinzip, das gegenwärtig sicher noch viel zu undifferenziert angewendet wird, doch eine Menge her. Mir erscheint wesentlich, daß bei geringem zu erwartenden Ertrag kein hohes Risiko eingegangen werden darf. Je geringer der erhoffte therapeutische Nutzen, desto weniger an Belastung und Risiko darf dafür aufgewandt werden. Als Konsequenz muß dann aber auch umgekehrt gelten, daß für wesentliche Fragen der Forschung eher ein Risiko verantwortbar ist. Je höher ein Risiko wird, desto weniger darf es einem anderen zugemutet werden, umso höher steigen auch die Anforderungen an die Freiwilligkeit und den Umfang der gebotenen Aufklärung vor der Zustimmung zur Mitwirkung beim Versuch.

Ich gebe zu, daß das wenig präzise und nicht leicht handhabbare Kriterien sind.

Das genannte Prinzip der Zulässigkeit eines bestimmten Risikos ist das unserem Recht zu entnehmende Grundprinzip für die Zulässigkeit biomedizinischer Forschung. In erster Linie muß es um diese Abwägung zwischen Vorteil und Risiko gehen. Aufklärung und Einwilligung des Patienten treten dann hinzu, sie sind gegenüber der Nutzen/Risiko-Abwägung jedoch sekundär. Ich halte es für verfehlt, wenn Samson ausführt, bei den medizinischen Versuchen hänge nach geltendem Recht an der Aufklärung beinahe alles. Nach dem individualistischen Ansatz unseres Rechtes sei nicht das Wohl des Patienten, sondern allein sein Wille im rechtlichen Idealbild des Arzt-

Patienten-Verhältnisses maßgeblich. Grenzen der wirksamen Einwilligung nach Aufklärung gebe es nur in der Sittenwidrigkeit. Das verschiebt m. E. unzulässig die Gewichte und macht es dem Forscher zu leicht: Im Vordergrund steht m. E. die von aller Aufklärung und Einwilligung unabhängige und vor ihr bestehende Pflicht des Arztes, im Interesse seines Patienten, der auch als wissenschaftlicher Proband in erster Linie anvertrauter Patient bleibt, das für sein Wohl Erforderliche zu tun. Das folgt m. E. aus den Grundsätzen der Deklaration von Helsinki/Tokio. Das ergibt sich m. E. auch aus dem Wortlaut des Arzneimittelgesetzes, wenn dort in § 40 Abs. 1 Nr. 1 zunächst die Prüfung von Risiken und Bedeutung des Arzneimittels im Hinblick auf die ärztliche Vertretbarkeit gefordert und erst danach in Nummer 2 das Erfordernis der Einwilligung nach Aufklärung genannt wird. Es geht nicht an, daß die primäre ärztliche Verantwortung etwa mit geschickten, umfassenden Aufklärungsformeln dem Patienten zugeschoben wird.

Damit ist nur ein sehr allgemeines Prinzip gewonnen, eine wenig konkrete *Grundnorm*. Die Entscheidung der einzelnen Fragen der Forschung am Menschen hat damit nur einen sehr weiten Rahmen. Versuchen wir, einige konkrete Fragen wenigstens kurz anzusprechen.

1. Eine besonders umstrittene Frage ist, ob rein wissenschaftliche Experimente, also Versuche ohne konkreten Heilzweck am Kranken vorgenommen werden dürfen. Das Arzneimittelgesetz scheint dagegen zu sprechen. Die klinische Prüfung eines Arzneimittels darf nach § 41 Nr. 1 an einem Kranken nur durchgeführt werden, wenn die Anwendung nach den Erkenntnissen der medizinischen Wissenschaft angezeigt ist, das Leben des Kranken zu retten, seine Gesundheit wiederherzustellen oder sein Leiden zu erleichtern. Nach der Deklaration von Helsinki/Tokio sind nur solche nicht therapeutischen Humanexperimente zulässig, bei denen die Versuchsabsicht nicht im Zusammenhang mit einer Krankheit steht (Deklaration III, 2).

Diese Regelung der Deklaration erscheint wenig einsichtig. Denn es kann kaum gerechtfertigt erscheinen, Versuche bei Personen zuzulassen, die sowieso schon durch ihre Krankheit beeinträchtigt sind, wenn man sie genauso gut an Gesunden durchführen könnte. Zwar sind Kranke dem forschenden Arzt leichter verfügbar. Aber das gerade — die durch die Krankheit begründete Abhängigkeit vom Arzt — sollte ein Gesichtspunkt sein, der sonst die Zulässigkeit von Versuchen ausschließt und Bedenken gegen die Entscheidungsfreiheit bei der erforderlichen Einwilligung begründet.

In der Diskussion ist immer wieder darauf hingewiesen worden, daß ein totales Verbot jeglicher rein wissenschaftlicher bzw. wenigstens teilweise rein wissenschaftlicher Versuche am Kranken unhaltbar sei, weil es die im Interesse aller künftigen Patienten unerläßlich notwendige, etwa dem bisherigen Standardverfahren parallel laufende, vergleichende Anwendung neuer Methoden, die für den konkreten Patienten noch nicht für seine Heilung dienen können, von vornherein verhindere. Vor der Erprobung im Heilversuch bedarf es der Prüfung im Experiment, ob überhaupt ein solcher Heilversuch vorgenommen werden darf. Wenn ich richtig informiert bin, hält sich die Praxis der Forschung insoweit auch nicht an das Verbot der Deklaration von Helsinki/Tokio. Diese hat ja auch nicht den Rang eines Gesetzes, sie ist ein revidierter und revidierbarer Versuch, auf strittigem Felde einige Grundsätze festzuhalten.

Grundsätzlich ist es bedenklich, Kranke mit Maßnahmen zu belasten, die ihrem Wohle nicht dienen und zusätzliche Risiken bedeuten. Für möglich möchte ich es dagegen ansehen, nicht oder nur geringfügig Belastendes, etwa zusätzliche Entnahmen geringerer Blutmengen oder etwa einen zusätzlichen Meßvorgang während einer Narkose im allgemeinen wissenschaftlichen Interesse vorzunehmen. Unzulässig sollte bei Kranken generell sein, was ein nennenswertes zusätzliches Gesundheits- oder Lebensrisiko bedeutet.

Ob man bei freiwilliger Übernahme durch einen voll aufgeklärten Patienten weitergehen kann, ist m. E. diskutabel. Zweifelhaft ist aber, ob eine wirklich freie Zustimmung gegenüber dem behandelnden Arzt zustandekommen kann. Es gibt sicher den heroischen Entschluß, gerade in der Situation einer unheilbaren, terminalen Erkrankung im Interesse anderer sich für die Forschung zur Verfügung zu stellen. Möglich ist auch in einer sonstigen Krankheitssituation die Bereitschaft, größere Risiken einzugehen. Das geht aber kaum serienmäßig, im kontrollierten Versuch mit routinemäßiger Aufklärung und Einwilligung.

2. Wenigstens angesprochen sei in diesem Zusammenhang die Frage der Zulässigkeit von Versuchen an nach bisherigem Stand unheilbar Kranken und Sterbenden. Hier gilt sicher, daß, je hoffnungsloser der Zustand eines Patienten bei Anwendung der bisher gebräuchlichen Methoden ist, desto eher man viel riskieren darf, wenn man mit noch unerprobten Methoden unheilbar Kranken helfen will. Freilich findet auch das seine Grenze im Grundsatz der Menschenwürde, der es verbietet, etwa Todkranke und Sterbende beliebig für Versuche *freizugeben*[15].

Zur notwendigen Abwägung zwischen Nutzen und Belastung tritt das Erfordernis der Einwilligung nach Aufklärung hinzu.

Die Einwilligung ist das zweite Element der Legitimation des biomedizinischen Versuchs. Gegenüber der allgemeinen Problematik der Aufklärung in der Standardbehandlung verschieben sich hier die Gewichte.

Da die Indikation angesichts der Ungewißheit und des Neulandcharakters der Behandlung weniger sicher ist, gewinnt die Einwilligung nach Information über den Versuchscharakter der Behandlung größere Bedeutung. Wenn möglich, hat der Arzt den Patienten umfassender als sonst über die vorgeschlagene Art der Behandlung und über die möglichen Alternativen zu informieren. Nur dann kann der Kranke sein Selbstbestimmungsrecht verwirklichen und mit dem Arzt gemeinsam das Risiko einer unerprobten, möglicherweise besseren, aber auch gefährlicheren Behandlungsmethode auf sich nehmen.

Den strengsten Voraussetzungen unterliegt auch insoweit das nichttherapeutische, wissenschaftliche Experiment. Bei ihm ist jedenfalls eine umfassende Aufklärung über alle mit der Behandlung verbundenen möglichen Gefahren nötig, selbst wenn das einen erheblichen Ausfall von Zustimmungen zur Folge haben würde[16].

Lebhaft umstritten ist die Frage der Aufklärung bei sog. randomisierten Studien, d. h. solchen, bei denen die Zuweisung von Patienten zur einen oder anderen der gegeneinander zu erprobenden Therapien nach Zufallsgesichtspunkten erfolgt. Das ist der Punkt, an dem der eingangs zitierte radikale Angriff von Julius Hackethal gegen Therapiestudien ansetzt.

Der wissenschaftliche Wert einer solchen kontrollierten Studie hängt davon ab, daß möglichst alle Umstände, die das Ergebnis einer Therapie, unabhängig von dieser Therapie selbst, beeinflussen könnten, in den verschiedenen Patientengruppen gleich verteilt sind. Voraussetzung einer derartigen randomisierten Therapiestudie ist ethisch und rechtlich vor allem, daß hinsichtlich der zu prüfenden Verfahren eine *vergleichbare Ungewißheit* des Erfolges besteht. Ist das nicht der Fall, ist vielmehr die hohe Wahrscheinlichkeit der Überlegenheit der einen Methode vorhanden, darf man Patienten nicht nach der anderen, unterlegenen behandeln. Wann freilich eine solche vergleichbare Ungewißheit besteht, ist das eigentlich schwierige Problem[17].

Wie aber muß bei einer zulässigen randomisierten Studie, insbesondere unter den Bedingungen des Doppelblindversuches aufgeklärt werden? Bei einem solchen Versuch wissen weder der Arzt noch der Patient, wer in die Prüfungsgruppe mit dem neuen Medikament bzw. der neuen Behandlungsmethode aufgenommen wird und wer zur sog. Kontrollgruppe gehört, die nach der Standardtherapie behandelt wird. Zerstört nicht die erforderliche Aufklärung die methodischen Grundlagen des Versuches? Die immer wieder — bisher ohne ganz befriedigendes Ergebnis — diskutierte Frage geht dahin, ob die Tatsache der Randomisierung, d. h. der Zufallszuweisung mit Hilfe eines Loses oder Würfels dem Patienten deutlich und verständlich mitgeteilt werden muß. Es liegt ja auf der Hand, daß eine solche Mitteilung, man werde eine Therapie nach dem Zufall bestimmen, jemanden, der unter einer schweren, lebensbedrohenden Krankheit leidet, in große Unsicherheit und Bedrängnis stürzen muß. Meines Erachtens muß, auch ohne daß bereits sichere, etwa nach statistischen Methoden gewonnene Ergebnisse vorliegen, über Vermutungen hinsichtlich der Vorzugswürdigkeit einer Therapieart informiert werden. Es reicht sicherlich nicht, wenn der Patient nur aufgefordert wird, er solle die Therapiewahl dem Arzt vertrauensvoll überlassen. Sagt man ihm das, so gewinnt er den unrichtigen Eindruck, daß seine Zuweisung nach therapeutischen, ärztlichen Gesichtspunkten und nicht nach dem Zufallsprinzip erfolgt.

Wenn man dem Patienten offen deutlich macht, daß der Zufall über die Methodenwahl entscheidet, so werden sicher manche an der Studie nicht teilnehmen wollen. Es sei denn, es kann dem Patienten wahrheitsgemäß glaubhaft gemacht werden, daß es wirklich ganz ungewiß ist, welche Methode auch für ihn besser ist. Nur in einem solchen Fall wäre ein randomisierter Doppelblindversuch überhaupt zulässig[18]. Dann aber ist auch eine offene, ehrliche Aufklärung möglich.

Heftig umstritten ist, wie weit biomedizinische Forschung an Strafgefangenen oder sonst auf behördliche Anordnung zwangsweise Verwahrten durchgeführt werden darf.

§ 40 Abs. 1 Ziffer 3 des Arzneimittelgesetzes verbietet die klinische Prüfung eines Arzneimittels an in einer Anstalt auf gerichtliche oder behördliche Anordnung verwahrten Personen.

In der Geschichte waren Versuche an Strafgefangenen üblich. So berichtet schon Voltaire von Versuchen mit Pockenimpfungen an zum Tode Verurteilten in einem Londoner Gefängnis, denen bei erfolgreichem Ausgang Begnadigung in Aussicht gestellt wurde. Alle überlebten die Impfung, die sich bald in England verbreitete, in Paris untersagte dagegen das Parlament noch 1763 wegen der damit verbundenen Gefahren eine derartige Impfung[19].

Nach den schlimmen Erfahrungen mit Versuchen an Insassen von Konzentrationslagern hat man — wie ich meine mit Recht — Humanexperimente mit Gefangenen wegen der Zweifelhaftigkeit einer freien Einwilligung prinzipiell abgelehnt. In Anlehnung an amerikanische Stimmen wird aber teilweise auch in Deutschland eine andere Auffassung vertreten. So meint z. B. Deutsch, den Strafgefangenen dürfe, wie allen anderen Bürgern, das Recht der Teilnahme an Experimenten nicht bestritten werden. Sei die Freiwilligkeit nur halbwegs gesichert, so stehe einer Teilnahme von Gefangenen nichts im Wege[20]. Ich würde das trotz der beachtlichen Gegenargumente prinzipiell ablehnen. Zulässig ist andererseits trotz der Bedenken wegen der Freiwilligkeit die Beteiligung Gefangener an Heilversuchen, sofern dabei ihr eigenes Interesse an einer möglichen Heilung auch durch unerprobte Behandlungsmethoden das Übergewicht besitzt. Daß § 40 Abs. 1 Nr. 3 die klinische Prüfung eines Arzneimittels auch an kranken Gefangenen prinzipiell untersagt, sollte die Teilnahme an einem Heilversuch nicht grundsätzlich ausschließen.

Im entscheidenden Punkt der Nutzen/Risiko-Abwägung bzw. der Entscheidung über die „ärztliche Vertretbarkeit" einer Arzneimittelprüfung sind das wenig präzise und nur schwach konturierte Kriterien, die für die Zulässigkeit der Forschung am Menschen bestimmend sein sollen.

Es ist daher begreiflich, wenn zusätzlich Verfahren entwickelt worden sind, in denen Entscheidungen über geplante Forschungsvorhaben erarbeitet werden können. Eine derartige *Legitimation durch Verfahren* ist heute in besonderem Maße dort üblich, wo die zur Verfügung stehenden inhaltlichen Entscheidungskriterien nicht eindeutig sind.

Nach amerikanischem Vorbild — dort entwickelten sich in der zweiten Hälfte der sechziger Jahre *Ausschüsse zur Begutachtung menschenbezogener Forschung* — sind in der Bundesrepublik allenthalben *Ethikkommissionen* gebildet worden, die medizinische Versuche auf ihre ethische und rechtliche Zulässigkeit prüfen[21]. Ihre Grundlage bildet der schon erwähnte Satz aus der Deklaration von Helsinki/Tokio, daß Planung und Durchführung eines jeden Versuchs am Menschen in einem Versuchsprotokoll niedergelegt werden sollen, das einem besonders berufenen Ausschuß zur Beratung, Stellungnahme und Orientierung zugeleitet werden soll (Deklaration I, 2). Näheres über Befugnisse, Zusammensetzung, Verfahren und Entscheidungen derartiger Kommissionen enthält die Deklaration nicht.

Inzwischen ist in Deutschland eine große Zahl von unterschiedlich zusammengesetzten und nach verschiedenen Verfahrensordnungen arbeitenden Kommissionen entstanden. Ihr schnelles Wachstum erklärt sich vor allem auch daher, daß die Instanzen der Forschungsförderung eine Billigung der Vorhaben durch derartige Kommissionen zur Voraussetzung einer Gewährung von Mitteln machen.

Zum anderen kommt darin wohl aber auch das Bedürfnis nach Beratung und Absicherung auf einem angesichts der Rechtslage als unsicher empfundenen Gebiet zum Ausdruck.

Derartige Kommissionen gibt es u. a. bei Fakultäten, Ärztekammern, Forschungsinstituten und auch bei einzelnen Industrieunternehmen. Die Kommissionen sind überwiegend mit Ärzten besetzt, nach einer Empfehlung der Bundesärztekammer sollen es vier sein. Hinzu kommt meist ein Jurist, teilweise auch ein Vertreter der ethischen Wissenschaft, meist der theologischen Ethik. Anhand welcher Kriterien die Kommissionen ihre Entscheidungen treffen sollen, ist nicht mehr festgelegt. Ihre Bedeutung ist umstritten.

Als Aufgabe der Kommission wird der Schutz sowohl der Patienten als auch der Forscher angesehen. Die Patienten sollen durch die Beteiligung der Kommissionen vor übermäßiger Belastung und gefährlichen Versuchen geschützt werden. Wissenschaftlich unseriöse und bloß wiederholende Versuche sollen dadurch vermieden werden. Besonders sorgfältige Prüfung der Kommissionen richtet sich in aller Regel auf die

Modalitäten der Aufklärung. An den Versuchsprotokollen
wird häufig eine unzureichende Aufklärung beanstandet.[22]

Andererseits sollen die Kommissionen auch dem Schutz der
Forscher dienen. Diese sollen durch Beratung davor bewahrt
werden, im Forschungsinteresse, in das sich vielfach ja auch
persönliche Ziele im Hinblick auf Fortkommen und Geltung
mischen, den Schutz der Probanden zu vernachlässigen, in
der Terminologie Hackethals, dem *Götzen Forschungsinteresse*
einseitig zu folgen. Eine Billigung von Vorhaben schützt den
Forscher auch vor Kritik und Angriffen in der Öffentlichkeit.

Die Auffassungen über den Wert der Ethikkommissionen sind
geteilt. Samson[23] hat sie mit heftiger Kritik überzogen. So wie
sie zur Zeit angelegt seien, könnten sie kaum eine der ihnen
zugedachten Funktionen richtig erfüllen. Ihre Zuständigkeit
sei unklar. Das Prüfverfahren sei mit Skepsis zu betrachten.
Solle die Kommission Grundsätze der ärztlichen Ethik reproduzieren und sonst nichts, sei ihr Nutzen nur gering. Denn
bloße ärztliche Ethik, was immer das sei, nütze weder dem
Patienten noch dem Arzt etwas, wenn sie nicht mit dem geltenden Recht identisch sei. Denn nur auf das geltende Recht,
nicht auf die ärztliche Ethik komme es für den Patienten bei
seinen Schutzansprüchen an. Angesichts des Übergewichts der
Mediziner in den Kommissionen sei eine kompetente rechtliche
Prüfung nicht gesichert. Wer wirkliche rechtliche Absicherung
wolle, müsse sachverständigen und unabhängigen Rechtsrat
einholen. Man könne angesichts der derzeit fehlenden Kapazi-
täten auf diesem Felde den Kommissionen höchstens begrenzte
Hilfsfunktionen zuerkennen.

Zurückhaltend hat sich Schölmerich geäußert. Man habe
wechselnde Erfahrungen mit diesen Kommissionen gemacht.
Ernstzunehmende Stimmen lehnten sie wegen ihrer Arroganz
und der nicht ausreichenden Sachkompetenz ab. Ethikkommissionen könnten aber dazu dienen, Sensibilisierung zu bewirken, überfordert wären sie, wenn sie sich zu Sachfragen äußern[24].

Meine eigenen Erfahrungen mit derartigen Kommissionen sind unterschiedlich. Teils wurde der Jurist nur als Feigenblatt gesucht. Aus einer Kommission wurde ich durch Umgründung ausgeschlossen, nachdem ich Beratung verlangte und Bedenken äußerte. In anderen Kommissionen wurde ernsthaft um die Sache gerungen. Das Schwergewicht lag meist auf den sachlich leichter zugänglichen Fragen der Aufklärung und ihrer Modalitäten.

In der Tat ist die Beliebtheit der Ethikkommissionen ein bemerkenswerter Indikator für die allgemeine ethische Unsicherheit nicht nur in der Beurteilung von Forschungsvorhaben. Wo die Einigkeit in der Sache fehlt, kommt es — wie auch häufig sonst zu beobachten — zu Lösungsversuchen über Verfahren zur Herstellung von Konsens. Bemerkenswert ist auch der mittelbare Zwang zur Anrufung der Ethikkommission, nicht nur durch die Abhängigkeit der Forschungsförderung von ihrem Votum, sondern auch dadurch, daß man sonst Gefahr läuft, als *unethisch*, wie der gebräuchliche Terminus lautet, qualifiziert zu werden.

Andererseits setzt Samson den Wert der kollegialen Beratung in den Kommissionen zu sehr herab. Er überschätzt bei weitem den Rechtsrat der sog. kompetenten juristischen Stellen[25]. In praxi hatte sich die Begutachtung durch einige Strafrechtslehrer gegenüber dem Bundesministerium für Forschung eingebürgert, die sich wesentlich mit der Aufklärung beschäftigte.

Es geht bei der entscheidenden Sachfrage nach dem Nutzen/Risiko-Verhältnis ja nicht allein und überhaupt nicht in erster Linie um die Anwendung und Auslegung komplizierter Rechtsregeln. Im Mittelpunkt stehen vielmehr nur durch Rückgriff auf ethische Parameter auszufüllende Begriffe. Hier ist der Jurist sicher nicht kompetenter als erfahrene Ärzte, die in der Regel in den Fragen von Nutzen/Risiko medizinischer Vorhaben und auch in medizinethischen Fragen nicht ohne Kenntnisse und Erfahrung sind.

Daß die ethische Dimension der Forschungen mit Menschen wieder lebendiger wird, ist sicher auch ein Verdienst der Ethik-

kommissionen. Ihre weitere Entwicklung sollte man mit skep-
tischer Sympathie betrachten. Sie sind kein Allheilmittel für
die angesichts des Wertwiderstreites zwischen Forschungs- und
Individualinteressen nicht einfach zu lösenden Fragen der Zulässigkeit von Forschung am Menschen. Diese ist unausweichlich nötig, ihre Grenzen sollten aber beachtet und es sollte
ein Ausgleich mit den Belangen der einzelnen Betroffenen
jedenfalls angestrebt werden, auch wenn er bruchlos nicht
möglich sein wird. Gegenwärtig jedenfalls verfrüht und bis
auf einige Verfahrensregeln kaum sinnvoll möglich wäre eine
umfassende gesetzliche Regelung der Forschung am Menschen,
wie sie der Juristentag im Jahre 1978 gefordert hatte.

Anmerkungen

1 Stenographisches Protokoll über die 51. Sitzung des Rechtsaus-
   schusses des Deutschen Bundestages, (10. Wahlperiode), S. 51/32
2 H.-L. Schreiber, Möglichkeiten und Grenzen rechtlicher Reglemen-
   tierung der Forschung, in: Kurzrock, R. (Hrsg.): Grenzen der
   Forschung, Berlin 1980, S. 84 ff.
3 H.-L. Schreiber, Rechtsprobleme bei Therapiestudien, Verhandlungen der Deutschen Krebsgesellschaft Bd. 4 (1983), S. 13 ff.; Fischer,
   G.: Medizinische Versuche am Menschen, Göttingen 1979, S. 6 ff.
4 H. Helmchen, Ethische Probleme der medizinischen Forschung,
   erläutert am Beispiel der psychiatrischen Therapie-Forschung, in:
   Verantwortung und Ethik in der Wissenschaft, Berichte und Mitteilungen der Max-Planck-Gesellschaft 1984/3, S. 42.
5 Deutsche Medizinische Wochenschrift 1931, S. 509, abgedruckt bei
   Fischer (wie Anm. 3), S. 107 ff.
6 Richtlinien (Anm. 5), Nr. 2.
7 Richtlinien (Anm. 5), Nr. 3.
8 Vgl. die Nachweise bei Illhardt, F. J.: Medizinische Ethik, Berlin — Heidelberg — New York — Tokyo 1985, Textanhang,
   S. 166 ff.
9 Bundesanzeiger 28. Jahrgang, (1976), Nr. 152.
10 Abgedruckt u. a. bei Fischer (Anm. 3), S. 115 ff.; Illhardt (Anm. 8),
   S. 204 ff.
11 Schreiber (Anm. 2), S. 88 ff.
12 Arzneimittelgesetz, Bundesgesetzblatt 1976, I S. 2445 ff., § 40
   Abs. 1 Nr. 1.

13 Vgl. insoweit ausführlich: Schreiber, H.-L.: Juristische Aspekte des therapeutischen Versuchs am Menschen, in: Martini, G. H. (Hrsg.), Medizin und Gesellschaft, Stuttgart — Frankfurt 1982, S. 181 ff.

14 E. Samson, Typische Rechtsprobleme bei der Planung und Durchführung von kontrollierten Therapiestudien, in: Koller u. a. (Hrsg.), Medizinische Informatik und Statistik, Bd. 33: Therapiestudien (1981), S. 129 ff.

15 Schreiber, Rechtsprobleme bei Therapiestudien (Anm. 3), S. 14.

16 Vgl. Schreiber, Juristische Aspekte des therapeutischen Versuchs am Menschen (Anm. 13), S. 189.

17 Lindenschmidt/Beger/Lorenz, Kontrollierte klinische Studien: Ja oder Nein?, Chirurg 1981, S. 281 ff.; Ihm/Victor, Patientenaufklärung in Therapiestudien aus biometrischer Sicht, in: Koller u. a. (Hrsg.), Medizinische Informatik und Statistik, Band 33: Therapiestudien (1981), S. 135 ff.; Schewe, G. Sind kontrollierte Therapiestudien aus Rechtsgründen undurchführbar?, in: Koller u. a. (Hrsg.), Medizinische Informatik und Statistik, Bd. 33: Therapiestudien (1981), S. 143 ff.

18 Schreiber, Rechtsprobleme bei Therapiestudien (Anm. 3), S. 15.

19 E. Deutsch: Arztrecht und Arzneimittelrecht, Heidelberg 1983, S. 217.

20 Deutsch, (Anm. 19), S. 229. M. E. mit Recht wie hier Fischer (Anm. 3), S. 33.

21 Kritisch insbesondere Samson, Über Sinn und Unsinn von Ethikkommissionen, Deutsche Medizinische Wochenschrift 1981, S. 667. Positiv insbesondere: Deutsch, Arztrecht und Arzneimittelrecht (Anm. 19), S. 235 mit weiteren Nachweisen. Weiter Laufs, Arztrecht, 3. Auflage, München 1984, Rn. 425.

22 Samson (Anm. 21).

23 Samson (Anm. 21).

24 Schölmerich, in: Verantwortung und Ethik in der Wissenschaft (Anm. 4), S. 79 f.

25 Schreiber (Anm. 13) S. 183 ff.

Rainer Flöhl

Ethikkommissionen —
Erwartungen der Öffentlichkeit

Wenn ich mich hier als Journalist zu Versuchen mit Menschen äußere, hängt das wohl damit zusammen, daß der Journalist inzwischen so etwas wie ein Ombudsmann geworden ist. Daß gerade ich dafür ausgewählt wurde, ist wohl damit zu erklären, daß ich mich in den letzten Jahren intensiv mit der Bioethik befaßt habe. Besonders beeindruckt und geprägt haben mich dabei die amerikanischen Erfahrungen. In den Vereinigten Staaten ist man auf diesem Gebiet weit voraus, sowohl praktisch als auch theoretisch. Ich möchte hier nur an zwei beispielhafte Institutionen erinnern: das Kennedy-Center für Ethik in Washington und das Hastings-Center of Society, Ethics and The Life Sciences in Hastings-on-Hudson, die gewissermaßen Denkfabriken auf diesem Gebiet darstellen. Die amerikanischen Ethik-Kommissionen haben bereits eine beachtliche Perfektion erreicht. So werden am Massachusetts General Hospital in Boston von der Ethikkommission jährlich 700 bis 800 Anträge bewältigt. Alles läuft zügig und ohne bürokratische Behinderungen ab, und zwar mit Laien in der Kommission.

Die Erwartungen der Öffentlichkeit, die ich hier repräsentiere, orientieren sich natürlich an diesen Vorbildern, aber ebenso an den britischen und skandinavischen Ethikkommissionen. Wenn meine Anmerkungen trotz der Komplexität der Verhältnisse knapp und gelegentlich auch provokant gehalten sind, so geschieht dies der Deutlichkeit wegen. Eine gewisse Subjektivität mag man mir dabei verzeihen.

Bevor ich jedoch zur Sache komme, möchte ich noch ein Bekenntnis ablegen. Ich stehe zur wissenschaftlichen Forschung und halte nicht viel vom Kulturpessimismus. Allerdings stelle ich an die Qualität der Forschung höchste Ansprüche. Aus dieser Sicht heraus halte ich Ethikkommissionen, die einen Ausgleich zwischen den Interessen der biomedizinischen Forschung einerseits und des Individuums andererseits herstellen, für unerläßlich. Ethikkommissionen dienen dabei vor allem dem Schutz der Versuchspersonen.

Öffentliche Ethik

Doch damit scheint die Übereinstimmung zwischen Wissenschaft und Öffentlichkeit in der Bundesrepublik auf diesem Gebiet auch schon zu Ende zu sein — zumindest was die Beteiligung von Laien angeht, die in den deutschen Ethikkommissionen nur ausnahmsweise vertreten sind. Das wichtigste Charakteristikum des Laien ist für mich, daß er nicht in irgendeiner Weise mit der Institution verbunden ist, für die er tätig wird. Außerdem sollte er weder den Heilberufen angehören noch Jurist sein. Die Ärzteschaft weist — als handele es sich um ein Naturgesetz — in diesem Zusammenhang immer auf den Primat der ärztlichen Fürsorge hin, als ob dies allein schon die Versuchsperson vor Schäden bewahre. Doch es ist ganz offenkundig, daß Forschung primär anders strukturiert ist als die ärztliche Grundfigur von Not und Hilfe. Der Arzt als Forscher steht hier in einem Interessenkonflikt. Im Zweifelsfall ist er eben kein Arzt mehr. Diese Erkenntnis hat sich im angelsächsischen Raum längst durchgesetzt. Die wichtigste Konsequenz sind die Ethikkommissionen, wie immer sie dort heißen mögen. Die Einbeziehung von Laien ist selbstverständlich.

Laien dienen nicht nur der Meinungsbildung, sondern sie demonstrieren auch gegenüber der Öffentlichkeit, daß nichts im professionellen Halbdunkel passiert, wie dies Fritz Walter Fischer von der DFG in einem aufschlußreichen offiziösen Beitrag in der Deutschen Universitätszeitung formuliert hat. Dort meint Fischer auch, Laien könnten im besten Sinne stilbildend wirken. Doch ich frage mich dann, warum die DFG vor Laien in den Ethikkommissionen zurückschreckt.

Sicherlich, sie können sich hemmend auswirken. Daher kommt es entscheidend auf die Auswahl der Laien an. Selbst in so angesehenen amerikanischen Kliniken wie dem Massachusetts General Hospital bereitet dies große Schwierigkeiten. Es dürfen keine Außenseiter und auch keine Journalisten sein, die ganz andere Aufgaben haben. Die Öffentlichkeit erwartet von den Ethikkommissionen, daß die Ärzteschaft, aber auch die Deutsche Forschungsgemeinschaft diese Berührungsängste möglichst schnell überwinden. Ethik ohne Öffentlichkeit ist unglaubwürdig. Ich möchte also für eine *öffentliche Ethik* plädieren.

Ethik vor Recht

Überraschend war für mich ferner, wie stark die Juristen die Debatten über die Ethikkommissionen in der Bundesrepublik an sich gezogen haben. Teilweise mag das damit zusammenhängen, daß sich sonst kaum jemand intensiver mit der Bioethik befaßt, teilweise offenbaren sich hier auch typisch deutsche Verhältnisse. Vor der Verrechtlichung der Medizin ist ja schon von kompetenter Seite, so von Wachsmuth und Schreiber, aber auch von Kuhlendahl eindringlich gewarnt worden. Was die Ethikkommissionen betrifft, ist die gesamte oft recht widersprüchliche Diskussion über die rechtlichen Aspekte verheerend, weil sie von der eigentlichen Aufgabe ablenkt.

Von der Öffentlichkeit her gesehen, sollten die Ethikkommissionen daher weitgehend von rechtlichen Erwägungen freibleiben. Sie können weder Rechtsberatung noch Rechtsgutachten liefern. Auch an der Argumentation über die rechtliche Haftung der Ethikkommissionen scheint mir vieles konstruiert. Was rechtlich erlaubt ist, muß noch lange nicht ethisch sein, ebenso kann ethisch vertretbares Handeln rechtlich verboten sein. Wer die Forschung am Menschen juristisch wasserdicht machen will, muß andere Wege gehen. Meine Einwände gegen den beherrschenden Einfluß der Juristen in den Debatten und den Kommissionen möchte ich mit der Bemerkung eines Arztes des Massachusetts-General-Hospitals abschließen, der meinte, die Juristen glaubten nicht an das Altruistische und wären daher kaum für Ethikkommissionen geeignet. *Ethik vor Recht* ist daher eine weitere Forderung, die übrigens auch den Prinzipien der Deklaration von Helsinki entspricht.

Flächendeckende Kompetenz

Schwer verständlich ist schließlich für die Öffentlichkeit das Dickicht der verschiedenen Ethikkommissionen, die im Auftrag der DFG, der Fakultäten oder der Ärztekammer auf regionaler oder lokaler Ebene „auf Antrag" tätig werden. Eine zentrale Ethikkommission fehlt jedoch. Dieses gerade entstehende System hat zwangsläufig noch quantitative und qualitative Mängel. Ich verkenne nicht die Schwierigkeiten einer allumfassenden Lösung, die sicherstellt, daß jedwede Forschung am Menschen von einer Ethikkommission analysiert werden muß. Wenn Ethikkommissionen nicht nur Alibi-Funktionen haben sollen, ist dieses Ziel langfristig anzustreben und zwar für alle Maßnahmen, die unter die heute noch nicht überholten *Richtlinien für neuartige Heilbehandlungen und die Vornahme wissenschaftlicher Versuche am Menschen* des Reichsministeriums des Innern von 1931 fallen. Dazu würde auch die Arzneimittelprüfung in der freien Praxis gehören.

Die gegenseitige Kontrolle der Fachleute, wie sie Fischer sogar für die experimentelle klinische Forschung am Menschen vorschlägt, ist unzureichend. Eine ähnliche ablehnende Haltung nimmt übrigens der Züricher Herzchirurg Senning ein, der meint, eine Ethikkommission sei an seiner Klinik nicht nötig, weil keine Forschungen am Menschen gemacht werden, wenn sich nicht vorher im Tierexperiment erwiesen hat, daß die Untersuchung am Menschen möglich ist. Ich plädiere für eine extensive *flächendeckende* Kompetenz der Ethikkommissionen, weil es vor allem gilt, schlechte Forschung zu verhindern. Gerade bei klinischen und epidemiologischen Studien gibt es viele Mißstände. Die Niederlagen sind häufiger als die Siege. Ja es sieht so aus, als würde die Epidemiologie ein Waterloo nach dem anderen erleben. Da Forschung, die keine wissenschaftlich einwandfreien Ergebnisse liefert, ethisch nicht vertretbar ist, müssen sich die Ethikkommissionen intensiv mit den Anträgen befassen, die Zweifel an der Qualität eines Forschungsprojekts aufwerfen. Die Qualität der Forschung ist genauso wichtig wie die Beurteilung von Nutzen und Risiko oder die Wahrung der Rechte der Patienten. Nicht ohne Grund haben die großen amerikanischen Universitäten eigene Kommissionen zur fachlichen Beurteilung von Forschungsprojekten. Die Ethikkommissionen müssen also möglichst umfassend tätig sein.

Zentrale Ethikkommissionen

Es muß die Öffentlichkeit verstören, wenn Gynäkologen ihren Erlanger Kollegen vorwerfen, sie hätten vor der in-vitro Befruchtung bei ihren Patienten die konservativen Behandlungsverfahren nicht voll ausgeschöpft. Gleichzeitig klagen die Erlanger Geburtshelfer über die „Distanz der Öffentlichkeit" und eine ihnen feindliche „patriarchalische Welt". Die Vorbehalte der Bevölkerung gegenüber diesen Forschern sind durchaus berechtigt. Ich möchte keine weiteren Beispiele mehr anfügen, sondern nochmals darauf hinweisen, daß dringend Leitlinien für medizinische und ethische Grenzfragen benötigt werden. Dies könnte die Aufgabe einer zentralen Ethikkommission sein. Meine vierte Forderung lautet daher, daß Ethikkommissionen für die gesamte Medizin zuständig sein sollten, zumindest prinzipiell.

Bei einem Test in den Vereinigten Staaten hat sich kürzlich ergeben, daß ein und dieselben Forschungsprojekte von den einzelnen Ethikkommissionen — es gibt insgesamt über 500 — recht unterschiedlich beurteilt wurden. Dies zeigt, wie notwendig es ist, die Mitglieder von Ethikkommissionen, aber auch Ärzte, Naturwissenschaftler und Theologen, Juristen und sogar Journalisten besser in praktischer Ethik fortzubilden. Beller hat schon mehrfach auf die Bedeutung solcher Maßnahmen hingewiesen. In der Bundesrepublik ist die Diskussion über Ethik insgesamt unterentwickelt. Wir brauchen in der

Bundesrepublik wenigstens eine Institution, die sich — mag sie noch so klein sein — konsequent mit ethischen Fragen beschäftigt und Fortbildung betreibt. Ethikkommissionen allein können das Dilemma der biomedizinischen Forschung nicht lösen. Hier sind die DFG und die Stiftungen aufgerufen, angemessene Lösungen zu finden.

Laien in Ethikkommissionen

Abschließend möchte ich noch einmal auf den Laien, den Bürger, zurückkommen. Er ist heute vielfach zum Prügelknaben der Wissenschaft geworden, der sich angeblich der Forschung in den Weg stellt. Dieses Klischee entspricht nicht der Wirklichkeit. Den Laien in den Ethikkommissionen wird in Amerika ebenso Verständnis und Sorgfalt bescheinigt wie den Bürgern, die in den Kommissionen für biologische Sicherheit sitzen. In einer Untersuchung der Stanford-Universität wurde unlängst festgestellt, daß die Beteiligung der Öffentlichkeit in den kommunalen Sicherheitskomitees weitgehend konstruktiv gewesen ist.

Ein anderes Vorurteil betrifft die Bereitschaft von Patienten und Bürgern, sich an den Arzneimittelprüfungen zu beteiligen. Bei einer Umfrage der Universität von Pennsylvanien erklärten sich 71 Prozent der Befragten bereit, bei Arzneimitteltests mitzumachen. Derartige Versuche wurden sogar überwiegend als wichtig und ethisch eingestuft. Die Wissenschaft braucht den Bürger also nicht zu fürchten, solange er ihr vertraut. Ethikkommissionen können viel dazu beitragen, dieses Vertrauen zu bewahren. Entscheidend ist allerdings das Verhalten der Wissenschaftler. Alle unsere Bemühungen werden fruchtlos bleiben, wenn die Wissenschaftler ethische Grenzen nicht respektieren. Ein Diabetologe wollte Kinder und Jugendliche mit frischem, insulinbedürftigem Diabetes mit Immunsuppressiva behandeln, um die Remissionszeit zu verlängern. „Ich meine", so erklärte der Forscher in einem Interview in der *Ärztlichen Praxis*, „jetzt ist die Zeit gekommen, daß man dies auch beim Menschen versucht. Die Ethikkommission unserer Universität hat das schon genehmigt, so daß die moralische Berechtigung dieser Versuchsanordnung abgesichert ist. Bei der Deutschen Forschungsgemeinschaft haben sich die Theoretiker in der Beurteilung dafür allerdings nicht erwärmen können. Wir werden es aber trotzdem tun." Zu wessen Wohle — das sei dem Urteil des Lesers überlassen.

Gerhard Baader

Medizinische Menschenversuche im Nationalsozialismus

Der Versuch mit Menschen in der Medizin ist fast ebenso alt wie die wissenschaftliche Medizin im europäischen Abendland selbst. Denn in einer sich naturwissenschaftlich begreifenden Medizin waren Versuche, auch Menschenversuche, seit jeher ein Hilfsmittel der Erkenntnis, dessen Anwendung auch lange ethisch nicht infrage gestellt war[1]. Wohl gab es bereits 1931 in Deutschland feste Regeln für den therapeutischen und wissenschaftlichen Versuch am Menschen. Freiwilligkeit der Probanden, Zulässigkeit des Menschenversuchs nur als Ergänzung des Tierversuchs Verbot des planlosen Experimentierens am Menschen waren schon 1931 absolutes Gebot[2]. In Anlehnung an Aussagen in der Urteilsbegründung des Nürnberger Prozesses gegen die dort angeklagten medizinischen Verbrecher wurde das alles in der Deklaration des Weltärztebundes von Helsinki 1964 weiter präzisiert. Andererseits heißt es auch dort in der Einleitung: „Ein wissenschaftlicher Fortschritt im Interesse der leidenden Menschheit ist nicht denkbar ohne die Übertragung der im Laboratoriumsversuch gewonnenen Erkenntnisse auf den Menschen."[3] Dies muß man sich in Erinnerung rufen, um das Spannungsfeld zu erkennen, vor dem auch unsere Überlegungen hier zu Menschenversuchen im Nationalsozialismus insgesamt zu sehen sind. Denn auch oder gerade die Medizin im Nationalsozialismus fühlte sich als naturwissenschaftliche Medizin, auch oder gerade weil sie von Sozialdarwinismus und Leistungsmedizin mit ihren Polen Heilen und Vernichten determiniert war[4]. Zu ihr gehören auch die — wie man zunächst meinte — 300 unmittelbaren Verbrecher unter den deutschen Ärzten, die in den Konzentrationslagern medizinische Verbrechen begangen haben, ebenso wie die 50 soge-

nannten Euthanasieärzte, die die Dokumentation des Nürnberger Ärzteprozesses von Alexander Mitscherlich und Fred
Mielke nennt[5]; heute wissen wir, daß diese Zahlen um vieles
höher gelegen haben müssen, nicht nur, wenn man die Mitwis-
ser und Schreibtischtäter mit einbezieht. 23 von ihnen saßen
vom 25.10.1946 bis zum 20.8.1947 auf der Anklagebank des
I. Amerikanischen Militärgerichtshofes, angeklagt des Kriegs-
verbrechens und des Verbrechens gegen die Menschlichkeit
sowie zum Teil der Mitgliedschaft einer durch das Urteil des
Internationalen Militärgerichtshofes für verbrecherisch erklärten Organisationen[6]. Wir wissen heute von solchen Experimenten nachweislich in den Konzentrationslagern Auschwitz, Buchenwald, Dachau, Mauthausen, Natzweiler und Schirmeck-
Vorbruck, Neuengamme, Ravensbrück sowie Sachsenhausen[7].
Nachfolgeprozesse haben weitere gleich bedrückende Tatsachen zutage gefördert. Hier soll dieses Material nicht mehr
oder weniger vollständig ausgebreitet werden, sondern der
Versuch gemacht werden, Wurzeln und Ausformungen dieses
verbrecherischen Menschenversuchs näher zu differenzieren.

Drei Aspekte sollen dabei zunächst voneinander geschieden
werden: Menschenversuche, die man als militärische Zweckforschung bezeichnen kann, Menschenversuche, die zu nichts
anderem dienten, als das für die nationalsozialistische Ideologie entscheidende genetisch-eugenisch-rassenhygienische
Grundkonzept weiter zu erforschen und Menschenversuche,
die auf dieser Grundlage Möglichkeiten für eine großangelegte
neue Bevölkerungspolitik, vor allem im Osten, ermöglichen
sollten.

Ausgangspunkt dieser Versuche, und zwar vor allem die wehrmedizinische Zweckforschung betreffend, war die von Heinrich
Himmler Mitte 1935 ins Leben gerufene „Studiengesellschaft
für Geistesgeschichte Deutsches Ahnenerbe", die seit 1939
nach Ausschaltung des an seiner Gründung beteiligten Reichs-
bauernführers Walther Darré als Kulturreferat der SS nur
mehr Himmler persönlich bzw. seinem Persönlichen Stab als
Reichsführer SS unterstand; Generalsekretär dieses Vereins
war seit Sommer 1935 der im Nürnberger Ärzteprozeß zum

Tod durch den Strang verurteilte Wolfram Sievers[8]. Von der
Medizin interessierten Himmler außer medizinische Außensei-
termethoden vor allem die Experimentalmedizin und insbesondere die Humanexperimente. So nimmt es nicht wunder, daß
Himmler, nachdem er durch Vermittlung einer Bekannten aus
der Kampfzeit, der Münchener Konzertsängerin Nini Diehl,
— sie hatte ihm damals Unterkunft gewährt — deren Freund,
Dr. Sigismund Rascher, kennenlernte, ihn ermunterte, bei seinen Karzinomforschungen zunächst zum Tierversuch, sehr
bald — im April 1939 — jedoch zum Menschenversuch überzugehen. Die Gelegenheit dazu sollte er im Konzentrationslager
Dachau erhalten, wo ihm die Auskristallisation des Blutes
an solchen Personen möglich gemacht werden solle, „welche
lebenslänglich oder für eine längere Dauer im KZ unterge-
bracht sind". Da er aber im Mai 1939 zur Luftwaffe eingezogen
wurde, war ihm der Zugang zum Konzentrationslager selbst
nur über die Zugehörigkeit zur Forschungsgemeinschaft „Ahnenerbe" möglich; seine Mitgliedschaft in der Allgemeinen SS
war hierfür wirkungslos. An Dachauer Häftlingen hat er Ende
Juni 1939 in seiner Münchener Privatwohnung Experimente
vorgenommen[9]. Häftlingsblut aus Dachau hat er bis 1940
bekommen, um diese Krebsarbeiten weiterzuverfolgen, auch
als er schon seit Kriegsbeginn bei der Wehrmacht stand[10]. Bei
Sigismund Rascher haben wir es mit einem Mann zu tun, bei
dem verbrecherische Neigung und verbrecherische Persönlichkeit nahtlos ineinander übergehen. Er ist 1909 geboren, stammt
aus einer Ärztefamilie und war Assistenzarzt in der Chirurgie
am Schwabinger Krankenhaus 1936—1939. Als SS-Arzt de-
nunzierte er 1939 seinen Vater bei der Gestapo. 1939 wurde
Rascher Stabsarzt der Luftwaffe, erst Mai 1943 wurde er
Führer der Waffen-SS. Durch seine Frau hatte er direkten
Zugang zu Himmler; wegen Kindesunterschiebung wurden er
und seine Frau 1944 verhaftet und in die Konzentrationslager
Dachau bzw. Ravensbrück eingeliefert. Rascher wurde von
den Amerikanern erschossen in seiner Zelle aufgefunden; seine
Frau wurde auf Befehl Himmlers in Ravensbrück gehenkt.
Brutal, zynisch und von mittelmäßiger Intelligenz schreckte er
auch vor geistigem Diebstahl nicht zurück. Die Menschenver-

suche, von denen hier die Rede sein soll, sollten seiner Habilitation dienen, die er seit 1941 betrieb[11].

Zwei Versuchsreihen waren es, an denen Rascher im Konzentrationslager in Dachau maßgeblich beteiligt war, an Unterdruck- und an Unterkühlungsversuchen. Bedingt durch die größere Gipfelhöhe englischer Jagdflugzeuge wurden deutsche Raketenjäger entwickelt, die bis zu einer Gipfelhöhe von 18 000 m aufsteigen konnten. Die Höhenflugforschung spielte daher früh, d. h. seit 1941, eine große Rolle. Beteiligt waren daran das „Fliegermedizinische Institut der Deutschen Versuchsanstalt für Luftfahrt" unter Leitung von Dr. Siegfried Ruff und das Institut für Luftfahrtmedizin des Oberfeldarztes Prof. Dr. August Weltz; im Selbstversuch bzw. mit freiwilligen Probanden hatte man besonders in Berlin bei Ruff das Verhalten des menschlichen Organismus in Höhen bis 12 000 m und bei plötzlichem Drucksturz geklärt. Wegen heftiger Schmerzen wurden weitergehende Versuche abgebrochen[12]. Nach einem Fortbildungsvortrag des Luftwaffenkommandos VII in München im Frühjahr 1941, in dem davon die Rede war, daß es „zwecks Klärung des Verhaltens des Fliegers bei ungenügender oder versagender Sauerstoffzufuhr in großen Höhen … notwendig sei, derartige Höhenumstellungsversuche … an weiteren Fliegerärzten und Fliegern zu wiederholen"[13], wandte sich Rascher am 15. Mai 1941 an Himmler um die Genehmigung, solche Versuche an Berufsverbrechern in der „Bodenständigen Prüfstelle für Höhenforschung der Luftwaffe" in München durchzuführen, „bei denen selbstverständlich Versuchspersonen sterben können"[14]. Mit der Einwilligung Himmlers dazu wandte sich Rascher an Weltz, der zurückhaltend war. Bei einem Besuch des Sanitätsinspektors der Luftwaffe, Generaloberstabsarzt Prof. Dr. Erich Hippke, in München, gab dieser seine prinzipielle Einwilligung zu diesem Projekt, wenn es nötig wäre. Trotzdem lehnte Weltz diese Versuche zunächst ab, weil er sie nicht für vordringlich erachtete, auch nachdem Rascher sich im November 1941 an sein Institut versetzen ließ. Erst Anfang 1942, als Weltz in Berlin am Ruffschen Institut vom dort laufenden Versuchsprogramm „Zur Rettung aus großen

Höhen" Kenntnis erhalten hatte, zu dem jedoch nicht genügend Versuchspersonen zur Verfügung standen, beschlossen beide von der Genehmigung Himmlers und Hippkes Gebrauch zu machen und eine Arbeitsgruppe zur Durchführung dieser Versuche an Häftlingen im Konzentrationslager Dachau zu bilden, bestehend aus Weltz und Ruff selbst sowie aus Rascher, auf dessen Teilnahme Himmler bestand, und aus Stabsarzt Dr. Hans Wolfgang Romberg aus dem Ruffschen Institut. Weltz und Ruff trafen vor Ort die Vorkehrungen zu diesen Versuchen; die Unterdruckkammern wurden von Berlin nach Dachau transportiert[15]. Die Versuche sollten nur an freiwilligen und zum Tode verurteilten Häftlingen durchgeführt werden und begannen im Februar 1942; als Rascher die Berichterstattung an Weltz unter Berufung auf Himmler verweigerte, da es sich um eine geheime Reichssache handele, setzte Weltz eine Unterbrechung der Versuche durch, die erst nach der Versetzung Raschers zu Ruff wieder aufgenommen wurden. In Selbstversuchen gingen Rascher und Romberg vorsichtig auf 12 000 – 13 500 Meter. Anders verhielt sich Rascher, wie er selbst an Himmler am 5. 4. 1942 berichtet, bei den Versuchspersonen[16]. Dauerversuche, sogenannte terminale[17] Versuche, wie sie Rascher selbst bezeichnete, von 30 Minuten bei 10,5 km und bei 12 km, die Rascher allein ausführte, führten zum Tod der Versuchspersonen; bei solchen Versuchen mit tödlichem Ausgang — 70 bis 80 Personen starben von 200 zumeist nicht freiwilligen und schon gar nicht zum Tode verurteilten Versuchspersonen[18] — war Romberg beim Tod von drei Versuchspersonen nach eigener Aussage zugegen, ohne einzugreifen, obgleich er ebenso wie Ruff nach eigener Aussage der Meinung war, daß Todesfälle bei Höhenversuchen nicht vorkommen dürften und auch in Berlin nicht vorgekommen waren. Romberg berichtete darüber in Berlin, doch fühlten sich Ruff und Romberg aufgrund der Weisungen Himmlers nicht berechtigt, sofort gegen die Fortsetzung dieser Versuche Einspruch zu erheben. Tatsache ist, daß diese Dauerversuche nichts mit der Frage der Rettungsmöglichkeiten aus Höhen bis 21 km zu tun hatten[19]. In der 2. Maihälfte 1942 wurden die Versuche abgeschlossen; im offiziellen von Rascher, Romberg und Ruff unterzeichneten Schlußbericht wurden Todesfälle nicht erwähnt, doch war es aufgrund dieser Fälle für Romberg, Ruff und Hippke beschlossene Sache, die Versuche Raschers nicht fortsetzen zu lassen. Das konnten sie nur, indem sie vorgaben, die Unterdruckkammer in Berlin dringend zu benötigen; am 23. Mai 1943 war sie wieder in Berlin zurück[20]. Im Juni 1942 wurde das „Institut für wehrwissenschaftliche Zweckforschung" im Ahnenerbe gegründet, dessen Leitung der Generalsekretär des Ahnenerbe Wolfram Sievers übernahm, und dessen zweite Planstelle 1943 Rascher erhielt.[21] Im Juli 1942 hatten Romberg und Rascher Himmler einen persönlichen Bericht über die Höhenversuche erstattet. Bei dieser Besprechung hat Himmler auf die Notwendigkeit von Menschenversuchen an KZ-Häftlingen zur Klärung von Fragen der langandauernden Unterkühlung hingewiesen.

Es handelte sich dabei um die Einführung des Menschenversuchs in ein bereits laufendes Forschungsprojekt[22]. Bereits am 24. 2. 1942 hatte der Kieler Physiologe Prof. Dr. Ernst Holzlöhner von Hippke den Forschungsauftrag erhalten, „Die Wirkung der Abkühlung auf den Warmblüter" zu untersuchen. Geklärt werden sollten Fragen, die sich im Laufe des Krieges durch den Absturz von Fliegern ins Meer ergeben hatten. Es wurde nach dem Gespräch bei Himmler, auch mit dem Einverständnis von Hippke, eine Versuchsgruppe „Seenot", bestehend aus Holzlöhner als dem Versuchsleiter, Dr. Finke, ebenfalls aus Kiel, und Rascher gebildet. Bei diesen Versuchen, die vom 15. August 1942 bis Anfang 1943 in Dachau an etwa 300 Hältlingen durchgeführt wurden, starben 80–90 Versuchspersonen[23]. Diese Versuche waren wie die Höhenversuche auf die Beobachtung terminaler Zustände hin angelegt. So heißt es im abschließenden Bericht der Arbeitsgruppe Holzlöhner–Rascher–Finke vom 10. 10. 1942: „Im allgemeinen (in 6 Fällen) trat der Tod bei einer Senkung der Temperatur auf Werte zwischen 24,2° und 25,7° ein"[24]. Bis Ende Oktober 1942 wurden etwa 50 Versuchspersonen verwendet, von denen etwa 15 starben. Auf der anschließenden Nürnberger Tagung über Kältefragen berichtete Holzlöhner über diese Experimente und anschließend Weltz über Kälteversuche an Tieren. Deutlich wurde aus den Ausführungen von beiden: Weltz hatte mit seinen Versuchen mit Tieren mehr erreicht als Holzlöhner mit seinen Menschenversuchen, bei denen es zu Todesfällen gekommen sein mußte. Offene Kritik an Holzlöhner oder Rascher über ihr Experimentieren wurde von keinem der Tagungsteilnehmer geübt, zu denen 19 Universitätsprofessoren und nur 4 SS-Angehörige gehörten; dasselbe gilt auch von einem gleichlautenden Vortrag Holzlöhners auf einer Tagung der Beratenden Ärzte der Wehrmacht in Berlin im Dezember 1942. Holzlöhner und Finke waren allerdings Ende Oktober 1942 selbst aus der Arbeitsgruppe ausgeschieden, weil sie es für nutzlos hielten, weitere Experimente durchzuführen. Holzlöhner weigerte sich auch, eine Auswertung dieser Versuche über die beiden Vorträge hinaus im Interesse seines wissenschaftlichen Namens vorzunehmen; sie erfolgte durch den Marburger Rassehygieniker SS-Obersturmbannführer Prof. Dr. Wilhelm Pfannenstiel[25]. Rascher hat daraufhin in Dachau allein weiterexperimentiert; vor allem die Versuche der Wiedererwärmung unterkühlter Personen durch animalische Wärme gingen auf ihn zurück; diese Versuchsreihe entsprach einem persönlichen Wunsch Himmlers. Frauen aus dem Bordell des Konzentrationslagers Ravensbrück wurden dazu angefordert. Eine Frau lehnte Rascher ab, weil sie dem Äußeren nach rein nordisch aussah. Rascher placierte bei diesen Versuchen, bei denen Himmler persönlich anwesend war, die vor Kälte bewußtlosen männlichen Versuchspersonen jeweils zwischen zwei nackten Frauen; sobald sich die Häftlinge wieder erholten, hatten sie mitunter Geschlechtsverkehr. Doch auch hier kam es zu Todesfällen, nicht anders als bei den Versuchen mit Freiluftunterkühlung. Die Versuchspersonen wurden abends nackt auf eine Bahre gestellt und stündlich mit kaltem Wasser übergossen; sie blieben so bis zum Morgen. Daneben setzte Rascher die Eiswasserversuche fort, einmal wie der Zeuge Neff bestätigte, an zwei russischen Offizieren, wobei es fünf Stunden dauerte, bis der Tod eintrat[26].

1943 hat Rascher schließlich seine 1939 begonnenen Versuche zur Auskristallisation des Blutes fortgesetzt. Von einem in

Dachau inhaftierten Chemiker, Robert Feix, hatte er sich das
von ihm entwickelte Blutstillmittel Polygal 10 widerrechtlich
angeeignet. Zur Erprobung dieses Mittels hatte er 1943 vier
Menschen, darunter einen russischen Kommissar, erschießen
lassen[27]. Das alles zeigt eine abnorme Persönlichkeit, die unter
dem Deckmantel der Wissenschaft, mit persönlicher Unterstützung Himmlers, seine ehrgeizigen Ziele verfolgen konnte. Doch
mit den perversen Triebregungen Raschers und vergleichbaren
Himmlers ist nur ein Teil der dabei angesprochenen Fragen
erfaßt.

Die drei in diesem Zusammenhang in Nürnberg angeklagten
und freigesprochenen Ärzte — Holzlöhner und Rascher waren
tot und Finke verschollen —, nämlich Weltz, Ruff und Romberg, beriefen sich alle auf den Befehl Himmlers, gegen den
sie nichts unternehmen konnten. Sie räumten ein, daß die
Schilderung Himmlers über die Situation des Krieges, vor
allem, daß durch diese Experimente unzählige Soldaten gerettet werden könnten und es sich somit um den Beitrag der zum
Tode Verurteilten zum Endsieg handele, nicht ohne Eindruck
auf sie geblieben sei. Sie gaben vor, daß sie die Freiwilligkeit
der Versuchspersonen angenommen hätten und daß sie der
Meinung gewesen wären, daß es sich um zum Tode verurteilte
Verbrecher handele[22]; sie verdrängten, ja ignorierten — wie
auch alle anderen Angeklagten — die Tatsache, daß es in der
Situation des Konzentrationslagers keine Freiwilligkeit geben
konnte. Romberg, der bei terminal auslaufenden Versuchen
Raschers zugegen war, hat keinen Versuch gemacht, in den
Versuchsablauf einzugreifen[28]; er hat nur in anderem Zusammenhang erklärt, daß er fest entschlossen wäre, niemals wieder
mit Rascher zusammenzuarbeiten[29]. Sie haben auf Tagungen
niemals gegen diese Versuche, weder vom ethischen noch vom
wissenschaftlichen Standpunkte aus Einwände erhoben, obwohl ihnen z. B. bei den Unterkühlungsversuchen klar war,
daß keine über den Tierversuch hinausgehenden Erkenntnisse
aus ihnen gewonnen werden konnten. Dies führt in die Problematik des Menschenversuchs in der Medizin. Auch für Prof.
Andrew Conway Ivy[30] aus Chicago, den amerikanischen Sach-

verständigen der Anklagebehörde, stand es wie für die Angeklagten fest, daß zwischen dem Arzt als Therapeuten und dem Arzt als Experimentator zu unterscheiden sei. Für letzteren gelte das „Nil nocere" nicht uneingeschränkt. Ivy erklärte allerdings einschränkend am Beispiel Rombergs, der als älterer Forscher bei einem Versuch den Tod einer Versuchsperson durch Rascher herankommen sah, daß es dessen moralische Pflicht gewesen wäre, den Versuch zum Abbruch zu bringen. Ebenso war für Ivy die Verwendung von Verbrechern auf der Basis der Freiwilligkeit zulässig; Ivy selbst hatte in Illinois 800 Gefangene unter Vorlage einer Einverständniserklärung nach Aufklärung auf der Basis der Freiwilligkeit zu Malariaexperimenten herangezogen und erklärte dies ausdrücklich als im Einklang mit der ärztlichen Ethik. Wieweit auch hier in der Situation des Gefängnisses überhaupt von echter Freiwilligkeit gesprochen werden kann, blieb ebenfalls undiskutiert. Dies ist das Dilemma einer Medizin, die auch im klinischen Bereich den Versuch bedenkenlos einsetzt. Denn — so der Kliniker Bernhard Naunyn schon zu Ende des vergangenen Jahrhunderts — „Medizin wird Wissenschaft", d. h. Naturwissenschaft, „sein oder sie wird nicht sein"[31]. „Wenn ein Mediziner besonders der Forschung lebt, so ist er geneigt" — so Albert Moll 1902 in seiner „Ärztlichen Ethik" — „mehr oder weniger die Patienten, die sich ihm anvertrauen, unter diesem Gesichtspunkt zu betrachten. Er sucht gar zu leicht einen Kranken, der sich ihm anvertraut hat, für die Lösung eines wissenschaftlichen Problems zu benutzen, und er gelangt so dazu, das Interesse des Kranken hintanzusetzen"[32]. Dieser Forschungsfanatismus ist beim reinen medizinischen Experimentator eine noch um vieles größere Gefahr. So ist auch das hemmungslose Experimentieren eines Rascher, der damit seine perversen Triebregungen befriedigen konnte, nur vor dieser Gesamtproblematik zu sehen.

Nachfolger Raschers in Dachau wurde nach seiner Festnahme SS-Hauptsturmführer Dr. Kurt Plötner. Er war bereits an den Malaria-Humanversuchen im Konzentrationslager Dachau beteiligt. Zwar hat er zunächst jede weitere Beteiligung an Humanversuchen Himmler gegenüber abgelehnt[33]; doch hat gerade er die Mescalin-Versuche in Dachau durchgeführt. Waren diese Versuche auch nicht letal angelegt, so war die Desorientierung der nicht eingeweihten Versuchspersonen Juden, Zigeuner und Russen so —, daß sie schweren Schaden nehmen konnten. Zum Einsatz kam diese „Wahrheitsdroge" jedoch nicht; die Gestapo vertraute mehr auf ihre Methoden des physischen Zwanges. Diese Versuche kamen auch nicht in Nürnberg zur Sprache. Zwar waren diese Versuche für die Vereinigten Staaten nicht von entscheidender Bedeutung, da das „Office of Strategie Services" bei einem vergleichbaren Projekt noch während des Krieges Mescalin, Barbiturate und Skopolamin aus der Betrachtung ausgeschieden hatte[34], sie schienen jedoch so wichtig, daß es nicht zu ihrer Offenlegung in Nürnberg kam, um diese Ergebnisse im Zuge des aufkeimenden Kalten Krieges nicht den Sowjets zugänglich zu machen.

Ohne letalen Ausgang waren auch die Versuche, bei denen das „Ahnenerbe" die Möglichkeiten des Konzentrationslagers Dachau zur Verfügung stellte und zwar diesmal für Kliniker; es handelt sich auch diesmal um wehrmedizinische Zweckforschung[35]. Aus den Erfahrungsberichten der Luftwaffe seit dem Jahr 1941 ging hervor, daß sich über dem Mittelmeer und dem Atlantik die Fälle von länger andauernder Seenot häuften, bei denen Flieger durch Durst in großer Gefahr waren. Das Problem, das sich stellte, war die Trinkbarmachung von Meerwasser, d. h. seine Entsalzung. Es wurden dazu zwei Verfahren entwickelt. Das eine stammte von Dr. Konrad Schäfer, Unterarzt im Stab des Forschungs-Instituts für Luftfahrtmedizin, bei dem Meerwasser wirklich entsalzt und auch Magnesiumsulfat entfernt wurde; für dieses waren eigene Fabrikationsanlagen und Rohstoffe, wie Eisen und Silber, nötig. Zunächst, nämlich im Dezember 1943, gab das Technische Amt der Luftwaffe, das für die Einführung dieses Mittels zuständig war, einen Auftrag an die IG-Farben zur Großherstellung dieses Mittels. Doch in derselben Zeit wurde ein zweites Verfahren in Wien von einem Ingenieur der Luftwaffe auf der Basis des, wie sich später herausstellen sollte, ebenfalls zu den Mangelprodukten gehörenden Traubenzuckers entwickelt, das in jeder Zuckerwarenfabrik durchgeführt werden konnte. Dieses Berka-Mittel verbesserte nur den Geschmack des Seewassers und steigerte angeblich durch seinen Vitamin-C-Gehalt die Kochsalzausscheidung der Nieren. Es wurde zunächst an Soldaten als freiwilligen Versuchspersonen experimentell erprobt; diese Versuche waren aber, wie der Referent für Luftfahrtmedizin in der Sanitätsinspektion der Luftwaffe, Dr. Hermann Becker-Freyseng, durch Augenschein feststellen konnte, unbrauchbar. Er lehnte daraufhin das Berkatit aus überzeugenden Gründen ab. Das Technische Amt änderte jedoch seine Meinung zur Herstellung des Schäfer-Mittels und legte sich auf die Einführung des Berkatits fest, das auch der Direktor der 1. Wiener Medizinischen Universitätsklinik Prof. Dr. Hans Eppinger gebilligt hatte. Eppinger, ein anerkannter Wissenschaftler, hatte schon früh Kontakte zu den Nationalsozialisten und besonders zu SS-Ärzten in Österreich und Deutschland gesucht und gefunden. Besprechungen am 19. und 20. Mai 1944 brachten keine Einigung, so daß man erwog, neuerliche Versuche, unter Umständen an den Häftlingen und zwar in den Laboratoriumsräumen des Konzentrationslagers Dachau, durchzuführen; in einer erneuten Sitzung in Berlin am 25. Mai wurden — vor allem auf Betreiben Eppingers — diese Dinge konkretisiert. Er glaubte nach Einsichtnahme in die Protokolle von den nach Becker-Freyseng unbefriedigenden Erstversuchen feststellen zu können, daß das Berkatit die Konzentrationsfähigkeit der Niere verstärke, so daß der Körper in der Lage wäre, große Salzmengen ohne Schaden zu ertragen. Es wurde daraufhin ein genaues Versuchsprogramm entworfen. Für seine Durchführung war der Oberarzt Eppingers, der Stabsarzt Prof. Dr. Wilhelm Beiglböck, vorgesehen. Die 40 Versuchspersonen, die ansonsten nicht mehr leicht zu bekommen waren, wurden auf Vorschlag Becker-Freysengs von seinem Vorgesetzten, dem Sanitätsinspekteur der Luftwaffe Prof. Dr. Oskar Schröder, vom Reichsarzt der SS und Polizei Dr. Grawitz aus dem Kreis der verurteilten „Wehrunwürdigen" angefordert; Becker-Freyseng hatte keine Bedenken, da es in der Literatur Beispiele für Experimente an Häftlingen gab, Holzlöhner solche auch

in Dachau durchgeführt hätte und die Versuche absolut ungefährlich wären. Außerdem wurde Freiwilligkeit der Versuchspersonen gefordert. Auf Vorschlag der SS-Gruppenführer
Glueck und Nebe wurden jedoch von Himmler auch Juden
und Zigeuner als Versuchspersonen vorgesehen; es durfte sich
jedoch nicht ausschließlich um solche handeln, da — wie er
meinte — ansonsten die andersartige rassische Zusammensetzung die Ergebnisse der Versuche beeinflussen würde. Beiglböck, damals als Hauptmann im Sanitätswesen der Luftwaffe
im Fallschirmjägerkrankenhaus in Tarvis, wurde von Becker-
Freyseng nach Dachau kommandiert und begann nach anfänglicher Weigerung diese Versuche im August 1944. Sie sind im
Gegensatz zu den Unterdruck- und Unterkühlungsversuchen
nicht im Beisein oder unter Beteiligung von SS-Ärzten durchgeführt worden, sondern lagen ganz in der Hand des Klinikers
Beiglböck. Den Zigeunern gegenüber, die aus dem Konzentrationslager Buchenwald kamen, wurde nur von einem besseren
Arbeitskommando gesprochen; zwar fragte sie Beiglböck stets
noch nach ihrer Freiwilligkeit, doch konnte von einer freien
Entscheidung in der Situation des Konzentrationslagers keine
Rede sein. Beiglböck hat die Versuchspersonen gut behandelt.
Nur wenn sie zusätzlich Wasser tranken, schimpfte er stark.
Die Versuche waren auf 12 Tage vorgesehen. Beiglböck brach
sie aber aus Gründen der Gesundheit der Versuchspersonen
nach 5 — 7 Tagen ab; nur bei Versuchspersonen, die zwischen-
durch Trinkwasser zu sich nahmen, wurde sie bis zu $9^1/_2 — 10$
Tagen fortgeführt. Todesfälle gab es bei diesen Versuchen
keine. Es wurden auch nicht die erschwerenden Bedingungen
der Seenot mit Ausnahme des Liegens simuliert. Die Versuchspersonen wurden von Beiglböck in vier Gruppen eingeteilt,
eine Gruppe, die hungern und dursten mußte, eine Gruppe,
die reines Meerwasser bekam, eine Gruppe, die Meerwasser
mit Berkazusatz bekam und zwar teils 500 und teils 1000 cm³
täglich und eine Gruppe, die Schäfer-Wasser zu trinken bekam.
Obzwar die Versuche — vor allem wegen nicht erlaubten
Trinkens von Frischwasser — nicht so exakt durchgeführt
werden konnten, daß ihre Ergebnisse in einer wissenschaftlichen Zeitschrift hätten veröffentlicht werden können, ergab

sich doch folgendes: Es zeigte sich, daß die Aufnahme einer größeren Meerwassermenge gegenüber dem reinen Durst Nachteile bringt. Es zeigte sich, daß die Konzentrationskraft der Niere viel höher lag als bisher angenommen, nämlich bei 2,5−3%. Sie wird durch Vitamine nicht wesentlich beeinflußt. Es zeigte sich, daß Meerwasser in vereinzelten Dosen keinen Durchfall macht. Es zeigte sich, daß die Zufuhr kleiner Mengen von Salzwasser besser als Wasserkarenz ist − wie auch später englische und amerikanische Forscher bestätigten − und daß auch kleine Mengen Süßwasser dazwischen getrunken zuträglich sind. Alles in allem ging hervor, daß das Schäfer-Mittel brauchbares Trinkwasser lieferte, das Berkatit jedoch unbrauchbar war. Beiglböck wurde dieser Versuche wegen zu 15 Jahren Haft verurteilt; das Urteil ist umstritten. Denn mit diesen Versuchen befinden wir uns in der Grenzzone der Zulässigkeit oder der Notwendigkeit medizinischer Versuche am Menschen überhaupt. In einem Gutachten stellten 1948 der Heidelberger Internist Prof. Dr. Curt Oehme, der Freiburger Internist Dr. Ludwig Heilmeyer und der Göttinger Pathologe Horst Schön fest, daß Fehler in der Art und Auswahl der Versuchspersonen gemacht wurden und in der Wahl eines Konzentrationslagers als Versuchsort, aber daß diese Versuche nicht wesensmäßig verbrecherischer Natur waren und damit an sich ebensowenig Verbrechen sind wie die zu bemängelnden Fehler[36]. Im Verlauf des Prozesses hatte bereits der von der Verteidigung herangezogene Gutachter, der Frankfurter Internist Prof. Dr. Franz Volhard, festgestellt, daß von Verbrechen gegen die Humanität bei derartigen Versuchen nicht die Rede sein kann[37]. Er berichtete selbst von Durstversuchen, die an seiner Klinik der spätere Berliner Professor der Physiologischen Chemie Ernst Schütte vorgenommen hatte; freiwillige Versuchspersonen waren dabei Ärzte und Medizinstudenten, die während des Versuchs ihre berufliche Tätigkeit fortsetzten. Es waren 11 Versuche in 3 Gruppen; ihre Dauer betrug bis zu $5^1/_2$ Tagen. Nachwirkungen oder auch Spätschäden waren, auch bei den Versuchen in der heißen Jahreszeit, nicht aufgetreten[38]. Hier muß jedoch die Frage nach Zulässigkeit und Notwendigkeit solcher Versuche insgesamt gestellt werden.

Beiglböck konnte sich dabei auf Entscheidungen seiner Vorgesetzten und die Notwendigkeiten im Krieg berufen. Legt man
die Maßstäbe der Deklaration von Helsinki an die Versuche
von Beiglböck an, so ist sicher die Fragwürdigkeit der Freiwilligkeit der Versuchspersonen zu bemängeln. Doch ist prinzipiell auch bei ihnen die eingeschränkt naturwissenschaftliche
Blickrichtung zu bedenken. Sie hat bei Beiglböck zwar keine
Folgen für die Versuchspersonen gehabt. Doch entspringen
diese Versuche insgesamt auch hier dem Denken einer naturwissenschaftlich verengten Medizin. Es ist − so Viktor von
Weizsäcker − „der Geist, der den Menschen nur als Objekt
nimmt". „Weil" − so wieder Viktor von Weizsäcker 1947 −
„die (in Nürnberg) angeklagten Taten von einer überlebten
Art von Medizin aus geschahen, die in sich selbst keine Hem-
mungen gegen unsittliches Handeln enthält, darum fanden sie
auch in dieser Art Medizin keinen Schutz und keine Warnung
gegen mögliche unsittliche Handlungen. Denn es kann wirklich
kein Zweifel darüber bestehen, daß die moralische Anästhesie
gegenüber den Leiden der ... zu Experimenten Ausgewählten
begünstigt war durch die Denkweise einer Medizin, welche die
Menschen betrachtet wie ein chemisches Molekül oder einen
Frosch oder ein Versuchskaninchen."[39]

Doch zurück zum „Ahnenerbe". 1942 war dort als dritter
Planstelleninhaber des „Instituts für wehrwissenschaftliche
Zweckforschung" der Straßburger Anatom August Hirt[40] eingestellt worden. Im Gegensatz zu Rascher galt er − so Sievers
− als ernster Forscher, „der sich sein Leben lang vollständig
der Wissenschaft verschrieben hatte". Durch Arbeiten auf dem
Gebiet des sympathischen Nervensystems und der Intravital-
mikroskopie hatte er sich in der wissenschaftlichen Welt einen
Namen gemacht. Seit 1933 gehörte er der Allgemeinen SS an.
In unserem Zusammenhang soll hier nicht von der durch die
von ihm auch im Rahmen des „Ahnenerbes" an der Reichs-
universität Straßburg zu anthropologischen Studien angelegte
Sammlung jüdischer Skelette die Rede sein; die Opfer ließ er
sich aus Auschwitz − es handelt sich mindestens um 122
Personen − kommen, die im Konzentrationslager Natzweiler

ab 1942 durch Gas ermordet wurden, bevor Hirt sie sezierte und in seine Sammlung integrierte. Im Rahmen des „Ahnenerbes" hatte Hirt vielmehr durch Himmler am 3. 11. 1942 den Auftrag erhalten, im Konzentrationslager Natzweiler Lostgas-Versuche durchzuführen. Senfgas sollte zur Insekten- und Rattenbekämpfung eingesetzt werden, wobei vom Tierversuch zum Menschenversuch übergegangen werden sollte. Im November 1942 begann Hirt mit den Versuchen; an 150 Personen sind dort bis Oktober 1944 Versuche gemacht worden. Nach vierzehntägiger Verpflegung mit SS-Kost wurden die Gefangenen in die pathologische Abteilung von Natzweiler gebracht. „Die Gefangenen" — so der damalige Kapo Ferdinand Holl in Nürnberg[41] — „waren ganz nackt ausgezogen. Sie kamen einer nach dem anderen in das Laboratorium hinein. Da mußte ich ihnen die Arme halten und sie bekamen 10 cm oberhalb des Unterarmes 1 Tropfen von dieser Flüssigkeit aufgeschmiert. Dann mußten die Kranken in den Nebenraum, die so behandelten Leute mußten ungefähr 1 Stunde mit ausgebreiteten Armen so stehen bleiben. Nach ungefähr 10 Stunden, oder es kann auch etwas länger gewesen sein, da stellten sich Brandwunden ein, und zwar am ganzen Körper. Da, wo die Ausdünstungen von diesem Gas hinkamen, war der Körper verbrannt. Blind wurden die Leute zum Teil. Das waren kolossale Schmerzen, so daß es kaum noch auszuhalten war, sich in der Nähe dieser Kranken aufzuhalten. Dann wurden die Kranken jeden Tag photographiert, und zwar sämtliche wunde Stellen, d. h. sämtliche verbrannten Stellen. Ungefähr am 5./6. Tag hatten wir den ersten Toten. Der Tote wurde ... in dem „Ahnenerbe" seziert. Die Eingeweide, Lunge usw. waren total zerfressen. Dann sind im Laufe der nächsten Tage noch 7 Leute gestorben."

Es ist klar, daß solche Experimente ebensowenig etwas mit Rattenbekämpfung zu tun hatten, wie die bereits im Dezember 1939 vorhergegangenen in Sachsenhausen. War es dort um die Ermittlung der besten therapeutischen Maßnahmen gegen Lostwunden gegangen, so ging es in Natzweiler um die Frage, wie Menschen auf eine Lösung eines Lostpräparates von 1 : 100

reagieren, also um die Testung des Senfgases als Kampfstoff. In der Folge wurde auch offen von Kampfstoffversuchen gesprochen.

Doch diese militärische Zweckforschung fand auch ab 1942 nur teilweise im „Institut für wehrwissenschaftliche Zweckforschung" des „Ahnenerbes" statt. Ebenso waren andere Stellen der SS, wie die Konzentrationslager selbst oder der Leibarzt Himmlers und Chefarzt der orthopädischen Heilanstalt Hohenlychen Professor Dr. Karl Gebhardt mit Humanexperimenten befaßt. Sievers hat von Herbst 1942 an immer wieder versucht, das „Institut für wehrwissenschaftliche Zweckforschung" zu einer Zentralstelle für die wehrwissenschaftliche medizinische Forschung innerhalb der SS auszubauen, besonders, aber nicht nur, was die Humanexperimente betraf. Doch es gelang ihm stets nur, ab Herbst 1942, nahestehende Forscher zu gemeinsamen Arbeitstagungen zusammenzubringen. Mit seinen Angeboten, auch anderen Forschern vom „Ahnenerbe" kontrollierte Einrichtungen der SS für Humanexperimente zur Verfügung zu stellen, konnte er zwar seinen Einfluß ausweiten, doch diente das alles mehr dazu, Männern wie Rascher, Hirt und Beiglböck überhaupt den Zutritt zu Konzentrationslagern zu ermöglichen, da sie als einfache SS-Ärzte — Beiglböck war nicht einmal das — sonst dazu keine Möglichkeiten gehabt hätten. Das Dezentralisierungsprinzip widerstreitender Kompetenzen des Nationalsozialismus hatte auch vor der Waffen-SS nicht halt gemacht. Die Kompetenzen des Reichsarztes der SS Ernst Grawitz reichten weit; Sievers mußte ihm stets über die vom „Ahnenerbe" getroffenen Maßnahmen Bericht erstatten[42].

Auch bei Humanversuchen, die außerhalb des „Ahnenerbes" direkt unter Grawitz oder Gebhardt als wehrwissenschaftliche Zweckforschung durchgeführt werden, stehen sadistisch veranlagt Verbrechern anerkannte Wissenschaftler gegenüber. So wird sich von ersteren, ob es sich um Rascher oder den Lagerarzt des Konzentrationslagers Buchenwald, den SS-Hauptsturmführer Dr. Erwin Ding-Schuler handelt, der ebenfalls in Nürnberg angeklagte und verurteilte Prof. Dr. Gerhard Rose[43]

ausdrücklich distanzieren. Er ist Tropenhygieniker[44] und im
Gegensatz zu den anderen anerkannter Wissenschaftler. Habilitiert in Heidelberg, war er sieben Jahre medizinischer Berater
der chinesischen Regierung. Nach seiner Rückkehr wurde er
Direktor der Tropenmedizinischen Abteilung im Robert-Koch-
Institut für Infektionskrankheiten in Berlin. Zu Ende des Krieges war er darüber hinaus Generalarzt der Luftwaffe und
Beratender Hygieniker und Tropenmediziner beim Chef des
Sanitätswesen der Luftwaffe Hippke. Er wurde angeklagt[45]
wegen der Beteiligung an den Fleckfieber-Impfstoff-Versuchen
im Konzentrationslager Buchenwald. Fleckfieber war im Zuge
des Rußlandfeldzugs 1941 zu einer großen Gefahr geworden.
Am 29. 12. 1941 fand ein Treffen im Reichsministerium des
Innern statt, an dem die Impfstoffproduktion reguliert werden
sollte; an ihm nahmen der Direktor des Robert-Koch-Instituts,
der Leipziger Physiologe Prof. Dr. Martin Gildemeister und
SS-Oberführer Prof. Dr. Joachim Mrugowsky, oberster Hygieniker und Chef des Hygiene-Instituts der Waffen-SS, teil. Zwar
konnte keine Einigung über den Wert einzelner Impfstoffe
erzielt werden, doch erwähnte Gildemeister beiläufig, es sei
mit Mrugowsky ein Versuchsplan abgesprochen worden. In
einer zweiten Besprechung, an der zusätzlich der Reichsärzte-
führer Dr. Leonardo Conti und der Präsident des Reichsge-
sundheitsamtes Prof. Dr. Hans Reiter teilnahmen, forderte
Conti die Durchführung von Infektionsversuchen bei Fleckfieber. „Da der Tierversuch keine ausreichende Wertung von
Fleckfieberimpfstoffen zuläßt, müssen die Versuche am Menschen durchgeführt werden."[46] Als er dabei nicht die nötige
Unterstützung erhielt, trug er die Sache an die SS heran. Auf
Veranlassung des Reichsarztes der SS Dr. Grawitz wurde im
Einverständnis mit Himmler vom Hygiene-Institut der Waffen-
SS im Konzentrationslager Buchenwald eine klinische Station
der „Abteilung für Fleckfieber- und Virusforschung" eröffnet,
der Ding-Schuler vorstand; bis Ende 1944 fanden dort 24
Versuchsreihen statt. Ding-Schulers Stationstagebuch, das Eugen Kogon, damals Stationsschreiber in Buchenwald, gerettet
hat, gibt uns genaue Auskunft über die Versuche. Es kam in
der ganzen Zeit nicht, wie geplant, zu der Entwicklung und

Herstellung eines SS-eigenen Impfstoffes, sondern es wurden
nur vorhandene Impfstoffe geprüft. Davon seien der Impfstoff
der Behring-Werke, hergestellt aus Hühnereidottersackkultu-
ren nach dem Verfahren Cox, Gildemeister und Haagen, der
Weigl-Impfstoff aus Läusedärmen, der Durand-Giroudschen
Impfstoff aus Kaninchenlungen vom Institut Pasteur in Paris
und verschiedene Fleckfiebertherapeutika wie Nitroakridin,
Methylenblau und Rutenol der IG-Farben-Industrie AG erwähnt. Ding-Schuler ging so vor, daß er jeweils drei Gruppen
von Versuchspersonen bildete, die alle artifiziell infiziert wurden. Die erste Gruppe wurde unbehandelt gelassen, die zweite
mit dem jeweiligen Impfstoff behandelt; eine dritte waren die
sogenannten Passagepersonen, die dafür verwendet wurden,
um Fleckfieberstämme zu erhalten, um jederzeit von Fleckfie-
berkranken Frischblut zur Verfügung zu haben. Von diesen —
im Monat 3 – 5 Personen — sind fast alle gestorben. Insgesamt
waren an den Versuchen 450 Personen beteiligt, von denen 158
gestorben sind. Bei der hohen Letalität gab es nur zu Anfang
Freiwillige, denen Zusatzkost in Aussicht gestellt wurde. Später
wurden dazu wahllos aus den im Lager Festgehaltenen Versuchspersonen ausgewählt. Erst ab Herbst 1943 wollten die
Lagerführer die Verantwortung für die Auswahl der Versuchspersonen nicht mehr übernehmen. Erst da verfügte das Reichs-
kriminalpolizeiamt Berlin, daß nunmehr Leute verwendet werden sollten, die mindestens 10 Jahre Zuchthaus abzubüßen
hätten. Eugen Kogon ist kein zum Tode verurteilter Häftling
bekannt, der zu den Versuchen herangezogen wurde. Am
17. 3. 1942 besuchten Gildemeister und Rose diese Abteilung.
Gildemeister hatte Rose, der zunächst ablehnend war, mitge-
nommen. Roses Bedenken waren prinzipieller Natur. „Wenn
dieses Verfahren Schule mache, könnten wir ja die ganze Im-
munitätslehre an den Scharfrichter abtreten und nächstens
eine Scharfrichterschule am Institut aufmachen."[47] Gildemeister hatte auch Rose gesagt, daß es sich bei den Versuchspersonen nur um zum Tode verurteilte Verbrecher handele. Rose hat
diese Versuche zur Prüfung der Impfstoffe zunächst trotzdem
prinzipiell abgelehnt. Sie wichen von den bisherigen Methoden
der Impfstofferprobung ab, da es bei ihnen um Leben und

Tod ginge. Die Schutzwirkung eines Impfstoffes werde im
Tierversuch geprüft, am Menschen nur Verträglichkeit und
Gebrauchsdosis. Ebenso sei künstliche Infektion unzulässig.
So äußerte er sich bereits Conti gegenüber, der auf die Notwendigkeit dieser Versuche hinwies, da es bereits zu Fleckfieberepi-
demien im Generalgouvernement gekommen sei und weitere
unter den russischen Kriegsgefangenen zu erwarten wären. „In
Kriegszeiten" — so Conti —, „wo Millionen der Besten ...
ihr Leben opfern müßten, müsse man auch vom Gemein-
schaftsschädling seinen Beitrag zum allgemeinen Wohl fordern."[48] Rose hat seine Ablehnung anläßlich eines Vortrags
von Ding-Schuler auf der 3. Arbeitstagung der Beratenden
Ärzte der Wehrmacht in der Sektion Hygiene im Mai 1943
noch einmal unmißverständlich zum Ausdruck gebracht. Der
Tagungsleiter verbat sich jedoch die Auseinandersetzung um
prinzipielle ethische Fragen, obwohl allen klar war, daß es
sich um Menschenversuche in Konzentrationslagern handelte.
Ding-Schuler hat in seiner Antwort an Rose die Versuche
verteidigt; überdies seien die Versuchspersonen alle zum Tode
verurteilte Verbrecher gewesen. Weder Rose noch ein anderer
der Anwesenden hat aber auch nur den Versuch gemacht,
weitere Versuche zu verhindern. Im Gegenteil hat Rose sieben
Monate später eine Versuchsreihe in Buchenwald mit dem
Ipsenschen Impfstoff Kopenhagen aus Mäuseleber veranlaßt.
Am 2. 12. 1943 bat er Mrugowsky um die Genehmigung, daß
dieser Impfstoff in Buchenwald erprobt werden könnte. Dies
erfolgte in der Versuchsreihe VIII vom 8. 3. bis 18. 3. 1944 an
20 Personen; 6 Todesfälle waren dabei zu verzeichnen. Dieser
Impfstoff, der sich im Tierversuch ausgezeichnet bewährt hatte,
erwies sich beim Menschen als völlig ungeeignet. Rose hatte,
wie es scheint, seine Meinung völlig geändert und sich an
diesen Versuchen beteiligt. Der Gerichtshof stufte ihn somit als
Haupt- und Mittäter ein und verurteilte ihn zu lebenslänglicher
Haft.

Wie ist dieser Zwiespalt bei Rose zu erklären? Er geht, wie mir
scheint, durch seine ganze Argumentation. Einerseits ist seine
Kritik zunächst prinzipiell; es geht ihm um die Methodik der

Immunologie, es gilt den Anfängen zu wehren, auf daß die Wissenschaftlichkeit in diesem Sinne bewahren würde. Es könne sich auch Physiologie und Immunitätswissenschaft, die schon mit dem Tierversuch im Urteil der Öffentlichkeit belastet sei, den Menschenversuch überhaupt nicht leisten, obzwar er ungeheure Vorteile für die Forschung böte. Andererseits hat Rose selbst den Vorteil dieser Versuche für die Forschung näher definiert; von den Fleckfieberversuchen in Buchenwald sagt er in diesem Sinne:

„1. haben sie gezeigt, daß der Glaube an die schützende Wir-kung der Weiglschen Impfstoffe ein Irrtum war ...

2. haben sie gezeigt, daß die brauchbaren Impfstoffe zwar nicht vor Infektionen, aber so gut wie sicher vor dem Tode schützen ...

3. haben sie gezeigt, daß die Einwände gegen den biologi-schen Wert der Eidotter-Impfstoffe im Vergleich zu dem Läuse-Impfstoff ungerechtfertigt waren. Damit war der Weg zu einer Massenherstellung von Fleckfieber-Impfstof-fen offen;

4. sind durch die Buchenwald-Versuche aber auch mehr Impfstoffe rechtzeitig als unbrauchbar erkannt worden."[49]

Vor dem Nürnberger Gericht sagte Rose unter anderem, solche Versuche belasteten den Forscher, der sie durchführte oder veranlaßte, da es nicht mit der Tatsache getan wäre, daß man sage, die Versuchsperson wäre ohnedies zum Tode verurteilt. Er bliebe trotzdem ein Mensch. Angeklagt wären hier Ärzte, die sich der schweren Aufgabe dieser Experimente unterzogen hätten. Nicht Forschungsfanatismus von Leuten wie Rascher und Ding-Schuler beseele ihn, nicht anders wie Gildemeister, Holzlöhner und Hans Eppinger aus Wien. „Es sitzen hier mit uns auf der Anklagebank drei tote deutsche Professoren",[50] die alle der Herabsetzung ausgesetzt wären. Aus dieser Zwie-spältigkeit heraus veranlaßte Rose selbst Versuche in Buchen-wald, obschon er Bedenken hatte, ob man sie selbst an zum Tode Verurteilten durchführen dürfe. Nicht der Arzt, sondern der Staat entscheidet, wer sein Leben durch Taten gegen die

Allgemeinheit verwirkt hat. Die Frage, ob einer zu Recht zum
Tode verurteilt sei, stellt sich ihm deshalb nicht, obzwar er an
anderer Stelle den Wandel von Rechtsvorstellungen insgesamt
ebenso hervorgehoben hat wie eine lange Liste von relativ
geringen Straftatbeständen, auf die damals in Deutschland
bereits die Todesstrafe stand, wie Schwarzschlachtungen,
Kriegsdienstverweigerung, Lebensmittelschiebungen und anderes mehr. Die Kriegssituation mit ihren anderen Rechtsnor-
men wird hier ins Treffen geführt; die Tatsache, daß es sich
beim Dritten Reich um einen terroristischen Unrechtsstaat
handelte, der sich am deutlichsten in den Konzentrationslagern
manifestierte, bleibt außerhalb Roses Überlegung. Sieht man
von diesen politischen Implikationen ab, so steht hinter vielen
Widersprüchen Roses wieder eine verkürzte rein naturwissenschaftliche Blickrichtung. Die Überlegungen über den gleichen
Lebenswert aller Menschen scheinen in diesen Argumenta-
tionsketten in den Hintergrund zu treten. Wichtig ist, selbst
bei seiner Ablehnung von Menschenversuchen, zunächst die
Sauberkeit der Methode und das Hintanhalten von Forschungsfanatismus. Für sie spricht das Verlockende des Experiments von den richtigen Leuten und an Minderwertigen durchgeführt. Dafür hat sich Rose auch entschieden, als er trotz aller
Bedenken sich an den Fleckfieberversuchen in Buchenwald
beteiligte. Immer tauchte in der Verteidigung aller Angeklagten
das Argument auf, daß es Menschenversuche auch schon vorher gegeben habe und zwar gerade an Verbrechern, die bisweilen nicht zum Tode verurteilt und auch nicht freiwillig waren.
Rose führte in diesem Zusammenhang Prof. Richard P. Strong
an, der als Public Health Officer in Manila sowohl Experimente mit abgeschwächten Pestbakterien als auch solche zur
Klärung der Ursache der Beri-Beri-Krankheit bei mehreren
zum Tode verurteilten Verbrechern durchführte. Freiwilligkeit
ist zumindest bei den Pestversuchen nicht erwähnt. Von den
Versuchspersonen bei den Beri-Beri-Versuchen starb eine[51].
Daß auch hier die gleiche nur naturwissenschaftliche Denkweise wie bei Rose vorliegt, kann keinem Zweifel unterliegen.
Die Berufung auf sie — und darauf hat auch die Anklage
abgehoben — zur eigenen Verteidigung ist jedoch unzulässig.

Denn selbst diese vereinzelten Versuche, wie die Strongs, unterscheiden sich als Einzelversuche von denen in den Konzentrationslagern. Letztere wurden als Reihenversuche von Leuten wie Rascher und Ding-Schuler an Deutschen, Russen, Polen und Juden wahllos durchgeführt. Diese Personengruppen einte die Tatsache ihrer Ausgrenzung und ihrer Freigabe zur Vernichtung, wenn auch in Abstufungen, durch ein verbrecherisches Regime. Auch Rose mußte klar sein, was Conti unter „Gemeinschaftsschädlingen" verstand; er kannte die Verhältnisse von Buchenwald durch zumindest einen Besuch, er kannte die Letalitätsquote durch den Vortrag Ding-Schulers. Er initiierte unter diesen Bedingungen eine Versuchsreihe. Damit hat er als angesehener Forscher den Schritt von nur naturwissenschaftlich bestimmter Sehweise zum medizinischen Verbrechen getan.

Zu den immunologischen Versuchen gehören auch die Sulfonamidversuche, die im Konzentrationslager Ravensbrück an Frauen vorgenommen wurden. Die Experimente, die in diesem Frauenkonzentrationslager erfolgten — es waren darüber hinaus Knochenregenerations-, Knochentransplantations-, Sterilisations- und Typhus-Versuche — gehören insgesamt wohl zum Widerwärtigsten der KZ-Medizin[52]. Für die Knochenregenerations- und Knochentransplantationsversuche zeichnete ebenso wie für die Sulfonamidversuche Prof. Dr. Karl Gebhardt[53] verantwortlich. Am 23. 11. 1897 in Landshut geboren, war er ein Jugendfreund Himmlers. Er erwarb den chirurgischen Facharzt 1932 in München und habilitierte sich 1935 in Berlin; 1937 erhielt er den Titel Professor. Seit 1933 war er Chefarzt der orthopädischen Heilanstalt Hohenlychen, in dessen Nähe später das Konzentrationslager Ravensbrück lag. Er gehörte seit 1933 der NSDAP, seit 1935 der SS an, in der er Gruppenführer ebenso wie in der Waffen-SS Generalmajor wurde. 1939 wurde er Leibarzt Himmlers. Von 1940 an war er beratender Chirurg der Waffen-SS.

Den Sulfonamidversuchen ging 1942 eine Vertrauenskrise der Verwundeten vor allem an der Ostfront voraus; die Hilflosigkeit der Ärzte gegenüber dem Gasbrand und die alliierten

Flugblätter, die von Sulfonamid und Penicillin als Schutz vor
Infektion für die verwundeten alliierten Soldaten berichteten,
ließen Himmler Humanversuche in Konzentrationslagern in
der Frage der Sulfonamide vorschlagen. Gebhardt zögerte
zunächst; für ihn hatte die sofortige chirurgische Wundversor-
gung Vorrang. Nur die Tatsache des Fehlens der genügenden
Anzahl von Chirurgen direkt an der Front ließ ihn die Einführung der Sulfonamide erwägen. Das Attentat auf Heydrich am
27. Mai 1942, sein Tod am 4. 6. nach einer Operation schuf
eine neue Situation. Gebhardt als Beratender Chirurg der
Waffen-SS war zugegen gewesen und wurde für den Tod Hey-
drichs wegen Nichtverwendung der Sulfonamide verantwortlich gemacht. Die Erprobung der Sulfonamidwirkung sollte
unter dem Reichsarzt der SS Prof. Dr. Ernst Grawitz sofort
in Angriff genommen werden; von ihnen sollte die eventuelle
Rehabilitation Gebhardts abhängig sein. Gebhardt erreichte,
daß ihm die Durchführung der Versuche im Konzentrationslager Ravensbrück anvertraut wurde. Er machte seinen
Assistenzarzt in Hohenlychen, den ebenfalls angeklagten SS-
Obersturmführer Dr. Fritz Fischer, zum Mitarbeiter; die Lage-
rärzte SS-Obersturmbannführer Dr. Schiedlansky, SS-Unter-
sturmführer Dr. Rosenthal und die ebenfalls in Nürnberg
angeklagte Dr. Herta Oberheuser wurden ihm beigeordnet.
Die Versuche begann Gebhardt mit männlichen Versuchspersonen aus dem Konzentrationslager Sachsenhausen. Ob es sich
um drei oder noch um neun weitere handelt, läßt sich nicht
mehr entscheiden. Von da ab wurden jedoch polnische Frauen
zu diesen Versuchen zur Verfügung gestellt. Fischer und Gebhardt verlangten Aufklärung, weshalb dies geschehe, die jedoch
von Grawitz nicht erteilt wurde. Himmler hatte davon gesprochen, daß es sich um zum Tode verurteilte polnische Wider-
standskämpferinnen handele, für die es eine Chance zur Begnadigung wäre, da diese Versuche eindeutig harmlos verliefen.
Bis dahin hatte es keine Todesfälle gegeben. In Einschnitte
über dem Musculus peroneus longus, bisweilen bis auf den
Knochen, wurden zunächst nur Krankheitserreger, dann auch
Holzspäne und schließlich Holzteile und Glas gebracht, um
Gasbrand zu erzeugen, der dem in der Kriegschirurgie bekann-

ten Bild entsprach. Eine nur infizierte, aber nicht behandelte Versuchsgruppe oder zumindest Versuchspersonen gab es stets. Grawitz, der das Lager besuchte, bemängelte, daß eine Voraussetzung noch immer nicht erfüllt wäre, die Wirksamkeit der Sulfonamide bei Schußverletzungen festzustellen. Seiner Anordnung, kriegsgleiche Wunden zu setzen, kamen Gebhardt und Fischer nicht nach, doch verschärften sie in der dritten Versuchsreihe die Versuchsbedingungen; jetzt kam es zu Todesfällen. „Mit Tetanus" – so die röntgenologische Fachärztin Dr. Zophia Maczka, selbst Häftling in Ravensbrück – „war Veronika Kraska infiziert. Sie starb in ein paar Tagen. Mit Gasbrandbazillus war Kazimiera Kurowska infiziert. Sie starb in ein paar Tagen. Mit Oedema malignum waren Aniele Lefanowicz, Zofia Kiecol, Alfreda Prus und Maria Kusmierzuk infiziert. Die ersten drei starben in einigen Tagen. Die Maria Kusmierzuk hat die Infektion überstanden. Sie lag mehr als ein Jahr krank, sie ist Krüppel geworden, aber sie lebt als Zeugin   der   Experimente."[54]   Befehlsnotstand   gegenüber Himmlers und Grawitzens Befehl, Staatsnotstand, das sind die Argumente, die Gebhardt zu seiner Verteidigung vorbrachte. Daneben klingen seine Berichte über die Versuche wie naturwissenschaftliche Vorlesungen über ganz selbstverständliche Maßnahmen: „Alle befohlenen Sulfonamid-Präparate wurden in örtlicher und innerlicher Anwendung in verschiedener Abstufung, zeitlich wechselnd überprüft. An sogenannten ‚Kontrollfällen', die zwar ohne Sulfonamidgaben, aber sonst therapeutisch vollwertig geschützt waren, fand man den Vergleich. Die Versuche ergaben eindeutig die für die Verwundetenbetreuung äußerst wichtige Tatsache, daß die Sulfonamide nicht geeignet sind, als Prophylaktikum Wundinfektionen zu verhindern. Darüber hinaus fanden wir aus klinischem Analogieschluß die wohl auch heute noch geltende Feststellung, daß Sulfonamide (wie jedes andere Arzneimittel, wie z. B. auch Penicillin) auf dem Blutwege nicht innerhalb eines Abszesses durch dessen abkapselnde Membran transportiert werden können."[55] Hier ist es nicht mehr der Schreibtischtäter, wie bei Rose, hier ist es nicht der pathologisch veranlagte Experimentator, wie Rascher oder Ding-Schuler, sondern hier steht der

den Menschenversuch, wenn auch nicht nur aus eigenem An-
trieb, einsetzende Wissenschaftler mit eigener verbrecherischer
Energie vor uns, mit dem Ziel, wie er es in seinem Schlußwort
selbst sagt, Experimente auszuführen, die angeordnet waren,
um von praktischem wissenschaftlichen Wert zur Prüfung der
Immunisierung zu sein, zum Schutz von Tausenden von Verwundeten und Kranken. Der Schutz und die Sicherheit der
Versuchspersonen war nicht durch die Art der Versuche, sondern nur durch die Form ihrer Durchführung zu gewährleisten.
Das ist Reduktion der Blickrichtung auf einen technizistischen
Aspekt, der sogar noch über den naturwissenschaftlich verengten Blick hinausgeht. Tod durch den Strang war die Strafe für
diese Verbrechen.

Neben der wehrmedizinischen Zweckforschung — ob innerhalb oder außerhalb des „Ahnenerbes" durchgeführt — stehen
Menschenversuche, die zu nichts anderem dienten als das für
die nationalsozialistische Ideologie entscheidende genetisch-
eugenisch-rassenhygienische Grundkonzept weiter zu erfor-
schen. Hier stehen an erster Stelle die Humanversuche, die im
Zusammenhang mit der sogenannten „Euthanasie" stehen.
Mitten während der ersten Phase der „Euthanasie", dem Pa-
tientenmord psychisch kranker Patienten durch Gas in den
Vernichtungsanstalten, wurde am 23.1.1941 in München ein
Forschungsplan für die „Medizinische Abteilung" bei der
Reichsarbeitsgemeinschaft für Heil- und Pflegeanstalten erstellt, wobei nach Untersuchungen von Schizophrenen,
Schwachsinnigen und Epileptikern nach deren Tötung die Sektion stattfinden und besonders die Untersuchungen ihrer Gehirne vorgenommen werden sollte[56]. Die eigentlichen Arbeiten
begannen allerdings erst, nachdem nach dem September 1941
die „Euthanasie" in ihre zweite Phase eingetreten war, d. h.
der Tod durch Gas durch systematische Tötung auf andere
Art in einer Mehrzahl von Anstalten ersetzt wurde. Dazu
gehörten auch die ehemalige Vernichtungsanstalt Branden-
burg/Görden und die Zwischenanstalt für die Vernichtungsanstalt Hadamar Eichberg[57]. Brandenburg/Görden hatte
am 1.2.1942 seinen „Betrieb" aufgenommen, Wiesloch, das

mit dem Eichberg zusammenarbeitete, am 3.11.1942. Paul
Nitsche, einer der Hauptgutachter der „Euthanasie", hat in
Brandenburg/Görden gearbeitet, hat schließlich dort 80 Betten
für Forschungszwecke bereitstellen lassen, und Professor Julius
Hallervorden vom Kaiser-Wilhelm-Institut für Hirnforschung
bedankte sich noch am 9.3.1944 für den Erhalt von 697
Gehirnen. Doch vorhergingen auch hier Humanversuche um
— wie es in einem Bericht von Brandenburg/Görden heißt —
die Frage der „Euthanasie" im einzelnen Krankheitsfalle oder
bei bestimmten Krankheitsgruppen (z. B. den Athetosen) zu
klären. Größer als Brandenburg/Görden sollte Wiesloch unter
Carl Schneider angelegt werden, wenn auch seine Realisierung
nur zögernd voranschritt. Bis zum 18.1.1943 hatte Schneider
gerade 16 Fälle gründlich untersucht. Es gab auch zusehends
Schwierigkeiten, Patienten zu diesem Zweck zu gewinnen, da
andere Anstalten bald Verdacht schöpften, diese Patienten
könnten letztlich zur Tötung bestimmt sein, und sie oft sogar
kurzfristig entließen. Aber auch die Zusammenarbeit mit dem
Eichberg klappte schlecht, weil oft die Gehirne nicht in der
gewünschten Weise präpariert oder oft überhaupt nicht an
Schneider geschickt wurden. 1943 wurde die Wieslocher Abteilung geschlossen. Anschließend hat er die Arbeit in Heidelberg
selbst wiederaufgenommen[58]. Zu den Todeskandidaten gehörten vor allem Kinder, die von der sog. Kinderaktion betroffen
waren. In den sog. Kinderfachabteilungen, in denen seit 1939
systematisch geistig behinderte, bald aber auch als asozial
eingestufte Kinder, schließlich auch Zigeuner-, Juden- und
Mischlingskinder, am Ende bis zum Alter von 16 Jahren ermordet wurden, wurden auch an den dorthin verbrachten
Kindern Humanversuche vorgenommen. Dies gilt in vielen
Fällen; für den Primarius Dr. Walther Gross von der Kinder-
fachabteilung am Spiegelgrund in der Wiener Landes-Heil-
und Pflegeanstalt „Am Steinhof" läßt sich dies im Detail
nachweisen. Gross, der bis heute als Gerichtsgutachter in Wien
tätig ist, hat durch Verabreichung von Noxen, die erst allmählich durch chronische Intoxikation zum Tode der Kinder führten, sich die Voraussetzung zur Untersuchung von — wie er
meinte — Kindern mit pathologischen Hirnstrukturen geschaf-

fen. Untersuchungen darüber unter Einbeziehung der nach dem Tode durchgeführten Hirnuntersuchungen hat er zum Teil ohne Nennung der näheren Umstände und mit der Standarddiagnose Pneumonie als Todesursache nach 1945 veröffentlicht, ohne daß zunächst Verdacht geschöpft wurde. Die konservierten Hirne sind heute noch in Wien vorhanden[59].

In den Bereich dieser erbbiologisch-eugenischen Humanversuche gehört auch ein Teil der Tätigkeit von Dr. Josef Mengele im Konzentrationslager Auschwitz. Auschwitz ist nach Anlage und Ausmaß insgesamt eines der größten dieser „Laboratorien". Hier fanden zunächst auch ganz „normale" medizinische Experimente statt, wie sie allerdings außerhalb der Konzentrationslager in dieser Form nirgends möglich gewesen wären; für die deutsche chemische und pharmazeutische Industrie war das das gegebene Feld, ihre neuen Präparate bzw. Heilmittel im Menschenversuch zu erproben, ohne sich über Nebenwirkungen Gedanken machen zu müssen. So ließ IG-Farben sowohl das Nervengas Tabun in den KZs erproben wie die deutsche pharmazeutische Industrie in großem Maße die Möglichkeit ergriff, noch nicht klinisch erprobte Heilmittel durch die KZ-Ärzte Dr. Helmut Vetter, Dr. Friedrich Entress, Dr. Eduard Wirths und Dr. Fritz Klein in Auschwitz erproben zu lassen. Es wurden Häftlinge mit Flecktyphus infiziert, um an ihnen den neuen Impfstoff der Behring-Werke bzw. Rutenol zu erproben[60]. Es wurde Acridin erprobt, um künstlich hervorgerufene Gelbsucht zu therapieren. Arzneimittel mit der Deckbezeichnung B 1012, B 1034 oder 3384 erlebten hier ihren ersten Test. Häftlinge wurden dabei zu Versuchspersonen von „Bayer" förmlich gekauft, wobei 700 Mark pro weiblichen Häftling festgesetzt wurden[61]. Beim Tod des Probanden wurde für Nachlieferung gesorgt. Doch das Zentrum neuartiger Humanversuche liegt in Auschwitz anderswo. Es sind Mengeles vererbungsbiologisch ausgerichtete Forschungen und Experimente an Zwillingen und Zwergwüchsigen. Wer ist dieser Mann, der brutal an der Rampe von Auschwitz selektierte, der eigenhändig neugeborene Kinder aus den Armen ihrer Mütter riß, um sie eigenhändig in den Ofen zu werfen, der, wenn es Typhus oder Krätze zu bekämpfen galt, ganze davon betroffene Krankenblocks ins Gas schickte, der für Kinder stets ein Bonbon bei sich hatte? Mengele hatte von Anfang an — seit seiner Studienzeit — die Humangenetik fasziniert; er wurde beim Frankfurter Professor Otmar Freiherr von Verschuer 1938 mit der Arbeit „Sippenuntersuchungen bei Lippen-Kiefer-Gaumenspalte" zum Dr. med. promoviert und war bald darauf sein Assistent. Schon damals brachten ihn seine Zwillingsforschungen, auch für Verschuer die „erfolgreichste Methode zur Feststellung der meisten Eigenschaften des Menschen", vor allem seiner Krankheiten, auf das Feld der experimentellen Humangenetik. Verschuer, ab 1942 Direktor des Kaiser-Wilhelm-Instituts für Anthropologie, menschliche Erblehre und Eugenik, ergriff — besonders bei den sich dauernd verschlechternden Forschungsmöglichkeiten im Reich — die Gelegenheit, Einfluß auf die Forschungsplanung seines Schülers Mengele zu nehmen, der nach einer Verwundung an der Front am 30. 5. 1943 als Lagerarzt nach Auschwitz versetzt und zum Leiter der Gesundheitsabteilung des Frauen-KZ ernannt wurde. Dies brachte ihm die Möglichkeit, seine „Forschungen" im Bereich der experimentellen Humangenetik hemmungslos fortzusetzen. Er hat Zwillinge, Zwerge und Verwachsene auf der Rampe selektiert, um sie nach Vornahme der anthropologischen Vermessungen, ihrer Portraitierung und der Durchführung von Humanexperimenten mit Phenolinjektionen selbst zu töten, um sie anschließend zu sezieren. Dies alles diente dazu, um Vergleichsanalysen durchführen zu können. Alle Organe, „die" — so sein Assistent in Auschwitz, der ungarische Pathologe Dr. Nyiszli, der selbst Häftling war — „das Institut für Anthropologie in Berlin-Dahlem interessieren konnten, wurden in Alkohol fixiert. Diese Teile wurden besonders verpackt, um durch die Post verschickt zu werden."[62] Zwei Gebiete waren es im Rahmen der Zwillingsforschung, die Verschuer Mengele zur weiteren Verfolgung vorgeschlagen hatte[63], nämlich „Spezifische Eiweißkörper" und „Augenfarbe". Beides waren Forschungsprojekte, wo im Rahmen des Kaiser-Wilhelm-Instituts bereits Vorarbeiten vorlagen. Was letzteres betraf, hatte Robert Ritter, ein Mitarbeiter Verschuers, in seiner

Dissertation „Rassenbiologische Beobachtungen an Zigeunern
und Zigeunerzwillingen" zwei Sippen mit einer vermeintlich
erblichen Augenanomalie — es handelte sich um partielle Iris-
verfärbung — gefunden. Mengele hat teilweise heterochroma-
tische Augen bei von ihm selektierten Zwillingspaaren festgestellt. Nach Durchführung von Humanexperimenten verschiedener Art an ihnen, tötete er sie durch Herzinjektion und
schickte die Augen präpariert an das Dahlemer Institut, wo
an ihnen wissenschaftlich weitergearbeitet wurde. Bei dem
Projekt „Spezifische Eiweißkörper" ging es um die Frage, ob
es reproduzierbare rassische Unterschiede in den Seren nach
Infektionskrankheiten gäbe. Mengele infizierte eineiige und
zweieiige jüdische und Zigeunerzwillinge mit Typhusbakterien,
entnahm Blut für die chemische Untersuchung in Berlin zu
verschiedenen Zeiten und verfolgte den Krankheitsverlauf.
„Von über 200 Menschen verschiedener Rassen" — so Mengele
selbst an den Frankfurter Pädiater Professor Bernhard de
Rudder am 4. Oktober 1944 —, „Zwillingspaaren und einigen
Sippen sind Plasmasubstrate hergestellt."[64] Frau Irmgard
Haase, Laborantin von Verschuer, hat diese Untersuchungen
nach eigener Aussage durchgeführt[65]. Die eigentlichen Anweisungen kamen jedoch stets von Verschuer selbst. Denn als
Antwort auf die von Nyiszli versandten Päckcken kamen aus
Berlin — so Nyiszli selbst[62] — „entweder präzise wissenschaft-
liche Bemerkungen oder Instruktionen".

Dieser Schreibtischtäter wurde 1953 wieder Humangenetiker
in Münster und hat dort die nächste Generation deutscher
Medizinstudenten, nicht nur Humangenetiker ausgebildet.
Mengele ist wohl heute tot, nachdem er in Lateinamerika
untertauchen konnte. Auch die Vereinigten Staaten haben ihn
mehrfach entweichen lassen. Er selbst — wenn auch bei ihm
das verbrecherische Potential überwiegt, das sich im Konzentrationslager Auschwitz herausgebildet hat —, ist ebenso wie
sein Lehrer ein von einer — wie sie meinten — Naturwissenschaft Besessener.

Die letzte Gruppe von Versuchen, von denen hier die Rede sein
soll, hat ebenfalls in Auschwitz ihre schlimmste Ausprägung

gefunden. Sie steht in Zusammenhang mit den Plänen, auf rassenhygienisch-erbbiologisch-eugenischer Grundlage eine großangelegte Bevölkerungspolitik vor allem im Osten zu ermöglichen. Während für den jüdischen und andere artfremde Bevölkerungsanteile sehr bald die Vernichtung die einzige Möglichkeit im Sinne der Nationalsozialisten darstellte, so stand das Rasse- und Siedlungshauptamt der SS seit 1939 nach dem Überfall auf Polen vor der Aufgabe, eine Neuordnung des Ostens im nationalsozialistischen Sinne vorzubereiten.

Der Generalplan Ost[66], der auf Anregung Himmlers vor allem von diesem Amt ab 1940 erstellt wurde und der Ende 1941 abgeschlossen vorlag, sah als Fernziel vor, wie es in seinem Kommentar vom 20. April 1942 dazu der rassenpolitische Dezernent des Ostministeriums Dr. Erhard Wetzel konkretisierte, daß in den nächsten 30 Jahren 8 Millionen Deutsche in den Ostgebieten einschließlich der Ukraine, Westrußlands und des Baltikums anzusiedeln wären. Die einheimische Bevölkerung wäre bis auf geringe eindeutschbare Reste umzusiedeln — die Polen nach Sibirien, da auch für sie eine Liquidierung wie bei den Juden nicht in Frage käme —; bei den Russen wäre neben anderen Maßnahmen eine freiwillige Sterilisierung zu propagieren. Daß man aber letztlich nicht nur an freiwillige Sterilisierung dachte, zeigt eine Denkschrift des Dermatologen Dr. Adolf Pokorny aus Komotau an Himmler, der ihn auf Arbeiten von Dr. G. Madaus, des Herstellers homöopathischer Heilmittel aus Radebeul bei Dresden hinwies, daß nämlich mit Hilfe des Saftes des Schweigerohrs Sterilisation erreichbar wäre[67]. Allein der Gedanke — so Pokorny im Oktober 1941 — „daß die drei Millionen momentan in deutscher Gefangenschaft befindlichen Bolschewisten sterilisiert werden könnten, so daß sie als Arbeiter zur Verfügung stünden, aber von der Fortpflanzung ausgeschlossen wären, eröffnet weitgehendste Perspektiven". Himmler hat diesen Plan in der Tat weiterverfolgt, indem er sich um die Anpflanzung dieser südamerikanischen Pflanze in Radebeul bemühte. Die Züchtung erwies sich jedoch als schwierig; auch die Versuche mit Ratten in Radebeul wurden ergebnislos beendet. Somit galt es jetzt zu anderen

Methoden überzugehen, nämlich zur Röntgenkastration, die Viktor Brack, damals Oberdienstleiter in der Kanzlei des Führers, zum ersten Mal am 28. 3. 1941 Himmler vorschlug, allerdings zunächst, um arbeitsfähige jüdische Frauen und Männer — Brack spricht von 2 bis 3 Millionen — risikolos für die Kriegsindustrie gewinnen zu können[68]. Dies entspricht überhaupt der Tendenz, die sich von 1942 an durchsetzen sollte, nämlich die Konzentrationslager forciert für die deutsche Kriegswirtschaft ökonomisch zu nutzen[69].

Auschwitz sollte der Ort dieser Experimente werden, für die Himmler Brack das entsprechende „Material" zur Verfügung stellen ließ; sie führte 1942 – 1944 Horst Schumann durch. Er war Sohn eines Arztes und ist im Februar 1930 in die Partei und 1932 in die SA eingetreten. In Halle war er als Amtsarzt tätig gewesen. Bereits im September 1939 beorderte ihn Brack als Beauftragten für die Durchführung der sog. „Euthanasie" in die Kanzlei des Führers; Schumann erklärte sich bereit, an ihr führend mitzuwirken. Als Euthanasiearzt und Direktor ist er 1940 zuerst in der berüchtigten Anstalt Grafeneck und noch im selben Jahr in Sonnenstein zu finden. Ab 1942 ist er in Auschwitz. Während hier bereits die Vergasungen zur Vernichtung jüdischer Häftlinge stattfinden, führt Brack weiter Experimente über — wie es heißt — „die Einwirkung der Röntgenstrahlen auf die menschlichen Keimdrüsen" durch. Die an mindestens 152 Versuchspersonen in qualvoller Weise durchgeführten Röntgenkastrationen führten 1944 nur zu dem Ergebnis — so Brack an Himmler — „daß eine Kastration des Mannes auf diesem Wege ziemlich ausgeschlossen ist oder einen Aufwand erfordert, der sich nicht lohnt". „Die operative Kastration, die ... nur 6 bis 7 Minuten dauert, ist demnach zuverlässiger."[70] Diese operative Kastration wurde anschließend durchgeführt, wohl um mikroskopische Untersuchungen an den den Röntgenstrahlen ausgesetzten Hoden durchzuführen. Diese sog. Röntgenbehandlung führte zu Vereiterungen im Genitalbereich oder mindestens Nässen; die schwer Erkrankten kamen zur Vergasung. Ausgewählt wurden ebenso junge Juden wie auch junge Polen. In Ravensbrück waren es

Zigeunerkinder, an denen diese „Behandlung" von Schumann praktiziert wurde. Die Anwendung dieser Methoden an Polen und Zigeunern zeigt bereits die Richtung, in der die weitere Entwicklung intendiert war. Während Bracks Vorstellung der generellen Sterilisation von arbeitsfähigen Juden durch das Anlaufen der sog. „Endlösung" überholt war, zielten diese verbrecherischen Experimente jetzt auf die mögliche Anwendung dieser Methode bei einer geplanten Massensterilisierung von Fremdvölkischen im Osten, bis sich ihre Ineffizienz erwies.

In dieselbe Richtung, nämlich zur Verbreitung einer sog. „negativen Demographie" bei den Ostvölkern, gingen die bestialischen Sterilisierungsversuche an jungen jüdischen Frauen, die Clauberg vom August 1942 bis 1944 in Auschwitz durchführte. Carl Clauberg ist Gynäkologe[71]; sein Ansehen als Forscher ist unbestritten, seit er 1928/30 zusammen mit einem Chemiker-Team des Schering-Konzerns die Grundlage für die synthetische Herstellung des Follikel- und des Gelbkörperhormons gelegt hatte. 1933 habilitiert er sich in Königsberg für Gynäkologie und wird dort Oberarzt, 1937 außerordentlicher und schließlich 1939 außerplanmäßiger Professor. Obzwar er seit 1933 der NSDAP angehört, gelingt ihm kein weiterer Aufstieg; er wird Chefarzt in Königshütte in Oberschlesien. Seit seiner Habilitation sind es Versuche mit Frauen, die durch Eileiterverschlüsse keine Kinder gebären, können mit denen er sich beschäftigt; ihnen injiziert er das von Schering hergestellte Follikelhormon Progynon B, um ein künstliches Wachstum der Eileiter hervorzurufen. Bald galt er bei Himmler als Spezialist bei der Behebung von Gebärunfähigkeit. Himmler interessierte aber bereits etwas anderes, nämlich — und davon ist in einer Unterredung am 22. März 1940 bereits die Rede — eine Methode, mit der fruchtbare Frauen massenhaft, schnell, sicher und irreversibel sterilisiert werden könnten; Himmler hatte hier bereits die sog. „negative Demographie" von sog. Ostvölkern im Sinne[72]: er wollte, wie der Kommandant von Auschwitz Rudolf Höß bezeugte, die Clauberg-Methode zur Liquidierung des polnischen und tschechischen Volkes anwenden[73]. Dies ist nichts anderes als Ausdruck eines aggressiven

rassisch geprägten Imperialismus. Clauberg sah nun seine
Stunde gekommen und schlägt Himmler die Gründung eines
„Forschungsinstitutes für Fortpflanzungsbiologie" vor, wo vor
allem sowohl die Fruchtbarkeit unfruchtbarer rassisch wert-
voller Frauen wiederhergestellt als auch operationslose Sterili-
sierungsverfahren erprobt werden sollten. Für letztere entwik-
kelte er zunächst die Methode: intrauterin wird eine Formalin-
lösung eingespritzt, die den Eileiter verklebt; um das am Rönt-
genschirm nachzuweisen, entwickelt der Apotheker von Schering Dr. Johannes Paul Goebel die nötige Kontrastflüssigkeit,
nämlich das Bariumsulfat-Präparat Neo-Röntyum. Clauberg
wußte Himmlers Wunsch, diese Versuche in Ravensbrück
durchzuführen, zurückzuweisen, und konnte es durchsetzen,
damit in Auschwitz und damit in der Nähe von Königshütte
mit seinen Experimenten im Sommer 1942 zu beginnen. Am
zweiten Teil seiner fortpflanzungsbiologischen Forschungen ist
Himmler nurmehr wenig interessiert. Trotzdem ist Clauberg
an der Eröffnung der „Stadt der Mütter" bei Krakow beteiligt.
Experimentierwut ist es, was Clauberg von vornherein beseelt
hat; doch damit allein ist sein verbrecherisches Handeln nicht
zu erklären. Im Rahmen der Bedingungen des Konzentrationslagers fügen sich er und seine Helfershelfer, die nicht einmal
alle Ärzte waren, vielmehr nahtlos in sein verbrecherisches
Milieu ein. Das „Reichsforschungsinstitut für Fortpflanzungsbiologie" ist nichts anderes als der berüchtigte Block 10 des
Konzentrationslagers Auschwitz, wo sie ihre kriminellen
Handlungen begingen. Clauberg und seine Helfer haben dort
in brutaler Weise diese Eingriffe vorgenommen, die oft mit
schweren Entzündungen verbunden waren. Von den Opfern,
die damals gestorben sind, sind sechs namentlich bekannt.
Nicht selten wurden Frauen nach dem Eingriff sofort zur
Vernichtung nach Birkenau geschafft.

Doch mit seiner Tätigkeit in Auschwitz bis Ende 1944 ist das
alles nicht zu Ende. Im Januar 1945 sterilisierten Clauberg und
Goebel in Ravensbrück mindestens 35 junge Zigeunerinnen[74].
„Die Experimentierphase" — so hat es Jürgen Schübelin jüngst
ausgedrückt[75] — „ist beendet — Claubergs Methode erfährt

in diesen letzten Wochen des Tausendjährigen Reiches in Ravensbrück ihre praktische Anwendung."

Es wäre zu einfach, das alles als Abartigkeit, als Entgleisung psychopathischer Persönlichkeiten unter den extremen Bedingungen von Konzentrationslagern interpretieren zu wollen. Das verbietet nicht nur die Tatsache, daß wir es hier nicht nur mit Schreibtischtätern wie Verschuer zu tun haben, der noch bis zuletzt auf die große Entdeckung bei seinen Forschungen über die spezifischen Eiweißkörper wartete, sondern auch mit angesehenen Wissenschaftlern wie Hirt, Rose, Gebhardt, Carl Schneider oder Clauberg, die an verbrecherischen Humanversuchen beteiligt waren. Dies hat sicher etwas mit der Medizin im Nationalsozialismus insgesamt zu tun. In dem Maße, in dem sich Individualethik in Richtung einer Gemeinschaftsethik verflüchtigte[76], Begriffe wie Gemeinnutz geht vor Eigennutz, Volksgemeinschaft, Volkstum und Rasse im Rang vor das Individuum traten, erbliche Gesundheit als Voraussetzung zum gesunden Volkskörper und damit die Leistung zur einzigen Richtschnur auch für ärztliches Handeln wurde, im selben Maße orientierte sich dieses am Spannungsfeld Heilen und Vernichten. Damit brachen die Dämme, die es verhindert hätten, das als minderwertig oder leistungsunfähig ausgewiesene Individuum aus dem gesunden Volkskörper auszumerzen oder vorher als Feld für Experimente zu benutzen.

Auch hier stehen wir erst am Anfang unserer Forschungen. Wie fließend die Grenzen vom gezielten Versuch zum Verbrechen besonders in der experimentellen Physiologie sein können, wurde anhand der luftfahrtmedizinischen Versuche gezeigt, wo es schwerfällt — trotz aller institutionellen Trennung — von der Waffen-SS den Bereich der Luftwaffe und der zivilen Forschung sauber von ihr zu trennen. Was an pharmakologischen Versuchen in dieser Zeit auch im zivilen Bereich die Grenzen des Zulässigen überschritten hat, kann nur zukünftige Forschung zeigen. Wenn jedoch der Film „Ich klage an", der zur psychologischen Vorbereitung eines Gesetzes zur Legalisierung der sog. „Euthanasie", nicht nur bei psychisch Kranken, eine solche Unruhe unter den Soldaten an der Front hervorgerufen hat, dann spricht daraus die Angst vor einer Beseitigung als Schwer- oder besonders Hirnverletzter als überflüssiger Esser[57]. Wenn dann einer der Hauptverantwortlichen der sog. „Euthanasie", der langjährige Direktor von Eichberg Friedrich Mennecke 1944 dem bereits bekannten Carl Schneider begeistert von seiner neuen Aufgabe im Rahmen einer Sonderabteilung für Nervenschußverletzte in Bühl berichtet, wo er Erfahrungen sammeln könne[77], so liegt der Schluß nahe, daß es sich nicht nur um ärztliche Betreuung, sondern auch um Humanversuche gehandelt haben muß. Doch das ist nur der eine Aspekt dieses Phänomens. Ob es nur für den Nationalsozialismus typisch war oder für uns heute noch von Bedeutung ist, sei hier zumindest als Frage formuliert.

Es ist sicher, daß bei der Weiterentwicklung der „Wahrheitsdroge" in den Vereinigten Staaten nach dem Zweiten Weltkrieg Experimente, die zu diesem in Korea erprobten und in Vietnam eingesetzten Mittel führten, an psychisch Kranken, Prostituierten, Drogenabhängigen, Gefangenen, aber auch Ausländern insgesamt, also sozialen Randgruppen, oft ohne ihr Wissen, durchgeführt wurden[78]. Daß dies nur eine Ausnahme in einem Land der Welt war, wird man füglich nicht annehmen können. Aufsehen erregten in den Vereinigten Staaten erst jüngst die von Japan in der Mandschurei im Zweiten Weltkrieg durchgeführten Humanversuche militärmedizinischer Art, die nicht gerichtlich als Kriegsverbrechen verfolgt wurden, sondern deren Ergebnisse in die amerikanische Kriegsforschung eingegangen sind. Wie beim Mescalin ging es darum, diese Ergebnisse in der Zeit des Kalten Krieges nicht in die Hände der Sowjetunion gelangen zu lassen. Daher nahm man lieber in Kauf, diese ungeahndet zu lassen. Erst vor kurzem wurde dies alles bekannt. Die andere Seite bleibt die Tradition des Humanversuchs im Rahmen einer vor allem naturwissenschaftlichen Traditionen verpflichteten Medizin. Versuchsbesessenheit konnte in der Extremsituation des Konzentrationslagers wie bei Mengele zu medizinischen Verbrechen führen. Bezeugt ist durch seinen Assistenten Nyiszli auf dessen bange Frage nach der Fortdauer dieser Experimente „Wann hört all diese Vernich-

tung einmal auf?" die Antwort: „Mein Freund! Es geht immer
weiter, immer weiter!"[79] Doch auch die ehemalige Laborantin
von Verschuer hatte keine Zweifel an Notwendigkeit oder
Zulässigkeit ihrer Tätigkeit bei der Untersuchung der Blutpro-
ben von Zigeunerzwillingen und kriegsgefangenen Russen. „Es
war doch Wissenschaft"[80] antwortet sie. Die Verteidigung der
in Nürnberg medizinischer Verbrechen Angeklagten wurde
nicht müde, auf die Tradition des Humanversuchs, besonders
auch des nichtdeutschen, hinzuweisen. Wichtig sind dabei Versuche bei Typhus exanthemicus zwischen 1908 – 1916[81], bei
denen jeweils eine Gruppe aus schutzgeimpften und nicht
schutzgeimpften Versuchspersonen gebildet wurde. Diese Versuche wurden überwiegend an Häftlingen durchgeführt. Gerade diese haben Hans Luxemburger und Erich M. Hahlbach
in ihrer Arbeit „Der Menschenversuch in der Weltliteratur"
zusammengefaßt. Danach wurden nachweislich 9 Versuchsreihen an Häftlingen durchgeführt:

1. 800 Häftlinge aus drei amerikanischen Gefängnissen wurden nach freiwilliger Meldung ohne Aussicht auf Belohnung
   unter Leitung von Ivy in Illinois künstlich mit Malaria
   infiziert.

2. An 11 zum Tode Verurteilten wurden toxikologische Versuche angestellt. Freiwilligkeit ist im Referat nicht erwähnt.

3. Eine große Anzahl von zum Tode Verurteilten wird in
   der Türkei mit Fleckfieber infiziert. Freiwilligkeit wird im
   Referat nicht erwähnt.

4. An 12 amerikanischen Häftlingen erzeugt Goldberger Pella-
   gra nach Versprechen von Straferlaß.

5. Die ersten Versuche mit abgeschwächten Pestkulturen werden, wie bereits erwähnt, von Strong in Manila bei mehreren zum Tode verurteilten Verbrechern durchgeführt. Freiwilligkeit wird im Referat nicht erwähnt.

6. Auf Hawaii wurde der zum Tode verurteilte Verbrecher
   Keanu mit Lepra infiziert. Einverständnis des Delinquenten
   lag vor, nach dem Versprechen des Erlasses der Todesstrafe.
   Keanu erkrankte an Lepra und starb.

7. An 25 amerikanischen Häftlingen wurden Streptokokken-Einspritzungen vorgenommen nach freiwilliger Meldung.

8. Das Worcester-Institut in Manila prüfte laufend neue Arzneimittel an Häftlingen.

9. An 77 amerikanischen Häftlingen wurden durch ein Komitee des Oberbürgermeisters von New York Versuche mit Haschisch vorgenommen[82].

Gefährliche Versuche, wie die mit Pest, Lepra und Fleckfieber, stehen hier neben mäßig gefährlichen Versuchen, wie denen mit Malaria und Streptokokken. Neben sie tritt die auch oft nicht ungefährliche Erprobung von Heilmitteln. Die Autoren dieser Studie meinen, daß aber nicht das Kriterium der Gefährlichkeit den Ausschlag für ihre Durchführung im Gefängnis und an Verbrechern gegeben hätte, sondern daß dies vielmehr in der Tatsache der Gleichmäßigkeit und der Kontrollierbarkeit liege, die für Massenversuche nötig wäre. Andererseits ist jedoch gerade die Freiwilligkeit in den Gefängnissen höchst zweifelhaft; in den Konzentrationslagern war sie einfach nicht gegeben. Doch auch in der Situation der Klinik muß man sie relativieren. Hier ist stets der Informationsvorsprung des Arztes ebenso in Rechnung zu stellen wie die Einsichts- und Entscheidungsfähigkeit des Patienten, die von seiner Sozialisierung und von seiner Gesamtsituation entscheidend abhängig ist. So wird bei Humanversuchen, bei therapeutischen ebenso wie bei nicht-therapeutischen, gerade auch bei solchen, die im Urteil von Nürnberg und in der Deklaration von Helsinki als zulässig bezeichnet wurden, die Frage der ärztlichen Ethik zum entscheidenden Kriterium ihrer Durchführung. Ernst müssen wir jedoch die warnende Frage eines israelischen Wissenschaftlers, Professor Yehuda Bauer, beim Tribunal gegen Mengele im April 1985 in Jerusalem in Jad Vaschem nehmen, daß der Blick auf diese Verbrechen die Frage unter kritischen Wissenschaftlern auch nach Auschwitz aufwirft, „ob wir nicht einen gut ausgerüsteten Barbarismus selbst produzieren". Diese Frage ist in einer Zeit, in der Gentechnologie und Reproduktionstechnologie eine immer größere Bedeutung gewinnen und soziobiologisches Denken an die Übertragung biologi-

scher Modelle auf gesellschaftliche Phänomene an den Sozialdarwinismus denken läßt, nur zu berechtigt. Denn die Ärzte,
die an verbrecherischen Humanversuchen beteiligt gewesen
sind, waren — sieht man von Ausnahmen wie Rascher und
Ding-Schuler ab — von vornherein keine Monster in Men-
schengestalt, sie waren nicht nachweisbar abartig, sondern
waren Mediziner, besessen vom Forscherdrang, im Sinne einer
sich naturwissenschaftlich verstehenden Medizin, oft mit einem
ins Krankhafte gehenden Karrierestreben, nicht dämonische
Persönlichkeiten, auch bisweilen vom Heilungssyndrom im
Sinne Schmidbauers besessen. Und: ihre Versuche waren im
Sinne der damals herrschenden medizinischen Doktrin in vielen Fällen nicht wissenschaftlich unseriös. Und das macht die
Sache, um die es hier geht, noch schrecklicher, aber für uns
auch, für unser Jetzt und Heute noch relevanter.

Anmerkungen

1 Vgl. Rolf Winau, Geschichte des medizinischen Humanversuchs
   — Vom kasuistischen Behandlungsversuch bis zum kontrollierten
   klinischen Versuch, in diesem Band, S. 83—107.
2 Alexander Mitscherlich und Fred Mielke, Medizin ohne Menschlichkeit. Dokumente des Nürnberger Ärzteprozesses (1948; = Fischer Taschenbuch 2003), Frankfurt a. M. 1978, S. 270—272.
3 Deutsches Ärzteblatt 61 (1964) S. 2533.
4 Vgl. Gerhard Baader, Die Medizin im Nationalsozialismus. Ihre
   Wurzeln und die erste Periode ihrer Realisierung 1933—1938, in:
   nicht mißhandeln, hrsg. v. Christian Pross und Rolf Winau
   (= Stätten der Geschichte Berlins, Bd. 5), Berlin 1984, S. 101 f.
5 Vgl. Alexander Mitscherlich und Fred Mielke (Anm. 2) S. 13.
6 Alexander Mitscherlich und Fred Mielke (Anm. 2) S. 281 f.
7 Jüdischer Pressedienst 1974, Nr. 2/3, S. 13—17; abgedruckt bei
   Walter Wuttke-Groneberg (Hrsg.), Medizin im Nationalsozialismus. Ein Arbeitsbuch, Tübingen 1980, S. 322—325.
8 Vgl. Michael H. Kater, Das „Ahnenerbe" der SS 1935—1945.
   Ein Beitrag zur Kulturpolitik des Dritten Reiches, Stuttgart 1974,
   S. 11—41.
9 Vgl. Michael H. Kater (Anm. 8) S. 101 f.
10 Vgl. Michael H. Kater (Anm. 8) S. 231.

11 Vgl. François Bayle, Psychologie et éthique du nationalsocialisme. Étude anthropologique des dirigeants S.S., Paris 1933, S. 309—312; Alexander Mitscherlich und Fred Mielke (Anm. 2) S. 70 f. und Michael H. Kater (Anm. 8) S. 238—244.

12 Vgl. Alexander Mitscherlich und Fred Mielke (Anm. 2) S. 39.

13 Vgl. Alexander Mitscherlich und Fred Mielke (Anm. 2) S. 33.

14 Brief Raschers an Himmler, 1602 — PS, Prosecution Exhibit 44; englische Übersetzung in: Trials of War Criminals before the Nuernberg Military Tribunals under Control Council Law No. 10, Nuernberg October 1946—April 1949. Volume 1: The Medical Case, Washington 1950, S. 141—143, abgedruckt bei: Alexander Mitscherlich und Fred Mielke (Anm. 2), S. 20 f.

15 Vgl. Alexander Mitscherlich und Fred Mielke (Anm. 2) S. 34 und Michael H. Kater (Anm. 8) S. 232 f.

16 Vgl. Alexander Mitscherlich und Fred Mielke (Anm. 2) S. 22—24.

17 Vgl. Alexander Mitscherlich und Fred Mielke (Anm. 2) S. 25.

18 Alexander Mitscherlich und Fred Mielke (Anm. 2) S. 31 f.

19 Alexander Mitscherlich und Fred Mielke (Anm. 2) S. 41.

20 Vgl. Alexander Mitscherlich und Fred Mielke (Anm. 2) S. 28—31.

21 Vgl. Michael H. Kater (Anm. 8) S. 255 f.

22 Vgl. Alexander Mitscherlich und Fred Mielke (Anm. 2) S. 51—53.

23 Vgl. Michael H. Kater (Anm. 8) S. 235—238.

24 NO 428 Prosecution Exhibit 91; englische Übersetzung in Trials (Anm. 14) Bd. 1, S. 230, abgedruckt in: Alexander Mitscherlich und Fred Mielke (Anm. 2) S. 56.

25 Vgl. Alexander Mitscherlich und Fred Mielke (Anm. 2) S. 58—62.

26 Vgl. Alexander Mitscherlich und Fred Mielke (Anm. 2) S. 61—67; Michael H. Kater (Anm. 8) S. 237 f.

27 Vgl. Alexander Mitscherlich und Fred Mielke (Anm. 2) S. 70 f.

28 Vgl. Alexander Mitscherlich und Fred Mielke (Anm. 2) S. 41—46.

29 Vgl. Michael H. Kater (Anm. 8) S. 236.

30 Vgl. Alexander Mitscherlich und Fred Mielke (Anm. 2) S. 46—48, 268—270.

31 Bernhard Naunyn, Ärzte und Laien, in: Gesammelte Abhandlungen, Würzburg 1909, Bd. 2, S. 1348.

32 Albert Moll, Ärztliche Ethik. Die Pflichten des Arztes in allen Beziehungen seiner Tätigkeit, Stuttgart 1902, S. 557.

33 Vgl. Michael H. Kater (Anm. 8) S. 244 f. und Alexander Mitscherlich und Fred Mielke (Anm. 2) S. 283 Anm. 2.

34 Vgl. John Marks, The Search for the "Manchurian Candidate". The CIA and Mind Control, New York 1980, S. 5 f.

35 Vgl. Alexander Mitscherlich und Fred Mielke (Anm. 2) S. 72—90 und die Anmerkungen S. 284 f.

36 Vgl. François Bayle, Croix gammée contre caducée. Les expériences humaines en Allemagne pendant la deuxième guerre mondiale, Paris 1950, S. 643—663; Alexander Mitscherlich und Fred Mielke (Anm. 2) S. 285.

37 Vgl. Trials (Anm. 14) Bd. 1 S. 474—494 und Alexander Mitscherlich und Fred Mielke (Anm. 2) S. 86 f.

38 Vgl. Alexander Mitscherlich und Fred Mielke (Anm. 2) S. 285.

39 Viktor v. Weizsäcker, Euthanasie und Menschenversuche. Psyche 1 (1947) S. 101 f.

40 Vgl. François Bayle (Anm. 11) S. 315—318 und Michael H. Kater (Anm. 8) S. 245—249 und Alexander Mitscherlich und Fred Mielke (Anm. 2) S. 166—173.

41 Alexander Mitscherlich und Fred Mielke (Anm. 2) S. 169.

42 Vgl. Michael H. Kater (Anm. 8) S. 255—264.

43 Vgl. Trials (Anm. 14) Bd. 2 S. 268 und Alexander Mitscherlich und Fred Mielke (Anm. 2) S. 99.

44 Vgl. Trials (Anm. 14) Bd. 2 S. 264.

45 Alexander Mitscherlich und Fred Mielke (Anm. 2) S. 91—126.

46 Trials (Anm. 14) Bd. 1 S. 557.

47 Alexander Mitscherlich und Fred Mielke (Anm. 2) S. 93.

48 Alexander Mitscherlich und Fred Mielke (Anm. 2) S. 95.

49 Alexander Mitscherlich und Fred Mielke (Anm. 2) S. 111 f.

50 Alexander Mitscherlich und Fred Mielke (Anm. 2) S. 108.

51 Alexander Mitscherlich und Fred Mielke (Anm. 2) S. 107 f., 253.

52 Alexander Mitscherlich und Fred Mielke (Anm. 2) S. 131—265.

53 Vgl. François Bayle (Anm. 11) S. 293—297.

54 Alexander Mitscherlich und Fred Mielke (Anm. 2) S. 140.

55 Alexander Mitscherlich und Fred Mielke (Anm. 2) S. 139.

56 Vgl. Götz Aly, Der saubere und der schmutzige Fortschritt, in: Reform und Gewissen. „Euthanasie" im Dienst des Fortschritts. Autoren: G. A., Karl-Friedrich Masuhr, Maria Lehmann, Karl Heinz Roth, Ulrich Schultz (= Beiträge zur nationalsozialistischen Gesundheits- und Sozialpolitik 2), Berlin 1985, S. 51 f.

57 Näheres hierzu wird in der Berliner medizinischen Dissertation von Ludwig Rost, Sterilisation und Euthanasie im Film des Dritten Reiches. Nationalsozialistische Propaganda in ihrer Beziehung zu rassenhygienischen Maßnahmen des NS-Staates, zu finden sein, auf die ich mich hier stütze.

58 Vgl. Benno Müller-Hill, Tödliche Wissenschaft. Die Aussonderung von Juden, Zigeunern und Geisteskranken 1933—1945 (= rororo 5349), Reinbek bei Hamburg 1984, S. 68—71.

59 Diese Hinweise verdanke ich Wolfgang Maurer, Wien, der dies andernorts publizieren wird. Vgl. dazu auch Michael Hubenstorf,

„... und wurden von der Nazi ins Altreich verschleppt und dort aus dem Leben befördert" — eine österreichische Geschichtslüge, in: Medizin und Nationalsozialismus. Tabuisierte Vergangenheit — ungebrochene Tradition, hrsg. v. Gerhard Baader und Ulrich Schultz (= Dokumentation des Gesundheitstages Berlin 1980, Bd. 1), 2. Aufl., Berlin 1983, S. 107–109.

60 Vgl. Joseph Borkin, Die unheilige Allianz der IG Farben. Eine Interessengemeinschaft im Dritten Reich, Frankfurt/Main, New York 1979, S. 122–124 und 208–212 und Friedrich Karl Kaul, Ärzte in Auschwitz, Berlin 1968, S. 284.

61 Vgl. Franciszek Piper, Ausrottung, in: Auschwitz. Geschichte und Wirklichkeit des Vernichtungslagers (= rororo 7330), Reinbek bei Hamburg 1980, S. 139 f. und Friedrich Karl Kaul (Anm. 60) S. 284.

62 M. Nyiszli, Auschwitz. A Doctor's Eyewitness Account. New York 1960, S. 63.

63 Vgl. Benno Müller-Hill (Anm. 58) S. 71–75.

64 Zitiert nach Benno Müller-Hill (Anm. 58) S. 74.

65 Vgl. Benno Müller-Hill (Anm. 58) S. 162 f.

66 Vgl. Helmut Heiber, Der Generalplan Ost. Vierteljahrshefte für Zeitgeschichte 6 (1958) S. 281–325.

67 Vgl. Alexander Mitscherlich und Fred Mielke (Anm. 2) S. 237–240.

68 Vgl. Alexander Mitscherlich und Fred Mielke (Anm. 2) S. 240–246.

69 Vgl. Herwart Vorländer, Nationalsozialistische Konzentrationslager im Dienste der totalen Kriegsführung (= Veröffentlichungen der Kommission für geschichtliche Landeskunde in Baden-Württemberg Reihe B, Bd. 91), Stuttgart 1978, S. 36–40.

70 Vgl. Alexander Mitscherlich und Fred Mielke (Anm. 2) S. 243.

71 Vgl. François Bayle (Anm. 11) S. 312–314 und Jürgen Schübelin, Expansionspolitik und Ärzteverbrechen. Das Beispiel Carl Clauberg, in: Volk und Gesundheit. Heilen und Vernichten im Nationalsozialismus. Begleitbuch zur gleichnamigen Ausstellung im Ludwig Uhland Institut für Empirische Kulturwissenschaft der Universität Tübingen, Tübingen 1982, S. 189–192.

72 Vgl. J. Sehn, Carl Claubergs verbrecherische Unfruchtbarmachungsversuche an Häftlings-Frauen in den Nazi-Konzentrationslagern. Hefte von Auschwitz 2 (1959) S. 8.

73 Vgl. Franticiszek Piper (Anm. 61) S. 136.

74 Vgl. Ino Arndt, Das Frauenkonzentrationslager Ravensbrück, in: Studien zur Geschichte der Konzentrationslager (= Schriftenreihe der Vierteljahrshefte zur Zeitgeschichte 21), Stuttgart 1970, S. 124.

75 Jürgen Schübelin (Anm. 71) S. 196.
76 Vgl. Fridolf Kudlien, Ärzte als Anhänger der NS-„Bewegung", in:
    F. K., Ärzte im Nationalsozialismus, Köln 1985, S. 25 f.
77 Mennecke-Briefe Bd. 2 4 Kls 15/46 StA Pfm Hess. HStA bzw. 2
    St. Ludwigsburg Mennecke an Schneider.
78 Vgl. John Marks (Anm. 34) S. 9 f.
79 Zitiert nach Benno Müller-Hill (Anm. 58) S. 102.
80 Benno Müller-Hill (Anm. 58) S. 163.
81 Vgl. Alexander Mitscherlich und Fred Mielke (Anm. 2) S. 286.
82 Alexander Mitscherlich und Fred Mielke (Anm. 2) S. 253 f.

Rolf Winau

Vom kasuistischen Behandlungsversuch zum kontrollierten klinischen Versuch

Medizinische Versuche am Menschen gab es schon in der Antike. Immer wieder genannt werden hier, auch wenn wir es nicht mit letzter Sicherheit beweisen können, die Versuche, die der König Attalus Philomator von Pergamon im 2. vorchristlichen Jahrhundert anstellen ließ. Attalus, von Furcht vor Vergiftung getrieben, habe, so heißt es, Gifte und Gegengifte an Verbrechern ausprobieren lassen. Ähnliches ist auch von Mitridates Eupator von Pontus bekannt, der aber, mutiger als sein königlicher Kollege, die Wirkung der Gifte und Gegengifte auch an sich selber erprobt habe. Ein angeblich von ihm erfundenes Universalgegengift trug nicht nur seinen Namen, Mitridaticum, sondern erfreute sich auch bis in die beginnende Neuzeit hinein großer Beliebtheit. Daß es offensichtlich nicht besonders wirkungsvoll war, geht auch aus der Tatsache hervor, daß die Zahl seiner Bestandteile ständig wuchs und schließlich bei weit über 50 angelangt war.

Diese Versuche, wenn sie denn stattgefunden haben, waren zwar medizinische Menschenexperimente, jedoch ohne jeden wissenschaftlichen Anspruch. Anderes gilt für die Nachricht, die Celsus, ein römischer Enzyklopädist, überliefert. Will man ihm folgen, dann ist die erste Blüte einer anatomischen Forschung im 3. vorchristlichen Jahrhundert im ägyptischen Alexandria unter anderem auch darauf zurückzuführen, daß die beiden bedeutendsten Vertreter dieser Schule, Herophilos und Erasistratos, vivisektorische Versuche am Menschen durchgeführt hätten.

Ob das wissenschaftliche Experiment in der Medizin und Naturwissenschaft der Griechen eine Rolle gespielt hat ist lange

Zeit umstritten gewesen und auch heute noch nicht restlos geklärt.[1] Immerhin ist so viel sicher, daß Aristoteles Versuche mit Pharmaka durchgeführt hat, und daß Galen im 2. nachchristlichen Jahrhundert Versuche an Gesunden und Kranken zumindest diskutiert hat.[2] Ob die Einschätzung, Galen sei damit der „historisch beglaubigte Vater des pharmakodynamischen Menschenversuchs"[3] richtig ist, muß aber nach wie vor bezweifelt werden. Das Experiment diente gerade Galen nicht dazu, auf induktivem Wege neues Wissen zu gewinnen, sondern vielmehr dazu, deduktiv erschlossenes zu bestätigen. Da das galenische System der Humoralpathologie die Spätantike, die arabische und die europäische Medizin des Mittelalters beherrschte, ja darüber hinaus verengt und dogmatisiert wurde, ist es nicht verwunderlich, daß experimentelle Medizin in dieser Zeit nicht vorkommt. Versuche an Menschen, die aus dieser Zeit berichtet werden, bewegen sich auf dem Niveau der Giftversuche antiker Herrscher. An ihre Stelle sind nun Kaiser, Könige und Päpste getreten.

Eine Entwicklung des experimentellen Gedankens konnte erst einsetzen, als sich die Medizin in zunehmendem Maße vom mittelalterlichen Dogmatismus löste, als nicht mehr die antiken Autoritäten die Berufungsinstanz für eine zeitgenössische Medizin waren, sondern als der eigene Augenschein, die Berufung auf die eigene Beobachtung zur Berufungsinstanz wurde.

Begonnen hatte diese Entwicklung mit Andreas Vesal im 16. Jahrhundert. Er hatte durch seine Tätigkeit, durch das eigenhändige Sezieren von Leichen gezeigt, daß die antike Lehre vom Bau des menschlichen Körpers nicht auf dem Augenschein beruhen konnte, und hatte eine neue medizinische Disziplin, die Anatomie, geschaffen. Es sollte aber noch bis weit ins 18. Jahrhundert hinein dauern, bis diese auch Einfluß auf die klinische Medizin gewann.

Das 18. Jahrhundert ist durch den Geist der Aufklärung geprägt.[4] Von England ausgehend wurde sie, über Holland nach Mitteleuropa gekommen, zum geistigen Hintergrund allen menschlichen Lebens: die Vernunft als die Fähigkeit des eigenen Denkens wurde erkannt. Dies ist in dreifacher Hinsicht von Bedeutung geworden: sie wurde die allgemeine Grundlage einer neuen Philosophie; die durch diese Philosophie gefundenen Grundsätze wurden auf einzelne Wissenschaften angewendet und führten zur Umstrukturierung dieser Wissenschaften im Sinne einer modernen Forschung; eine allgemeine Volksaufklärung war die Folge dieser Wandlung der Einstellung auch zu praktischen Fragen des Lebens.

Für die Entwicklung der experimentellen Medizin im 18. Jahrhundert wurden vor allem zwei Dinge wirksam: auf der einen Seite die theoretische Forderung der Philosophen, nur Beobachtung und Erfahrung dürften Grundlagen der Forschung sein — hier sind die beiden Engländer John Locke und David Hume zu nennen —, auf der anderen Seite die vor allem von Christian Wolff, dem Schüler von Leibniz, vertretene These, alles Geschaffene sei nicht nur erkennbar, sondern auch für den Menschen in irgendeiner Form nützlich. So kann es dann in einem Gedicht über die Gemse heißen — ich beschränke mich hier auf die medizinisch relevanten Verse:

> Für die schwindsucht ist ihr Unschlitt,
> fürs Gesicht die Galle gut;
> Gemsenfleisch ist gut zu essen,
> und den Schwindel heilt ihr Blut.
> Auch die Haut dient uns nicht minder;
> strahlet nicht aus diesem Tier
> nebst der Weisheit und der Allmacht
> auch des Schöpfers Lieb herfür?[5]

Und noch eines kennzeichnet die Zeit. Da man von der zweckmäßigen Einrichtung dieser Welt überzeugt war, da alles durch eine vernunftgemäße Philosophie erklärt werden konnte, wurde der Begriff philosophisch synonym für erfahrungsgemäß gebraucht. So nannte der Charitéarzt Christian Ludwig Mursinna die von ihm erdachten und erprobten elastischen Verbände ‚philosophische Verbände‘. Auf Georg Friedrich Hildebrandts „Versuch einer philosophischen Pharmakologie" wird noch eingegangen werden. Schon Leibniz und George Berkeley hatten kontrollierte pharmakologische und klinische Versuche gefordert. In die Tat umgesetzt wurden die Forderungen aber erst im Laufe des Jahrhunderts. Für die pharmakologischen Versuche gab es dabei drei wichtige Voraussetzungen: 1. die Entdeckung der Möglichkeit der intravenösen Injektion, 2. die Einfuhr von exotischen Drogen nach Europa und 3. die Ausarbeitung einer experimentellen Technik in der Physiologie.

1. Die intravenöse Injektion war innerhalb weniger Jahre gleich viermal unabhängig voneinander entdeckt worden. Zu den Entdeckern gehören Christopher Wren in London, der nicht nur als Architekt, Mathematiker und Astronom eine Kapazität war, sondern auch medizinische Probleme anging, wie die Krankenhaushygiene, Studienordnungen für Mediziner und eben auch das der intravenösen Injektion.[6] Ob der zweite Erfinder, Johann Christian Major in Kiel, die von ihm beschriebene Methode je angewendet hat, ist nach wie vor nicht sicher.[7] Am Menschen experimentiert hat mit Sicherheit Johann Sigismund Elsholtz, wie er in seiner „Neuen Clystierkunst" von 1665 berichtet. Nach Versuchen an der Leiche, dann an Hunden, wagte er sich an den lebenden Menschen. Elsholtz war der erste, der therapeutische Konsequenzen aus der neuen Applikationsform zog. In der zweiten Auflage seines Büchleins kann er voll Stolz auf Heilerfolge mit seiner Technik hinweisen. Dabei hatte er auch Nebenwirkungen seiner Therapie beobachtet. Während der „Operation" hatte ein Teil der Patienten Schwindel, danach ein Brennen im ganzen Körper, starken Schweißausbruch und Brechreiz. Elsholtz diskutiert die Frage, ob die Symptome auf die Methode oder auf das Medikament zurückzuführen seien und kommt zu dem Schluß, daß die Medikamente für die Nebenwirkungen verantwortlich seien. Der vierte der Entdecker schließlich ist der Italiener Carlo Fracassati.

Zu den neuen Arzneimitteln gehörten Tabak, Coca, Chinarinde, Curare, Nux Vomica, Angostura- und Perurinde.

In der Physiologie war schon früher als in der Pharmakologie und der klinischen Medizin die Methodik des Tierexperimentes erarbeitet worden. Schon Andreas Vesal hatte die Bedeutung des Tierversuchs betont, William Harvey hatte im Tierversuch seine Lehre vom Blutkreislauf entwickelt. Albrecht von Haller verdankt die Physiologie die Ausarbeitung der Versuchsmethodik: „Es darf nie ein Versuch oder eine Behandlung nur ein einziges Mal angestellt werden und es läßt sich die Wahrheit niemals anders als aus dem unveränderlichen Erfolg wiederholter Erfahrungen erkennen."[8]

Auf den hier in Kürze geschilderten Fundamenten bauten die Forscher des 18. Jahrhunderts auf. Es würde zu weit führen, hier alle angestellten Versuche zu referieren. Nur auf einige wesentliche, grundlegende Untersuchungen kann ich hier eingehen, vor allen Dingen auf solche, die die Theorie oder die Methodik des Versuchs weitergebracht oder wesentlich verbessert haben.

Es ist erstaunlich, daß in dieser frühen Phase bereits das erste bekannte klinische Experiment durchgeführt wurde und zu einem bahnbrechenden Ergebnis hätte führen können.

James Lind (1716–1794), war 1747 als Schiffsarzt auf die Salisbury kommandiert worden. Dort hatte er, wie alle Schiffsärzte der damaligen Zeit, gegen eine der schlimmsten Krankheiten der Seeleute, den Skorbut, zu kämpfen. Nachdem er die gängige Literatur studiert hatte, die eine Unzahl von Therapiemöglichkeiten enthielt, kam er zu dem Schluß, daß nur eine eigene Untersuchung ihn weiterbringen könnte. Am 20. Mai begann er eine Versuchsreihe. Ich lasse ihn selber zu Wort kommen: „Am 20. Mai 1747 nahm ich zwölf Patienten, die mit dem Scharbocke behaftet waren an Bord des Schiffes Salisbury. Ich las, soviel ich konnte, solche aus, deren Umstände am meisten miteinander übereinkamen. Sie hatten durchgängig faules Zahnfleisch, Flecke und Müdigkeit, nebst einer Schwäche in den Knien. Sie lagen alle miteinander in einem in dem Vorderteile des Schiffes den Kranken gewidmeten Zimmer, und genossen alle einerley Speisen, nämlich des Morgens Hafergrütze mit Zucker versüßt, des Mittags öfters frische Schöpsbrühe, andere Male leichte Puddings, gekochten Zwieback mit Zucker und dergleichen und des Abends Gerste mit Rosinen, Reiß und Korinthen, Sago und Wein, oder dergleichen. Zweenen davon wurde täglich einem jeden ein Quart Cyder verordnet. Zweenen anderen nahmen täglich dreymal, nach vollendeter Verdauung 25 Tropfen Vitriolelexier ... Zweenen anderen nahmen täglich dreymal bey leerem Magen zween Löffel voll Essig ... Zweenen von den schlimmsten Personen, bei denen die Flechsen im Kniegelenk starr waren (ein Zufall, welcher keiner von den übrigen hatte) bekamen nichts als Seewasser. Von diesen trunken sie täglich ein halbes Nösel ... Zween andere bekamen täglich zwo Pomeranzen und eine Limone ... Die übrigen zween Patienten nahmen dreymal ein Muscatennuß groß stück von einer Latwerge, die ein Lazareth-Wundarzt empfohlen hatte und die aus Knoblauch, Senfsamen, Meerrettig, Peruvianischem Balsam und Myrrhen bestunde ... Die geschwindesten und merklichsten guten Wirkungen äußerten sich von dem Gebrauch der Pomeranzen und Limonen."[9] Lind faßte die Ergebnisse zusammen in dem Satz: „So werde ich hier bloß bemerken, daß sich aus all meinen Erfahrungen dies ergab, daß Pomeranzen und Limonen zur See die wirksamsten Mittel wider diese Krankheit wären."[10] Lind hat in diesem Versuch alle Voraussetzungen für ein erfolgreiches klinisches Experiment beachtet: Er wählte Patienten mit fast gleichen Symptomen aus, Unterbringung und Ernährung waren gleich, so daß die Ergebnisse nicht von Zufälligkeiten beeinflußt wurden. Er behandelte wenigstens zwei Patienten mit demselben Medikament. Das ist sicher für uns heute statistisch keine relevante Zahl, aber es dokumentiert doch Linds Bemühen um eine Objektivierung, soweit ihm dies die Zustände auf einem Segelschiff zuließen. Aber Linds Experiment kam zu früh, die bahnbrechende Methodik wurde von den Zeitgenossen nicht erkannt, und auch die von Lind bewiesene eindeutige Überlegenheit der Zitrusfrüchte als Heil- und Vorbeugungsmittel bei Skorbut konnte die britische Marineverwaltung nicht dazu bringen, den von Lind vorgeschlagenen Zitronensaft in die Verpflegung der Seeleute aufzunehmen. Erst 1795 wurde der Gebrauch von Zitronensaft angeordnet.[11]

Für die Entwicklung des therapeutischen Versuchs ebenso bedeutend, wenn auch in seiner Zeit heftig umstritten ist Anton Störck.[12] Störck (1731–1803) hatte nach seinem Medizinstudium in Wien dort unter seinen Gönnern de Haen und van

Swieten schnell Karriere gemacht. Er hat mit seinen Versuchen
mit dem Schierling, dem Bilsenkraut, dem Stechapfel, dem
Eisenhut, der Herbstzeitlose, dem Brennkraut, dem weißen
Diptam und der Küchenschelle neue Maßstäbe in zweierlei
Hinsicht gesetzt: Er hat das pharmakologische Experiment
ganz entscheidend weitergebracht und er hat gezeigt, daß auch
die exakteste Versuchsanordnung und -durchführung wertlos
ist, wenn man die Ergebnisse nicht vorurteilsfrei betrachten
kann. Für Störck verklärten sich alle untersuchten Giftpflanzen zu Panazeen, zu Allheilmitteln. Und das in einer Zeit, in
der ein Göttinger Student die Disputationsthesen vertreten
hatte: Non datur unum adversus omnia venena utile antidotum
und Neque est, neque fuit, neque erit Panacea.

Störck ging von drei Arbeitshypothesen aus. Er glaubte an
den Grundsatz, daß nur die Dosis die Giftwirkung ausmache
und daß auch für giftig gehaltene Pflanzen in kleiner Dosierung
nicht schaden könnten. Dann war er der Ansicht, „daß nichts
von dem gütigen Gott erschaffen worden, was nicht gut und
nützlich wäre".[13] Schließlich glaubte er, daß ein Mittel, das
äußerlich wirkte, auch bei peroraler Aufnahme gleiche oder
ähnliche Wirkungen zeige. Aufgrund dieser Hypothesen hat
er eine Arbeitsmethodik entwickelt, die durchaus neu und
vorbildlich war. Zunächst galt es, eine bisher nicht beachtete
oder in Vergessenheit geratene Pflanze zu finden, daraus ein
Pharmakon zu extrahieren, diese im Tierversuch und im Selbstversuch zu testen und schließlich im klinischen Versuch zu
erproben. Störck hat dieses Vorgehen bei allen Versuchen,
manchmal in modifizierter Form, eingehalten.

Seine Versuche begann er mit dem Schierling, Cicuta maculata.
1761 berichtete er in einem schmalen Bändchen von seinen
aufsehenerregenden Erfolgen. Er beschreibt genau die Pflanze,
mit der er seine Versuche durchführte um jede Verwechslung
auszuschließen, er prüft die Literatur, um über deren medizinische Eigenschaften etwas in Erfahrung zu bringen, und findet
dabei, daß sie „in den ältesten Zeiten zur Zerteilung kalter
Geschwülste, zur Auflösung von Erhärtungen, zur Milderung
der Schmerzen bei Krebsen mit großer Wirkung gebraucht

worden sey".[14] Da dieselbe Literatur den Schierling bei inner-
licher Anwendung als starkes Gift kennzeichnet, begann
Störck seine Versuche mit äußerlicher Anwendung und sah
Erfolge beim heißen Brand, bei der Gicht und beim Krebs.
Diese Versuche ließen ihn zu der Annahme kommen, daß die
„auflösende, durchdringende und vertreibende Kraft in dem
Safte des Schierlings verborgen"[15] sei. Mit dem Extrakt aus
diesem Saft begann er seine Tierversuche, indem er einem
Hund täglich dreimal einen Skrupel davon gab. Als der Hund
keine Vergiftungserscheinungen zeigte, wagte er den Schritt
zum Selbstversuch. Morgens und abends nahm er je ein Gran
in einer Tasse Tee, steigerte die Dosis nach einer Woche, ohne
daß sich Vergiftungserscheinungen zeigten. Ein Versuch mit
frischem Schierlingssaft, den er sich auf die Zunge träufelte,
worauf diese brannte, anschwoll und starr wurde, mahnte ihn
zur Vorsicht. Dennoch begann er nun die klinische Erprobung.
In 20 Fällen von Geschwülsten, Krebsgeschwüren, venerischen
Erkrankungen, ja selbst beim grauen Star hat er Erfolge gesehen, die ihn davon überzeugten, ein Allheilmittel gefunden zu
haben. „Auf diese vorläufige Nachricht bitte ich nunmehr
alle und jede Ärzte diesen Extrakt bey jeder vorfallenden
Gelegenheit zu versuchen und zu gebrauchen. Zu gleicher Zeit
aber bitte ich sie inständig, alle Vorurtheile und alle neidische
Gesinnungen abzulegen. Denn man muß bedenken, daß dergleichen Dinge die Gesundheit des Nächsten betreffen. Sollten
sie aus dem Gebrauch etwas Widriges erfahren: so mögen
sie sorgfältig nachforschen: ob dieser aus der allzu großen
Heftigkeit des Übels, oder aus einem Fehler, den der Kranke,
oder die um ihn befindlichen Personen begangen; oder aus
dem Arzneymittel selbst herrühre? Folglich werden sie nicht
sogleich ein Arzneymittel als schädlich oder unwirksam ver-
dammen."[16]

In diesen Sätzen dokumentiert sich Störcks unkritische Sicht
sehr deutlich. Eine Reihe von Ärzten folgte ihm in der Anwendung des Schierlings und sah, da sie es sehen wollte, jene
unglaublichen Wirkungen. Andere unter der Führung von
Störcks einstigem Klinikdirektor de Haen, bekämpften die Ci-

cutarii, die Schierlingsärzte, wie sie sie verächtlich nannten, erbittert. Mitten in den Streit hinein veröffentlichte Störck ein zweites Bändchen mit Beobachtungen.[17] Die Skala der erfolgreichen Anwendungen erweitert sich: Empyem, Arthritis, Elephantiasis, Menorraghien, Ikterus, Rachitis und Krätze sah Störck nun geheilt und voller Stolz konnte er schreiben: „Je öfter ich den Kranken Schierling reiche, desto mehr bewundere ich allemal die große Kraft und Wirksamkeit dieser Pflanze. Es gibt fast unzählige Krankheiten in welchen sie überaus dienlich und heilsam ist ... Ich habe mir oftermals Glück gewünschet, und mich sehr gefreuet, nachdem ich gesehen, daß Kranke, die von andern für verloren gehalten, und bereits ihrem Schicksal überlassen wurden, durch meinen Schierling neues Leben und völlige Gesundheit erlanget."[18] Ich verzichte darauf, die Versuche mit anderen Giftpflanzen ausführlich zu schildern, die stets das gleiche Muster zeigen: methodisch richtiges Vorgehen gepaart mit völlig kritikloser, ja im Gegenteil einer vorgefaßten Meinung folgenden Auswertung der Ergebnisse. Die von Störck aufgestellte Versuchsreihenfolge — Tierversuch, Selbstversuch, klinische Erprobung — hat jedoch den Fortgang der Entwicklung ganz wesentlich beeinflußt.

Auf einen Mann muß hier noch hingewiesen werden, obwohl er Versuche mit Menschen nur in sehr geringem Umfang durchgeführt hat: Felice Fontana (1730—1805). Er hat wie kein anderer die Theorie des Experiments befruchtet, hat dabei in exakten Untersuchungsreihen die Wirkung des Schlangengiftes erforscht, hat lange vor Claude Bernard die Wirkungsweise des Curare beschrieben, hat die lähmende des Nikotins erkannt und den zentralen Angriffspunkt des Opiums beschrieben. Seine vier Postulate zum Versuch sollen hier wenigstens genannt werden:[19]

1. Der Versuch muß so oft als möglich wiederholt werden.
2. Die Versuchsanordnung muß so abgeändert werden, daß äußere Einflüsse erkannt und das Ergebnis von Zufällen frei wird.
3. Man soll nicht „glückliche" Versuche anstellen, sondern sich bemühen, die Quellen von Fehlern und Irrtümern zu entdecken.

4. Man soll sich hüten, auf Einzelbeobachtungen gleich Systeme aufzubauen.

Ein Ausspruch Fontanas ist kennzeichnend für das gewandelte Bewußtsein am Ende des 18. Jahrhunderts: „Es ist allzeit Übel, wenn man eine Wahrheit nicht weiß; aber wenn man weiß, daß man sie nicht weiß, so kann man noch hoffen, sie zu erfahren. Das nützlichste unter allen Büchern fehlt dem Menschen noch. Dieses Buch würde ein solches seyn, welches bestimmen würde, was wir in der That wissen, und was wir nicht wissen, ob wir gleich uns einbilden, daß wir es wissen. Unsere Schlüsse würden nicht mehr Hypothesen und Irrthümer zum Grunde haben und anstatt Systeme zu bauen, würde man suchen Materialien zu sammeln. Man würde die Natur mehr zu Rathe ziehen, weniger Schlüsse machen und mehr wissen."[20]

Das gewandelte Bewußtsein spiegelt sich auch in der Tatsache, daß am Ende des 18. Jahrhunderts eine Theorie der experimentellen Pharmakologie ausformuliert wurde und in dieser Form bis weit ins 19. Jahrhundert hinein Gültigkeit hatte.

Eine erste zusammenfassende Darstellung über das Vorgehen bei der Prüfung unbekannter Wirkstoffe finden wir bei Johann Friedrich Gmelin in seiner „Geschichte der Gifte" vom Jahre 1776.[21]

Gmelin stellt zunächst fest, daß vom Tierversuch kein exakter Schluß auf die Wirkung eines Mittels gezogen werden könne. „Wir sehen daraus, daß wir mit diesen Erfahrungen noch lange nicht zurecht kommen, wenn wir unserer Sache gewiß seyn wollen. Es bleibt uns also alsdenn, und auch in dem Fall, wann der verdächtige Körper, den wir untersuchen, gar keine Wirkung auf den Körper anderer Thiere äußert, nichts übrig, als Versuche an dem menschlichen Körper selbst zu machen. Dies geschieht auf dreyerley Art: 1. Mit dem Blute, oder anderen Säften eines gesunden Menschen, außer dem lebendigen Körper, 2. mit Missethätern, und 3. an unserm eignen Leibe."[22]

Von den in-vitro-Versuchen hält Gmelin nichts, da sie nichts über die wahren Verhältnisse im Körper aussagen. Versuche an Verbrechern werden immer Ausnahmefälle bleiben. Zur richtigen Einschätzung des zu untersuchenden Stoffes bleibt also nur der Selbstversuch. Für das Vorgehen bei diesem Experiment gibt Gmelin folgende Regeln an: Zuerst soll der Stoff in flüssiger, dann in trockener, konzentrierter Form auf die Haut gebracht werden. Nächster Schritt der Prüfung ist die Beurteilung des Geruchs, ihm folgt die des Geschmacks. Auch hier soll mit der nötigen Vorsicht vorgegangen werden. Nur ganz wenig soll auf die Zungenspitze genommen und sofort wieder ausgespien werden. Zeigen sich hier Symptome wie Lähmungserscheinungen der Zunge oder starker Speichelfluß, so kann man gewiß sein, „daß ein solcher Stoff ein Gift ist, und dann ist es Zeit, seinen ferneren Wirkungen Einhalt zu thun."[23]

Letzter Schritt der Prüfung ist die orale Einnahme. Dabei sind eine Reihe von Kautelen zu beachten: Brechmittel und Gegengift sollen zur Hand sein; der Experimentator soll nie allein bleiben, damit ein anderer die Beobachtungen, die der Arzt selbst vielleicht nicht machen kann, da er seiner Sinne beraubt ist, aufzeichnen und, wenn nötig, helfend einspringen kann. Der Weg zur Erkennung von Giften und Pharmaka geht also stufenweise bis zum Selbstversuch. Eigentlich, so meint Gmelin, sei dieser mühevolle Weg gar nicht nötig, wenn die europäische Gesellschaft sich nicht so weit von der Natur entfernt hätte. „Der weise, und gegen das menschliche Geschlecht unendlich gütige Schöpfer hat allen Körpern, deren Gebrauch einen schädlichen Einfluß auf den unsrigen haben kann, gewisse Merkmale eingeprägt, durch die er uns gleichsam warnen wollte. Die unvernünftigen Thiere, deren Naturtrieb noch unverdorben ist, rohe Völker, die der Natur noch getreu sind, die ihre Sinnen noch nicht durch die feine Lebensart unserer Gegenden stumpf gemacht haben, benutzen diese Merkmale auf die beste und leichteste Art; aber wir, die wir uns mit dem Namen der aufgeklärten Erdenbewohner brüsten, indem wir durch unsere eigene, und die Vergehung anderer

Welttheile, unsere Körper täglich mehr schwächen, und uns immer mehr von dem Plane entfernen, den der Schöpfer für unsern Körper bestimmt hat, sind blind und unempfindlich genug, über alle diese Merkmale hinaus zu gehen, wenn sie nicht äußerst auffallend sind, und dadurch genöthigt, das durch lange Umwege zu suchen, was wir auf dem leichtesten und kürzesten Weg hätten finden können, wann wir der Natur, unserer getreuesten Führerin hätten folgen wollen."[24]

Zehn Jahre nach Gmelin hat sich Georg Friedrich Hildebrandt in seinem „Versuch einer philosophischen Pharmakologie" mit dem methodischen Weg des pharmakologischen Erkennens auseinandergesetzt.[25] Hildebrandt beklagt, daß durch „Dummheit, Mangel an Kenntnis der Natur, Aberglaube, falsche Erfahrung, und Charlatanerie"[26] zu viele unwirksame Medikamente in den Pharmakopöen stehen. Was sollte ein Arzt von einem Heilmittel wissen, so fragt er. Er sollte zunächst den Namen des Mittels kennen, in allen geläufigen Sprachen, auch die Vulgärbezeichnungen, damit er die Erfahrungen älterer und neuerer Ärzte beurteilen könne. Dann sollte er den Ursprung des Mittels kennen und seine Beschaffenheit, wie Form, Farbe, Geruch und Geschmack; er sollte die Bereitung des Mittels kennen und etwas von seiner Heilkraft wissen. Das alles kann er erreichen durch Erfahrung. „Die Erfahrung, welche uns die Heilkräfte der Arzneimittel kennenlernt, gründet sich auf Versuche."[27] Die Versuche werden außerhalb und innerhalb des Körpers durchgeführt. Bei in-vitro-Versuchen geht es darum, die Wirkung von Medikamenten auf bestimmte Körpersäfte oder krankhafte Stoffe zu erproben. Nächster Schritt ist der Versuch im organisierten Körper. An Tieren werden Versuche angestellt, „um von dem Erfolge derselben analogisch auf den Erfolg im menschlichen Körper zu schließen, und durch den unglücklichen also von dem Versuche an Menschen abgeschreckt, durch den glücklichen dazu bewogen werden. Allerdings ist bei den vollkommneren Thieren, welche dem Menschen in dem Bau und der Oekonomie ihres Körpers ähnlich sind, besonders bei den Säugethieren, mit großer Wahrscheinlichkeit zu vermuthen, daß ein Ding in ihrem Körper dieselben Wirkungen hervorbringen werde, die es im menschlichen hat."[28] Dennoch warnt Hildebrandt vor der kritiklosen Übernahme der Ergebnisse der Tierversuche auf den Menschen. Bleibt der Versuch am Menschen das, „worauf die Erfahrung sich gründet. Ohne gehörig und öfters angestellte Versuche am menschlichen Körper läßt sich weder durch analogisches Raisonnement, noch durch Versuche ausser dem organisierten Körper, oder an Thieren, etwas mit Gewißheit von der Wirksamkeit eines Dinges im menschlichen Körper behaupten."[29] Bevor ein Stoff in den menschlichen Körper gebracht werden darf, sollen seine Farbe, sein Aussehen, sein Geruch geprüft werden, die Beobachtungen des Tierversuchs sind genau zu berücksichtigen. Die Wirkung auf menschliche Säfte, Blut, Galle, Speichel, muß die Anwendung gefahrlos erscheinen lassen. Hildebrandt bedauert es, daß so wenig Gelegenheit gegeben sei, Versuche an zum Tode verurteilten Verbrechern durchzuführen, da sich andere Menschen kaum dazu hergeben werden — „und mit List oder Gewalt sie an ihnen zu machen, das würde unverantwortlich sein".[30] Daher bleibt dem Forscher nur der Selbstversuch. Wie Gmelin rät Hildebrandt, den zu prüfenden Stoff erst auf der Haut zu testen, dann erst per os in starker Verdünnung. Dabei soll der Forscher die schon von Gmelin beschriebenen Vorsichtsmaßnahmen ergreifen und sich genau beobachten. Erst wenn die Unschädlichkeit eines Mittels sicher erwiesen ist, und wenn begründete Aussicht besteht, daß es dem Patienten hilft, darf es einem Kranken gegeben werden. Nur um des Experimentierens willen darf ein Mittel nicht gegeben werden. Auch für die klinische Erprobung stellt Hildebrandt genaue Regeln auf: das Mittel soll allein, ohne ein anderes gegeben werden, der Kranke ist genau zu beobachten, um andere Einflüsse auszuschließen. „Ohne eine solche Beobachtung sowohl iener als dieser Umstände ist ein angestellter Versuch nicht die Dinte werth, die man verschmiert, um ihn aufzuschreiben, und seine vermeinte Erfahrung der Welt mitzutheilen."[31] Ein einziger Versuch reicht nicht aus, um Aussagen zu machen, man muß vielmehr die Versuche wiederholen, um zu einem Ergebnis zu kommen „und aus dem Erfolge aller Versuche zusammengenommen, sich einen gewissen Satz abstrahieren".[32]

Hildebrandt ist überzeugt, daß mit dieser Methode der Stand der Arzneikunde schnell und grundlegend gebessert werden könne. „Nur der Arzt, welcher nach solchen Regeln Versuche anstellt und ihre Erfolge erzählt, macht sich um sein Zeitalter und um die Nachwelt verdient. Solche Versuche entdecken auf einer Seite Mittel gegen Krankheiten, die bisher für unheilbar gehalten wurden; auf der anderen Heilkräfte bei Mitteln, die man bisher nicht kannte, und wenn auch schon ähnliche Heilkräfte in anderen Mitteln bekannt sind, doch gute Substitute für solche, die zum allgemeinen Gebrauch zu selten und zu kostbar sind. Würden solche Versuche häufiger angestellt, und beschrieben, so würde unsere praktische Arzneikunde in kurzer Zeit zu einem höheren Grade der Vollkommenheit gelangen, und würdig werden, der Weltweisheit Schwester zu sein."[33]

Ein Jahr vor der Jahrhundertwende wurden die Grundsätze für Arzneimittelversuche noch einmal unabhängig voneinander von zwei Autoren formuliert.[34] Johann Christian Reil, Professor in Halle, schrieb seinen „Beitrag zu den Principien für eine künftige Pharmakologie",[35] Adolph Friedrich Nolde, Professor und Kreisarzt in Rostock, veröffentlichte seine „Erinnerungen an einige zur kritischen Würdigung der Arzneymittel sehr noth wendige Bedingungen".[36]

Reil glaubte nicht, daß der Tierversuch entscheidende Aufschlüsse für den Menschen geben könne, da jede Art ihre eigene Beziehung zu den Wirkungen eines Pharmakons habe. Da er diese Wirkung als Konflikt zwischen dem Arzneimittel und dem Menschen- bzw. Tierkörper ansieht, bei dem beide verändert werden, muß er zunächst die Ausgangssituation, das Normale definieren. Eine wissenschaftliche Pharmakologie setzt deshalb voraus „eine vollkommene Erkenntnis der Natur des Arzneikörpers nach allen besonders seinen chemischen Verhältnissen"[37] und „eine vollkommene Erkenntnis der physischen Natur des Menschen".[38] Wenn diese beiden Dinge bekannt sind, kann man Erkenntnisse über die Wirkung der Arzneimittel erlangen, und zwar nur „durch Erfahrungen, nämlich durch Versuche und Beobachtungen dessen was erfolgt, wenn sie mit dem menschlichen Körper in Verbindung gebracht werden".[39]

Für die Versuche stellt er folgende Regeln auf:

Der Beobachter muß kritisch und objektiv sein.

Die Versuchsbedingungen bei Reihenversuchen müssen stets gleich sein.

Beim klinischen Versuch soll der Zustand der Kranken möglichst gleich sein.

Die Versuche müssen oft wiederholt werden.

Die Arznei muß im klinischen Versuch allein, ohne andere Medikamente, gegeben werden.

Die Wirkungen der Arzneimittel müssen speziell und nicht zu allgemein angegeben werden.

Die Wirkungen der Arzneimittel müssen entweder unmittelbar erkennbar sein oder zumindest eindeutig aus dem Versuch gefolgert werden können.

Die pharmakologische Terminologie muß eindeutig sein.

„Der einzige Weg, der Pharmakologie mehr Vollkommenheit zu verschaffen, ist also der, Versuche anzustellen, die Resultate genau zu fassen, und die isolirten Erfahrungen unter höhere Gesetze zu subsumiren."[40]

Nolde lehnt den Tierversuch ab, weil der tierische Körper ganz anders sei als der menschliche, so daß Schlüsse von der Wirkungsweise eines Mittels im Tierkörper auf die im menschlichen nicht gezogen werden könnten. Auch dem Selbstversuch steht er skeptisch gegenüber, da von Wirkungen auf den gesunden Organismus nicht unbedingt auf Wirkungen im kranken Körper geschlossen werden könne. Sichere Ergebnisse könne nur das klinische Experiment bringen. Seine Regeln gelten deshalb vor allem diesem klinischen Experiment, das er für notwendig ansieht, solange die Wirkung von Heilmitteln nicht a priori erkennbar ist.

Für den Versuch fordert Nolde zunächst die absolute Reinheit und Unverfälschtheit des zu untersuchenden Stoffes. Die Versuchsanordnung soll dem Mittel adäquat sein. Der Krankheitsverlauf und der Zustand des Kranken beim Beginn des Versuchs sind genau zu protokollieren, um auch kleinste Veränderungen festhalten zu können. Versuche mit neuen Medikamenten sind dann nicht nötig, wenn bekannte und schon erprobte Mittel zur Verfügung stehen. Ein neues Mittel darf nur mit der allergrößten Vorsicht gegeben werden. Um die Ergebnisse nicht zu verfälschen, muß der Arzt sicher sein, daß der Patient mit seinen Angaben weder sich selber noch den Arzt täuscht. Er muß deshalb den Charakter des Patienten studieren und darf ihm auch nicht die erwarteten Wirkungen mitteilen. Die objektiv wahrnehmbaren Veränderungen müssen daraufhin geprüft werden, ob sie wirklich der Arznei zuzuschreiben sind, ob sie im Wesen der Krankheit liegen, oder ob sie andere Ursachen haben. Aussagen über Erfolge von neuen Mitteln sind nur möglich, wenn die Versuche oft genug unter gleichen Bedingungen durchgeführt werden. Objektivität bei der Beschreibung der Versuche ist oberstes Gebot. Um alle diese Regeln zu beachten, sind „wahrer Beobachtungsgeist, eigenes Talent und ein Schatz von mannigfachen Kenntnissen, auch guter Wille und Eifer für die Wissenschaft"[41] nötig. Wenn diese Regeln aber beachtet werden, „wenn nur jährlich hundert Aerzte in Deutschland mit diesen Eigenschaften und Kenntnissen ausgerüstet, uns ihre Beobachtungen und Erfahrungen über einige der vorzüglicheren von ihnen angewandten Mittel bekannt machten, so würden die praktische Medizin und die Arzneymittellehre, eben so wie die Pathologie und Zeichenlehre, in fünfzig Jahren schon ungleich weiter ausgebildet und entwickelt seyn, als wir es je mit allen unsern Hypothesen zu bewirken im Stande seyn werden."[42]

Auf den hier vorgestellten Prinzipien beruhen die Versuche am Menschen, wie sie in zunehmendem Maße in der ersten Hälfte des 19. Jahrhunderts durchgeführt wurden. Eine Analyse der deutschsprachigen Fachliteratur dieser Zeit hat ergeben, daß trotz der Vielzahl der Versuche ein experimenteller Fortschritt nicht zu sehen ist.[43] Die Folge des experimentellen Vorgehens bleibt stets gleich: Prüfung der sogenannten sinnlichen Qualitäten, chemische Analyse, Prüfung der Wirkung auf nicht organisches oder organisches Material, Tierversuch, Versuch am Menschen. Es muß betont werden, daß unter Versuch am Menschen immer, oder fast immer, der therapeutische Versuch zu verstehen ist, d. h. der in jedem individuellen Krankheitsfall unternommene Versuch, die Krankheit mit einem speziellen Medikament zu heilen. Erst im fünften Jahrzehnt taucht der Gedanke an vergleichend-statistische Beobachtungsreihen mit Kranken auf.

Auch in dieser Phase des Experimentierens werden, wie schon früher, ethische Probleme kaum thematisiert. Meistens beschränkt man sich auf den Hinweis, den Wert des menschlichen Lebens zu betonen und leichtsinnige Versuche, also solche ohne strenge Indikation, zu verbieten. Nur in zwei Fällen wird das Problem des Versuchs an Gefangenen angesprochen, und solche Versuche werden als unmoralisch verurteilt.[44] „Mit Missethätern Versuche anzustellen ... gestattet die fortschreitende Humanität unserer Zeit nicht."[45] Sie dürfen weder zu Experimenten gezwungen werden, noch dürfe ihre Zwangslage für eine Zustimmung mißbraucht werden.

Die Flut der Humanexperimente, die vor allem im 5. Dezennium des 19. Jahrhunderts zu beobachten ist, ebbte in den folgenden Jahren stark ab. Das Tierexperiment und der physikalisch-chemische Versuch werden zu dieser Zeit zu den führenden experimentellen Methoden ausgebaut. Hier sind zwei Namen zu nennen: Rudolf Buchheim (1820−1879), der Begründer des ersten pharmakologischen Instituts, der die Beobachtung am Krankenbett für unzureichend hielt, und sein Schüler Oswald Schmiedeberg (1838−1921). Erst als die ersten sicheren Ergebnisse aus den Laboratorien vorlagen, sind wieder in verstärktem Maße Versuche am Menschen nachzuweisen. Diese tragen jetzt einen anderen, völlig neuen Charakter, der sich durch folgende Kriterien auszeichnet:

— genügend große Anzahl von Versuchspersonen
— Zugrundelegen von möglichst identischen Krankheitszuständen
— Vergleich mehrerer Untersuchungsreihen

- Aufstellung von Kontrollgruppen
- statistische Auswertung der Beobachtungen
- kritische Beurteilung der Ergebnisse

Den nächsten Schritt in der Entwicklung des Experiments hat
der Greifswalder Pharmakologe Hugo Paul Friedrich Schulz
(1853—1932) getan, der sich seit 1880 mit Versuchen am Menschen beschäftigte. Er betonte als erster die notwendige Freiwilligkeit der Versuchspersonen und er führte das Prinzip der
Unwissentlichkeit ein, d. h. er versuchte dadurch, daß er die
Versuchspersonen im Unklaren über die zu erwartenden Wirkungen ließ, zu eindeutigeren Ergebnissen zu kommen. „Für
Leute, die bereits mehr oder weniger über die Wirkung des
geprüften Mittels wissen, liegt die Gefahr nahe, das bei ihren
Beobachtungen Suggestives zu Reellem sich hinzugesellt."[46]
Die Forderungen der Unwissentlichkeit galt jedoch zunächst
nur für den Versuch am Gesunden. Erst 1930 wurde der
einfache Blindversuch durch Paul Martini (1889—1964) auch
in die klinische Forschung eingeführt. In seiner 1932 erschienenen „Methodenlehre der therapeutischen Untersuchungen"
übt er harte Kritik am Stand der therapeutischen Forschungen
seiner Zeit, der er vorwirft, nach wie vor unwissenschaftlich
zu sein, obwohl die Grundlagen bereits „seit Galilei und Kant
im Besitz der Wissenschaft sind".[47] In seiner Kritik der medizi-
nisch-therapeutischen Forschung fand Martini in Albert Fränkel (1864—1938), dem Heidelberger Pharmakologen, einen
Verbündeten. Dieser hatte 1933 die Meinung vertreten, daß in
den letzten 50 Jahren in der Medizin sich durch das Überange-
bot an Arzneimitteln ein Neo-Empirismus breitgemacht habe,
den es zu bekämpfen gelte.[48] Eine der Hauptforderungen Martinis war die nach dem einfachen Blindversuch, den er ausführlich in seiner Methodenlehre beschreibt: „Der Zweck kann nur
erreicht werden, wenn die verschiedenen zu vergleichenden
Mittel (gleichviel ob das eine fingiert ist oder nicht) vom
Kranken nicht voneinander unterschieden werden können."[49]
In großangelegten Untersuchungen vor allem über die damals
empfohlenen sogenannten Herzhormone hat Martini die Überlegenheit des einfachen Blindversuches über alle bis dahin

bekannten Versuchsanordnungen bewiesen. Rückblickend stellte Martini 1957 fest, daß seine Forderungen damals zwar durchaus als richtig anerkannt, aber von der Mehrzahl der Kliniker nicht befolgt worden seien.[50]

Mit dem einfachen Blindversuch war zum ersten Mal das Problem des Placebos in der experimentellen Medizin aufgetaucht.[51] Neu war der Begriff, auch in der Medizin, indes nicht. Ursprünglich aus dem 114. Psalm stammend — placebo domino, ich werde dem Herrn gefallen — fand der Begriff Eingang in die europäischen Sprichwörter: to sing a placebo, parler à placebo, einem das placebo singen bedeuten stets einem schmeicheln, einem andern zu Gefallen sein. Schon am Ende des 18. Jahrhunderts ist der Begriff placebo auch in der Bedeutung Scheinmedizin geläufig, in der medizinischen Literatur taucht er allerdings erst nach dem 2. Weltkrieg auf. Ausführlich werden nun die Definition, der Wirkungsmechanismus und die Bedeutung für die klinische Forschung diskutiert.[52] Auf den Einsatz von Placebos in der Therapie und die damit verbundene ethische Beurteilung kann hier nicht eingegangen werden. Für die Entwicklung des pharmakologischen Versuchs waren Placebos jedoch von grundlegender Bedeutung. Sie sind oft auch ein Bestandteil des doppelten Blindversuchs. Erste Ansätze zu dieser Versuchsform gab es schon im Jahre 1908, als Rivers und Webber den Einfluß von kleinen Mengen von Alkohol auf die Muskulatur erforschten,[53] durchsetzen konnte sich die Methode jedoch erst Anfang der 50er Jahre durch die Arbeit der Forschergruppen um Gold, Wolf und Beecher.[54] In Deutschland fand diese Versuchsanordnung, bei der weder der Patient noch der das Experiment durchführende Arzt weiß, ob er im Einzelfall ein Prüfmedikament, ein Standardmedikament Placebo verabreicht, noch später Eingang. In Martinis Methodenlehre tauchen die Begriffe Placebo und doppelter Blindversuch erst in der vierten Auflage von 1968 auf, die nach dem Tode des Autors erschienen ist. Früher als er hatte sich bereits Artur Jores für den doppelten Blindversuch eingesetzt, der in seinen Augen die einzige Methode zur Objektivierung von Arzneimittelwirkungen sei.[55]

Neben dieser Darstellung der Entwicklung der Methoden des klinischen Versuchs mit Menschen stellt sich jedoch auch die Frage nach der ethischen Bewertung eines solchen Vorgehens. Das Dilemma, das Paul Martini mit dem Schlagwort „Menschheit einerseits — Menschlichkeit andererseits"[56] umschrieben hat, ist jedoch in der Vergangenheit nicht in der Schärfe formuliert worden, wie wir es heute sehen.

Zu Ende des 18. und im 19. Jahrhundert hat man gelegentlich darüber nachgedacht, ob Versuche an Gefangenen durchgeführt werden dürften. Johann Christian Gottfried Jörgs Gründung einer experimentierenden Gesellschaft von Ärzten, in den 30er Jahren des 19. Jahrhunderts, in der Ärzte die Wirkung der Arzneimittel am eigenen Leibe erproben sollten, war weniger aus Rücksicht auf den Patienten als vielmehr um der sichereren Ergebnisse willen gegründet worden.

Der Versuch am Menschen schien bis in die letzten Jahre des 19. Jahrhunderts kein ethisches Problem zu sein. Der Berliner Psychiater Albert Moll hat für seine 1902 erschienene „Medizinische Ethik" über 600 Veröffentlichungen über Versuche mit Menschen aus den Jahren 1890—1900 gesammelt, die seiner Meinung nach nicht therapeutische Versuche waren. Er schätzt die Zahl der in Wirklichkeit durchgeführten Experimente auf „viele Tausend".[57] Dennoch hatte sich bis dahin kaum jemand an solchen Versuchen gestoßen, und die Mehrzahl der Forscher hat sicher nicht das Einverständnis der Patienten eingeholt.

Daß sich Moll so intensiv mit der Frage beschäftigt, lag am Interesse, das in den letzten Jahren des 19. Jahrhunderts durch die Presse in der Öffentlichkeit geweckt worden war. Dabei geht es vor allen Dingen um den Fall Neisser,[58] ausgelöst durch Berichte in der Münchener Freien Presse unter dem Titel „Arme Leute in Krankenhäusern", in denen nicht nur über die Versuche des Dermatologen Albert Neisser berichtet worden war. Neisser hatte einen ausführlichen Artikel über seine Versuche, eine Serumtherapie gegen die Syphilis zu entwickeln, veröffentlicht.[59] Er hatte mit dem Serum von Syphiliskranken bei seinen Probanden einen Syphilisschutz aufzubauen versucht. Dabei ging er von der Voraussetzung aus,

daß ein zellenfreies Serum nicht infektiös sein könne, beim
Patienten aber Antikörper gegen den Syphiliserreger anregen
könne. Bei vier von acht Patientinnen entwickelte sich in den
Folgejahren eine Syphilis, die Neisser aber nicht auf seine
Impfung zurückführte, weil es sich in all diesen Fällen um
junge Prostituierte handelte, die auf andere „normale" Weise
infiziert worden seien. Die Münchener Neue Presse sah das
anders, für sie hatte Neisser acht Menschen der Gefahr einer
Syphilis ausgesetzt. Die öffentliche Meinung erzwang eine parlamentarische und gerichtliche Untersuchung des Falles. Neisser wurde zu einer Geldstrafe von 300 Mark verurteilt, weil er
den Versuch ohne Zustimmung der Patienten gemacht hatte.
Es ist dies zum ersten Mal, daß diese Zustimmung gefordert
wurde.

Im Fall Neisser kulminierte eine Bewegung gegen die naturwissenschaftliche Medizin, die vor allen Dingen von der Natur-
heilbewegung ausgegangen war. Da sie Therapiemöglichkeiten,
die durch Tier- oder Menschenversuche entwickelt waren, prinzipiell nicht anerkannte, hatte sie sich folgerichtig zunächst
gegen die Tierversuche und seit den 90er Jahren auch gegen
Menschenversuche gewandt. Die Reaktion der Ärzteschaft war
gespalten. Während auf der einen Seite eine Diskussion rund-
weg abgelehnt wurde, da alle Versuche letztendlich der leidenden Menschheit zu Gute kämen, und sich damit die ethische
Frage gar nicht stelle,[60] begannen andere, unter ihnen Moll,
gerade diese Fragen zu diskutieren. Auch das Ministerium der
Geistlichen, Unterrichts- und Medizinangelegenheiten wurde
nun tätig, holte zwei juristische Gutachten ein und erließ am
29. 12. 1900 eine „Anweisung an die Vorsteher der Kliniken,
Polikliniken und sonstigen Krankenanstalten", die Versuche
an Minderjährigen verbot und die Einwilligung des Patienten
nach seiner Aufklärung forderte.[61]

In der Weimarer Republik wurde das Thema Versuche am
Menschen weiter diskutiert, 1928 wurde es im Reichstag behandelt.[62] Der Abgeordnete Moses zitierte Versuche an sterbenden
Kindern im akademischen Krankenhaus Düsseldorf und an
gesunden Säuglingen in der Universitätsklinik Halle. Unmittel-

bare Folgen hat diese Reichtagsdiskussion offenbar nicht gehabt. Erst am 14. März 1930 beschäftigte sich der Reichsgesundheitsrat mit der Frage „Inwieweit ist die Vornahme experimenteller Untersuchungen am Menschen zulässig?" Ergebnis dieser Besprechung waren die am 28. 2. 1931 erlassenen „Richtlinien für neuartige Heilbehandlungen und die Vornahme wissenschaftlicher Versuche am Menschen".[63] Die Kenntnis dieser Richtlinien sollte nach dem Willen des Reichsgesundheitsrates von jedem in eine Klinik eintretenden Arzt durch seine Unterschrift bestätigt werden. Die Richtlinien verlangen die Einwilligung der Versuchsperson und verbieten Versuche an Sterbenden. Sie verbieten darüber hinaus gesundheitsgefährdende Versuche an Kindern und Jugendlichen und solche, die durch Tierversuche ersetzt werden können.

Es gab also schon vor dem Code von Nürnberg, vor dem Genfer Gelöbnis, vor der Empfehlung an die Ärzte für die Durchführung wissenschaftlicher Versuche am Menschen der Bundesärztekammer, vor den Deklarationen von Helsinki und Tokio eine klare Aussage zu den ethischen Problemen des Versuchs am Menschen. Warum diese so wenig bekannt war und ist, ist bis heute noch nicht ausreichend geklärt.

Anmerkungen

1 G. E. Lloyd: Experiment in Early Greek Philosophy and Medicine, Proc. Cambridge Phil. Society 190 (1964) 50 – 72; Fridolf Kudlien: Der Beginn des medizinischen Denkens bei den Griechen, Zürich, Stuttgart 1967; Enno Freerksen: Kannten die alten Griechen das Experiment als Forschungsmethode? Dtsch. Ärzteblatt 65 (1968) 930 f.

2 Vgl. Galen: De simplicium medicamentorum temperamentis ac facultatibus, Kühn XI, S. 416.

3 Julius Leopold Pagel: Über den Versuch am lebenden Menschen, Dtsche. Ärztezeitung 1905, 193 – 198, 219 – 228, hier S. 195.

4 zum Folgenden vgl. Rolf Winau: Experimentelle Pharmakologie und Toxikologie im 18. Jahrhundert, Med. Habilschr. Mainz 1972.

5 Berthold Heinrich Brockes: Die Gemse, zitiert nach Emil Ermatinger: Deutsche Kultur im Zeitalter der Aufklärung, Frankfurt/Main 1969, S. 109.

6 vgl. Robert Boyle: Some Considerations touching the usefulness of Experimental Natural Philosophy, Oxford 1664, S. 53 f.; Heinrich Buess: Grundlagen der intravenösen Injektion, Aarau 1946.

7 Harald Hünermann: Die „Chirurgia Infusonia" des Johann Daniel Major (1664), Med. Diss. Kiel 1967.

8 Albrecht v. Haller: Anfangsgründe der Phisiologie des menschlichen Körpers, Bd. 1 Berlin 1759, Vorrede.

9 D. Jacob Lind's Abhandlung vom Scharbocke, aus d. Engl. übersetzt von Johann Nathanael Pezold, Riga, Leipzig 1775, S. 230—232.

10 Lind, S. 236.

11 Louis Roddis, James Lind, New York 1950, S. 66.

12 Michael Hammer, Über den Beitrag der ersten Wiener Ärzte-Schule zur Arzneimittellehre und prophylaktischen Medizin, Med. Diss. Basel 1962; Bruno Zumstein, Anton Störck und seine therapeutischen Versuche, Zürich 1968; Karl-Werner Schweppe: Experimentelle Arzneimittelforschung in der älteren Wiener Schule und der Streit um den Schierling als Medikament in der Zeit von 1760 bis 1771, Med. Diss. TU München 1976.

13 Anton Störck, Abhandlung vom Schierling, Wien 1761, S. 3.

14 Störck, S. 3.

15 Störck, S. 5.

16 Störck, S. 76 f.

17 Anton Störck, Zweite Abhandlung, worin bekräftigt wird, daß der Schierling . . ., Wien 1761.

18 Störck, Zweite Abhandlung, Vorrede.

19 Felice Fontana, Abhandlung über das Viperngift, Berlin 1787.

20 Fontana, S. 65.

21 Johann Friedrich Gmelin; Allgemeine Geschichte der Gifte, 3 Bde., Leipzig, Nürnberg 1776/77.

22 Gmelin, Bd. 1, S. 34.

23 Gmelin, Bd. 1, S. 39.

24 Gmelin, Bd. 1, S. 42.

25 Georg Friedrich Hildebrandt, Versuch einer philosophischen Pharmakologie, Braunschweig 1786.

26 Hildebrandt, S. 31.

27 Hildebrandt, S. 49 f.

28 Hildebrandt, S. 70.

29 Hildebrandt, S. 73.

30 Hildebrandt, S. 78.

31 Hildebrandt, S. 84 f.

32 Hildebrandt, S. 85.

33 Hildebrandt, S. 86 f.
34 Vgl. Edith Heischkel, Arzneimittellehre und Arzneimittelversuch im Zeitalter der romantischen Naturphilosophie, in: Int. Ges. Gesch. Pharmazie, Jubiläums-Hauptversammlung Salzburg, Wien 1952, S. 62−68, h. S. 63 f.; Edith Heischkel, Pharmakologie der Goethezeit, Sudhoffs Archiv 42 (1958) 302−311, h. S. 308−310.
35 in Röschlaubs Magazin zur Vervollkommnung der Heilkunde 3 (1799) 1. Stück, S. 26−64.
36 in Hufelands Journal der practischen Arzneykunde und Wundarzneykunst 8 (1799) 1. Stück, S. 47−97, 2. Stück, S. 75−116.
37 Reil, S. 31.
38 Reil, S. 32.
39 Reil, S. 33.
40 Reil, S. 48.
41 Nolde, S. 85.
42 Nolde, S. 85.
43 vgl. Christoph Fischer: Zur Theorie des Arzneimittelversuchs am Menschen in der ersten Hälfte des 19. Jahrhunderts, Med. Diss. Mainz 1977; Guido Gerken, Zur Entwicklung des klinischen Arzneimittelversuchs am Menschen; Med. Diss. Mainz 1977.
44 Johann Andreas Büchner, Toxikologie, 2. Aufl. Nürnberg 1827; Karl F. H. Marx, Die Lehre von den Giften in medicinischer, gerichtlicher und polizeylicher Hinsicht, Göttingen 1827/29.
45 Marx, S. 56.
46 Hugo P. F. Schulz, Die Arzneimittelprüfung am gesunden Menschen, Dtsch. Med. Wschr. 32 (1905) 1238−1240, h. S. 1239.
47 Paul Martini, Methodenlehre der therapeutischen Untersuchungen, Berlin 1932, S. 38.
48 Albert Fränkel (Hg): Der Weg zur rationellen Therapie, Leipzig 1933, S. 8 f.
49 Martini, Methodenlehre, S. 9.
50 Paul Martini, Die unwissentliche Versuchsanordnung und der sogenannte doppelte Blindversuch, Dtsch. Med. Wschr. 82 (1957) 597−602.
51 vgl. Arthur K. Shapiro, A historic and heuristic definition of Placebo, Psychiatry 27 (1964) 52−58; H. Brody, Placebos and the Philosophy of Medicine, clinical, conceptual and ethical issues, Chicago 1980; Francis Schiller: An eighteenth century view of the placebo effect, Clio Medica 19 (1984) 81−86.
52 Oliver Pepper, A note on the Placebos, Transact. College Phys. Philadelphia, Ser. 4, 13 (1945) 81 f.; H. G. Wolf, E. du Bois, H. Gold (Ed.), Cornell Conferences on Therapy: The Use of Placebos

in Therapy, New York State Journal of Medicine 46 (1946) 1718−1727.

53 W. H. Rivers a. H. N. Webber, The influence of small doses of alcohol on the capacity of muscular work, Brit. Journal. Psychol. 2 (1908) 261−280.

54 Leo Schindel, Placebo and Placeboeffekte in Klinik und Forschung, Fortschr. Arzneimittelforschung 17 (1967) 892−918, h. S. 906.

55 Arthur Jores, Magie und Zauber in der modernen Medizin, Zsch. Med. Wschr. 80 (1955) 915−920.

56 Martini, Methodenlehre, 4. Aufl. S. 16.

57 Albert Moll, Ärztliche Ethik, Stuttgart 1902, S. 506.

58 Vgl. Barbara Elkeles, Medizinische Menschenversuche gegen Ende des 19. Jahrhunderts und der Fall Neisser, Med. hist. Journal 20 (1985) 135−148.

59 Albert Neisser, Was wissen wir von einer Serumtherapie bei Syphilis und was haben wir von ihr zu erhoffen? Arch. Dermat. Syphilis 44 (1898) 431−539.

60 So etwa Julius Pagel, Zum Fall Neisser, Dtsch. Medizinalzeitung 21 (1900) 296 f.

61 abgedruckt bei Ernst Luther u. Burchard Thaler (Hg), Das hippokratische Ethos, Halle 1967, S. 167 f.

62 Vgl. dazu Reinhard Steinmann, Die Debatte über medizinische Versuche am Menschen in der Weimarer Zeit, Med. Diss. Tübingen 1975.

63 Reichsgesundheitsblatt 6 (1931) 174 f. Die bei Luther/Thaler S. 169−172 abgedruckte Fassung trägt die Unterschrift des Preußischen Ministers für Volkswohlfahrt und das Datum vom 11. 6. 1931. In ihr fehlt der Passus, der von den Ärzten forderte, die Kenntnisnahme der Richtlinien durch Unterschrift zu bestätigen. Vgl. auch Hans-Martin Sass, Reichsrundschreiben 1931; Pre-Nuremberg German regulations concerning new therapy and human experimentation, Journal Med. Philos. 8 (1983) 99−111.

Günter A. Neuhaus

Versuche mit kranken Menschen — der kontrollierte klinische Versuch*

1. Bis in die zwanziger Jahre unseres Jahrhunderts kann nur in ersten Ansätzen von einer begründeten Pharmakotherapie in Klinik und Praxis gesprochen werden. Der *Spitalmedizin* der 2. Hälfte des 19. Jahrhunderts entsprach therapeutisch die *Pflegemedizin*. Um die Jahrhundertwende wurde die wissenschaftliche Medizin als *Labormedizin* durch mikrobiologische und pathophysiologische Forschungen geprägt, das wissenschaftliche Interesse an der Therapie trat völlig in den Hintergrund. Man spricht zu Recht von einer Zeit des „therapeutischen Nihilismus"[1].

Obwohl die wichtigsten Ergebnisse der Grundlagenforschung durch die experimentelle Pharmakologie im ersten Viertel unseres Jahrhunderts, zeitlich vor den bahnbrechenden Fortschritten auf dem Arzneimittelsektor durch den Aufschwung moderner Großforschung erhoben wurden, blieb bis zum Ende der dreißiger Jahre unseres Jahrhunderts die Zahl der verfügbaren Medikamente sehr begrenzt. Erst danach nahm die Zahl neuer, meist synthetisch und industriell hergestellter Arzneistoffe zu: In den Jahren 1955 bis 1960 wurden weltweit jährlich ca. 370, von 1965 bis 1969 jährlich ca. 90 neue Substanzen eingeführt. Heute liegt die Zahl unter 45 pro Jahr[2]. Zeitlich mit der zunehmenden Zahl neuer, therapeutisch brauchbarer Substanzen wurden etwa von den fünfziger Jahren an auch wichtige Gesetzmäßigkeiten über deren Wechselwirkungen mit dem menschlichen Organismus entdeckt, es entstanden neue Wis-

---

* Dem Vorsitzenden der Arzneimittelkommission der Deutschen Ärzteschaft, Herrn Prof. Dr. F. Scheler, zum 60. Geburtstag gewidmet.

senschaftskonzepte über die Wirkungen von Pharmaka auf den Organismus, über die Theorie der Pharmakonwirkung selbst (Pharmakodynamik) sowie über die Wirkungen des Organismus auf Pharmaka (Pharmakokinetik).

Die Zahl neu eingeführter, therapeutisch nutzbarer Substanzen bedeutet nicht die gleiche Zahl neuer Arzneimittel. Deren Zahl ist z. B. durch Molekülvariationen in gleichen Stoffgruppen, durch unterschiedliche pharmazeutische Präparation (Galenik), durch Kombinationen von mehreren Arzneistoffen in einem Arzneimittel wesentlich größer als die Zahl neuer, therapeutisch nutzbarer Substanzen. Die Erfolge der Arzneimittelgroßforschung in den fünfziger Jahren waren so rasant, daß die ganz überwiegende Mehrzahl der Ärzte in Praxis und Klinik von den neuen therapeutischen Möglichkeiten überfordert wurde. Erst ganz langsam, man möchte sagen mühsam, beginnt sich — im Gegensatz zur Situation in den angloamerikanischen Ländern und zu Skandinavien — hierzulande das zuständige Wissenschaftsfach, die klinische Pharmakologie zu etablieren, um durch eigene therapeutisch orientierte Forschung diese Situation durch Forschungsergebnisse und durch Aus- und Weiterbildung der Ärzte in positiver Richtung zu ändern.

Noch 1978 stellte Hans Schaefer[3] auf einem Symposion über kontrollierte klinische Therapieversuche unwidersprochen fest, „daß kein Arzt ein wirklich sicheres Urteil hat über das, was (therapeutisch) besser und was schlechter ist". Bis heute hat sich hieran wenig geändert.

2. Der wissenschaftlich begründete kontrollierte klinische Versuch gewinnt erst in den dreißiger Jahren unseres Jahrhunderts zögernd Einfluß auf die praktische Medizin, seine ideengeschichtlichen Vorläufer sind allerdings älter[5].

In der Pflegemedizin lauteten, wie heute noch, die ärztlichen Handlungsziele: „Heilen" und „Lindern" — erst seit wenigen Jahren ist im Zuge der Entwicklung der Intensivmedizin als legitimes ärztliches Handlungsziel „Retten" hinzugekommen. Diesen ursprünglichen Handlungszielen folgte der einzelne

Arzt bei seinen persönlich betreuten Kranken aufgrund empirisch am Patienten gewonnener Einzelerfahrungen. Auf dem Gebiete der Pharmakotherapie standen ihm nur wenige definierte Arzneistoffe und eine Fülle von Extrakten aus Naturstoffen zur Verfügung, die wenig standardisiert, nach dem Prinzip von Versuch und Irrtum eingesetzt wurden. Da menschliche Krankheiten und deren positiver oder negativer Ausgang in einem vom Arzt, vom Patienten und von der Gesellschaft gleichermaßen akzeptierten metaphysischen Zusammenhang aufgehoben waren, kam es bei der Beurteilung des ärztlichen Tuns weniger auf einen eindeutigen Heilerfolg als vielmehr auf die beistehende ärztliche Präsenz an. Der Patient war mit seinem Hausarzt in einem ungestörten Vertrauensverhältnis verbunden. Der Kranke und seine Familie lernten in lebenslangem Kontakt zu ihrem Hausarzt dessen menschliche Qualität, auf die es bei der Leidenslinderung entscheidend ankam, gut zu beurteilen. Hierfür waren sie kompetent. An die therapeutische Wirksamkeit ärztlicher Rezepturen glaubten beide, Arzt und Patient, nur bedingt. Erfolg oder Mißerfolg ärztlicher Behandlung lagen in höherer Hand. Abweichende Behandlungsverfahren, die in vitaler Not vom Patienten angewandt wurden und die im übrigen meist ebensowenig begründet waren wie die der etablierten Medizin, störten nicht das Vertrauensverhältnis des Kranken zu seinem Hausarzt. Treffend schildert Fontane diese Grundeinstellung im Stechlin[6]. Der Kreisphysikus Dr. Sponholz, der mit seiner Frau zur Kur nach Pfäffers fährt, verabschiedet sich vom schwer herzinsuffizienten alten Herrn von Stechlin und ermahnt ihn, die verordneten Digitalistropfen regelmäßig einzunehmen. Sie würden ihm helfen, obwohl „Gott doch wohl eigentlich der beste Assistenzarzt" sei. In seiner Abwesenheit faßt der alte Stechlin zum Arztvertreter Dr. Moscheles, einem Arzt aus der „neuen Schule", einem „modernen Menschen", kein Vertrauen, er lehnt die Behandlung ab und läßt sich statt dessen von der „alten Buschen", die als Dorfhexe gilt, Bärlapp und Katzenpoot für einen heilsamen Tee bringen. Kurz vor seinem Tode greift er wieder zur „giftgrünen" Digitalinstinktur, die letztlich wohl doch wirksamer sei. Die alte Formel „C. D."

(cum deo), mit der bis vor nicht allzu langer Zeit ärztliche
Rezepte eingeleitet wurden, war sachgerecht, weil sie das Heil-
sein im Blick behielt. Fontane veröffentlichte den Stechlin
1897, zeitlich auf dem Höhepunkt des noch ungebrochenen
naturwissenschaftlichen Forschungsoptimismus.

3. Die Naturwissenschaften bildeten mindestens bis zum 1.
Weltkrieg Quelle und Legitimation des Fortschritts gleichermaßen. Die Medizin war naturwissenschaftlich geprägt, spätere
Ausnahmen (S. Freud; A. Adler u. a.) bestätigten diese Regel.
Von den Naturwissenschaften erwartete man Zuwachs an Wissen und parallel dazu auch Zuwachs an innerer Sicherheit und
Moralität. Doch nach den Katastrophen zweier Weltkriege
stürzte eine Welt, die sich auf dem Fundament dieses Fort-
schrittsglaubens sicher wähnte, in Ratlosigkeit, als eben dieser
Fortschritt allerorten geleugnet wurde. Der Tübinger Arzt
und Theologe Dietrich Rössler hat jedoch mit Recht darauf
hingewiesen[7], daß das, was sich als Illusion erwies, nicht eigentlich der Fortschritt war, sondern die Hoffnung, die als Inhalt
öffentlichen Bewußtseins auf diesen gesetzt wurde.

Nun kann es keinem Zweifel unterliegen, daß die Medizin in
diesem Jahrhundert erstaunliche Fortschritte gebracht hat: die
mittlere Lebenserwartung ist in diesem Zeitraum von 40 auf
über 70 Jahre gestiegen, vormals unheilbare Krankheiten mit
hohen Todesopfern kommen heute nicht mehr vor oder sind
wenigstens heilbar. Bei der „zunächst ausschließlich naturwissenschaftlichen Krankheitsaufklärung handelte es sich auch
im Rückblick keineswegs um einen vermeidbaren Irrweg. Vielmehr war es die Erklärungs- und Prognosekraft der naturwissenschaftlichen Methodik und Betrachtungsweise, die sie zur
erfolgreichen Grundlage der Medizin und der ärztlichen Praxis
machte"[8]. Mit steigender Lebenserwartung und geänderter
Sozialstruktur der Bevölkerung nehmen heute jedoch chronische Krankheiten und damit erlebtes Leiden ebenso zu, wie
die Psychogenese körperlicher Krankheiten und die Sozioge-
nese von Befindensstörungen an Bedeutung gewinnen. Auf
diese und andere tatsächliche oder nur unterstellte negative
Folgen des medizinischen Fortschritts soll hier nicht weiter

eingegangen werden; diese sind ebenso wie die unerwünschten Nebenwirkungen wirksamer Arzneimittel unlösbar eines mit dem anderen verknüpft.

Es kommt hier vielmehr auf die Folgen des Panoramawechsels an, die in unserem Jahrhundert, von den fünfziger Jahren an rasch zunehmend, heute immer deutlicher zu Tage treten. Art und Umfang der Wertschätzung von Gesundheit und Krankheit sind wichtige Bestandteile des Weltbildes und der sittlichen Wertordnung des Menschen. Früher waren — wie heute noch in den Ländern der Dritten Welt — die Gegensätze von Gesundheit und Krankheit für jeden Betrachter unmittelbar evident. Die Abwendung des tödlichen Ausganges einer Krankheit wurde vom Kranken und seiner Familie dankbar angenommen, selbst Defektheilungen und zurückbleibende Behinderungen wurden als neu geschenktes Leben, dennoch als Wiedergesundung akzeptiert. Mit dem Wechsel des Weltbildes änderten sich auch die allgemeinen Wertvorstellungen. Volrad Deneke hat 1960 treffend nachgezeichnet, wie mit der Wendung vom Metaphysischen zum Physischen, vom Beginn der Neuzeit an bis heute sich der Mensch zum Individuum befreite[9]. Damit glaubt sich der moderne Mensch, der sich auch dann jugendlich gibt, wenn er kalendarisch schon zu den älteren gehört, von allen Bindungen und Verpflichtungen, die seiner Selbstverwirklichung im Wege stehen könnten, gelöst.

Der neue Gesundheitsbegriff stellt den Ärzten und Politikern utopische Aufgaben, wenn er der WHO-Definition folgt, die Gesundheit als „vollständiges körperliches, seelisches und soziales Wohlbefinden" definiert. Dieser Gesundheitsbegriff hebt sich nicht mehr deutlich gegen Krankheit ab[10], er orientiert sich vielmehr an sozialen Wunschvorstellungen und am Lebenserfolg. Unsere Zeit akzeptiert in dem Unabhängigkeitsdrang seiner Menschen keine Agape und nicht mehr die Tugend der Dankbarkeit. Sie kennt statt dessen Betreute, die einen Anspruch haben, was alles eine Sache für Juristen und öffentliche Gelder ist (woher diese auch kommen mögen). Vor allem gilt es, Anspruchsberechtigte nicht zu diskriminieren, das könnte vielleicht dadurch geschehen, daß man von ihnen erwartete, sie sollten dankbar sein: sie machen nur ihre Rechte geltend. Diese sind in der Staatsverfassung und in der sozialpolitischen Gesetzgebung festgeschrieben und damit zu einem einklagbaren Anspruch an die Gesellschaft und damit auch an den Arzt geworden[11].

4. Die praktizierte Medizin war weder früher, noch ist sie es heute, „Wissenschaft" im strengen Sinne, „sie ist eine Aufgabe, der sie sich erst dann stellt, wenn ein notleidender Anderer kommt und Hilfe begehrt"[12]. Die Medizin benutzt als Handlungswissenschaft aber Methoden, Techniken und Ergebnisse anderer Wissenschaften[13] nach Regeln und Standards, die den charakteristischen medizinischen Erkenntnisprozeß in Diagnostik und Therapie unter Benutzung von wissenschaftlichen Entscheidungsmodellen[11] auf die ärztlichen Handlungsziele: Retten, Heilen, Erhalten und Leidensminderung ausrichten. Diese Entscheidungsmodelle bedürfen wegen des *ärztlichen* Handlungszieles stets der ethischen Vergewisserung[14], sie bekommen ihr ethisches Gewicht nicht nur „innerwissenschaftlich" durch Qualität und Güte der „Forschungsergebnisse als Beitrag zum Erkenntnisfortschritt"[15], sondern mehr noch aus der Personalität des Kranken, aus Art und Ausprägung seines Leidens sowie aus Grundrechten, die das Selbstbestimmungsrecht des Kranken sichern. Hinzu kommen, wie wir gesehen haben, auch ethische Vorgaben aus dem gesellschaftlichen und politischen Umfeld. Wir werden auf die Problematik allgemeiner ethischer Vorgaben beim klinischen Versuch noch ausführlich eingehen.

Diese kurzen einleitenden Bemerkungen sollten die geschichtlichen Bezüge zur Entstehung des kontrollierten klinischen Versuchs herstellen. In wenigen Jahrzehnten wechselten die Weltbilder mit ihren Weltanschauungen und Ansprüchen radikal. Der Wertwandel zu einer „pluralistischen Vielheit von Menschenbildern" bis hin zur Utopie der Leidlosigkeit (WHO-Definition!) brachte jedem Einzelnen im Namen der „öffentlichen Autorität" von Wissenschaft, die nun nicht mehr aus dem Weltbild der Naturwissenschaften, sondern aus dem der Human- und Sozialwissenschaften[16] abgeleitet wird, die Frei-

heit, „selbst über jene Werte zu entscheiden, die dem Leben
Sinn und Bedeutung geben können und sollen"[17]. Tatsächlich
aber bleibt der heutige Mensch ratlos angesichts der Komplexität moderner Großforschung mit ihrer verwirrenden Ergebnis-
vielfalt auf der Suche nach *Sinn* und *Identität*.

Auffallend ist ein zunehmendes Sicherheitsbedürfnis der Menschen und ihr Mißtrauen gegenüber dem „alten" technischen
Fortschritt. Merkwürdigerweise bietet aber auch der Glaube
an den „neuen" Fortschritt der idealen Gesellschaft keinen
Raum mehr für Risiken[7], wohl aber für Ansprüche. Sinn- und
Identitätsverlust führen heute zunehmend zu einem ängstlichen
Gefühl des Ausgeliefertseins, zur Hilflosigkeit und Überem-
pfindlichkeit. Deswegen werden Störfälle sogleich zu „Katastrophen" hochstilisiert, weil dann zur eigenen Beruhigung
und Entlastung in den für den Einzelnen undurchschaubar
gewordenen Organisationsstrukturen für alle sichtbar „Verant-
wortliche" herausgestellt werden können.

Zum Hausarzt, zum Mitglied des Betriebsrates, zum zuständigen Angestellten der Krankenkasse, zum Beamten im Polizeire-
vier um die Ecke und zur Gemeindeschwester oder dem Sozial-
arbeiter hat der Mensch in einer Welt, in der ständig alles
geplant und reformiert werden muß, noch eher Vertrauen, aber
„denen da oben" mißtraut er, weil er die Zusammenhänge
nicht mehr versteht. „Da oben" sind für den Normalbürger
nicht nur die politischen Institutionen, sondern auch die über
ihre Verbände in die Interessen- und Parteienstruktur eingebundenen Sozialleistungsträger[18]. Damit ist die Medizin direkt
angesprochen[19], ihre Handlungsregeln und ihre Qualitätsnor-
men der Öffentlichkeit zu verdeutlichen, um auf diese Weise
in einem klärenden *Legitimationsprozeß* „Rechtfertigung" und
„Stützung" durch die Gesellschaft zu erlangen[20]. Dies kann
durch Veranstaltungen wie diese, insbesondere aber über eine
Wissensvermittlung durch den Wissenschaftsjournalismus[21] erfolgen.

Wir haben uns bei der ethischen Beurteilung des kontrollierten
klinischen Versuchs deshalb davor zu hüten, über die rechtliche
Kodifizierung des Problems (§§ 40 und 41 des Gesetzes zur

Neuordnung des Arzneimittelrechts von 1976 (AMG)) hinausgehende wissenschaftsethische Regelungen unkritisch zu akzeptieren, die sich etwa auf die „Autorität der Wissenschaft"
selbst, z. B. in Poppers Neufassung des hippokratischen Eides
für den modernen Wissenschaftler[22] beziehen. Der Arzt, der
den klinischen Versuch in Übereinstimmung mit der ethischen
Beurteilung durch eine Ethikkommission[23] unternimmt, ist
„vor moralischer und rechtlicher Sanktion sicher — sicherer
jedenfalls, als wenn er auf eigene Verantwortung handelte".
Aber, „aus individueller Verantwortlichkeit wird kollektive
Verantwortlichkeit, verteilt auf viele Schultern, von denen
keine wirklich trägt"[24]. Ethische Sicherheit wird auch nicht
durch andere normative Programme, durch normierende Verwaltungsvorschriften[25] und auch nicht im Fall einer verstaat-
lichten Wissenschaft[26] gewährleistet.

Die Deklaration von Helsinki (1975)[27], auf die sich die §§ 40
und 41 AMG, die den Schutz des Menschen bei der klinischen
Prüfung regeln, ausdrücklich beziehen, stellt in Verbindung
mit diesem Gesetz eine verhaltenswirksame Verpflichtung her,
weil nur durch diese Verknüpfung die Folgeproblematik bei
Verstößen gegen ethische Normen auch sanktioniert werden
kann. Ohne gesetzliche Anbindung ist auch die Deklaration
von Helsinki allenfalls ethisch „meinungsbildend" und „verhal-
tensbestimmend".

Bevor wir die angeschnittene ethische Problematik weiter verfolgen, wollen wir den kontrollierten klinischen Versuch als
wissenschaftliche Methode mit ihren Regeln[28] und Standards
näher betrachten. In den 1975 herausgegebenen Richtlinien
der WHO zur Beurteilung von Arzneimitteln für die Anwendung am Menschen (WHO Technical Report 563, 1975) heißt
es: „Die kontrollierte klinische Prüfung ist definiert als ein
sorgfältig — und ethisch geplanter Versuch, der das Ziel hat,
bestimmte, präzise formulierte Fragen zu beantworten", im
Falle der Arzneimittelprüfung die nach der Wirksamkeit eines
Arzneimittels bei einer bestimmten Indikation.

Die klinische Forschung selbst erkannte in den dreißiger Jahren, also erst vor etwa 50 Jahren, das Defizit einer wissenschaftlich fundierten Methodenlehre der therapeutischen Untersuchung, nachdem sich die Schere auftat „zwischen der geringen intellektuellen Aktivität der therapeutischen Forschung in der Klinik und der allmählich doch recht beachtlichen Anzahl neuer, meist synthetisch gewonnener, aber auch nur naturstoffchemisch isolierter Arzneimittel, die nun durchaus eine hinreichende materielle Basis für eine therapeutisch orientierte Forschung abgegeben hätte"[29]. Anstöße kamen aber auch aus der Erkenntnis mangelhafter kritischer Erfahrungen der Ärzte in der Beurteilung und Verwendung der vom Markt angebotenen Arzneimittel[30], später vor allem auch in England nach Einführung des nationalen Gesundheitsdienstes aus Gründen der Kostentransparenz.

Die wissenschaftlichen Regeln und Methoden für kontrollierte therapeutische Untersuchungen wurden 1932 von dem ehemaligen Bonner Internisten Paul Martini[31] und unabhängig von ihm 1937 in England von Austin Bradford Hill[32] entwickelt. „Die kontrollierte klinische Prüfung eines Behandlungsverfahrens hat zum Ziel, bei einer bestimmten Indikation die therapeutische Wirksamkeit und, soweit möglich, die Art und Häufigkeit eventueller Nebenwirkungen aufgrund sorgfältig geplanter und dokumentierter ärztlicher Beobachtungen festzustellen"[33]. Der kontrollierte klinische Versuch bietet, wie jede empirische Untersuchung, keine Wirksamkeitsbeweise an, er liefert aber die Entscheidungsgrundlage für eine begründete und rationale ärztliche Urteilsbildung im Hinblick auf therapeutische Entscheidungen[34]. Die Kennzeichnung als „kontrollierte" klinische Versuche stellt methodisch den Gegensatz zur unsystematischen Sammlung von Befunden her, aus der ex post entwickelte Fragestellungen beantwortet werden sollen.

Methodische Hauptprobleme des kontrollierten klinischen Versuches liegen

1. in der Vermeidung *unbeabsichtigter Interaktionen* zwischen Arzt und Patient und

2. in der *Festlegung eines Maßes*, anhand dessen therapeutische Wirkungen wissenschaftlich bestimmt werden können.

Zwischen dem behandelnden Arzt und seinem Patienten bestehen vielschichtige bewußte und unbewußte Verbindungen, die auch dann noch wirksam sein können, wenn das Arzt-Patienten-Verhältnis locker ist und nur noch geringe personale Kontakte stattfinden. Beide, Arzt und Patient, sind zudem zusammen und jeder für sich im psychosozialen Umfeld aufgehoben; beide haben Interessen und Bedürfnisse. Der Arzt wird auf diese Weise, je nachdem fördernd oder hemmend, unbeabsichtigte Mitursache des Therapieerfolges. Täuschungsmöglichkeiten über die Wirksamkeit einer Behandlung durch sein vorschnelles optimistisches Vertrauen oder durch sein pessimistisches negatives Vorurteil liegen auf der Hand. In einem Vortrag über „Grundlagen des Geistigen in der Medizin" zitiert der Freiburger Medizinhistoriker Seidler[12] den Physiologen und Psychologen Frederik Buytendijk mit der Aussage, daß „der Arzt seiner Natur nach Optimist zu sein habe, notwendigerweise mit der dazugehörigen Neigung zur Oberflächlichkeit und Geringschätzung der Philosophie sowie der methodischen Besinnung".

Auch ohne jeden ärztlichen Kontakt kann ein therapeutisches Verfahren oder ein Arzneimittel aufgrund eines ihm durch Reklame oder Ondit zugesprochenen positiven oder negativen Nimbus den Patienten beeinflussen. Die suggestiv behauptete Heilwirkung von Frischzellen und die in Laienkreisen befürchtete *generelle* Schädlichkeit von Kortison aufgrund des *Pompidou-Effektes* mögen als Beispiele genügen. Tatsächlich ist die Heilwirkung von Frischzellen unbewiesen, Kortison aber ist bei richtiger Indikation ein wirksames und lebenserhaltendes Arzneimittel.

Die *methodische Lösung* des *ersten Problems* liegt in der sorgfältigen Ausschaltung von Mitursachen. „Es bleibt — so merkwürdig das in der Leib und Seele gleicherweise verhafteten Medizin klingt — da, wo es sich um die Untersuchung der Wirkung somatischer Heilmethoden handelt, gar nichts anderes übrig, als den psychischen Mitursachen — ebenso wie allen anderen — aus dem Wege zu gehen und sie mit Hilfe der *„unwissentlichen Versuchsanordnung* planmäßig zu eliminieren"[35]. Zur unwissentlichen Versuchsanordnung gehören der einfache und der doppelte Blindversuch. Beim *einfachen Blindversuch* weiß der den klinischen Versuch betreuende Arzt, nicht aber der Patient, ob dieser nach dem Prüfplan das Prüfpräparat, dessen überlegene Wirksamkeit ermittelt werden soll, oder die bisherige Standardtherapie erhält.

Vor allem wenn bei der Erfolgsbeurteilung *subjektive* Kriterien eine wesentliche Rolle spielen, ist der *doppelte Blindversuch* methodisch unverzichtbar. Hierbei ist es auch dem Arzt unbekannt, ob der Patient im Einzelfall das Prüfpräparat oder die bisherige Standardbehandlung erhält. Der Zuteilungsmodus wird vorab im Studienprotokoll durch Randomisierung festgelegt. Die für Arzt und Patient nicht unterscheidbar konfektioniert und verpackten Medikamente werden jeweils durch Code-Nummern bezeichnet. Selbstverständlich weiß der den klinischen Versuch betreuende Arzt, welche Arzneistoffe in welcher Dosierung nach dem Studienprotokoll verabreicht werden sollen. Er ist auch über deren pharmakologische Eigenschaften und über mögliche unerwünschte Nebenwirkungen beider Behandlungsarten genau informiert. Nur wissen Arzt *und* Patient im einzelnen Behandlungsfall nicht, welche der beiden therapeutischen Alternativen zur Anwendung kommen.

Doppelblindstudien sind wissenschaftsmethodisch notwendig, etwa bei der Prüfung von Behandlungsverfahren gegen Befindensstörungen, Schmerzen oder Schlaflosigkeit; sie sind aber auch erforderlich, wenn Mittel oder Verfahren gegen Krankheiten mit psychosomatischen Ursachen geprüft werden sollen.

Die Lösung für das *zweite Problem*, die *Festlegung eines Maßes*, liegt im *Therapievergleich* und in der *Randomisierung*. Die Patienten werden hierbei nach einem im voraus festgelegten Studienprotokoll den verschiedenen Behandlungsverfahren, die miteinander verglichen werden sollen, nach einer zufälligen Zuteilung, mit anderen Worten „randomisiert", zugeordnet. Die Statistik hat hierfür geeignete Methoden und Verfahren entwickelt. Das Abweichen vom vorher festgelegten Randomisierungsplan führt zu inhomogenen Vergleichsgruppen mit der wissenschaftsmethodischen Folge eines irrtümlichen Endergebnisses mit seinen nachteiligen außerwissenschaftlichen Handlungsfolgen für die Sicherheit der Therapieentscheidung aufgrund des Studienergebnisses.

Im Falle einer Arzneimittelprüfung würde beispielsweise aus einer definierten Grundgesamtheit von Patienten mit einer bestimmten Krankheit die eine Behandlungsgruppe ein gebräuchliches Referenzmedikament — vor allem bei Langzeitstudien[36] auch ein wirkungsfreies und deswegen nebenwirkungsloses Scheinmedikament (*Placebo*)[37] — erhalten, während die andere Behandlungsgruppe das Prüfpräparat erhält, von dem therapeutische Fortschritte erwartet werden.

Warum liegt der methodische Akzent bei der Festlegung des Maßes einer therapeutischen Wirksamkeit auf dem Therapievergleich?

Bei leicht bestimmbaren biologischen Meßgrößen, wie Lebensalter, Körperlänge und -gewicht, die zudem gut überschaubar, wie z. B. das Blutdruckverhalten mit der Schwere einer Hypertonie korreliert sind, liegen die Verhältnisse noch relativ einfach. Schwieriger und nur noch durch den Therapievergleich zu lösen, wird das Problem des Maßes bei Störungen von Organfunktionen, die nur mittelbare Hinweise auf die Schwere der Grundkrankheit erlauben, wie z. B. die Aktivität leberspezifischer Transaminasen und der Bilirubin-Gehalt im Plasma bei einer Virushepatitis. Zahlreiche, *nicht kontrollierte Beobachtungen* legten vor einigen Jahren aufgrund der raschen Normalisierungstendenz dieser Meßparameter unter Kortison eine gute Wirksamkeit dieses Medikamentes bei der akuten Virushepatitis nahe. Tatsächlich haben aber spätere *kontrollierte Studien*, bei denen in den Vergleichsgruppen bioptische und immunologische Parameter mitausgewertet wurden, die Unwirksamkeit, ja Schädlichkeit der Kortison-Therapie bei der akuten Virushepatitis nachgewiesen[38]. Heute gilt nur noch eine immunologisch genau definierte, relativ kleine Subgruppe der

Hepatitiserkrankung als Indikation für die Kortison-Medikation.

Noch problematischer ist die messende Gewichtung von Befindensstörungen oder die Beurteilung krankheitsbedingter Schmerzen in Maß und Zahl. Hier können messende Verfahren der Psychologie oder der Sozialwissenschaften unter Verwendung bewertender Punktsysteme (scores) nützlich und hilfreich sein. Es liegt auf der Hand, daß gerade hier der Therapievergleich und die Randomisierung methodisch unverzichtbar sind. Helmchen und Müller-Oerlinghausen haben diese Probleme für die Therapieforschung in der Psychiatrie eingehend bearbeitet[39].

Die Bildung von homogenen Vergleichsgruppen ist auch noch aus einem weiteren Grund unverzichtbar. Der Krankheitsbegriff ist ein typischer Modellbegriff, der der Reduktion außergewöhnlich komplexer Tatbestände dient[40]. Der natürliche Ablauf einer unbehandelten Krankheit ist keineswegs sicher vorherzusagen. Er kann deshalb nicht ohne weiteres als Referenz benutzt werden. Selbst bei eindeutig definierten Krankheiten, wie einer bakteriellen Lungenentzündung, wechselt nicht nur von Individuum zu Individuum, sondern auch zu unterschiedlichen Zeiten deren Form und Schwere, so daß man wegen dieses *Gestaltwandels* zeitlich auseinanderliegende Krankheitsfälle als *historische Vergleiche* nur hinsichtlich extremer Endpunkte, wie Tod und Überleben, miteinander in Beziehung setzen darf.

Der Krankheitsverlauf hängt beim einzelnen Kranken von zahlreichen Faktoren, u. a. von Alter, Geschlecht, Ernährungszustand und genetischer Disposition sowie von dessen körpereigenen Abwehrkräften ab. Hierdurch kann eine Behandlung in ihrer Wirkung je nachdem im positiven Sinne (Selbstheilungstendenz) unterstützt oder im negativen Sinne abgeschwächt werden, ohne daß das im Einzelfall voraussehbar ist. Bei allen Erkrankungen, nicht nur bei solchen mit psychosomatischen und psychosozialen Ursachenkomponenten, spielen Persönlichkeitsstruktur und sozialer Lebensrahmen eine zusätzliche Rolle, die wiederum das Behandlungsergebnis beeinflussen können und die deshalb bei der Bildung der Vergleichsgruppen zu berücksichtigen sind.

Die Zuteilung zur Behandlungs- und Vergleichsgruppe muß nach vorher festgelegten Einschluß- bzw. Ausschlußkriterien erfolgen, um auch bei gleicher Erkrankung möglichst *homogene Prüfgruppen*, z. B. nach Lebensalter, Schwere und Stadium einer Erkrankung, zu gewährleisten. Auf diese Weise bieten beide Gruppen der neuen Behandlung und der bisherigen Standardtherapie gleiche Ausgangschancen.

Die Festlegung der Ein- und Ausschlußkriterien ist ebenso wie die Feststellung von Abbruchkriterien eine rein ärztliche Aufgabe, vergleichbar der Indikationsstellung bei der Heilbehandlung. In beiden Fällen hat die Verhütung von Schaden den gleichen ethischen Rang wie die Feststellung des therapeutischen Nutzens.

Auf die mit der *Erstanwendung* eines Behandlungsverfahrens (z. B. Phase I der Arzneimittelprüfung; § 40 AMG) verbundenen besonderen methodischen, ethischen und juristischen Fragen wird hier nicht weiter eingegangen. Ich verweise auf die Literatur[23] über das Humanexperiment.

Fassen wir das zusammen, was über die *wissenschaftlichen Regeln* und *Standards des kontrollierten klinischen Versuchs* festgestellt wurde:

Die vorherige gründliche Versuchsplanung, die Schaffung von geeigneten Vergleichsgruppen, die Ausschaltung von Mitursachen, die das Ergebnis beeinflussen können, die vorherige Festlegung von Einschluß- und Ausschlußkriterien, die Zufallszuteilung der Patienten zu den Untersuchungsgruppen und die biometrisch einwandfreie Bewertung der gewonnenen Ergebnisse qualifizieren den kontrollierten klinischen Versuch als *wissenschaftlich*. Wissenschaftliche Arbeit auf der Grundlage und unter Anwendung von Ergebnissen wissenschaftlicher Forschung sind gleichermaßen, wie in anderen Handlungswissenschaften, so auch in der Medizin auf die konsistente Einhaltung wissenschaftlicher Grundregeln angewiesen.

Ein, auch unbeabsichtigter, Verstoß gegen diese Grundregeln zeugt nicht nur von minderer Qualität ärztlichen Handelns, er verletzt damit auch *ethische Normen*. Gelegentlich wird das ethische Primat gegen den kontrollierten klinischen Versuch ins Feld geführt, er ist sogar als strafwürdige Handlung bezeichnet worden[4]. Hier liegt der grundlegende Irrtum: Ärztlich-ethische Überlegungen und operationale Bedingungen können der Planung einer therapeutischen Prüfung den Vorzug vor einer anderen geben. Ein kontrollierter therapeutischer Versuch kann aus ethischen Gründen auch ganz verworfen werden. Ethische Vorgaben tangieren aber *prinzipiell nicht* den logischen Aspekt und die wissenschaftliche Grundlage des kontrollierten klinischen Versuchs. „Ethische Entscheidungen grundsätzlicher Art gehen der Wissenschaft voraus", sie bilden ihre „existentielle Basis" in Form einer „normativen Rationalitätskonzeption"[40]: Es ist unethisch, in der Wissenschaft unkritische und irrationale Ansätze und Verfahren zuzulassen.

In seinem Vortrag vor der Max Planck-Gesellschaft über ethische Probleme der medizinischen Forschung hat Helmchen 1984[41] mit Recht darauf hingewiesen, daß der Heilversuch „sowohl den innovativen Behandlungsversuch als auch die Versuchs -(oder Forschungs-)Behandlung" umfaßt, daß also die „Grenzen zur reinen Therapie wie auch zur reinen Forschung unscharf" sind.

Legt man den tatsächlichen Kenntnisstand der behandelnden Ärzte über die je angewandten Medikamente zugrunde, dann sind die weit überwiegende Mehrzahl der Behandlungen — wenn wir deren nachgewiesene Wirksamkeit und deren therapeutische Unbedenklichkeit zugrundelegen — *tatsächlich* Behandlungsversuche, allerdings meist in dem sicheren Glauben der Ärzte, begründete Therapie zu betreiben. Dies gilt allerdings mit Ausnahmen, wie die Ergebnisse der Verhandlungen der Transparenzkommission aufzeigen, auch für die sogenannte „Standardbehandlung". Aus der Begründung des ärztlichen Handlungszieles „Heilen" haben Patienten aber einen *Anspruch* darauf, mit *nachweislich wirksamen* Arzneimitteln behandelt zu werden.

Es ist auch ausgeschlossen, daß der einzelne Arzt für sich in seiner Lebensspanne alle durch ihn benutzten Medikamente selbst auf Wirksamkeit und Unbedenklichkeit überprüft, da die Zahl seiner Patienten begrenzt und seine Krankheitserfahrungen auf seinen zufälligen Horizont eingeengt wären. Auch aus diesem Grund sind kontrollierte klinische Versuche als *Instrument zur Generalisierung objektiven Wissens*[42] unersetzlich. Allein durch die Wissensermittlung mit Hilfe des kontrollierten klinischen Versuchs kann die Probandenzahl minimiert, mit anderen Worten mit einer begrenzten Patientenzahl überhaupt erreichbares Wissen maximiert werden.

Der Gesetzgeber hat die klinische Prüfung neuer Arzneimittel auf Wirksamkeit und Unbedenklichkeit (Sicherheit der Anwendung unter Berücksichtigung der jeweiligen Indikation) vorgeschrieben (AMG § 22, (1), 15, (2)) und dabei die Notwendigkeit von Versuchen am Menschen kodifiziert, dies allerdings unter einer Reihe von einschränkenden Normierungen. In der Begründung zu den §§ 40 und 41 über den Schutz des Menschen bei der klinischen Prüfung heißt es wörtlich: „Das Gesetz geht in Übereinstimmung mit der vom Weltärztebund verabschiedeten Deklaration von Helsinki davon aus, daß der medizinische Fortschritt auf Forschung beruht, die sich letztlich auch auf Versuche am Menschen stützen muß. Er läßt klinische Prüfungen eines Arzneimittels aber nur zu, wenn die Belange der an der Prüfung beteiligten Personen umfassend gewahrt sind. Insbesondere müssen die Risiken, die mit der klinischen Prüfung für die an ihr beteiligten Personen verbunden sind, gemessen an der voraussichtlichen Bedeutung des Arzneimittels für die Heilkunde ärztlich vertretbar sein, müssen die an der klinischen Prüfung beteiligten Personen umfassend über die Risiken aufgeklärt werden und sich freiwillig zur Teilnahme bereiterklären." Für einen besonderen Personenkreis (Minderjährige § 40, (4); psychiatrisch Kranke § 40, (1), 3; und Gefangene) gelten weitere einschränkende Bestimmungen.

Ein besonders Problem bietet die grundgesetzliche Regelung der *Einwilligung nach Aufklärung* (§ 40, (1), 2) wegen der wissenschaftsmethodisch notwendigen unwissentlichen Versuchsanordnung des kontrollierten klinischen Versuchs. „Kontrollierte klinische Versuche schränken den an der Studie teilnehmenden Arzt in der Wahl der Behandlungsverfahren ein. Sie können daher nur dann ethisch", d. h. im Einklang mit den ärztlichen Handlungszielen „vertreten werden, wenn noch keine gesicherten Ergebnisse über die Wirksamkeit vorliegen oder diese kontrovers beurteilt werden"[33].

Die in das AMG eingebundenen Grundsätze der — inzwischen 1975 in Tokio revidierten — Deklaration von Helsinki schreiben zudem bindend vor, daß keinem Patienten nur zur Klärung wissenschaftlicher Fragen „die als beste erwiesene Therapie vorenthalten werden darf. Es gehört deswegen zur Voraussetzung für die Durchführung von kontrollierten Therapiestudien", daß deren Legitimation nicht in der Erzielung wissenschaftlicher Resultate, sondern in der Erfüllung des ärztlichen Handlungszieles einer Verbesserung der Heilbehandlung liegt. „Nach Abwägung aller Vorinformationen muß wirklich Unklarheit über die beste der in der Studie verglichenen Therapiearten bestehen."[33]

Die geschilderte Situation der „wirklichen Unklarheit" über den Nutzen praktisch angewandter Therapien entspricht der häufigen Alltagserfahrung des behandelnden Arztes. Aus ethischer Sicht besteht deswegen zwischen der generellen Aufklärungspflicht des Arztes (die auch bei der medikamentösen Therapie besteht!) und der Aufklärungspflicht bei der Forschungsbehandlung des kontrollierten klinischen Versuchs kein *prinzipieller* Unterschied[43].

Der *Informationsstand des Arztes* ist im Falle einer klinischen Studie nach Abwägung aller Vorinformationen im Hinblick auf eine umfassende Aufklärung erheblich höher als bei der alltäglichen unkontrollierten Therapie. Die Patienten eines kontrollierten klinischen Versuchs — auch die der Kontrollgruppe — befinden sich zudem unter den Bedingungen der von besonders qualifizierten Ärzten geplanten und durchgeführten Studie in einer sichereren Lage, als wenn sie bei ihrer Erkrankung nicht an einem kontrollierten klinischen Versuch teilnehmen, sondern unkontrolliert behandelt würden. Kontrollierte

Versuche gewinnen so eine *soziale Schutzfunktion* für den Kranken, während sie bei unsystematischen Beobachtungen ungesicherter dem therapeutischen Glauben des einzelnen Arztes ausgesetzt sind[42].

Trotz dieser Überlegungen erfordert es der Standard klinischer Versuche, daß für jeden einzelnen Kranken deren Regelwerk im Aufklärungsgespräch erläutert wird. Es sprengt *nicht* die *methodischen Voraussetzungen* des kontrollierten klinischen Versuchs, wenn der Kranke darüber unterrichtet wird, daß unter den Bedingungen der Zufallszuteilung zu den Prüfgruppen gearbeitet und daß eine unwissentliche Versuchsanordnung angewandt wird. Es überfordert auch *nicht* das *Vertrauen des Patienten*, wenn guten Gewissens versichert werden kann, daß ihm — je nachdem — kein Nachteil gegenüber der Standardbehandlung erwächst, daß er aber möglicherweise einen therapeutischen Vorteil durch Teilnahme an der Studie gewinnt. Trotz Einwilligung nach Aufklärung hat der Teilnehmer an einer Studie jederzeit ein uneingeschränktes Rücktrittsrecht.

In einer kürzlich erschienenen Monographie über „das wissenschaftliche Ethos als Sonderethik des Wissens" weist Helmut Spinner[43] auf die kognitiven und sozialen Dimensionen der Wissenschaft hin, die — obgleich selbst nur komplementäre Partialsysteme — doch jeweils vollständige Wirklichkeitsbereiche umfassen. Für beide Dimensionen gibt es unterschiedliche ethische Normen. Jedes System umfaßt vier Eckpunkte des menschlichen Orientierungsrahmens, nämlich „*Werte*, deren Verwirklichung angestrebt wird; *Normen*, die dafür aufgestellt werden; *Prozesse*, die in Gang zu setzen sind; schließlich *Resultate*, die damit erreicht werden sollen"[44].

Im Falle einer *ärztlichen Behandlung* tritt die *soziale Dimension* der Medizin in den Blickpunkt. Der Arzt wird durch den Kranken, der Hilfe begehrt, motiviert, „*nach bestem Gewissen*" sein ärztliches Handlungsziel, das auf Heilung hin ausgerichtet ist, unter Benutzung der Methoden und Ergebnisse anderer Wissenschaften mit der erforderlichen ärztlichen Sorgfalt[45] zu verfolgen. Im günstigen Falle erreicht er das angestrebte Resultat.

Das *ethische Gewicht* erhält ärztliches Handeln aus dem *Heilauftrag*, aus der Person des Kranken und der Art seines Leidens; hierfür ist der Arzt verantwortlich, auch für die Folgen seines Handelns.

Bei dem *kontrollierten klinischen Versuch* tritt die soziale Dimension gegenüber der *kognitiven Dimension* der Wissenschaft zurück. Der in einer Studie wissenschaftlich tätige Arzt drängt nach *Erkenntnis der Wirklichkeit*, die er durch konsistente Anwendung wissenschaftlich begründeter Regeln „*nach bestem Wissen*" zu erreichen sucht. Das angestrebte Ergebnis ist das unabhängig von seinem Ursprung verallgemeinerungsfähige und objektiv überprüfbare Wissen über den Stellenwert des geprüften Behandlungsverfahrens.

Das *ethische Gewicht* liegt auf der *wissenschaftlichen Rationalität*, mit anderen Worten auf der strikten Einhaltung der wissenschaftlichen Voraussetzungen, Regeln und Normen[46]. Nur für die kognitiven Ergebnisse der Studie ist der wissenschaftlich tätige Arzt verantwortlich, nicht jedoch für die außerwissenschaftlichen Folgen[47], soweit ihn als Arzt nicht eine rechtliche Kodifizierung dennoch in die Verantwortung nimmt[48].

Gerade aber um die Verantwortung für die Folgen des kontrollierten klinischen Versuchs geht es, um den Schutz des einzelnen Kranken im klinischen Versuch.[49]

Wir sind von den beiden Dimensionen der Wissenschaft ausgegangen und haben fiktiv zwei unterschiedliche Einstellungen betrachtet, die tatsächlich aber in *einer* ärztlichen Persönlichkeit verbunden sind.

Ich will mit einem Zitat aus dem Buch meines Lehrers Paul Martini schließen, das sowohl das Dilemma — aber auch Lösungsmöglichkeiten aufzeigt[50]:

„Beim ärztlichen Forscher ist es die Menschheit einerseits, die Menschlichkeit andererseits, die sich einander gegenüberstehen können, zwei an sich inkommensurable Werte. Aber der Arzt ist vom einzelnen Menschen zur Hilfe gerufen und ihm in erster Linie verpflichtet; so wird im Zweifelsfall auch immer das Interesse gerade dieses einzelnen Kranken den Ausschlag zu geben haben. Der richtige Arzt ist ein Pfadsucher; er tastet sich im Zwielicht und oft genug im Dunkel auf schmalem Pfad vorwärts, ohne zu wissen, wo der Weg aufhört, oder wann den Schützling, den er begleitet und für den er verantwortlich ist, unversehens die Kräfte verlassen. Der Arzt, dem dazu die Forschung aufgetragen ist, hat dem Praktiker gegenüber den Vorteil, daß ihm einige Fackeln mehr zur Verfügung stehen, den dunklen Weg zu erhellen. Dafür lastet auf ihm die Pflicht, gleichzeitig und dauernd die Umgebung und das Allgemeine im Auge zu behalten, ohne dadurch seinen Schützling irgendeiner Gefährdung auszusetzen. Der Verstand reicht als alleiniger Berater nicht mehr aus, wenn es gilt, in der Kollision solcher Pflichten das Richtige zu tun, die Kritik muß sich mit der Ethik verbünden, wenn wir Menschheit und Menschlichkeit gleichzeitig gerecht werden wollen."

Anmerkungen

1 Lasch, H. G., Schlegel, B. (Hrsg.), Hundert Jahre Deutsche Gesellschaft für Innere Medizin. Die Kongress-Eröffnungsreden der Vorsitzenden 1882—1982, München 1982 E. Quincke (1899) S. 165; H. Senator (1901) S. 185; A. v. Strümpell (1906) S. 240 f.
2 Dengler, H. J., Die Medizin im Spiegel der Therapie, Verhdlg. Dtsch. Ges. Inn. Med. 89 (1983) XLI—LI.
3 Schaefer H., in: Kontrollierte klinische Therapieversuche, Vogel, R. H. (Hrsg.), Paul Martini-Stiftung, Bad Nauheim (8. Februar 1978), p. 116. Hier auch eine eingehende juristische (E. Samson; H. Hasskarl), biometrische (H. Überla; S. Koller), klinisch-pharmakologische (H. Kewitz) Auseinandersetzung mit der These von M. Fincke über die Strafbarkeit des kontrollierten klinischen Versuches. s. auch: M. Fincke (Anm. 4).
4 Fincke, M., Arzneimittelprüfung; strafbare Versuchsmethoden. „Erlaubtes" Risiko bei eingeplantem fatalen Ausgang, Heidelberg — Karlsruhe 1977.
5 Winau, R., Vom kasuistischen Behandlungsversuch zum kontrollierten klinischen Versuch. s. S. 83—107.

6 Fontane, Th., Der Stechlin, Berlin und Weimar 1964, S. 349 f.

7 Rössler, D., Fortschritt und Sicherheit als Religion. In: Rohrmoser, G., Lindenlaub, E. (Hrsg.), Fortschritt und Sicherheit Stuttgart — New York 1980 S. 187—197.

8 Buchborn, E., Die Medizin und die Wissenschaften vom Menschen, Verhdlg. Dtsch. Ges. Inn. Med. 86 (1980) XLIII—LVII.

9 Deneke, J. F. V., Aspekte und Probleme der Medizinpublizistik. Bestandsaufnahmen und Analysen zur historischen und aktuellen Präsentation von Medizin in Massenmedien, Bochum 1985, S. 265 ff.

10 v. Ferber, Ch., Soziale Krankenversicherung im Wandel — Weiterentwicklung oder Strukturreform? — WSI Mitteilungen 38 (1985) 584—594. Als Antwort auf „den Wandel des Krankheitsverständnisses" folgt die „Medikalisierung der Sozialleistungen" und die „Entfremdung zwischen Krankenkassen und Versicherten", S. 592.

11 Neuhaus, G. A., Indikation zum Fortführen oder Abbrechen diagnostischer und therapeutischer Maßnahmen in der Inneren Medizin, Verhdlg. Dtsch. Ges. Inn. Med. 91 (1985) 257—264.

12 Seidler, E., Grundlagen des Geistigen in der Medizin — Fragen an die Geschichte, in: Gross, R. (Hrsg.), Geistige Grundlagen der Medizin, Berlin — Heidelberg — New York 1985, S. 1—8.

13 Buchborn, E., Verbindlichkeit medizinisch wissenschaftlicher Aussagen in der ärztlichen Praxis. in: Deutsch, E., Kleinsorge, H., Scheler, F. (Hrsg.), Verbindlichkeit der medizinisch-diagnostischen und therapeutischen Aussage, Stuttgart — New York 1983, S. 109.

14 Stachowiak, H., Medizin als Handlungswissenschaft. in: Gross, R. (Hrsg.), Modelle und Realitäten in der Medizin, Stuttgart — New York 1983, S. 7—22.

15 Spinner, H. F., Das „wissenschaftliche Ethos" als Sonderethik des Wissens, Tübingen 1985, S. 113.

16 Tenbruck, F. H., Der alte und der neue Fortschritt: Mythos und Realität, in: Rohrmoser, G., Lindenlaub, E. (Hrsg.), Fortschritt und Sicherheit, Stuttgart — New York 1980, S. 147—161.

17 Tenbruck, F. H., Die unbewältigten Sozialwissenschaften oder die Abschaffung des Menschen, Graz — Wien — Köln 1984, S. 258. „In einer Welt von Unverbindlichkeiten hat das Verbindliche keinen Platz mehr. Das hypothetische Bewußtsein der Wissenschaft, das die ganze Welt in Wenn-Dann-Beziehungen auflöst, bestimmt schon längst den Alltag. Der Glaube wird zum religiösen Bedürfnis, die Ehe gilt nur noch auf Probe, den Sinn gibt es als Angebot, das nach Belieben angenommen oder ausgeschlagen wird". Daß gerade dies dem Menschen nicht genügt, betonte Ernst Wolfgang Böcken-

förde. › Emanzipation, die nur bei der Emanzipation verbleibt, nicht auch zu neuen Möglichkeiten der Bindung und Identifikation führt, bringt nicht individuelle Selbstverwirklichung, sondern gefährdet sie ‹. erklärte der Verfassungsrichter, und fuhr fort: › Das Problem wird dann schließlich die Emanzipation von der Emanzipation ‹. Bericht von K. Adam (F.A.Z., 30. Okt. 85, S. 25) über eine Tagung der philosophischen Gesellschaft Civitas, Hannover.

18 v. Ferber, Ch., Hemmt die soziale Sicherheit den wissenschaftlich-technischen und den ökonomischen Fortschritt? in: Rohrmoser, G., Lindenlaub, E. (Hrsg.), Fortschritt und Sicherheit, Stuttgart — New York 1980, S. 111 — 124.

19 Neuhaus, G. A., Präventivmedizin — eine Aufgabe im Spannungsfeld von Wissenschaft und Politik. Zahnärztliche Praxis, 32 (1981) Heft 6. Dort auch Hinweise auf die Ursachen der Furcht vor dem Ausgeliefertsein des Menschen an anonym-undurchschaubare Organisationen („Gesundheitswesen"). (Die falsch datierten Lit.-Hinweise 4 und 11 entstammen richtig der Literaturstelle 17!).

20 Spinner (Anm. 15), S. 159.

21 Spinner (Anm. 15) S. 82 ff.

22 Popper, K. R., Die moralische Verantwortlichkeit des Wissenschaftlers. Universitas, 30 (1975) S. 689 ff.

23 Deutsch, E., Arztrecht und Arzneimittelrecht, Berlin — Heidelberg — New York, 1983, S. 232 ff. Hier auch: Texte des Hippokratischen Eides, die Praeambel der Satzung der WHO vom 22. 7. 1946 und der revidierten Deklaration von Helsinki des Weltärztebundes (1975), S. 333. Der Text des Nürnberger Codex (NJW 1949, 377) findet sich bei Deutsch, E., Das Recht der klinischen Forschung am Menschen, Frankfurt/Main — Bern — Las Vegas 1979, S. 176.

24 Spinner (Anm. 15) S. 138.

25 Die verbrecherischen Humanexperimente in der Zeit des Nationalsozialismus wurden trotz eindeutig entgegenstehender staatlicher Verwaltungsvorschriften (Anweisung an die Vorsteher der Kliniken Preussens vom 29. 12. 1900; Richtlinien für neuartige Heilbehandlung und für die Vornahme wissenschaftlicher Versuche am Menscen — Dtsch Med Wschr. 1931, 509; Texte s. Deutsch, Recht (Anm. 23) S. 173, durchgeführt; sie waren übrigens auch schon deswegen verwerflich, weil in ihnen gegen die Regeln der Wissenschaft selbst verstoßen wurde.

26 Spinner (Anm. 15) S. 146.

27 Spinner (Anm. 15) S. 132.

28 Neuhaus, G. A., Ablauf und Probleme der klinischen Arzneimittelprüfung. Internist 14 (1973) 14 — 18. Eine neuere Darstellung zu

Biometrie und ärztlicher Ethik (Horbach, N., S. 884), Planung klinischer Studien (Gundert-Remy, U., S. 893), Rechtlichen Fragen der Forschung am Menschen unter Rechtfertigungsdruck (Hirsch, G., Weissauer, W., S. 898), Therapiefreiheit und Neulandbehandlung (Buchborn, E., S. 903) in: Klinikarzt 38 (1985).

29 Dengler (Anm. 2) S. XLIII.

30 Lendle, L., Aufgaben der Pharmakologie bei der Beurteilung des Wirkungswertes moderner Arzneimittel, in: Böhme, H., Schmidt, W. (Hrsg.), Das Arzneimittel in unserer Zeit (Forum Philippinum 1964), Marburg/L. 1964, S. 70 ff.

31 Martini, P., Oberhoffer, G., Welte, E., Methodenlehre der therapeutisch-klinischen Forschung. 4. Aufl., Berlin — Heidelberg — New York, 1968. Die 1. Auflage erschien 1932 unter dem Titel „Methodenlehre der therapeutischen Untersuchung".

32 Bradford Hill, A., Principles of medical statistics, 8th Edition, London 1967. (Die erste Auflage erschien 1937.) s. auch: Bradford Hill, A., Medical ethics and controlled trials, Brit. med. J: (1963/ 1) S. 1043 — 1049.

33 Memorandum zur Planung und Durchführung kontrollierter klinischer Therapiestudien. Unter Mitarbeit von Fink, H., van de Loo, J., Oberhoffer, G., Jesdinsky, H. J. (Hrsg.), Stuttgart — New York 1978. Dieses Memorandum wurde im Auftrage des Präsidiums der Deutschen Gesellschaft für medizinische Dokumentation, Informatik und Statistik erarbeitet und publiziert.

34 Neuhaus, G. A., Verifizierung der Wirksamkeit, Münch. med. Wschr. 126 (1984) 107 — 111.

35 Martini (Anm. 31) S. 58.

36 Gross, F., Notwendigkeit und Ethik klinisch-therapeutischer Prüfungen von Arzneimitteln, Paul Martini-Stiftung der Med. Pharmaz. Studienges., Frankfurt/Main 1979, S. 20. Das wesentliche Argument für die Placebogabe liegt darin, daß es nicht vertretbar ist, eine Behandlungsmethode für eine große Zahl von Patienten zu empfehlen, solange der Nutzen dieser Behandlung nicht genügend gesichert ist.

37 Bei der Placebogabe kommt es auch auf vergleichbare *ethnische* und *psychosoziale* Voraussetzungen eines therapeutischen Versuchs an, um reproduzierbare und allgemeingültige Ergebnisse zu erhalten. Daß solche Voraussetzungen fast niemals sensu strictu vorliegen, zeigt die unterschiedliche Placebo-Heilungsrate beim Ulcus duodeni an verschiedenen Untersuchungsorten bei sonst vergleichbarem biometrischem Design (London: 20%, Lausanne: 65%). Das gegen Placebo geprüfte Arzneimittel würde in England als

„wirksam", in der Schweiz als „unwirksam" bezeichnet werden (Blum, A. L., Siewert, J. R., Halter F., Ulkustherapie mit Cimetidin. Dtsch med Wschr *103*, (1978) 135).

38 Gregory, P. B., Knauer, C. M., Kempson, R. L., Miller, R., Steroid therapy in severe viral hepatitis: A double-blind, randomized trial of methylprednisolone versus placebo. New Engl. J. Med. 294 (1976) 681 — 687.

39 Helmchen, H., Müller-Oerlinghausen, B. (Hrsg.), Psychiatrische Therapieforschung, Berlin — Heidelberg — New York 1978.
Helmchen H., Ethische Probleme der medizinischen Forschung, erläutert am Beispiel der psychiatrischen Therapie-Forschung. in: Max Planck-Gesellschaft, Berichte 3/84 Verantwortung und Ethik in der Wissenschaft, S. 42 ff.

40 Spinner, H. F., Begründung, Kritik und Rationalität, Braunschweig 1977, Bd. 1, S. 5.

41 Helmchen (Anm. 39) S. 47.

42 Überla, H., Inhalt und Notwendigkeit klinischer Prüfungen aus wissenschaftlicher und ärztlicher Sicht. in: Vogel, R. H. (Hrsg.), Paul Martini-Stiftung. Bad Nauheim (8. Februar 1978) S. 4 ff.

43 Helmchen (Anm. 39) S. 50.

44 Spinner (Anm. 15) S. 24.

45 Schreiber, H.-L., Rechtliche Maßstäbe des medizinischen Standards. Langenbecks Arch Chir 364 (1984) 295 — 298.

46 Vorurteile bei der Bewertung und betrügerische Manipulationen bei der Gewinnung wissenschaftlicher Ergebnisse in der medizinischen Forschung — auch bei kontrollierten klinischen Versuchen — sind als Verstöße gegen die wissenschaftliche Rationalität nur durch vollständige Publizität „vom ersten Schritt der Problemstellung über die theoretische Problemlösung bis zur praktischen Anwendung und ihre Folgen" (Spinner (Anm. 15) S. 153) zu begrenzen, da „the merest hint of it is enough to destroy a reputation" (Pollock, A. V., Evans, M., Bias and frad in medical research: a review, J. Royal Soc. Med. 78 (1985) 937 — 940).

47 Spinner (Anm. 15) S. 112 ff.

48 Die Arzneimittel-Prüfrichtlinie (§ 26 AMG) — beschreibt Methoden, Techniken und Verfahren zur Prüfung neuer Arzneimittel. Diese stellen in Form allgemeiner Verwaltungsvorschriften den Standard fest, der dem jeweiligen Stand der wissenschaftlichen Erkenntnis entspricht. (Zur Problematik des „jeweiligen Standes der wissenschaftlichen Erkenntnis" s. Plagemann (Anm. 49) s. Neuhaus, G. A. (Hrsg.), Pluralität in der Medizin, Frankfurt/M., S. 137 ff.).

An diese Richtlinie ist der Arzt, der einen kontrollierten klinischen Versuch durchführt, ebenso wie an die §§ 40 und 41 AMG (Schutz des Menschen bei der klinischen Prüfung) gebunden. Die Sensibilität der Öffentlichkeit, vor allem aber der um das Pflegepersonal erweiterten „professionellen Öffentlichkeit" für die strikte Einhaltung dieser „guidelines for clinical trial of drugs" (s. Gross Anm. 36) hat in den letzten Jahren zugenommen, hierdurch wird die „interne Ablaufkontrolle" des klinischen Versuchs verbessert.

49 Plagemann, H., Der Wirksamkeitsnachweis nach dem Arzneimittelgesetz von 1976. Nomos, Baden-Baden 1979, Arzneimittelprüfrichtlinien; Verwaltungsvorschrift Bundesminister für Jugend, Familie und Gesundheit 1971: p. 21 f. u. p. 124 ff. Gegenstand wissenschaftlicher Erkenntnis: p. 115 ff.
50 Martini (Anm. 31) S. 16.

Karl Sperling

Versuche mit dem zukünftigen Menschen — Gentechnologie

Einführung

„Unsere Gegenwart ist Zeuge eines großartigen Versuchs, das ganze Dasein eines Volkes aufgrund ewiger erbbiologischer Gesetzmäßigkeiten neu zu gestalten ...". So kommentiert H. Mönck in der *DAZ* vor 50 Jahren das vom Reichskabinett verabschiedete Gesetz *Zum Schutze der Erbgesundheit.*

Zeichnet sich heute, gestützt auf den wissenschaftlichen Fortschritt, der mit dem Schlagwort *Gentechnologie* gekennzeichnet wird, eine erneute, sehr viel größere Gefahr des genetischen Versuches mit Menschen ab? So stellt J. Westhoff in *Die Zeit* vom 24.2.1984 fest: „Die Eingriffe in das menschliche Erbgut drohen die Grundlagen des Zusammenlebens zu zerstören" und der Biochemiker Sinsheimer wird in *Der Spiegel* vom 21.11.1983 wie folgt zitiert „niemand werde verhindern können, daß die Biotechnologie als Therapieverfahren zur Behandlung von Erbkrankheiten eingesetzt wird; dann sei es — wer wird schon eine Trennungslinie ziehen können? — nur noch ein kleiner Schritt bis zu Genkorrekturen, die nicht medizinischen Zwecken dienen! Damit aber stehe der ganze Charakter des menschlichen Lebens auf dem Spiel".

Sichtbarer Ausdruck der hier beschworenen Gefahren sind die im Dezember 1982 in der Zeitschrift *Nature* publizierten „Riesenmäuse", deren Bild durch die gesamte Weltpresse ging. Diese Tiere stellten das Resultat einer genetischen Manipulation dar: ihnen war das menschliche Gen für das Wachstumshormon eingepflanzt worden, das sie auch an ihre Nachkommen vererbten. Es lag nahe zu folgern, daß das, was im Tierexperiment gelang, auch auf den Menschen übertragbar sei. So sollte durch das Einfügen normaler Erbanlagen in genetisch defekte menschliche Keime eine Therapie schwerer Erbleiden möglich sein. Zugleich eröffne sich damit aber auch die bedrohliche Vision einer genetischen Manipulation des Menschen, der Herstellung von Menschen nach Maß. Selten wohl scheint die Ambivalenz wissenschaftlichen Fortschrittes so deutlich zum Ausdruck zu kommen: der Anspruch, medizinische Hilfe zu leisten, könne sich in das Gegenteil verkehren, in die gezielte, böswillige Manipulation des Individuums.

Andererseits zeigt die etwa 10jährige Erfahrung mit der Gentechnologie, daß ursprünglich angenommene Gefahren sich heute als praktisch gegenstandslos erwiesen haben, wie z. B. die unfreiwillige Freisetzung und Ausbreitung krebserzeugender, todbringender Keime. Darüber hinaus werden der Gentechnologie Dinge angelastet, wie das Klonieren menschlicher Individuen oder die Herstellung von Tier-Mensch-Mischwesen, die methodisch nichts damit gemein haben. Auf diesen letzteren Aspekt soll daher hier nicht eingegangen werden. Es soll vielmehr der Versuch unternommen werden, aus der Sicht des Humangenetikers und gestützt auf die wissenschaftlichen Grundlagen der Molekularbiologie die Frage der gezielten genetischen Veränderung menschlicher Körper- wie auch Keimzellen zu untersuchen.

Biologische Voraussetzungen

Sämtliche Zellen des menschlichen Körpers entstehen durch Zellteilung aus der befruchteten Eizelle. Da bei der Teilung das Erbgut identisch auf die Tochterzellen verteilt wird, weisen praktisch sämtliche Körperzellen die vollständige genetische Information auf (Abb. 1). So unterschiedliche Zellen, wie die des Nervensystems, der Leber oder des Knochenmarks unterscheiden sich daher nicht in ihrem Bestand von etwa 50 000 Erbanlagen, den Genen, sondern hinsichtlich des spezifischen Genaktivitätsmusters: nur bestimmte Gene befinden sich in aktivem Zustand, die anderen sind abgeschaltet, inaktiv. Grundlage hierfür ist die kontrollierte Steuerung der Genaktivität im Laufe der Embryogenese, ein heute noch weitgehend unverstandener Prozeß. Dies macht zugleich deutlich, daß nicht das sichtbare Merkmal (z. B. die Augenfarbe) oder die an einem Individuum zu beobachtende Eigenschaft (z. B. seine Intelligenz) vererbt werden, sondern die Information zu deren Bildung. Die Verwirklichung dieser Information beruht auf einem komplizierten Wechselspiel genetischer und umweltbedingter Faktoren.

Tritt eine Veränderung eines Gens ein, eine Mutation, und führt diese zugleich zu einem charakteristisch veränderten Erscheinungsbild, z. B. einem Erbleiden, das gemäß den Mendelschen Gesetzen vererbt wird, sind die prinzipiellen Voraussetzungen für seine weitere genetische Analyse gegeben. Dank der sog. Gentechnologie ist es heute sogar möglich, einzelne derartige Erbanlagen aus dem Gesamtverband zu isolieren, sie in beliebiger Menge zu vermehren, ihren molekularen Aufbau zu bestimmen, sie aber auch mit dem Erbgut jedweder anderen Organismenart zu verbinden.

Handelt es sich dagegen um normale geistig-seelische Eigenschaften des Menschen, in denen sich die einzelnen Individuen nur in quantitativer Hinsicht unterscheiden und die daher auch keine gesetzmäßige Weitergabe an die Nachkommen zeigen, können die zugrunde liegenden Erbanlagen nicht identifiziert, geschweige denn molekularbiologisch analysiert werden. Dies ist auch der Grund, warum es auf diesem Gebiet der Humangenetik in den vergangenen 50 Jahren kaum einen wissenschaftlichen Fortschritt gegeben hat, während die Erforschung der oben gekennzeichneten monogenen Merkmale zu den spektakulärsten Erfolgen der modernen Naturwissenschaft zählt.

Medizinisch-genetische Grundlagen der Gentherapie

Die vorigen Ausführungen machen verständlich, weshalb alle Diskussionen über eine gezielte genetische Manipulation geistig-seelischer Eigenschaften jeder Grundlage entbehren.

Für eine Gentherapie kommen somit grundsätzlich nur monogene Erbleiden in Frage. Etwa 1% aller Neugeborenen leidet

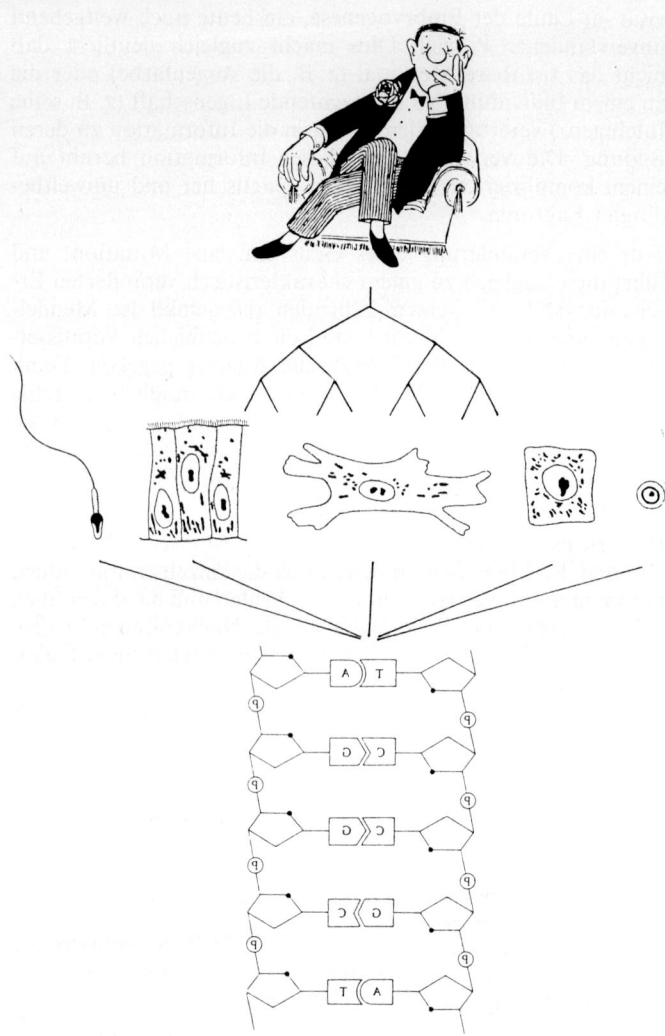

Abb. 1

an einem derartigen Defekt. Dazu zählen zahlreiche schwere Stoffwechselleiden, die therapeutisch nur wenig zu beeinflussen sind und oftmals im frühen Kindes- oder Jugendalter zum Tode führen. Hier soll beispielhaft an einem der bestuntersuchten Erbleiden beim Menschen, der Sichelzellanämie, gezeigt werden, welche Voraussetzungen für eine Gentherapie, sowohl an Körper-, als auch an Keimzellen, gegeben sein müssen und welche Risiken diese Verfahren in sich tragen.

Den Namen erhielt dieses Erbleiden, da die Träger statt runder sichelförmige rote Blutkörperchen aufweisen (Abb. 2). Diese Veränderung wirkt sich nicht nur nachteilig auf die Sauerstoffversorgung der Gewebe aus, als Folge von Thrombenbildungen kann die Blutversorgung lokal unterbrochen sein, was je nach dem betroffenen Organ unterschiedlich schwere Krankheitssymptome auslöst. Patienten mit schwerer Verlaufsform dieser Erkrankung können nur durch regelmäßige Bluttransfusionen am Leben erhalten werden.

Zugrunde liegt diesem Defekt ein verändertes Beta-Globinmolekül, ein primäres Genprodukt. Zusammen mit einem weiteren Genprodukt, dem Alpha-Globin, bildet es den roten Blutfarbstoff. Das Beta-Globin besteht aus 146 Bausteinen, den Aminosäuren. Aufgrund des genetischen Defektes ist die Aminosäure an Position Nr. 6, Glutaminsäure, durch Valin ersetzt. Die Veränderung im Erbgut betrifft den Austausch nur eines

---

Abb. 1 Der Körper jedes Menschen besteht aus vielen unterschiedlichen Zellen, die durch Zellteilung aus der befruchteten Eizelle hervorgegangen sind. Sie weisen praktisch alle die, im Zellkern gelegene, vollständige genetische Information auf (die Spermien nur die halbe Menge). Diese ist chemisch nichts anderes als ein riesiges, doppelsträngiges Molekül, das aus nur vier Bausteinen, A und T, C und G, besteht, von denen jeweils zwei miteinander gepaart sind. Die Gene stellen einen bestimmten Abschnitt dieses DNS-Moleküls dar. Verschiedene Zellen unterscheiden sich daher nicht durch die Zahl der Gene, sondern durch ihr unterschiedliches Genaktivitätsmuster.

138   *Sperling*

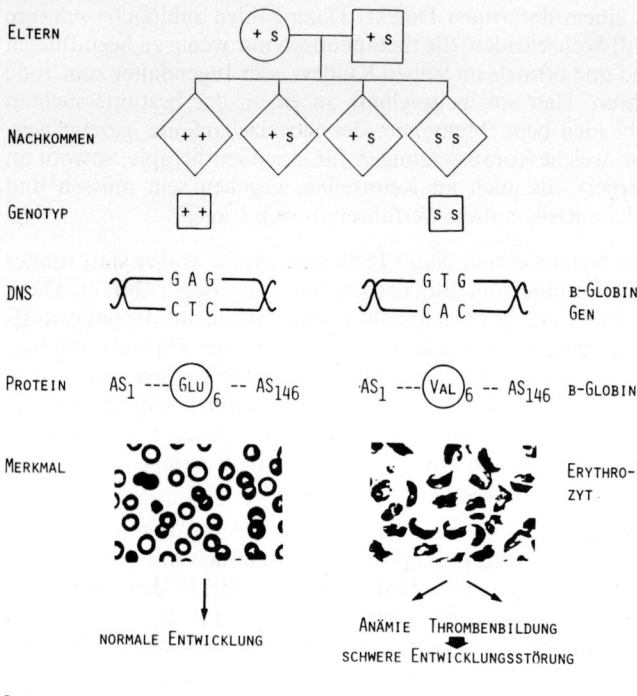

ELTERN

NACHKOMMEN

GENOTYP

DNS — G A G / C T C — B-GLOBIN GEN — G T G / C A C — B-GLOBIN GEN

PROTEIN AS_1 --- (GLU)$_6$ -- AS_{146} B-GLOBIN AS_1 --- (VAL)$_6$ -- AS_{146} B-GLOBIN

MERKMAL   ERYTHRO-ZYT

NORMALE ENTWICKLUNG   ANÄMIE   THROMBENBILDUNG
                                SCHWERE ENTWICKLUNGSSTÖRUNG

PHÄNOTYP   GESUND   SICHELZELLANÄMIE

Abb. 2 Ätiologie und Pathogenese der Sichelzellanämie. Das Stammbaumschema im oberen Bildteil zeigt, daß die gesunden Eltern
ein normales (+) und ein defektes (s) Gen aufweisen und unter
den Nachkommen 25% reinerbig „ss" und damit erkrankt
sind. Das Erbgut (DNS) dieser Patienten unterscheidet sich
von dem der vollkommen normalen Geschwister (+ +) nur
durch einen Unterschied im Beta-Globin-Gen. Anstelle des
Basenpaares A/T findet sich die Kombination T/A. Als Folge
davon tritt ein verändertes Beta-Globin (Protein) auf, das
anstelle der Aminosäure „Glu" die Aminosäure „Val" aufweist.
Diese Änderung wirkt sich auf die Gestalt der Erythrozyten
aus, die nicht rund, sondern sichelförmig sind, was mit schweren Entwicklungsstörungen einhergeht.

einzigen von insgesamt 3 Milliarden Bausteinen: anstelle der Base Adenin (A) findet sich Thymin (T) (Abb. 2). Diese Mutation wirkt sich nur in den roten Blutzellen aus, nicht jedoch in Nerven- oder Hautzellen, da nur in den ersteren das defekte Beta-Globin-Gen aktiv ist. In den anderen Körperzellen ist es ebenfalls vorhanden, jedoch in inaktivem Zustand.

Zum Zeitpunkt der Geburt sind diese Kinder vollkommen unauffällig. Der Grund liegt darin, daß das Beta-Globin-Gen erst um den Zeitpunkt der Geburt voll aktiv ist. So zeigt Abb. 3, daß beim menschlichen Fetus das Hämoglobin-Molekül aus Alpha- und Gamma-Ketten besteht und daher in diesem Fall vollständig intakt ist. Zugleich macht Abb. 3 deutlich, daß sich im Laufe der Embryonalentwicklung unterschiedliche Organe in der Hämoglobinsynthese abwechseln. Erst nach der Geburt findet dessen Bildung ausschließlich im Knochenmark statt. Darin kommt die einleitend erwähnte entwicklungs- und gewebsspezifische Regulation der Genaktivität zum Ausdruck, eine biologische Gegebenheit, die bei jedweder Gentherapie berücksichtigt werden muß.

Gentherapie an Somazellen

Wie die vorstehenden Ausführungen gezeigt haben, müßte eine Gentherapie der Sichelzellanämie in der Einschleusung des normalen Beta-Globin-Gens in diejenigen Stammzellen des Knochenmarks bestehen, die sich später zu den − kernlosen − roten Blutzellen weiter entwickeln.

Die Einführung dieses Gens in Haut- oder Muskelzellen wäre therapeutisch sinnlos. Weiter muß gewährleistet sein, daß das Genprodukt, das Beta-Globin, auch in physiologischer Menge gebildet wird, da funktionstüchtiges Hämoglobin sich nur durch Zusammenlagerung von Alpha- und Beta-Globin-Ketten ergibt. Als weitere Voraussetzung für therapeutischen Erfolg muß hinzukommen, daß die defekten Zellen des Körpers durch die „geheilten" weitgehend ersetzt werden. Das prakti-

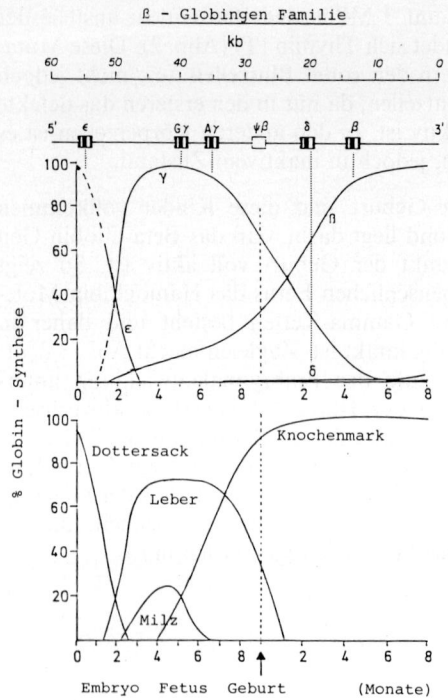

ß - Globingen Familie

Abb. 3 Schematische Darstellung der Beta-Globin-Gen-Familie und der Beta-Globin-Synthese im Laufe der Entwicklung. Im oberen Bildteil ist die Reihenfolge der verschiedenen Beta-Globin-Gene auf der DNS wiedergegeben, angefangen bei dem Epsilon-Gen über die beiden Gamma-Gene bis hin zu den Delta- und Beta-Globin-Genen. Der Maßstab (darüber) ist in Kilobasen (kb) angegeben.
Die Schemata darunter zeigen, daß zu Beginn der Embryonalentwicklung im Dottersack Epsilon-Globin gebildet wird, danach in Leber und Milz das Gamma-Globin, das nach der Geburt durch das Beta- und Delta-Globin abgelöst wird, die in den Zellen des Knochenmarks synthetisiert werden. Die Darstellung illustriert die Entwicklungs- und Gewebsspezifität der Genaktivität (nach Motulsky, 1970, modifiziert).

sche Vorgehen würde sich danach in folgende Schritte unter-
gliedern:

1. Einschleusen des Gens in die Stammzellen des Knochenmarks

2. Auslese der erfolgreich manipulierten Zellen und deren Vermehrung

3. Re-Transplantation der „geheilten" Knochenmarkzellen.

Die praktische Durchführung sähe so aus, daß dem Patienten
Knochenmark entnommen wird. Danach sollten die Stammzellen der roten Blutzellen von den anderen Stammzellen (Leu-
kozyten, Lymphozyten) abgetrennt werden (was derzeit noch
nicht möglich ist), um das Beta-Globin-Gen in diese Zellen
einzuschleusen. Hierzu stehen verschiedene Verfahren zur Verfügung (s. Banbury Conference). In all diesen Fällen wird
jedoch nur ein kleiner Teil der behandelten Zellen das Gen
aufgenommen und fest in das Erbgut integriert haben. Es gibt
derzeit keine Möglichkeit festzustellen, wie viele Kopien des
Gens eingebaut werden und an welcher Stelle dies geschieht.
Ebenso läßt sich nicht vorhersagen, ob das Gen aktiv sein
wird. Auch wenn zukünftig diese Probleme verringert werden
können, wird man grundsätzlich nicht umhin kommen, aus
sehr vielen Zellen, vermutlich vielen Hunderttausend, diejenigen auszuwählen, bei denen eine „Heilung" erfolgt ist. Auch
diese Auswahl ist nicht einfach und setzt oftmals weitere gen-
technologische Manipulationen voraus.

Nachdem die „geheilten" Zellen außerhalb des Körpers vermehrt wurden, müssen sie dem Patienten durch Transplanta-
tion wieder zugeführt werden. Dessen Knochenmark ist jedoch
vollbesetzt mit defekten Zellen. Diese müssen daher vorher,
z. B. durch radioaktive Strahlen, vernichtet werden, ein gefährlicher medizinischer Eingriff. Erst wenn die transplantierten
Zellen die Funktion der alten übernommen haben, kann der
Patient als „geheilt" angesehen werden.

Im Prinzip kann eine derartige Gentherapie auch für andere
Erbleiden angewandt werden, deren Defekt sich an den
Stammzellen des Knochenmarks manifestiert, wie verschiedene

andere Hämoglobinopathien oder Defekte des Immunsystems (Anderson, 1984).

Eines machen diese Ausführungen jedoch deutlich: eine Gentherapie läßt sich derzeit nur außerhalb des Körpers an teilungsfähigen Zellen durchführen. Andere Zellen als die des blutbildenden Systems kommen hierfür praktisch nicht in Frage. Dies schränkt die Zahl der so behandlungsfähigen Erbleiden bereits erheblich ein. Bedenkt man ferner die Schwere dieses Eingriffes, wird sich eine Gentherapie in der Regel nur bei lebensbedrohenden Zuständen vertreten lassen. Nur in wenigen Fällen, wie z. B. beim Lesch Nyhan Syndrom oder dem Adenosin-Desaminase-Mangel scheinen die normalen Zellen einen Wachstumsvorteil gegenüber den defekten zu besitzen, so daß eine Zerstörung der Knochenmarkzellen vor der Re-Implantation überflüssig sein könnte.

Trotz all dieser Einwände wurde bereits im Jahre 1980 ein überaus fragwürdiger und erwartungsgemäß vollständig erfolgloser Versuch zur Gentherapie einer Hämaglobinopathie beim Menschen durchgeführt (s. Wade, 1980). Anträge auf weitere klinische Anwendungen sind in den USA bereits gestellt worden (s. Herrlich, 1985). Die publizistische Aufmerksamkeit all dieser medizinischen Eingriffe ist enorm, ihr therapeutischer Nutzen derzeit noch weitgehend offen.

Ein weiterer Punkt kommt hinzu: sollte die Organtransplantation weiter so große Fortschritte machen wie in den vergangenen Jahren, könnte die Übertragung gesunder Knochenmarkszellen eines Spenders auf den kranken Empfänger sehr viel einfacher sein als jedwede Gentherapie an defekten Zellen. Dieser Eingriff wäre zudem nicht auf die Zellen des Knochenmarks beschränkt, da selbstverständlich auch andere Organsysteme transplantiert werden können.

Abschließend kann man daher hierzu feststellen, daß eine Gentherapie, wenn überhaupt, nur für wenige Erbleiden in Frage kommen wird. Die Auswirkungen bleiben auf das betroffene Individuum begrenzt, sie sind deshalb in ethischer Hinsicht nicht anders einzustufen, als andere vergleichbare

Eingriffe beim Menschen. Gänzlich anders stellt sich das Problem, wenn eine genetische Manipulation an Keimzellen vorgenommen wird, die sich auch auf die folgenden Generationen auswirken kann.

Gentherapie an Keimzellen

Die genetische Manipulation befruchteter Eizellen* stellt einen interessanten wissenschaftlichen Ansatz zur Klärung grundlegender Fragen von Entwicklung und Differenzierung dar, der heute im Tierexperiment wiederholt erfolgreich beschritten wurde. Selbstverständlich können die gleichen Experimente im Prinzip auch an menschlichen Keimen durchgeführt werden. Praktisch würde dies bedeuten, Hunderte vielleicht Tausende von menschlichen Embryonen zu opfern, um unter Umständen in einem Fall ein — möglicherweise noch fehlgebildetes und behindertes — Kind zur Welt zu bringen. Hierzu erübrigt sich jeder Kommentar. Die Frage stellt sich allerdings, wird es zukünftig möglich sein, die Manipulation eines Keimes so gezielt vorzunehmen, daß im Einzelfall das Ergebnis vorhergesagt werden kann. Dies ist jedoch etwas vollständig anderes, als das, was bisher im Tierexperiment geleistet wurde. Tatsächlich handelt es sich um ein qualitativ neues Problem. Dies soll im folgenden kurz erläutert werden.

Zunächst stellt sich auch hier die Frage der Einschleusung eines bestimmten Gens und der Überprüfung seiner korrekten Funktion. Aus den o. a. Gründen sind die bisherigen Methoden zur Gen-Implantation vollkommen ungeeignet, den Erfolg im Einzelfall zu garantieren. Bei der bis heute erfolgreichsten Technik, der Injektion einiger Hundert bis Tausend Genkopien, kann die Zahl der eingebauten Kopien nicht kontrolliert werden, geschweige denn der Integrationsort. In einem hohen

---

* Eine entsprechende Manipulation der Keimzellen, Ei oder Spermium selbst, ist technisch derzeit unmöglich und wäre zudem für eine Gentherapie wenig praktikabel.

Prozentsatz führte diese Manipulation daher im Tierexperiment zu Erbänderungen (Wagner et al., 1983). Diese können sich — je nach dem betroffenen Gen — sofort oder erst im späteren Lebensalter als Erbleiden manifestieren. Es ist kaum ersichtlich, wie dieser Begleiteffekt verhindert oder doch kontrolliert werden könnte.

Das nächste Problem bereitet die entwicklungs- und gewebsspezifische Regulation der Aktivität des eingeschleusten Gens. Wenn unsere Kenntnisse hierüber heute auch noch lückenhaft sind, so wird diese Frage zukünftig sicherlich am ehesten gelöst werden. Aber auch dann wird eine „Erfolgskontrolle" noch erhebliche Schwierigkeiten bereiten, da ein Teil des Keimes dafür entfernt und vermehrt werden müßte, um genügend Material für eine molekularbiologische Analyse zur Verfügung zu haben. Diese Voraussetzung liegt heute nur eingeschränkt vor.

Ein ganz anderes Vorgehen wäre jedoch in ferner Zukunft denkbar: die Konstruktion eines Chromosoms, wie es heute in einfacher Form bereits für die Hefe möglich ist, das als einziges Strukturgen den zu implantierenden Genlocus einschließlich seiner Kontrollregionen aufweist. Durch Mikroinjektion könnte dieses eine Chromosom in den Zellkern der Zygote injiziert werden, und würde dann bei den Zellteilungen auf die Tochterzellen weitergegeben werden. Sein Vorhandensein könnte an wenigen Zellen überprüft werden, zudem stellte sich nicht das Problem der Schädigung anderer Erbanlagen. Es muß jedoch klar gesagt werden, es handelt sich hier nur um ein Denkmodell, vermutlich das einzig realistische, mit dem eine gezielte, kontrollierte Einschleusung eines einzelnen Gens in einen Keim gelingen könnte.

Auf eine ganz andere Möglichkeit der Manipulation soll hier nur kurz hingewiesen werden. Sie betrifft die Einschleusung von Genen in bestimmte embryonale Krebszellen, sog. Teratocarcinomzellen. Diese können in der Gewebekultur in beliebiger Menge vermehrt werden, so daß auch der Erfolg dieser Prozedur kontrollierbar ist. Danach ist es möglich, derartige Zellen in einen Keim zu injizieren, wobei sich diese Zellen in der neuen Umgebung vollkommen normal verhalten und differenzieren können (s. Marx, 1982). Im Tierexperiment führt dies zu Mäusen, deren Körper sich zu einem bestimmten Prozentsatz aus genetisch manipulierten Zellen aufbaut. In Einzelfällen konnten aus diesen funktionstüchtige Keimzellen hervorgehen. Allerdings handelt es sich hierbei nicht um eine gezielte Manipulation, da der Organismus eine Chimäre darstellt, deren Gewebeaufbau aus den verschiedenen Zellinien nicht vorherbestimmt werden kann. Die Keimzellen selbst können zwar das eingeschleuste Gen enthalten, aufgrund der besonderen Bedingungen der Keimzellbildung kann deren übrige genetische Konstitution (außer in Inzuchtlinien) grundsätzlich nicht vorhergesagt werden. So vielversprechend dieser Ansatz im Tierexperiment zum Studium mancher Erbleiden und Differenzierungsprozesse ist, so unbrauchbar ist er auf der anderen Seite für eine gezielte Manipulation menschlicher Keime.

Man kann somit feststellen, daß ein gezielter Eingriff in die Keimbahn des Menschen heute nicht möglich ist, sicherlich aber auch für die absehbare Zukunft ausgeschlossen werden kann.

Unabhängig von allen Problemen der praktischen Durchführung stellt sich aber auch die Frage, ob es für einen derartigen Eingriff überhaupt eine medizinisch-genetische Indikation gibt. Um dies zu beantworten, muß zwischen sog. rezessiven und dominanten Merkmalen einerseits und den polyfaktoriell bedingten andererseits unterschieden werden.

Im Falle der oben besprochenen Sichelzellanämie handelt es sich um ein rezessives Leiden. Wie aus dem Stammbaumschema in Abb. 2 hervorgeht, hat das erkrankte Kind jeweils ein defektes Gen (s) von jedem Elternteil geerbt. Es ist daher reinerbig „ss". Die gesunden Eltern sind mischerbig, sie weisen dementsprechend ein normales Gen (+) und ein defektes Gen (s) auf. Ein intaktes Gen ist also ausreichend, um eine normale Entwicklung zu gewährleisten. Entsprechend kann man gemäß IIIB erwarten, daß die Einschleusung eines normalen Genes bei dem erbkranken Kind einen positiven therapeutischen Effekt bedeuten würde. Dieses Beispiel zeigt aber auch, daß im

Durchschnitt nur ein Viertel der Nachkommen solcher Elternpaare erkrankt sind, d. h., daß auch nur ein Viertel aller befruchteten Eizellen diesen Defekt aufweisen.

Im Falle einer Gentherapie müßte man also die defekten Eizellen auswählen, um sie zu manipulieren, sehr viel einfacher wäre es selbstverständlich, die in dieser Hinsicht normalen zu nehmen und zu implantieren. Es kommt jedoch hinzu, daß eine rasche Identifizierung der defekten derzeit gar nicht möglich ist.

Das, was hier zur Sichelzellanämie gesagt wurde, läßt sich auf praktisch alle anderen rezessiven Erbleiden verallgemeinern: die Eltern sind stets gesund und die Erkrankungswahrscheinlichkeit für die Kinder beträgt 25%. Nur aus der Verbindung zweier reinerbig erkrankter Eltern würden ausschließlich kranke Kinder hervorgehen. Eine derartige Konstellation gibt es nur äußerst selten, so z. B. unter Taubstummen, die das gleiche rezessive Leiden aufweisen. Die Frage ist sicher berechtigt, ob solche Erbleiden überhaupt als Indikation für eine Gentherapie angesehen werden können.

Im Falle dominanter Erbleiden reicht ein verändertes Gen aus, um die Erkrankung zu bewirken. Liegt ein derartiges Erbleiden familiär vor, wird der erkrankte Elternteil dieses Merkmal auf die Hälfte seiner Nachkommen vererben. Auch hier sind daher nicht sämtliche befruchtete Eizellen betroffen, sondern nur 50%. Was für die rezessiven Leiden gesagt wurde, trifft daher auch für die dominanten zu. Es kommt jedoch hinzu, daß der Effekt einer Gentherapie hier wesentlich geringer zu veranschlagen ist. Diese Probanden besitzen ja bereits ein intaktes Gen, das jedoch für eine normale Entwicklung nicht ausreicht. Die Einführung eines zweiten, intakten Genes wird daher nur eine Milderung der klinischen Symptomatik bedeuten, jedoch keine Heilung. Besser wäre es vermutlich, das defekte Gen zu entfernen, was heute jedoch unmöglich ist. Auch für die dominanten Erbleiden gibt es daher aus medizinisch-genetischer Sicht keine Indikation für eine Gentherapie an Zygoten.

Im Rahmen der genetischen Beratung wird man statt dessen diesen Familien mit rezessiven oder dominanten Leiden die

Möglichkeit der vorgeburtlichen Diagnostik anbieten. Hier
hat es dank der Einführung molekularbiologischer Techniken
einen erheblichen Fortschritt gegeben (s. Sperling, 1982), der
im Prinzip in all diesen Fällen eine Früherkennung bereits im
ersten Trimenon ermöglicht. Die Entscheidung über die dann
zu ziehenden Konsequenzen bleibt den Eltern überlassen. Dadurch wird also keine neue Situation geschaffen, vielmehr im
Einzelfall einer ratsuchenden Familie ein höheres Maß an
individueller Freiheit der Entscheidung ermöglicht.

Bei der dritten Gruppe, den multifaktoriellen Leiden, zu denen
z. B. die Schizophrenie zählt, müssen erbliche und bestimmte
Umweltfaktoren zusammentreffen, um eine Erkrankung aus-
zulösen. In den allermeisten Fällen sind die zugrundeliegenden
Gene unbekannt, die Umweltfaktoren nicht identifiziert, geschweige denn, daß man etwas über die Wechselwirkung zwischen beiden wüßte. Diese Leiden zeigen daher auch keine
gesetzmäßige Weitergabe an die Nachkommen, wie die oben
beschriebenen Erbleiden. Sie entsprechen in vieler Hinsicht
den auf S. 135 erwähnten geistig-seelischen Merkmalen und
kommen somit für eine Gentherapie nicht in Betracht.

Damit ist zugleich aber auch gesagt, daß für die so oft be-
schworene mißbräuchliche Anwendung dieser gentechnologi-
schen Methoden zur gezielten Menschenzüchtung durch ein
totalitäres System alle Voraussetzungen fehlen. Hinzu kommt,
daß zwischen der Manipulation und dem „Erfolg" dieses Eingriffes etwa 20 Jahre liegen, mehr Zeit, als sich ein derartiges
System sicherlich leisten kann. Wie die Geschichte lehrt und
die Gegenwart zeigt, gibt es sehr viel einfachere, sehr viel
wirkungsvollere Verfahren, um den Menschen zu manipulieren, ihn willfährig zu machen.

Zusammenfassend kann man daher zur Frage der gezielten
genetischen Manipulation menschlicher Keime feststellen, daß
es sich nicht um ein echtes sondern ein Scheinproblem handelt.
Ein drastischer, vereinfachender Vergleich möge dies illustrie-
ren: die Einrichtung eines Kindergartens auf dem Mond. Keiner wird dies als eine reale Gefahr ansehen und deshalb Kindergärtnerinnen eine böse Absicht unterstellen. Tatsächlich ist

es heute leichter, auf den Mond zu gelangen als eine gezielte genetische Manipulation an menschlichen Keimen vorzunehmen. Für beide Fälle gibt es zudem keine Notwendigkeit. Dennoch ist das Mißtrauen gegenüber den Medizinern, Genetikern und Molekularbiologen beträchtlich, während keiner auf den Gedanken käme, Kindergärtnerinnen zu verdächtigen, die Schutzbefohlenen auf den Mond schicken zu wollen.

Es ist aber einleuchtend, daß der Außenstehende angesichts des außerordentlichen Fortschrittes der Naturwissenschaften das derzeit Machbare nicht einschätzen kann, geschweige denn das zukünftig Mögliche. Verunsichern müssen ihn zudem noch gegensätzliche Stellungnahmen anerkannter Wissenschaftler. Bedenkt man zudem, um welche Werte es hierbei geht, ist die Sorge der politisch Verantwortlichen nur zu verständlich, ihre Neigung zu gesetzlicher Regelung wohl begreiflich. In anderen Fällen mag die Stellungnahme eher pharisäerhaften Motiven entspringen, die nach Lenz (1985) zeigen, „daß kein Bedürfnis nach genetischer Manipulation besteht, dagegen ein in Anbetracht der wirklichen Möglichkeiten und Absichten übersteigertes Bedürfnis nach moralischer Entrüstung". Vermutlich kommt ein dritter Aspekt hinzu: die Vorstellung der künstlichen Schaffung menschlicher Wesen scheint von der Antike an bis heute eine besondere Faszination auszuüben. Beispiele hierfür sind die Sagen und Dichtungen, die sich mit den Golems und Homunculi befassen, den zum Leben erweckten Statuen und den Androiden. In Mary Shelleys Klassiker aus dem Jahre 1816 „Frankenstein oder der moderne Prometheus" schafft ein begabter Wissenschaftler einen künstlichen Menschen, um über ihn beliebig zu verfügen, muß aber später die Folgen seines Tuns schwer bereuen.

Dies ist die eine Moral aus dieser Geschichte, und der Vergleich mit Prometheus, der den Menschen nach altgriechischer Sage aus Lehm schuf, liegt nahe. Die andere Moral ist unbeabsichtigt und hängt mit der Entstehung des Romans zusammen. Die Anregung dazu erhielt die 19jährige Mary Shelley nämlich durch die naturwissenschaftlichen Experimente von Erasmus Darwin, dem Großvater des berühmten Charles Darwin, der in einem Glasbehälter künstlich Leben erzeugt haben wollte, was mit den damaligen Vorstellungen von der Urzeugung durchaus in Einklang stand (zitiert nach Völker, 1976). Heute wissen wir, daß sich Erasmus Darwin irrte. Dennoch hat dieser Irrtum die Literatur- und Filmgeschichte nachhaltig beeinflußt, denkt man an die vielen Frankenstein-Romane und -Verfilmungen. Wie man sieht, ist Mary Shelleys Roman und seine Vorgeschichte heute wieder aktuell — in zweifacher Hinsicht.

Literatur

Anderson, W. F.: Prospect for human gene therapy. Science 226 (1984) 401—409.

Banbury Conference Report: Designer genes. Nature 290 (1981) 11—12.

Herrlich, P.: Gentec pop onc, Berlin 1985.

Lenz, W.: Eingriff in die Vererbung: humangenetische Fragen zur genetischen Manipulation, Münster 1985.

Marx, J. L.: Tracking genes in developing mice. Science 215 (1981) 44—47.

Motulsky, A. G.: Biochemical genetics of hemoglobins and enzymes as models for birth defect research. In: Congenital malformations. Frazer, F. C. and V. A. McKusick (eds), Amsterdam 1970.

Palmiter, R. D., R. L. Brinster, R. E. Hammer, M. E. Trumbauer, M. G. Rosenfeld, N. C. Birnberg, and R. M. Evans: Dramatic growth of mice that develop from eggs microinjected with metallothionein-growth hormone fusion genes. Nature 300 (1982) 611—615.

Sperling, K.: Pränatale Diagnose von Erbleiden durch Koppelungsanalysen. Wiener klin. Wschr. 94 (1982) 199—204.

Völker, K.: Künstliche Menschen, Frankfurt 1976.

Wade, N.: Gene therapy caught more entanglements. Science 212 (1981) 24—25.

Wagner, E. F., L. Covarrubias, T. A. Stewart, and B. Mintz: Prenatal lethalities in mice homozygous for human growth hormone gene sequences integrated in the germ line. Cell 35 (1983) 647—655.

Manfred Stauber

Versuche mit dem zukünftigen Menschen — die neue Reproduktionsmedizin

Durch die neue Reproduktionsmedizin — und es ist hier vor allem die außerkörperliche Befruchtung gemeint — ist eine schwer überschaubare Dimension in die Medizin gekommen. Erstmals ist es möglich, die unmittelbare Entstehung des Menschen im Labor zu beobachten und evtl. sogar in frühen Embryonalstadien zu manipulieren. Dabei eröffnen sich Perspektiven, die vielen von uns Unbehagen bereiten und einer Grenzziehung bedürfen.

Als am 15. Juli 1978 Louise Brown, das erste außerkörperlich gezeugte Kind in England geboren worden ist, haben wir in unserer Arbeitsgruppe zur Behebung von Fertilitätsstörungen wiederholt folgende Fragen diskutiert, die uns teilweise Unbehagen bereiteten:

1. Wo sind die Grenzen des technisch Machbaren?

2. Ist ein Mißbrauch nicht schon vorprogrammiert?

3. Sollte man nicht häufiger den überwertigen Kinderwunsch auf tiefenpsychologischer Ebene zu verstehen versuchen und einen Verzicht auf das Kind unterstützen?

4. Laufen wir nicht Gefahr, daß die technische Entwicklung unserer geistigen Entwicklung davonläuft?

Da wir in unserer Arbeitsgruppe seit 15 Jahren einen besonderen Akzent auf den psychosomatischen Gesichtspunkt legen, war für uns der Schritt zur Einführung der in vitro Fertilisation schwieriger als in Arbeitsgruppen anderer Universitäts-Frauenkliniken. Wir hatten eine lange Diskussionszeit, die damit endete, daß diese Methode doch unter klaren Rahmenbedingungen bei Wunsch beider Partner Anwendung finden soll. Auf diese Rahmenbedingungen soll am Ende dieser Abhandlung nochmals eingegangen werden.

Um dem Thema der modernen Reproduktionsmedizin in seiner ganzheitlichen Bedeutung gerecht zu werden, bedarf es einiger ärztlich-klinischer Vorbemerkungen zum Kinderwunsch allgemein:

Zur Zeit rechnet man in der Bundesrepublik mit ca. 15% ungewollt kinderlosen Paaren. Das durchschnittliche Kinderwunschpaar erlebt den nicht erfüllbaren Kinderwunsch als Kränkung, d. h. es sieht sich in seiner Wirkung auf die Umgebung unattraktiv, mißachtet und unbeliebt. Eine teilweise reaktive depressive Stimmungslage kann bei vielen Paaren mit Kinderwunsch zusätzlich beobachtet werden. Der daraus resultierende Leidensdruck führt die meisten Paare zum Arzt, wobei vorwiegend die Frau den ersten Schritt zur Kinderwunschbehandlung macht.

Da man die eheliche Sterilität als partnerschaftliches Problem auch medizinisch sehen muß und nicht unabhängig die sterile Frau und den infertilen Mann behandeln sollte, haben sich Spezialsprechstunden vorwiegend an Universitäts-Frauenkliniken herausgebildet, die sowohl die gynäkologische als auch andrologische Seite dieses Problems berücksichtigen. Da man außerdem bei jedem 4. Kinderwunschpaar mit psychischen Sterilitätsursachen (z. B. sexuelle Probleme, psychisch bedingte hormonelle Probleme usw.) rechnen muß, empfiehlt sich auch eine Berücksichtigung der psychosomatischen Seite (vgl. Stauber 1979). In Abb. 1 ist unser Untersuchungsschema in verkürzter Form dargestellt.

Um sich besser in die Probleme und Nöte eines sterilen Paares einfühlen zu können, verschaffen wir uns zuerst Klarheit über das Ausmaß des Kinderwunsches bei beiden Partnern. So beginnen wir z. B. nicht mit eingreifenden Untersuchungsschritten, wenn der Kinderwunsch nur bei einem Partner vorliegt. Wir haben gesehen, daß in solchen Fällen oft eine instabile Partnerschaft besteht und nicht selten die Untersuchungen und Befunde der Sterilitätsbehandlung innerhalb der Partnerschaft ausagiert werden. Eine Konfrontation des Paares mit

Fertilitätssprechstunde für beide Partner	(Modell UFK Berlin-Charlottenburg)	
Anamnese	Diagnostik	Therapie
♀ Kinderwunsch-dauer prim./sek. Sterilität Vorbehandlungen Zyklus	Genitaler Befund BTK, Cervixfaktor Hormone, Genetik, US Erweiterte Laparoskopie	Entzündungsbehand-lung Ovulationsterminierung Insemination, Adoption Mikrochirurgie, IVF
♂♀ Leidensdruck durch KW Partnerbeziehung (stabil?) KW-Motivation Vita sexualis	psychosm. Sym-ptome Persönlichkeits-struktur Partner-Inter-aktion „Integrierte Psychosomatik"	psychische Führung (z. B. IVF) Behandlungspausen, Entspannung Psychotherapie (AT, Paartherapie) Kontaktangebot (Cave fix. KW)
♂ Genitalspez. Erkrankungen Vorbehandlungen, OP Noxen (Nikotin, Medikam.)	Genitale Befunde Spermiogramme (Stress?) Hormone, SH, Im-munologie Hodenbiopsie	Entzündungsbehand-lung Hormontherapie OP, Spermakonser-vierung für Insem., Adoption

Abb. 1

dem ambivalenten Kinderwunsch geht somit stets einer intensi-ven somatischen Diagnostik und Therapie voraus.

Ein weiteres Problem ist der überwertige und fixierte Kinder-wunsch. Wir finden nicht selten in der Anamnese schon Anhaltspunkte dafür. Diese Paare pilgern gewöhnlich von einem Arzt zum anderen, scheuen keine Opfer und geben die Hoffnung nicht auf, doch noch zu einem eigenen Kind zu kommen. Es ist die Unangemessenheit der Reaktion, die ein versagter

Kinderwunsch auslösen kann. In solchen Fällen fragen wir uns, warum der Kinderwunsch einen so hohen Stellenwert für dieses individuelle Paar hat. Die tiefenpsychologische Exploration zeigt häufig, daß das Kind eigene uneingestandene Wünsche erfüllen sollte, so soll z. B. das Kind das eigene angeschlagene Selbstwertgefühl befriedigen oder es soll die Depression der Mutter ausgleichen — sie hat im Kind nämlich dann ein Wesen ganz für sich und kann sich vor Trennungsängsten schützen. Man spricht ja auch „vom Kind als Substitut für die unbewußten Wünsche der Eltern" oder, wie Goldschmidt und De Boor (1976) es nannten, von der Messiaserwartung, die manche Eltern von einem Kind hegen. In den letzten Jahren fiel uns dieser Aspekt besonders bei heroinkranken Patientinnen auf. Trotz der meist katastrophalen äußeren Situation der Patientinnen war ein extremer Kinderwunsch vorhanden. Diese Patientinnen sahen in dem eigenen Kind oft eine letzte Chance, ihre desolate Situation zu lösen. Auch dieser überwertige Kinderwunsch bedarf der Konfrontation und Berücksichtigung im Behandlungskonzept.

Nach psychoanalytischen Untersuchungen (Freud 1968, Petersen 1979) ist der Wunsch nach einem Kind ein tief im Wesen und in der Funktion der Frau begründetes Phänomen, das als schlichtweg „gesund" bezeichnet werden kann. Über den Kinderwunsch des Mannes gibt es bisher kaum Untersuchungen. Allerdings bietet die 1982 erschienene Dissertation von Muenkel interessante Aussagen. Aus den Ergebnissen von Psychoanalysen und Gesprächen in Kinderwunschsprechstunden bei ungewollt kinderlosen Männern ließ sich gegenüber einer Vergleichsgruppe ableiten, daß der Kinderwunsch mehr im Zusammenhang mit zufriedenstellenden, psychisch als positiv einzuschätzenden Erlebnissen und Charakterzügen steht als der fehlende Kinderwunsch.

Bei einer retrospektiven Untersuchung an 2000 betreuten Kinderwunschpaaren unserer Klinik haben wir festgestellt, daß bei einer groben Auswertung der Sterilitätsursachen folgende Fertilitätshindernisse vorliegen: Die Frau zeigt in 36,4% ein isoliertes somatisches Konzeptionshindernis. Der Mann ist in

25% der Fälle infertil. Bei 10,3% der sterilen Paare liegen somatische Konzeptionshindernisse bei beiden Partnern vor. 28,3% der behandelten Paare wurden in die Rubrik „funktionelle Sterilitäten" eingeordnet. Es handelt sich dabei meist um sogenannte psychosomatische Sterilitäten.

Eine kritische Bewertung der Therapieerfolge von 1061 erzielten Schwangerschaften weist ebenfalls auf einen hohen Anteil funktioneller Sterilitäten hin. Es hat sich nämlich gezeigt, daß die 502 (47,2%) in unserer Fertilitätssprechstunde beobachteten Schwangerschaften ohne jegliche Behandlung eingetreten sind. Es handelt sich um spontane Schwangerschaften, die oft nach Urlaub oder auch nach längeren Behandlungspausen beobachtet wurden. Hier kann man, da somatische Konzeptionshindernisse fehlen, von „passageren funktionellen Sterilitäten sprechen". Weitere 255 Schwangerschaften (24,4%) traten während der diagnostischen Maßnahmen in der Fertilitätssprechstunde auf. Es verbleiben noch 304 Schwangerschaften (28,7%), die nach therapeutischen Maßnahmen (Operationen, Hormongaben, homologe Insemination usw.) aufgetreten sind.

Mit diesen wenigen Zahlen aus unserer Kinderwunschsprechstunde soll ausgedrückt werden, daß die invasiven Verfahren einer Sterilitätsbehandlung, so z. B. auch der außerkörperlichen Befruchtung nur für einen relativ kleinen Teil der Kinderwunschpaare in Betracht kommen. Die klassische Indikation für dieses neue Verfahren besteht in irreparabel gestörten Eileitern der Frau bei völliger Fertilität des Mannes.

Bevor wir in unserer Arbeitsgruppe mit den ersten außerkörperlichen Befruchtungen begonnen haben, wurden 500 unserer Kinderwunschpaare nach ihrer Einstellung zu diesem neuen Verfahren befragt. Wir fragten dabei nach einer absolut positiven, bedingt positiven, bedingt negativen oder absolut negativen Einstellung zur sogenannten Retortenschwangerschaft. Das Ergebnis kam für uns unerwartet: Bei 43,9% der Kinderwunschpaare zeigte sich eine absolut positive Einstellung zur außerkörperlichen Befruchtung, bei 34,2% war die Einstellung bedingt positiv, 11,2% entschieden sich eher dagegen, 10,7% der Kinderwunschpaare lehnten diese Methode völlig ab. Die Meinung

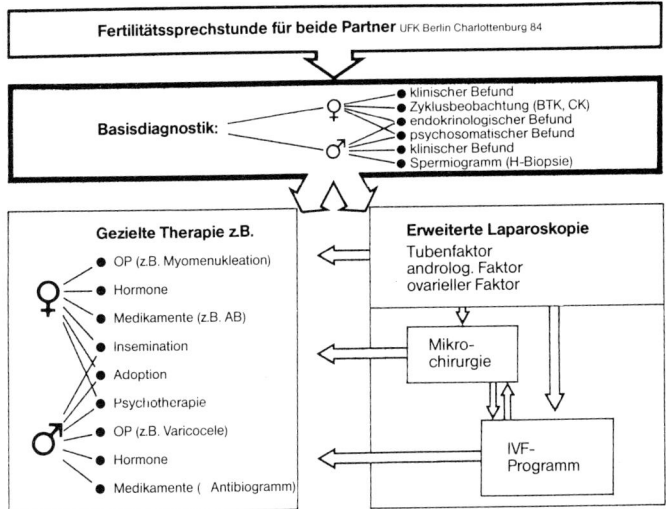

Abb. 2

der betroffenen Paare war somit eindeutig: 78,1% unserer Kinderwunschpaare stehen dieser Methode positiv gegenüber, d. h. 3 von 4 Kinderwunschpaaren würden eine außerkörperliche Befruchtung in Anspruch nehmen, wenn eine Indikation dafür bestünde. Wir mußten uns also darauf einstellen, daß wir die Wünsche der Mehrzahl unserer Patienten vernachlässigten, wenn wir diese Methode nicht berücksichtigten.

Nachdem unser Entschluß für die außerkörperliche Befruchtung unter strenger Indikation noch 1982 gefallen war, haben wir unser Untersuchungsschema zugunsten einer erweiterten Bauchspiegelung abgeändert (Abb. 2). Über sie war ein direkter Übergang zum IVF-Programm (in vitro Fertilisation) und auch zur Mikrochirurgie der Eileiter gegeben.

Im sogenannten Berliner Modell haben wir unsere Rahmenbedingungen für die Praxis der in vitro Fertilisation in folgenden 4 neuralgischen Punkten zusammengefaßt:

1. Außerkörperliche Befruchtung nur: innerhalb der Familienstruktur

2. Außerkörperliche Befruchtung nur: ohne verändernde Manipulationen am Embryo

3. Außerkörperliche Befruchtung nur: wenn alle Embryonen zur Mutter zurückgehen

4. Außerkörperliche Befruchtung nur: bei klarer Indikation — auch von psychosomatischer Seite.

Alle Paare werden mit diesen Rahmenbedingungen vertraut gemacht und um eine schriftliche Bestätigung unserer Vorgehensweise gebeten.

Wie ist nun der praktische Ablauf der außerkörperlichen Befruchtung? Übersichtsartig soll dies durch den sogenannten „Laufzettel" dargestellt werden, aus dem die einzelnen Untersuchungs- und Behandlungsschritte abgeleitet werden können (Abb. 3).

In dieser Abbildung ist der Verlauf des weiblichen Zyklus angegeben. In den ersten Zyklustagen erhält die Patientin, die für das außerkörperliche Befruchtungsprogramm vorgesehen ist, Medikamente, die das Heranreifen mehrerer Eibläschen und somit Eizellen bedingen sollten. Diese erste Phase bis etwa zum 12. Zyklustag ist begleitet durch wiederholte klinische und hormonelle Untersuchungen. Außerdem werden häufige Ultraschalluntersuchungen zur Erfassung der wachsenden Eibläschen vorgenommen. Etwa um den 14. Zyklustag erfolgt dann über eine Bauchspiegelung oder auf direktem Wege die Punktion der Eibläschen. In der gewonnenen Flüssigkeit werden die Eizellen unter dem Mikroskop erkannt und in ein Reagenzglas gegeben. In der Zwischenzeit wurde der Samen des Ehemannes im Labor durch Zentrifugation und Verdünnung aufbereitet. Einige Stunden nach der Eizellgewinnung wird eine geringe Menge Samenflüssigkeit zur Eizelle in das Reagenzglas gegeben. Bei regelrechter Entwicklung rechnet man nach ca. 40 – 50 Stunden mit der Entwicklung eines Embryos im Vierzellstadium. Nach unserer Methode versuchen wir möglichst 2 oder 3 solcher Embryonen von einer

NAME _____ VORNAME _____ AKTEN-NR. _____ THERAPIE _____

Monat		
Tag		
Blutung		
Zyklustag	1 2 3 4 5 6 7 8 9 10 11 12 13 14 15 16 17 18 19 20 21 22 23 24 25 26 27 28 29 30	
Diagnostik und Therapie	Stimulation — Echolot (volle Blase) [Tag 10] — HCG [Tag 12] — OP [Tag 14] — IVF [Tag 15] — REPL. [Tag 17]	

Morgentemperatur: 37,5 — 37,0 — 36,5 — 36,0

Klinik	
MM	
Muc.	
SP	
DIL	
PALP.	

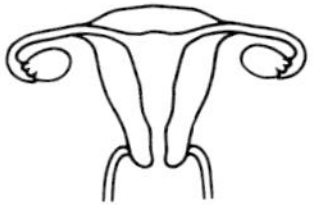

Echolot	
Ovar re	
Ovar li	
Path.	

Hormone	
E_2	
LH	
Prog.	
β-HCG	

VIR

PSY

Bemerkungen

Abb. 3

Frau zu gewinnen und geben diese dann ca. am 16. Zyklustag in die Gebärmutter zurück. Unter Gabe von Hormonen wird versucht, die Einnistung dieser Embryonen in die Gebärmutterschleimhaut zu unterstützen. Etwa 2 Wochen später läßt sich der Beweis einer erfolgreichen oder erfolglosen Einnistung der Embryonen führen. Erfahrungsgemäß gibt es jedoch auch vermehrt Komplikationen in Form von Fehlgeburten und auch gelegentlich von Eileiterschwangerschaften. Aufgrund neuerer Statistiken darf man in Zukunft mit Erreichung von 10−20% intakter Schwangerschaften je versuchten Zyklus bei der außerkörperlichen Befruchtung rechnen.

Im Laufe des letzten Jahres hat unsere Arbeitsgruppe für die extrakorporale Fertilisation an der Universitäts-Frauenklinik Berlin-Charlottenburg (Kentenich, Maaßen, Dincer, Schmiady, Radke, Mertens und Stauber) die psychosomatische Begleitbetreuung der IVF-Paare deutlicher strukturiert. Wir haben auch erste Nachuntersuchungen eingeleitet, befinden uns aber noch in einer fortlaufenden − auf mehrere Jahre angelegten − Untersuchungsreihe.

Anhand einiger Abbildungen soll nun unser Vorgehen aufgezeigt werden und Ergebnisse und Erfahrungen aus Gesprächen und im Umgang mit unseren Paaren hinzugefügt werden.

Jedes Kinderwunschpaar, das unsere Sprechstunde aufsucht, wird im Erstgespräch auf die in Abb. 4 genannten Punkte aufmerksam gemacht. An die aus dem Erstgespräch gewonnenen Erkenntnisse schließt sich eine psychosomatische Zusatzuntersuchung an, die jedes Paar auch auf mögliche psychische Sterilitätsursachen aufmerksam machen soll.

Jedes Kinderwunschpaar, das die deutsche Sprache einigermaßen beherrscht, erhält zu Beginn der Diagnostik einen Fragebogenkatalog mit der Bitte um Bearbeitung. Der Hinweis auf eine hierdurch mögliche Erkennung psychischer Sterilitätsursachen ist damit verbunden. Neben einem psychoanalytisch orientierten Persönlichkeitstest (Beckmann und Richter 1972) werden die Partnerbilder von Mann und Frau erbeten. Hierdurch ergeben sich Profile, die sich im Rahmen einer integrier-

in vitro — Fertilisation   *UFK Berlin Charlottenburg*
Konzept zur psychosomatischen Betreuung
der Paare

1. Aufnahmegespräch mit Einbeziehung
   psychosomatischer Aspekte

Leidensdruck durch den unerfüllten Kinderwunsch
Motivation zum Kinderwunsch
Partnerbeziehung und Vita sexualis
Psychosomatische Symptome
Anamnestisches (z.B. Psychosen, Neurosen, Therapien)
Konfrontation mit Rahmenbedingungen (Berliner Modell)

Abb. 4

in vitro — Fertilisation   *UFK Berlin Charlottenburg*
Konzept zur psychosomatischen Betreuung
der Paare

2. Psychosomatische Zusatzuntersuchung

Daten zur Person und zur Biographie
Einstellung zu selteneren Kinderwunsch–Behandlungen
Persönlichkeitstest (GT – S)
Test zur Partnerbeurteilung (GT – Fm – Fw)
Beschwerdenliste (Neigung zur Multisymptomatik?)

Abb. 5

---

in vitro − Fertilisation   *UFK Berlin Charlottenburg*
**Konzept zur psychosomatischen Betreuung
der Paare**

---

3. **Aufzeichnung psychisch relevanter Daten
   in den Sprechstundengesprächen
   betreffend die Arzt−Patienten−Beziehung**

   Signale für behandlungsinduzierte Sexualstörungen
   integrierte therapeutische Interventionen
   Indikation für weiterführende Psychotherapie

Abb. 6

ten psychosomatischen Gynäkologie adäquat anwenden las
sen. So interessiert z. B. das Dominanzverhalten der Partner
beim Wunsch nach eingreifenden therapeutischen Schritten.
Die außerdem erbetene Beschwerdenliste hilft oft zum Verständnis interkurrent auftretender Symptome. Eine Multisymptomatik im psychosomatischen Bereich weist z. B. auf
psychische Sterilitätsursachen hin, die vor der Durchführung
der außerkörperlichen Befruchtung aufgegriffen werden sollten.

Ein wichtiger Punkt unseres psychosomatischen Konzepts ist
das wiederholte Sprechstundengespräch, durch das diagnostische und therapeutische Ansatzpunkte deutlich werden
(Abb. 6).

Die bisher aufgezeigten Betreuungsschritte betreffen nicht nur
unsere IVF-Paare, sondern alle Paare mit Kinderwunsch. Speziell bei IVF-Paaren gewinnen die Signale während der einzelnen Untersuchungsschritte an Bedeutung (Abb. 7).

So imponieren z. B. immer wieder Insuffizienzgefühle bei unre-
gelmäßigem Follikelwachstum. Besonders auffallend erleben
wir auch wiederholt vorgetragene Ängste: Oozyten und Sper-

in vitro — Fertilisation   *UFK Berlin Charlottenburg*
Konzept zur psychosomatischen Betreuung
der Paare

4. Aufzeichnung von psychischen Reaktionen
   bei den IVF—Behandlungsschritten

   während der Zyklusdiagnostik
       z.B. Insuffizienzgefühle bei pathologischem
       Follikelwachstum, Abwehrmechanismen

   während der IVF—Laborschritte
       z.B.: übermässige Anspannung,
       Angst vor Verwechslung von Oocyten oder Sperma

   während und nach der Replantation
       z.B.: Partneranwesenheit,
       magisches Denken in Bezug auf den Embryo

Abb. 7

in vitro — Fertilisation   *UFK Berlin Charlottenburg*
Konzept zur psychosomatischen Betreuung
der Paare

5. Fragebogen über Gedanken, Phantasien
   und Ängste bei der IVF — Behandlung

   Frau: zeitlich auf Untersuchungsschritte bezogen
   Mann:

   Verbesserungsvorschläge für das IVF — Programm

Abb. 8

mien könnten verwechselt werden. Wir versuchen in solchen Fällen den neurotischen Anteil solcher Ängste zu analysieren. Oft steckt dahinter auch der Wunsch, bei allen Schritten der Zeugung im Labor zugegen zu sein. Diese Wünsche werden offen angesprochen.

Ergänzend geben wir unseren Patienten nach der Replantation (Embryotransfer) einen Fragebogen, den wir zusammengefaßt in Abb. 8 aufzeigen.

Dieser Fragebogen diente uns primär vor allem dazu, den Patientinnen und ihren Partnern die Möglichkeit zu Verbesserungsvorschlägen zu geben. Wir haben eine Reihe der gegebenen Vorschläge in unserer Arbeitsgruppe diskutiert und auch in die Tat umgesetzt. Besonders aufschlußreich erlebten wir aber die offenen Mitteilungen über Phantasien und Ängste gegenüber diesem neuen medizinischen Therapieverfahren. In den folgenden 6 Abbildungen sind entsprechend der Häufigkeit ihrer Nennungen diese Gedanken ohne weiteren Kommentar aufgezeichnet. Die Mitteilungen von Frau und Mann wurden jeweils getrennt aufgeführt (Abbildungen 9–14).

Aus diesen Ergebnissen wird deutlich, daß die psychische Belastung durch die extrakorporale Fertilisation größer ist als die organische Belastung. So haben wir z. B. die in vitro Fertilisation zurückgestellt, wenn starke depressive Reaktionen oder auch Suchttendenzen bei einem der Partner aufgetreten sind. Auch längere Behandlungspausen mildern die Anspannung, die diese therapeutische Prozedur hervorrufen kann.

Eine besondere Bedeutung messen wir in unserem Konzept den Nachuntersuchungen unserer Paare mit IVF zu (Abb. 15).

Im Laufe des letzten Jahres haben wir 50 Fragebögen aus dieser Nachuntersuchungsreihe ausgewertet. Uns interessierte hier z. B. nach vergeblichen Eingriffen in Form der Laparoskopie die aktuelle Einstellung dieser Kinderwunschpaare gegenüber der in vitro Fertilisation. Wie in Abb. 16 aufgezeigt, sieht die überwältigende Mehrheit der befragten Frauen und Männer dieses Verfahren trotz Mißerfolg sehr positiv. Es

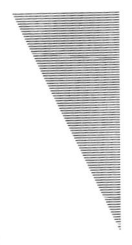

in vitro — Fertilisation   *UFK Berlin Charlottenburg*
Gedanken, Ängste, Phantasien bei Frauen während
der Zyklusbeobachtung   Klinik, Echo, Hormone

Zeit der grossen Anspannung

Hoffen auf regelrechtes Follikelwachstum

Insuffizienzgefühle bei mangelndem Follikelwachstum

Abwehrbildungen, z.B. Witzeln: 'kein Schnellbrüter'

Angst vor einer frühzeitigen Ovulation

Lästige Untersuchungen — 'muss sein'

Abb. 9

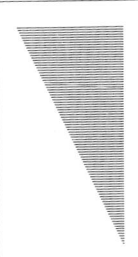

in vitro — Fertilisation   *UFK Berlin Charlottenburg*
Gedanken, Ängste, Phantasien bei Männern
während der Vorbereitung

Mitgefühl zur Partnerin wegen invasiver Diagnostik

Hoffen auf Ausbleiben medizinischer Komplikationen

Angst vor Schwierigkeiten bei der Samengewinnung

Angst vor schlechteren Spermiogrammparametern

Zeit der Anspannung ('Count down')

Abwehrbildungen: z.B. Unterdrückung, 'nicht daran denken'

Abb. 10

in vitro — Fertilisation   *UFK Berlin Charlottenburg*
Gedanken, Ängste, Phantasien bei Frauen nach
der Oocytengewinnung   Fertilisation, Kultivierung

Zufriedenheit über Auffinden von Oocyten

Ständiges Hoffen auf Zellteilung

Bedürfnis der intensiven Aufklärung

Angst vor Verwechslung von Keimzellen

Angst vor einer Schädigung von Keimzellen

Magisches: 'jetzt beginnt das Leben'

Romantisieren: 'Verschmelzung von ihm und mir'

Abb. 11

in vitro — Fertilisation   *UFK Berlin Charlottenburg*
Gedanken, Ängste, Phantasien bei Männern bei der
Oocytengewinnung, Fertilisation und Kultivierung

Schuldgefühle gegenüber der Partnerin

Hoffen, dass Oocytengewinnung ohne Komplikationen

Hoffen, dass keine Narkoseprobleme

Freude bzw. Enttäuschung über Ergebnis der Punktion

Phantasien über die Laborbefruchtung (Verwechslung)

Wunsch nach intensiver Aufklärung

Wunsch nach Dauerbesuchszeit bei der Parnterin

Hoffen auf regelrechte Zellteilung

Abb. 12

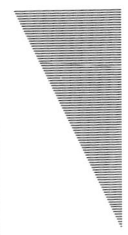

in vitro — Fertilisation   *UFK Berlin Charlottenburg*
Gedanken, Ängste, Phantasien bei Frauen bei
der Replantation und danach

Freudige Erregung über Embryo — Entwicklung
Faszination über medizinisch Machbares
Gefühl, erstmals schwanger zu sein
Angst vor Schädigung des Embryos beim Transfer
Wunsch der Partneranwesenheit beim Transfer
Hoffen auf Einnistung des Embryos
Gefühl der Scham durch Knie—Ellbogen—Lage
Wunsch nach genauen Verhaltensrichtlinien

Abb. 13

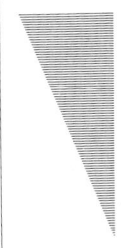

in vitro — Fertilisation   *UFK Berlin Charlottenburg*
Gedanken, Ängste, Phantasien bei Männern
bei der Replantation und danach

Freudige Erregung über Embryo — Entwicklung
Faszination über medizinisch Machbares
Hoffen auf Einnistung und gute Weiterentwicklung
Angst vor möglichen Schädigungen des Embryos
Gewissheit über Zeugungsfähigkeit 'erst jetzt'
Wunsch der Anwesenheit bei der Replantation
Wunsch den Embryo bei Replantation zu sehen

Abb. 14

in vitro — Fertilisation   *UFK Berlin Charlottenburg*
Konzept zur psychosomatischen Betreuung
der Paare

6. Nachuntersuchung bei erfolgloser
   IVF — Behandlung

   spezieller Fragebogen
   Symptomliste (Vergleich zur Basis–Symptomliste)
   Persönlichkeitstest (Vergleich zum Ausgangstest)
   Halbstandardisiertes Interview

Abb. 15

in vitro — Fertilisation   *UFK Berlin Charlottenburg*
Fragebogenuntersuchung
der Paare nach erfolgloser IVF   n = 50

	Frau	Mann	
Beurteilung der IVF nach ein bis vier erfolglosen Eingriffen:	88%	86%	positiv
	6%	8%	bedingt positiv
	2%	2%	bedingt negativ
	2%	2%	negativ

Abb. 16

wurde uns auch von mehreren Paaren mitgeteilt, daß sie gerne weitere IVF-Behandlungen wünschten, wenn auch nur die geringste Chance einer Erfüllung des Kinderwunsches bestünde. Hier versuchen wir allerdings kritisch zu einer Nutzen-Risiko-Abwägung zu kommen. Hier sehen wir auch eine wichtige Aufgabe für den Leiter eines IVF-Teams, rechtzeitig vorhersehbare frustrane Follikelpunktionen zu vermeiden. Gegebenenfalls sollte er auch das Gespräch mit diesem Paar führen, damit bei den Patienten nicht das Gefühl einer willkürlichen Auswahl der Paare für dieses Programm besteht.

Als letzten Untersuchungsschritt in unserem psychosomatischen Behandlungskonzept sehen wir eine Langzeitbeobachtung unserer Paare und von deren Kindern nach erfolgreicher IVF-Behandlung an (Abb. 17).

Das aufgezeigte psychosomatische Behandlungskonzept entstand in der Vorstellung, dieses neue medizinische Verfahren der extrakorporalen Fertilisation patientenorientiert anzuwenden. Es soll auch die oft geäußerten Ängste vor dem möglichen Mißbrauch dieser Behandlungsmethode mildern und zu einer vertrauensvollen richtigen Anwendung führen.

---

in vitro − Fertilisation   *UFK Berlin Charlottenburg*
Konzept zur psychosomatischen Betreuung der Paare

---

7. Nachuntersuchung bei erfolgreicher
    IVF − Behandlung

Verlauf von Schwangerschaft, Geburt und Wochenbett
Einstellung zum Kind, Partner, (Interaktion)
Entwicklung des Kindes (Langzeitaspekt!)
Halbstandardisierte Interviews

Abb. 17

Neben dem psychosomatischen Aspekt sind auch juristische und ethische Grenzziehungen in der neuen Reproduktionsmedizin wichtig. Für die praktische Anwendung der in vitro Fertilisation heißt dies, daß kein Weg an Rahmenbedingungen vorbei führt. Zwei Punkte unseres eingangs erwähnten *Berliner Modells* stehen z. Zt. im Kreuzverhör der öffentlichen Meinung:

1. Die Angst vor Experimenten mit menschlichen Embryonen,

2. Die Angst vor unüberschaubaren Eingriffen in die Familienstruktur,

   z. B. durch Leihmutterschaft, Leihvaterschaft, Embryobanken, Surrogatmutterschaft im Tierreich usw.

Die Tatsache, daß mehr als 2 Millionen Engländer in einer Unterschriftenaktion im Februar 1985 eine Bittschrift an die Ärzte richteten, nicht mit menschlichen Embryonen zu experimentieren, gibt zu denken.

In der folgenden Abbildung (Abb. 18) wurden einige befürchtete Manipulationsmöglichkeiten zusammengefaßt.

---

in vitro — Fertilisation   *UFK Berlin Charlottenburg*
Möglichkeiten der Manipulation?

---

*Embryo — Teilung
  (1. Produktion identischer Mehrlinge, 2. genet. Diagnostik)
*Embryo — Verschmelzung
  (Herstellung von Fusions — Chimären)
*Kerntransplantation
  (Herstellung von Injektions — Chimären)
*Mutationsauslösung
  (Herstellung von Lebewesen mit veränderter Erbanlage)
*Gentechnik
  (DNA — Übertragung? Klonieren? Gentherapie?)

Abb. 18

Ein besonders neuralgischer Punkt in der Suche nach der richtigen Anwendung der außerkörperlichen Befruchtung ist das mögliche völlige Aufbrechen der Familienstruktur. Aufgrund psychosomatischer und juristischer Überlegungen, die sowohl die Eltern als auch das Kind betreffen, sehen wir zum gegenwärtigen Zeitpunkt die außerkörperliche Befruchtung nur sinnvoll angewendet, wenn sie innerhalb der Partnerschaft zum Zuge kommt. Wenn wir die Austauschbarkeit von *Eimutter, Tragemutter* und *Ziehmutter* einerseits und die Veränderbarkeit von *Samenvater* und *Ziehvater* andererseits bedenken, so sind eine Reihe von Variationen möglich. Verschiedene Modelle, z. B. das Modell *Eispende*, das Modell *Samenspende*, das Modell *Leihmutter I, II, III*, das Modell *Embryoadoption* und das Modell *Surrogatmutter* im Tierreich könnten zur Anwendung kommen.

Zum Schluß soll nochmals auf die Rahmenbedingungen eingegangen werden, unter denen die Berliner Arbeitsgruppe an der Universitätsfrauenklinik Berlin-Charlottenburg mit der extrakorporalen Fertilisation begonnen hat und auch jetzt nach 3

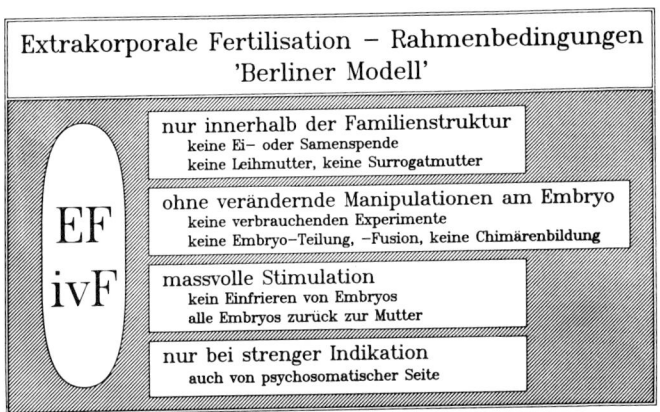

Abb. 19

Jahren eine sinnvolle Schranke gegen den möglichen Mißbrauch sieht. Die wesentlichen Punkte sind in der letzten Abb.
(Abb. 19) als sogenanntes *Berliner Modell* zusammengefaßt. Es
stellt den Versuch dar, die extrakorporale Fertilisation ‚richtig'
anzuwenden — ‚richtig' aufgrund unseres jetzigen Wissens-
standes und der Gegebenheiten von psychischer, medizinischer,
ethischer und juristischer Seite.

Durch die extrakorporale Fertilisation ist eine neue schwer
überschaubare Dimension in die Medizin gekommen. Wir laufen mit dieser neuen Dimension Gefahr, daß die technische
Entwicklung unserer geistigen Entwicklung davonläuft und
der mögliche Mißbrauch zur Realität wird. Mit dem *Berliner
Modell* wollen wir die neuralgischen Punkte aufzeigen, in die
die vielfältigen theoretischen Überlegungen zusammenlaufen.
Und da die Wahrheit konkret ist, sollten wir an diesen wenigen
praxisnahen Punkten diskutieren. Sinn dieser Diskussion soll
es sein, die extrakorporale Befruchtung nur patientenorientiert
mit klarer Indikation anzuwenden und sie nicht der Eigen-
mächtigkeit und Experimentierlust einzelner Wissenschaftler
zu überlassen.

Literatur

Beckmann, D., Richter, H. E.: Giessen-Test. Bern, Stuttgart, Wien
    1972.
Freud, S.: Gesammelte Werke, Bd. 5: 29—145, Bd. 10: 404—409,
    Bd. 12: 207, Bd. 13: 401, Bd. 14: 27, Bd. 15: 108, 137, Bd. 17: 121.
    Frankfurt 1968.
Goldschmidt, O., de Boor, C.: Psychoanalytische Untersuchung funk-
    tionell steriler Ehepaare, Psyche 61/10 (1976) 899—923.
Muenkel, W.: Bevölkerungsrückgang als Folge veränderten generati-
    ven Handelns des Mannes — Explikation anhand psychoanaly-
    tischer Theorien, Med. Diss. Freie Universität Berlin 1982.
Petersen, P.: Fruchtbarkeit und die Freiheit zum Kinde (Vortrag auf
    dem VII. Internationalen Forum für Psychoanalyse). Z. Familien-
    dyn 4 (1979) 255—267.
Stauber, M.: Psychosomatik der sterilen Ehe, Berlin 1979.

Stauber, M., V. Maaßen, C. Dincer, H. Spielmann: Extrakorporale Fertilisation — psychosomatische Aspekte, in: Jürgensen, Richter (Hrsg.), Psychosomatische Probleme in der Gynäkologie und Geburtshilfe Berlin, Heidelberg 1985.

Stauber, M.: Notwendige Schutzschilder für die in vitro Fertilisation, Editorial in Fortschritte der Medizin, 14. März 1985.

Stauber, M., Kentenich, H., Maaßen, V., Dincer, C., Schmiady, H.: Psychosomatisches Modell für die extrakorporale Fertilisation, Vortrag auf der XIV. Fortbildungstagung für psychosomatische Geburtshilfe und Gynäkologie in Köln 13.—16. März 1985.

Hanfried Helmchen

Versuche mit psychisch Kranken — Versuche ohne Freiwilligkeit?

Ich will versuchen, drei Fragen zu beantworten: Sind Versuche mit psychisch Kranken nötig? zulässig? möglich? Als Versuch wird hier jede wissenschaftliche Prüfung von Maßnahmen zur Erkennung und Behandlung psychischer Krankheiten verstanden. Geprüft wird Nutzen und Risiko der Maßnahmen, oder mit den Worten des Arzneimittelgesetzes: ihre Wirksamkeit und Unbedenklichkeit. Bei den hier gemeinten Maßnahmen handelt es sich jedoch keineswegs nur um Behandlungsverfahren mit neuen Arzneimitteln, sondern ebenso um neue Verfahren der Psycho- und Soziotherapie, um neue diagnostische Verfahren, z. B. der Hirndiagnostik mit bildgebenden Verfahren, aber auch um neue institutionelle Formen der Versorgung psychisch Kranker. Als wissenschaftlich wird der Versuch bezeichnet, wenn er eine klare Frage mit angemessenen und definierten Methoden der Beobachtung, Auswertung und Beurteilung in allgemeingültiger Weise zu beantworten sucht.

Sind Versuche mit psychisch Kranken überhaupt nötig?

Es sind vor allem drei Gründe, die es erforderlich machen, psychiatrisch zu forschen und psychisch Kranke in Forschung einzubeziehen:

1. Die Ursachen vieler schwerer psychischer Krankheiten sind bisher unbekannt. Deshalb gibt es auch noch kaum gegen die Ursachen psychischer Krankheiten gerichtete, also ursächliche Behandlungen — von Vorbeugung ganz zu schweigen. Beispielsweise gibt es bisher keine durchschlagende Behandlung des heute häufigen und für Kranke wie Angehörige schwerwie-

genden psychischen „Altersabbaues", der sogenannten senilen Demenz. Und bereits verfügbare Behandlungen sind verbesserungsbedürftig, sollten noch wirksamer und noch risikoärmer werden. So wirkt die bereits heute gegen bestimmte, sogenannte „positive", Symptome und gegen Rückfälle schizophrener Erkrankungen sehr erfolgreiche medikamentöse Behandlung mit Neuroleptika gegen andere, vor allem sogenannte „negative", Symptome nur unbefriedigend und ist mit dem Risiko erheblicher Nebenwirkungen verbunden.

2. Forschungsbedarf besteht auch deshalb, weil es zumindest bedenklich ist, Behandlungen anzuwenden, deren Wirksamkeit und Sicherheit nicht gesichert, d. h. in der Regel nicht wissenschaftlich überprüft ist. Denn dadurch kann dem Kranken eine wirksame Therapie vorenthalten werden, er kann unnötigen und unbekannten Risiken ausgesetzt werden und es können überflüssige Kosten entstehen. Insofern dient Forschung auch — und in zunehmendem Maße — der rationalen Begründung des gezielt ausgewählten Einsatzes begrenzter Ressourcen, etwa für bestimmte und gegen andere präventive und kurative Strategien der Medizin, die alle zusammen und gleichzeitig nicht mehr zu bezahlen sind. So fand vor einigen Jahren die Behauptung, daß Schizophrenie mittels Blutwäsche (Haemodialyse) erfolgreich zu behandeln sei, große öffentliche Resonanz. Daraufhin wurde dies recht schnell in mehreren Ländern wissenschaftlich überprüft. Die Ergebnisse konnten die Behauptung nicht bestätigen und haben damit wahrscheinlich viele schizophren Kranke vor den Risiken einer unnötigen und belastenden Dauerbehandlung sowie die Kostenträger vor substantiellen Kosten bewahrt. Oder es sei, um noch ein anderes Beispiel zu nennen, der englische Sozialpsychiater Wing zitiert: „Es wird heute ziemlich allgemein die Ansicht akzeptiert, daß neue Medikamente nicht eingeführt werden sollen, bevor sie geprüft wurden. Eine ähnliche Übereinstimmung besteht hingegen nicht im Hinblick auf soziale Behandlungen, die meist in die Praxis eingeführt werden, bevor sie sorgfältig geprüft wurden. Der Schaden, der aus der Anwendung irriger sozialer Theorien resultieren kann, ist ebenso groß wie irgen-

dein Schaden, der der Verschreibung eines gefährlichen Medikamentes oder einer unnötigen Psychotherapie folgen kann. Tatsächlich kann er noch wesentlich bedeutsamer sein, da schädliche soziale Verfahren in die Struktur eines vollbeständigen psychiatrischen Dienstes institutionalisiert werden können."

3. Psychiatrische Therapieforschung kann nicht ohne Patienten durchgeführt werden. Der Hauptgrund liegt darin, daß therapeutische Wirksamkeit nur gegen Krankheiten festgestellt werden kann. Adäquate Krankheitsmodelle, etwa bei Tieren, existieren indessen für die höchst humanspezifischen psychiatrischen Krankheiten nicht. Außerdem kann das Wissen, das aus vor- oder außer-klinischen Untersuchungen stammt, nur in begrenztem Umfang auf Patienten mit psychischen, insbesondere mit schweren psychischen Krankheiten angewandt werden. Dies gilt nicht nur für die Ergebnisse der Tierpharmakologie, sondern ebenso für Wirkungen psychologischer bzw. psychotherapeutischer Verfahren bei Menschen ohne psychiatrische Krankheiten, z. B. psychoanalytische Erfahrungen bei gesunden Menschen oder die Ergebnisse einer Verhaltensmodifikation bei Rauchern oder übergewichtigen „Klienten". Es gilt schließlich auch für soziologische Hypothesen, wie die sogenannte Labeling- oder Etikettierungs-Theorie, deren ätiologische Bedeutungslosigkeit zumindest für einige psychiatrische Erkrankungen gezeigt werden konnte.

Sind Versuche mit psychisch Kranken ethisch zulässig?

Auch wenn — wie begründet — wissenschaftliche Untersuchungen mit psychisch Kranken erforderlich sind, so sind sie damit allein nicht schon auch ethisch ausreichend gerechtfertigt. Denn die Forschung mit Kranken wirft selbst ein ethisches Problem auf. Es besteht darin, daß das wissenschaftliche Erkenntnisinteresse notwendigerweise über den einzelnen Kranken hinausgeht und die primär ärztliche Verpflichtung für das Wohl desselben übersteigt. Das hat mit dem schon mehrfach in dieser Universitätsvorlesung unter Berufung auf den Begründer der Methodenlehre klinischer Therapieprüfung, Paul Martini, angesprochenen Antagonismus zwischen „Menschlichkeit und Menschheit" zu tun:

Insoweit heutzutage Wissen ein wissenschaftlich geprüftes Wissen ist, ist es — zumindest hinsichtlich seiner Verallgemeinerungsfähigkeit — seiner Natur nach überindividuell: Es ist von mehr als einem Patienten gewonnen, und es übersteigt die Erfahrung jedes einzelnen Arztes. Zwecks Vergleichbarkeit der individuellen Beobachtungen bedeutet diese Art, Wissen wissenschaftlich zu gewinnen, Stereotypisierung von Beobachtungen und Maßnahmen; darüber hinaus ist zur Prüfung von Hypothesen oft ein experimentelles Vorgehen notwendig, wie etwa in kontrollierten klinischen Prüfungen. Alle solche Maßnahmen, die aus methodischen Gründen unvermeidbar sind, können Unannehmlichkeiten, Nachteile oder Risiken für den in die Forschung einbezogenen Patienten mit sich bringen — abgesehen von den möglichen Risiken einer noch mehr oder weniger unbekannten neuen Therapie. Dies scheint der ethischen Verpflichtung des Arztes entgegenzustehen, mögliche Nachteile der Therapie im Einzelfall kleinstmöglich zu halten. Folgt er jedoch dieser Verpflichtung, dann kann er in einen Widerspruch zu der ebenfalls ethischen Forderung nach einer wissenschaftlich begründeten Verbesserung der Therapie für alle Kranken geraten. Denn „beim Fehlen jeglicher systematischer Bemühungen wird jeder Patient zu einem Experiment — und nichts Neues wird gelernt!" (Task Force 1982). Es kann demnach in gleicher Weise als unethisch angesehen werden, eine wissenschaftlich ungeprüfte Therapie anzuwenden wie auch, eine Therapie wissenschaftlich zu prüfen.

Dies wurde das ethische Paradoxon der klinischen Prüfung genannt. Bei näherer Betrachtung ergibt sich indessen, daß dies tatsächlich kein Paradoxon, sondern eher eine Komplikation der täglichen therapeutischen Entscheidung ist, die auf einem Abwägen zwischen Vorteilen und Nachteilen jeder Behandlung basiert. Elemente dieser Komplikation sind:

1. Der Grad der Unsicherheit ist höher: Wirksamkeit und Risiken bei noch in der Erforschung befindlichen Behandlun-

gen sind oft unbekannt oder zumindest unklarer als bei etablierten Standardbehandlungen.

2. Die Belastung des Patienten mit Unannehmlichkeiten oder gar Nachteilen ist vielleicht größer und vielleicht auch umsonst.

3. Die Entscheidungen werden nicht ausschließlich von dem individuellen Patienten hier und jetzt, sondern auch von möglichen anderen Patienten beeinflußt.

Zur Lösung dieser Probleme sei auf folgende Überlegungen verwiesen: Einzige Gründe für eine „Forschungsbehandlung" sind, daß für eine bestimmte Erkrankung überhaupt keine wirksame Behandlung existiert oder daß die therapeutische Breite vorhandener Standardbehandlungen verbessert werden muß. Deshalb können in solchen Fällen der höhere Grad der Unsicherheit und mögliche Nachteile einer „Forschungsbehandlung" ausgeglichen werden durch die Chance des Forschungspatienten, eine Behandlung zu erhalten, die besser als die vorhandene ist. Daraus folgt, daß die Abwägung zwischen Vorteilen und Nachteilen einer „Forschungsbehandlung" ausführlicher zu sein hat als diejenige einer alltäglichen Behandlungsentscheidung.

Auch wenn man nun davon ausgeht, daß es ebenso ethisch ist, einem einzelnen Patienten die bestmögliche Behandlung zu geben wie auch Behandlung insgesamt durch Forschung zu verbessern, so besteht doch ein Unterschied: Der erste Fall stellt eine unbedingte Verpflichtung, der zweite eine verpflichtende Forderung dar. Auch aus dieser Wertung ergibt sich zwangsläufig, daß die Anforderungen an die Genauigkeit und den Umfang der Abwägung von Vorteilen und Nachteilen sowie auch den Grad der Aufklärung und Einwilligung bei „Forschungsbehandlungen" höher sein müssen als bei der alltäglichen therapeutischen Entscheidung.

Unter dieser Voraussetzung ist die „innovative" Variation einer Standardbehandlung sowie die Einbeziehung eines Patienten in klinische Forschung dann aber nicht weniger ethisch als seine Standardbehandlung in der klinischen Praxis. Unterschiede zwischen Praxis und Forschung, die in die Nutzen-

Risiko-Abwägung eingehen sollten, gibt es jedoch in methodologischer und praktischer Hinsicht. Beispielsweise beruht eine allein erfahrungsbegründete Behandlung nicht selten nur auf individuellen Beobachtungen, Einfällen, Schlußfolgerungen oder auch auf Zufällen, während eine Forschungsbehandlung die Frage der Wirksamkeit oder von Nebenwirkungen in einer kontrollierten Weise zu beantworten sucht. Beide Wege schließen sich übrigens keinesfalls wechselseitig aus, sondern können sich vielmehr ergänzen, so indem ungewöhnliche Wirkungen der Variation einer Standardbehandlung eine Forschungsfrage provozieren. Vor allem aber von einem praktischen Standpunkt aus scheint ein ziemlich großer Unterschied zwischen einer Behandlung in der klinischen Praxis und einer Forschungsbehandlung zu bestehen: In westeuropäischen Ländern ist eine „Forschungsbehandlung", die eben als Forschung deklariert wird, mehr oder weniger unter der Kontrolle der wissenschaftlichen Öffentlichkeit und auch ethischer Komitees, während dies oft nicht der Fall ist bei „innovativen" Behandlungen, die *vor* jeder wissenschaftlichen Prüfung allgemein akzeptiert oder gar eingeführt werden, nur aufgrund der Überzeugungskraft persönlicher Erfahrungen oder Ideologien oder auch eines warmherzigen oder engagierten Initiators.

Am Beispiel einer „Forschungsbehandlung" habe ich zu zeigen versucht, daß klinische Forschungsvorhaben ethisch zulässig sind, wenn ihnen eine verantwortungsbewußte, umfassende und genaue Nutzen-Risiko-Abwägung vorausgegangen ist und der Arzt sie danach für vertretbar hält. Nur in diesem Falle kann die nächste Voraussetzung für das Forschungsvorhaben geschaffen werden: Aufklärung und Einwilligung des Patienten. Denn die Nutzen-Risiko-Abwägung des Arztes ersetzt diejenige des Patienten nicht. Diese vielmehr zu ermöglichen ist Ziel der Aufklärung.

Wenn nun auch Forschung mit psychisch Kranken zwingend notwendig und unter den angegebenen Bedingungen auch ethisch zu rechtfertigen ist, so bleibt doch die Frage, ob psychisch Kranke überhaupt aufklärungs- und einwilligungsfähig sind, da Patienten in der Regel ohne Einwilligung nach Aufklärung in klinische Forschung nicht einbezogen werden dürfen.

Sind Versuche mit psychisch Kranken überhaupt möglich?

1975 vertrat die Humanistische Union in der heftigen öffentlichen Diskussion um ein neues Arzneimittelgesetz die Auffassung, daß die Einbeziehung von psychisch Kranken in die
Arzneimittelprüfung „eine Absurdität" sei. Wenn dabei auch
die Erinnerung an den verbrecherischen Umgang mit psychisch
Kranken im Nationalsozialismus eine Rolle gespielt hat, so ist
hier doch vor allem bemerkenswert, daß damit allen psychisch
Kranken schlechthin jede Einwilligungsfähigkeit abgesprochen
wurde. Das war umso bemerkenswerter, als bereits 14 Jahre
zuvor der amerikanische Psychiater T. Szasz mit seinen Thesen,
daß Geisteskrankheit ein Mythos, ja nur ein Produkt der
Psychiater sei, ebenfalls erhebliche öffentliche Resonanz fand.
Die öffentliche Diskussion verabsolutierte dabei Teilaspekte
menschlichen Seins wie krankheitsbedingte Entscheidungsunfähigkeit einerseits und völlige Entscheidungsfreiheit von angeblich zu Unrecht als psychisch krank angesehenen Menschen
andererseits. Solcher Polarisierung entsprachen Annahme oder
Ablehnung des medizinischen Krankheitsmodells für psychische Störungen oder auch Positionen, wie sie als kustodiale
Verwahr-Psychiatrie gegenüber einer emanzipatorischen Anti-
Psychiatrie markiert wurden.

In der Lebenswirklichkeit kann jedoch die Einsichts- und Einwilligungsfähigkeit von Menschen überhaupt und so auch von
psychisch Kranken nicht nach einer Alles- oder Nichts-Regel,
nicht als Schwarz oder Weiß betrachtet werden. Für die Mehrzahl der Menschen liegt sie vielmehr zwischen den Extremen
völliger Fähigkeit und völliger Unfähigkeit. Wenn wir uns
aber in der Wirklichkeit einem Kontinuum, einem fließenden
Übergang zwischen voller Einwilligungsfähigkeit und völliger
Einwilligungsunfähigkeit gegenübersehen, dann muß die Frage
beantwortet werden, nach welchen Kriterien die Grenze zwischen „noch" und „schon nicht mehr" einsichts- bzw. einwilligungsfähig gezogen und festgestellt werden kann. Die Antwort
ist wichtig, wenn man davon ausgeht, daß die Anwendung
ärztlicher Maßnahmen der Krankheits-Erkennung und -Be-

handlung voraussetzt, daß der einzelne Kranke in diese Maßnahmen einwilligt. Noch wichtiger erscheint diese Feststellung, wenn es sich um ärztliche Maßnahmen handelt, die nicht allein dem Wohl des betroffenen Kranken selbst, sondern darüber hinaus auch dem Wohl anderer Kranken dienen, wie dies in der klinischen Forschung in der bereits geschilderten Weise der Fall ist.

Die Definition der erwähnten Grenze zwischen „noch" und „schon nicht mehr" einwilligungsfähig und noch mehr ihre Erkennung in der Praxis ist nicht immer einfach und wird zudem unterschiedlich gehandhabt. Im klinischen Alltag wird die Einwilligungsfähigkeit eines Patienten bis zum Beleg des Gegenteils unterstellt. Zweifel ergeben sich am häufigsten dann, wenn der Kranke Maßnahmen ablehnt, die vom Arzt als notwendig angesehen wurden. Erscheinen die Gründe für die Ablehnung nicht unmittelbar einleuchtend, dann taucht die Frage auf, ob sie Ausdruck psychischer Krankheit ist. Diese Frage muß übrigens auch bei bereits bekannter psychischer Krankheit jeweils geprüft werden, da diese die Einwilligungsfähigkeit weder in jedem Fall, noch gegebenenfalls immer vollständig oder auf Dauer beeinträchtigt und deshalb keineswegs automatisch zur Annahme einer Einwilligungsunfähigkeit führen darf. Die Einwilligungsfähigkeit ist nicht als globale Eigenschaft des Menschen anzusehen. Sie braucht nur vorübergehend und nur für bestimmte Bereiche gestört zu sein. Im angloamerikanischen Recht und der Medizin tendiert die Entwicklung zunehmend auf die Erfassung einer differenzierten Einwilligungsfähigkeit, d. h. man bemüht sich um situationsspezifische Kriterien für die Beurteilung der Einwilligungsfähigkeit.

Grundsätzlich kann die Prüfung einem objektiven und/oder einem subjektiven Modell folgen: Nach dem objektiven Modell wird das *Verhalten* des Patienten mit dem eines „vernünftigen" Menschen verglichen, ohne daß berücksichtigt wird, ob der Patient aufklärende Informationen auch verstanden hat. Das subjektive Modell ist hingegen daran orientiert, ob der Patient die gegebene Aufklärung tatsächlich *versteht*, ohne Rücksicht auf sein Verhalten — und sei es auch noch so ungewöhnlich, bizarr oder „ver-rückt".

In der Praxis werden üblicherweise sowohl Elemente des subjektiven wie des objektiven Modells benutzt, wie sie sich beispielsweise in einer Liste von 5 Kriterien finden, die von amerikanischen Psychiatern zur Prüfung der Einwilligungsfähigkeit vorgeschlagen wurde. Danach sind Zweifel an der Einwilligungsfähigkeit begründet, wenn

1. der Patient sich so verhält, als könne er eine Wahlmöglichkeit nicht nutzen, also bei katatonem oder depressivem Stupor (Erstarrtsein), bei psychotischer Ambivalenz (Entscheidungsunfähigkeit), katatoner (oder auch manischer) Erregung, bei schweren Zwangszuständen;

2. der Patient die gegebene Information nicht wirklich versteht, also sie etwa nicht richtig wiedergeben kann, bei erheblicher geistiger Behinderung oder dementiellen Zuständen, bei Störungen der Orientierung, der Aufmerksamkeit, der Merkfähigkeit im Rahmen psychotischer Episoden;

3. der Patient verstandene Informationen für realitätsbezogene, vernünftige und angemessene Entscheidungen nicht nutzen kann, z. B. bei Wahn, Halluzinationen (Trugwahrnehmungen), schweren formalen Denkstörungen, ausgeprägten Affektstörungen, exzessiver Sucht;

4. der Patient keine wirkliche Einsicht in die Natur seiner Situation und seiner Krankheit hat, also etwa in das Faktum seiner Erkrankung oder deren Schwere oder seiner Hilfs- bzw. Behandlungsbedürftigkeit, z. B. bei Einschränkung abstrakten Denkens oder bei wahnhaften Realitätsverzerrungen im Rahmen psychotischer Erkrankungen;

5. der Patient sich nicht authentisch, d. h. nicht mehr in Übereinstimmung mit seinen eigenen, „charaktergebundenen" Werten, Zielen, Haltungen, entscheidet, z. B. bei Manien, wahnhaften Depressionen oder Schizophrenien.

Die Feststellung dieser Kriterien bedarf bei dem 1. Kriterium nur der Verhaltensbeobachtung, bei dem 2. bis 4. Kriterium der Untersuchung des aktuellen seelisch-geistigen Zustandes mittels des Gespräches, bei dem 5. Kriterium überdies der Erfragung der biographischen Vorgeschichte. Insofern steigen in dieser Reihenfolge die Prüfungsanforderungen und gleichzeitig sinkt jeweils die Schwelle für die Anerkennung der Einwilligungsunfähigkeit. Hier nun taucht die Frage auf, wer mit welchen Argumenten diese Schwelle wo festlegt.

Statt einer Antwort möchte ich das Problemfeld noch etwas verdeutlichen. Gelegentlich muß der Arzt sich mit dem Vorwurf auseinandersetzen, er habe eine Einwilligung des Patienten unterstellt, nur weil dieser die Maßnahme nicht abgelehnt habe. Diese Annahme sei aber möglicherweise unzutreffend, da er die Einwilligungsfähigkeit des Patienten nicht geprüft habe. Dem kann entgegengehalten werden, daß nach dem 1. der eben genannten Kriterien eine Einwilligungsfähigkeit schon dann angenommen werden kann, wenn das Verhalten des Patienten nicht offensichtlich dagegen spricht und der Patient sich, juristisch gesprochen, konkludent verhält. Die eingangs beschriebene Realität jedoch, daß bei Ablehnung in der Regel weitere, auch am Verständnis des Patienten orientierte Kriterien zur Prüfung der Einwilligungsfähigkeit angewandt werden, ist Ausdruck einer Asymmetrie, die darin besteht, daß die Schwelle zur Prüfung und dann zur Annahme einer krankheitsbedingten Einwilligungsunfähigkeit bei Nicht-Einwilligung niedriger liegt als bei Einwilligung. „Da die Prüfung (der Einwilligungsfähigkeit) letztlich auf der Übereinstimmung zwischen der Entscheidung des Patienten und der einer vernünftigen Person oder der des Arztes beruht, ist sie zugunsten der Akzeptanz von Behandlung beeinflußt, auch wenn solche Entscheidungen von Menschen getroffen werden, die unfähig sind, Risiken und Nutzen der Behandlung abzuwägen. Mit anderen Worten: Wenn die Patienten sich nicht für den „falschen" Weg entscheiden, wird das Thema der Einwilligungsfähigkeit wahrscheinlich gar nicht auftauchen" (Roth et al. 1977). Für dieses de facto-Verhalten des Psychiaters gibt es auch gute Gründe: Zum einen die Alltagserfahrung, daß Patienten nach Genesung rückblickend die Beurteilung des Arztes oft für richtig halten; zum anderen und vor allem, daß in der Risiko-Abwägung, die der Arzt vorzunehmen hat, die psychologischen, sozialen und rechtlichen Risiken einer Pflegschaft oft höher einzuschätzen sind als das Risiko, eine ärztlich für notwendig, richtig und verhältnismäßig gehaltene Maßnahme ohne eindeutige Einwilligung durchzuführen. Amerikanische Autoren haben die Praxis in folgendem Schema dargestellt:

Tabelle 1 Festlegung der Schwelle zur Annahme der Einwilligungsunfähigkeit (Roth et al. 1977)

Patienten-Entscheidung	Nutzen-Risiko-Verhältnis der Behandlung	
	günstig	unklar oder ungünstig
Einwilligung	hoch	niedrig
Ablehnung	niedrig	hoch

Wegen der erwähnten Risiken würde wohl auch kein Richter eine Pflegschaft nur zum Zwecke der Einbeziehung eines Patienten in ein Forschungsprojekt einrichten. Andererseits kann nach den Richtlinien der Weltgesundheitsorganisation für Prüfungen von Psychopharmaka die Einwilligungsfähigkeit zur Teilnahme an solchen Prüfungen als gegeben angesehen werden, wenn der Patient die Fähigkeit hat, in eine reine Therapie einzuwilligen. Weil jedoch diese Einwilligungsfähigkeit eben vielfältigen Schattierungen unterliegt und zudem bei Forschungsbehandlungen die Maßnahmen über das Behandlungsbedürfnis des individuellen Patienten hinausgehen, sollte dessen Einwilligungsfähigkeit auch im Falle einer Zustimmung nicht unbesehen angenommen werden.

Bedenkenswert ist weiterhin, daß Verfechter einer hohen Schwelle für Annahme der Einwilligungsunfähigkeit höchstwahrscheinlich der individuellen Freiheit und dem Vorrang der Autonomie stark verpflichtet sind. Jene hingegen, die sich für eine strenge Prüfung der Einwilligungsfähigkeit aussprechen, sind eher von der Legitimität des ärztlich-fürsorglichen Paternalismus überzeugt, der die Gesundheit, das Wohlbefinden und das Überleben des Patienten über seine Freiheit und Autonomie stellt (Macklin 1983). Das verweist nicht nur darauf, daß die Grenzziehung zwischen „noch" und „schon nicht mehr" einwilligungsfähig von Grundüberzeugungen mitbeeinflußt werden kann, sondern es sagt mit anderen Worten auch, daß gerade diejenigen, die die Freiheit des psychisch Kranken betonen, viel häufiger seine Einwilligungsfähigkeit annehmen müssen als die Vertreter einer stärker ärztlich-fürsorglichen Haltung. Letzterer wird der gewissenhafte Forschungsarzt eher folgen. Denn er wird den Patienten über Bedeutung und Art der vorgesehenen „Forschungsbehandlung" aufklären und sich dabei auch vergewissern, ob der Patient diese Informationen verstanden hat, womit er seine Beurteilung der Einwilligungsfähigkeit des Patienten nicht nur auf das erste, ausschließlich am Verhalten des Patienten orientierte, der obengenannten Kriterien, sondern auch auf die weiteren, dem subjektiven Modell folgenden Kriterien der erwähnten Liste stützt.

Aufklärung bietet aber nicht nur eine Möglichkeit, die Einwilligungsfähigkeit zu prüfen, sondern sie ist auch eine notwendige Voraussetzung der Einwilligung selbst. Wenn es neben ethischen und juristischen Gründen auch gute medizinische Gründe für die Aufklärung gibt, so stellt sie den Arzt doch oft vor Schwierigkeiten, von denen folgende erwähnt sei: Aufklärung fällt dem Arzt schwer, wenn er befürchten muß, daß sie das Erreichen des Behandlungszieles gefährden könnte, nämlich das Leben des Kranken zu retten, seine Gesundheit wieder herzustellen, sein Leiden zu erleichtern. Daß der Arzt hier in einen Konflikt zwischen der Rolle des ärztlichen Helfers und Heilers einerseits und der des sachverständigen Informanten andererseits geraten kann, wird besonders dann deutlich, wenn der Arzt seinen Patienten darüber aufklären muß, daß, warum und wie dieser in eine Forschungsuntersuchung einbezogen werden soll. Denn üblicherweise vermittelt der Arzt dem Patienten die Sicherheit, daß er diesem die bestmögliche Therapie vorschlägt, wohingegen er beispielsweise den Vorschlag einer Zufalls-Zuteilung des Patienten im Rahmen eines

Heilversuchs gerade damit begründen muß, daß die Standardtherapie verbesserungsbedürftig sei. Wenn dies im Kern auch
der juristischen Forderung nach Aufklärung über Risiken und
Alternativen vor jeder Therapie entspricht, so kann mit solcher
Aufklärung doch die Plazebo-Komponente in der Wirksamkeit
der Standardtherapie zerstört und damit deren Gesamtwirk-
samkeit vermindert werden.

Noch ungelöst ist das Problem der Erforschung schwerster
psychischer Krankheiten. Denn einerseits ist dabei der Forschungsbedarf besonders groß, da Ursachen und Behandlung
weitgehend unbekannt sind. Andererseits fehlt oft die For-
schungsvoraussetzung der Einwilligung des Patienten, da gerade bei diesen Kranken die Einsichts- und Einwilligungsfähigkeit meist eingeschränkt oder aufgehoben ist. In Dänemark
sind wissenschaftliche Versuche mit einwilligungsunfähigen
Kranken möglich, wenn ein ethisches Komitee dazu unter
Bezug auf die Interessen des Patienten Stellung genommen
hat.

Schlußfolgerungen

Abschließend möchte ich nun die eingangs gestellten drei Fragen noch einmal zusammengefaßt beantworten:

1. Wissenschaftliche Versuche mit psychisch Kranken sind
nötig.

2. Sie sind auch ethisch zulässig unter der Voraussetzung,
daß der Forschungsarzt den Versuch nach eingehender und
begründeter Abwägung seiner Nutzen und Risiken für vertretbar hält und der einwilligungsfähige Patient nach entsprechender Aufklärung in die Teilnahme am Versuch eingewilligt hat.

3. Solche Versuche sind auch möglich, da viele psychisch
Kranke sowohl verständnisfähig wie auch einwilligungsfähig
sind. Ungelöst ist jedoch das Problem notwendiger Forschung
bei einwilligungsunfähigen psychisch Schwerkranken.

Da nun eine kritisch-skeptische Öffentlichkeit gelegentlich vermutet, daß der Arzt seinen notwendigen Ermessensspielraum bei der Nutzen-Risiko-Abwägung und auch bei der Beurteilung der Verständnis- und Einwilligungsfähigkeit nicht immer verantwortungsbewußt nutzt, sondern dabei auch von persönlichen Interessen beeinflußt sein könnte, ist die Frage nach der Kontrolle solcher Entscheidungen berechtigt. Da mir ein systematischer Überblick über die tatsächliche Kontrolle patientenbezogener Forschung fehlt, möchte ich erläutern, welchen Kontrollen ein patientenbezogenes Forschungsvorhaben an der Psychiatrischen Klinik der Freien Universität Berlin unterworfen ist:

1. Der Forscher muß einen detaillierten Versuchsplan vorlegen.

2. Der wissenschaftliche Gehalt und die Nutzen-Risiko-Abwägung des Projektes wird mit den sachverständigen anderen Forschern der Klinik im wissenschaftlichen Kolloquium erörtert. Denn ein Versuch, von dem kein sinnvolles Ergebnis erwartet werden kann, ist als unethisch anzusehen − ganz abgesehen davon, daß er bei dem heute in der Regel notwendigen hohen Aufwand an Motivation, Zeit und Geld dann auch nicht vertretbar ist.

3. Das Projekt wird in der Ärztekonferenz allen Ärzten und in der Pflegekonferenz dem Pflegepersonal bekannt gemacht.

4. Das vom ärztlich letztverantwortlichen Abteilungsleiter abgezeichnete Versuchsprotokoll geht an die Ethik-Kommission, das die Nutzen-Risiko-Abwägung sowie die ethischen Erwägungen des Forschers überprüft und ihm gegenüber Stellung nimmt.

5. Der Patient wird durch den Forschungsarzt in Gegenwart eines weiteren Mitarbeiters der Klinik, meist des behandelnden Arztes, der in der Regel mit dem forschenden Arzt nicht identisch ist, aufgeklärt und seine Einwilligung zur Teilnahme am Versuch erbeten. Bei Zweifeln an der Einwilligungsfähigkeit wird ein weiterer, versuchsunabhängiger Arzt hinzugezogen.

6. Jeder Mitarbeiter, der mit in Forschungsprojekte einbezogenen Patienten zu tun hat, kann sich selbst anhand des schriftli-
chen Versuchsprotokolls über den Versuch informieren.

7. Es gehört zur Dienstpflicht aller Mitarbeiter, auf mögliche
Fehler aufmerksam zu machen und eventuelle Bedenken zu
äußern, in der Regel in einer der genannten Konferenzen oder
direkt gegenüber dem Abteilungsleiter.

8. Die Möglichkeit zu einer weiteren, externen Kontrolle durch
die wissenschaftliche Öffentlichkeit wird schließlich mit der
Publikation der Versuchsergebnisse eröffnet.

Ich bin davon überzeugt, daß durch die verschiedenen Ebenen
sachverständiger Prüfung und das hohe Maß an vielfältiger
klinikinterner Öffentlichkeit ethisch fragwürdige Versuche mit
psychisch Kranken hier weder geplant noch durchgeführt werden können. Allgemein werden Versuche umso einwandfreier
sein, je weniger die verschiedenen Instanzen als bürokratische
Kontrollen wirken, sondern eher als Elemente einer Erziehung
zu größerer ethischer Sensibilität verstanden werden.

Literatur

Appelbaum, P. S., Roth, L. H., Competency to Consent to Research.
  A Psychiatric Overview, Arch Gen Psychiat 39 (1982) 957–958.
Helmchen, H., Ethische Probleme der medizinischen Forschung, erläu-
  tert am Beispiel der psychiatrischen Therapie-Forschung, in: MPG
  (Hrsg) Verantwortung und Ethik in der Wissenschaft, Max-Planck-
  Gesellschaft, Berichte und Mitteilungen 3 (1984) 42–63.
Helmchen, H., Aufklärung. in: Müller, C. (Hrsg), Lexikon der Psychia-
  trie, 2. Aufl., Berlin–Heidelberg–New York 1986.
Helmchen, H., Einwilligung. in: Müller, C. (Hrsg), Lexikon der
  Psychiatrie. 2. Aufl., Berlin–Heidelberg–New York 1986.
Helmchen, H., Ethische Fragen in der Psychiatrie. in: Kisker, K. P.,
  Lauter, H., Meyer, J. E., Müller, C., Strömgren, E. (Hrsg) Psychia-
  trie der Gegenwart, 3. Aufl., Bd. II, Krisenintervention, Suizid,
  Konsiliarpsychiatrie. Berlin–Heidelberg–New York 1986, S.
  309–368.
Humanistische Union, Stellungnahme zum Entwurf eines Gesetzes
  zur Neuordnung des Arzneimittelrechts. Frankfurter Allgemeine
  Zeitung vom 25. 8. 1975.

Macklin, R., Problems of Informed Consent with the Cognitively Impaired, in: Pfaff, D. W. (ed) Ethical Questions in Brain and Behavior, Berlin — Heidelberg — New York, 1983, S. 23 — 40.

Martini, P. Methodenlehre der therapeutischen Untersuchung, Berlin 1931.

Martini, P., Oberhoffer, G., Welte, E., Methodenlehre der therapeutisch-klinischen Forschung, 4. Aufl. Berlin — Heidelberg — New York 1968.

Roth, L. H., Meisel, A., Lidz C. W., Tests of Competency to Consent to Treatment, Am J Psychiat 134 (1977) 279 — 284.

Szasz, T. S., The Myth of Mental Illness. Geisteskrankheit — ein moderner Mythos, Reinbek 1961, 2. Aufl. 1972.

Task Force on Legal and Ethical Issues, Experimentation with Mentally Handicapped Subjects. in: Edwards, R. B. (ed) Psychiatry and Ethics, Buffalo, NY, 1982, S. 224 — 229.

Wing, J. K., Ethics and Psychiatric Research, in: Bloch, S., Chodoff, P. (eds) Psychiatric Ethics, New York 1981, S. 277 — 294.

Versuche in den Humanwissenschaften

Heinz Schuler

Versuche mit Menschen in der Psychologie — Das Milgram-Experiment und die Folgen

Eingrenzung

Wenn man sich vor der Genetik fürchtet, so läßt dies auf Respekt schließen: Aus dem Experimentieren wird etwas herauskommen, das — auch — bedenklich ist. Es wird sogar so viel herauskommen, daß die Welt auf ganz unvorhersehbare Weise verändert werden könnte.

Diese Erwartung hegt im Falle der Psychologie niemand. Die Konsequenzen psychologischer Forschung sind nicht der Art, daß sie von Technokraten in einer Weise mißbräuchlich verwendet werden, die den Zeitgeist und unsere Entscheidungsfähigkeit überrumpelt. Soweit psychologische Einsichten überhaupt wirksam werden, tun sie das allenfalls in einer Weise, in der Freuds Postulate gewirkt haben, die des Behaviorismus oder, in den vergangenen zehn Jahren, der sogenannten kognitivistischen Strömung, die wieder den Aspekt des Rationalen und Einsichtsvollen am menschlichen Handeln hervorhebt (und zur Zeit um die Betonung der emotionalen Komponenten angereichert wird). Konsequenzen psychologischer Forschung in diesem Sinne sind nicht in Gefahr, der Kultur über den Kopf zu wachsen, die sie hervorgebracht hat.

Die Psychologie, läßt sich hieraus als These ableiten, ist eine relativ harmlose Wissenschaft. Der Grund ihrer Harmlosigkeit ist darin zu suchen, daß sie über keine sehr wirksame Technologie verfügt. Die Stärke der heutigen Psychologie sind eher ihre Meßverfahren als ihre Veränderungsmöglichkeiten. Meßverfahren aber enteilen den Weltbildern nie allzu weit, die bei ihren Operationalisierungen Pate gestanden haben, selbst wenn es sich um so diskussionsstimulierende Begriffe und Meßkonzepte wie diejenigen handelt, mit denen die Annahme angeborener Intelligenzdifferenzen zwischen ethnischen Gruppen nahegelegt wird. Unter wissenschaftsethischem Aspekt problematisierenswert schiene hierzu wohl eher die Frage der wünschenswerten Unabhängigkeit der Forschung und ihrer Anwendungen von anderen Kulturelementen und Werthaltungen überhaupt oder denen bestimmter Gruppen.

Unserer Besorgnisse in bezug auf Forschungskonsequenzen, die unseren Zügeln entgleiten, würde vielmehr einer Psychologie bedürfen, die über eine wirksame Veränderungstechnologie verfügt — Methoden der Einstellungsänderung, beispielsweise, die wirklich dazu führen, daß die Beeinflußten dauerhaft oder auf bestimmbare Zeit in wesentlichen Fragen radikal ihre Meinung ändern; Instrumente psychotherapeutischer Intervention, die aus Dr. Jekyll Mr. Hyde machen; Techniken, die es erlauben, Wissen zu speichern, ohne es auf die uns allen leidvoll vertraute Weise mühsam erworben zu haben.

Stünden Methoden dieser Wirksamkeit zur Verfügung oder bestünde auch nur Aussicht auf ihre Entwicklung in absehbarer Zeit, so wäre der Fokus unserer Erörterung wohl auf die Frage zu richten, inwieweit Versuche mit Menschen in der Psychologie zu ungewollten oder vorschnellen, später unkontrollierbaren Veränderungen des Menschen oder seiner Lebensbedingungen führen. Aber solche Instrumente stehen nicht zur Verfügung. Die Psychologie ist bezüglich ihrer Forschungskonsequenzen — noch — eine harmlose Wissenschaft. Das berechtigt uns, hier allein den *Prozeß* der Forschung zum Thema zu machen, also die Frage der Vertretbarkeit und der Legitimationsgrenzen von Versuchen mit Menschen. Das berühmte Milgram-Experiment hat offenbar eine solche Grenze markiert oder überschritten oder vielleicht auch erst geschaffen. Doch dazu später.

Das Experiment in der Psychologie

Zunächst ist das Mißverständnis auszuräumen, die Psychologie als Wissenschaft könne durch Beschränkung auf passives

Registrieren der Geschehnisse zu verläßlichen Erkenntnissen kommen. Die − notwendige − Einflußnahme nämlich, der kontrollierende und verändernde Eingriff in die „natürlichen" Geschehensabläufe ist es, was in der Diskussion über forschungsethische Probleme in der Psychologie zu Kontroversen geführt hat. Nicht nur, aber am offensichtlichsten experimentelle Techniken sind es, die in einen potentiellen Konflikt zwischen methodologischen Anforderungen und einigen sozial-ethischen Prinzipien führen. Zur Illustration der Bedeutung, die experimentelle − bzw., bei Verwendung des Begriffs im strengen naturwissenschaftlichen Sinne − experiment-ähnliche Versuchsanordnungen in der Psychologie haben, sei zunächst eine Beobachtung in Erinnerung gerufen, die vor einigen Jahren große Publizität erreicht hat.

Etwa um 1980 wurde von der Wochenpresse der Schwimmunterricht für Kinder in den ersten Lebensjahren propagiert. In umfangreichen Bildberichten wurden schwimmende Kleinkinder dargestellt, die − so „Forschungsergebnisse in den USA" − aufgrund ausgiebigen Schwimmtrainings aufgeweckter, gesünder und vor allem intelligenter geworden seien als ihre nichtschwimmenden Altersgenossen. Letzteres habe sich noch Jahre später darin gezeigt, daß sie bessere Schulzensuren bekommen hätten.

Diese Kampagne, die − angeblich oder tatsächlich − auch von Pädagogen, Psychologen und Kinderärzten, auf alle Fälle und verständlicherweise aber von Schwimmlehrern unterstützt wurde, hatte zur Folge, daß in großem Umfang Kinderschwimmkurse angeboten und nachgefragt wurden. Was die Öffentlichkeit (neben den hübschen Bildern) besonders beeindruckte, war die große Zahl von Personen, an denen man diesen Zusammenhang festgestellt zu haben meinte: Es war von mehreren hundert oder gar tausend Kindern die Rede; folglich konnte ja nicht der Zufall für dieses Ergebnis verantwortlich gemacht werden.

Damit sind wir beim Grundmuster wissenschaftlicher Arbeit angelangt, dem Versuch der Rückführung einer Beobachtung auf eine Ursache, also einer kausalen Erklärung: X hat Y zustandegebracht. Die Behauptung lautet:

X → Y   Der Intelligenzzuwachs ist die Folge des Schwimmens

Diese Behauptung mag plausibel scheinen. Doch die große Zahl der „Versuchspersonen" bietet leider keine Gewähr, daß der Zusammenhang nicht auch auf umgekehrte Weise zustandegekommen sein könnte:

Y → X   Intelligente Kinder lernen früher schwimmen

Die beiden Phänomene könnten sich auch gegenseitig bedingen:

X ⇌ Y   Intelligente Kinder lernen früher schwimmen, was wiederum ihrer Intelligenz förderlich ist

Bevor wir uns mit dieser dankbaren, weil unverbindlich scheinenden Erklärung zufriedengeben, sollten wir lieber die nächste Möglichkeit in Erwägung ziehen, vielleicht die plausibelste von allen. Wir führen dazu die Eltern als Variable Z ein:

Z ⟋ X ⟍ Y   Schwimmen und Intelligenz haben nichts kausal miteinander zu tun, sind nicht funktional interdependent, sondern sind beide von einer dritten Größe abhängig, z. B. vom Aktivitätsniveau der Eltern: Aktive Eltern bringen ihren Kindern früher das Schwimmen bei und sorgen auch für deren intellektuelle Förderung.

Auf letzterem Wege könnte Schwimmen auch mit Klavierspielen korreliert sein, was die Voreiligkeit einer Kausalitätsannahme leichter vor Augen führen dürfte als der ursprünglich behauptete Kausalitätszusammenhang. Die Möglichkeit alternativer Erklärungen sind damit allerdings noch nicht ausgeschöpft. Etwa könnte gelten, daß Y zwar durch X zustandekommt, aber nur im Falle gleichzeitig wirksamer weiterer Bedingungen: (X + Z) → Y; oder es könnte eine vermittelte Wirkung über eine Drittvariable vorliegen: X → Z → Y.

Ausschließen lassen sich solche Erklärungsalternativen niemals vollständig, aber die Wahrscheinlichkeit ihres Zutreffens läßt sich erheblich vermindern. Erforderlich dazu ist eine Untersuchung nach einem Versuchsplan, der die möglichen Alternativen von vornherein in Rechnung stellt und/oder mit zufälliger Zuteilung zu Versuchs- und Kontrollgruppen arbeitet — ein Experiment. Der Erfolg, Ursache-Wirkungs-Beziehungen oder funktionale Interdependenz aufzudecken, hängt von der Möglichkeit ab, Chronologie und Kovariation der beteiligten Variablen zu beobachten. Die Beobachtung, daß X zeitlich vor Y liegt und daß eine Variation von X eine Variation von Y zur Folge hat, kann in glücklichen Fällen vorgenommen werden, indem ein „natürlicher" Geschehensablauf passiv registriert wird, oft aber nur dort, wo man als Beobachter die Variation von X herstellt oder provoziert, also experimentiert.

Deshalb geht der Konsens der meisten empirisch arbeitenden Wissenschaftler, in der Psychologie wie in anderen Erfahrungswissenschaften, dahin, die Methode des Experiments für das probateste Mittel zu halten, kausale Relationen wie funktionale Interdependenzen aufzudecken.

Nachdem im Falle unseres Beispiels keine experimentelle Studie durchgeführt wurde, scheint die Behauptung nicht allzu gewagt, die Vermutung, daß frühes Schwimmen die Intelligenz fördere, sei nicht besser erhärtet als jene, daß die Schwimmlehrer ihren Wohlstand einer unzulänglichen Versuchsplanung verdanken.

Freilich wurden und werden immer wieder Zweifel an der Überlegenheit des Experiments laut, komplexere Zusammenhänge aufzudecken, speziell von Psychologen phänomenologischer[1] oder hermeneutischer Orientierung[2]. Auch von experimentierenden Psychologen selbst wurden sie in den letzten Jahren mit guten Argumenten vorgebracht[3]. Zweifel an der Angemessenheit eines varianzanalytischen Gedankenmodells und des ihm korrespondierenden Bildes von der Welt als einer Konstruktion aus unabhängigen und abhängigen Variablen trafen sich mit dem Vorwurf seitens der kritischen Theorie, der kognitivistischen Psychologie und humanistischer Strömungen, die experimentelle Psychologie beschreite den physikalistischen Irrweg der Verkürzung mensch-umweltlicher

Komplexität auf das ihr kongeniale Stimulus-Response-Verhaltensmodell.

Von verschiedenen anthropologischen und erkenntnistheoretischen Positionen aus wird also die Äquivalenz der Psychologie zu anderen empirischen Wissenschaften und damit ihrer Methodenprobleme zu denen der anderen Disziplinen bestritten — genauer gesagt: der Grad der Äquivalenz ist umstritten, die Zulänglichkeit der aus den Naturwissenschaften übernommenen Forschungsprinzipien für das möglicherweise komplexere und mit einem gewissen Maß an Verhaltensfreiheit ausgestattete Objekt der Psychologie; an der Gemeinsamkeit vieler der grundlegenden Probleme der Datengewinnung und Datenverarbeitung aller empirischen Wissenschaften jedoch kann kein Zweifel sein, am harten Kern gewissermaßen im procedere der Wissensakkumulation (oder -strukturierung).

Was die Psychologie, bzw. die Humanwissenschaften, relativ unbestritten von allen anderen Wissenschaftsbereichen unterscheidet (wenn auch von einigen wiederum nur graduell, von anderen aber prinzipiell), ist die besondere Verpflichtung des Forschers, Sorge für das Wohlbefinden und die Unversehrtheit seiner Forschungsobjekte zu tragen: Ein großer, wahrscheinlich der größte Teil jenes kulturellen Normenbestandes, der soziales Handeln reguliert, gilt unverändert auch für das Forschungshandeln des Humanwissenschaftlers. Das heißt, die meisten ethischen Präskriptionen, an denen sich unser Verhalten im Alltag zu orientieren hat, gelten mit nur geringen Veränderungen auch für unsere Forschungsbemühungen. Diese spezielle Hinsicht ist es, in der die Humanwissenschaften eine Sonderstellung einnehmen: sie unterliegen besonderen Restriktionen bezüglich der Manipulation und Veränderung ihres Gegenstandes.

Das „moralische Anspruchsniveau", das sich in der Diskussion ethischer Forschungsprobleme in den letzten Jahren entwickelt hat, ist hoch genug, jene Maßnahmen in Frage zu stellen, die zum täglichen Repertoire experimentierender Psychologen, speziell Sozialpsychologen, gehören. Die Konzeptualisierung von Aspekten wie „Schutz der Privatsphäre" oder „Aufrichtigkeit gegenüber Versuchspersonen" (bzw. die Problematisierung der mit ihnen potentiell in Konflikt stehenden Forschungsmaßnahmen) bedroht ausgerechnet jene Verfahrensweisen, die beim Experimentieren in der Psychologie als teilweise unerläßlich gelten — denn diese wurden aufgrund jener Eigenheit entwickelt, die Menschen als Forschungsobjekte besonders unhandlich macht, ihrer besonderen Reaktivität. Während sich viele Forschungsgebiete damit auseinanderzusetzen haben, daß sich ihre Objekte durch die Messung verändern, tun dies Menschen auf eine ganz besondere Weise. Die Besonderheit liegt weniger in der Quantität der Veränderung als in deren Qualität: Himmelskörper z. B. verändern sich durch die Beobachtung sicher in geringerem, manche chemischen Substanzen und manche Elementarteilchen wahrscheinlich in höherem Maße als Menschen, wenn sie gemessen werden. Was das Besondere an der menschlichen Reaktivität ist: daß sie nicht nur von der Methode der Messung abhängt, sondern auch von deren Ziel. Das Wissen um den Zweck der Beobachtung (Befragung, Registrierung usw.) kann menschliches Verhalten unter Umständen stärker verändern als das Wissen um die Beobachtung als solche. Auch diese allerdings führt bereits sehr häufig zu einer Verhaltensänderung, die, soweit nicht als solche Forschungsgegenstand, als Meßfehler in die Daten eingeht.

Das Dilemma zwischen ethischen und methodologischen Normen ergibt sich also daraus, daß unter anderem jene Verfahrensweisen und Registriermethoden problematisiert werden, die essentielle Bestandteile psychologischer Erkenntnisgewinnung sind oder für solche gehalten werden.

Beispiele psychologischer Experimente

Studien im Bereich der klinischen Psychologie stellen zumeist gleichzeitig Heilversuche dar und haben damit eine ähnliche Charakteristik wie Versuche in den medizinischen Disziplinen[4]. Interessanter für unseren Zusammenhang, weil unter ethischen Aspekten anders zu bewerten, sind Versuche, speziell experimentelle Versuche, in der allgemeinen Psychologie und der

Sozialpsychologie — hier wird das mögliche Risiko für die Versuchsperson nicht durch das Gegengewicht der Heilungserwartung aufgewogen. Solche Experimente sind es, die für die psychologische Forschung ganz eigenständige Probleme aufwerfen. Wir wollen uns deshalb im folgenden ausschließlich auf diese Art der Versuche konzentrieren.

Die meisten psychologischen Experimente sind überaus harmloser Natur und stellen keine oder nur eine äußerst geringe Gefahr für die Probanden dar. Ein Beispiel für ein solches typisches, harmloses und gleichzeitig sehr nützliches Experiment sind die Gedächtnisversuche von Hermann Ebbinghaus, über die er vor 100 Jahren in seiner Habilitationsschrift berichtet hat[5]. Ausschließlich in Selbstversuchen hatte Ebbinghaus vor allem mit dem von ihm hierfür entwickelten Lernmaterial „sinnlose Silben" über Jahre hinweg lange Versuchsreihen durchgeführt. Er hatte dabei Gesetzmäßigkeiten des Lernens, Vergessens und Wiedererlernens gefunden, die im wesentlichen die folgenden hundert Jahre überdauert haben.

Die Versuche von Hermann Ebbinghaus können als relativ typische allgemeinpsychologische Experimente gelten — man wird nichts ethisch Problematisches an ihnen finden. Gleiches gilt für ein anderes Beispiel, die Wahrnehmungsversuche von Edward Titchener, einem Schüler Wilhelm Wundts zur Zeit der Jahrhundertwende. Titchener untersuchte mit gut geschulten Versuchspersonen das Entstehen von Gefühlen und Gedanken, das Auftauchen von Begriffen aufgrund vorgelegter Bilder. Charakteristisch für die Rollenbeziehung zwischen Versuchsleiter und Versuchspersonen war folgendes: „Alle Experimente dieser Art, die einen Versuchsleiter und einen Beobachter oder Introspektor erfordern, müssen zweimal im Wechsel durchgeführt werden, indem Beobachter und Experimentator ihre Plätze tauschen. Jeder der beiden führt die Aufzeichnungen über die Introspektionsergebnisse des anderen"[6]. Wieder handelt es sich um ein für die psychologische Forschung typisches Experiment, und wieder um eines, das zwar für die Versuchspersonen strapaziös gewesen sein mag, das aber die Moral nicht weiter strapaziert.

Einen problematisierenswerten Zustand erreichten Versuche mit Menschen in der Psychologie eigentlich erst, als sich das Interesse der Sozialpsychologie zuwandte, in den fünfziger und sechziger Jahren, als man erkannte, daß der wirksamste und vielfältigste Auslöser menschlicher Reaktionen — andere Menschen sind.

Wahrnehmungsversuche sahen plötzlich ganz anders aus:

Solomon Asch[7] z. B. präsentierte seinen Versuchspersonen aufgezeichnete Balken unterschiedlicher Länge und fragte, ob sie gleich oder verschieden lang seien. Es kam aber nicht darauf an, wie gut jemand schätzen konnte, sondern ob er sich dem — falschen — Urteil anderer Versuchspersonen beugte (die in Wirklichkeit gar keine Versuchspersonen waren, sondern Vertraute — „Agenten" — des Versuchsleiters. Ein Ergebnis: Die Konformität wächst bis n = 3). Die Versuchspersonen wurden also vorsätzlich hinters Licht geführt, mit ziemlichem Aufwand. Asch sagt: das ist nötig. Im Alltagskontext läßt sich zwar Konformität in ähnlicher Form beobachten, aber nicht kontrolliert genug. Und unter kontrollierten Bedingungen mit anderen Methoden? Etwa Befragung? Was käme heraus, wenn er seine Versuchsperson fragte: Lassen Sie sich von anderen Personen deren offensichtlich falsches Urteil aufdrängen?

Ein weiteres Experiment, das als typisch gelten kann für jene Zeit: Der Versuch von Festinger und Carlsmith. Er war die wichtigste Stütze der Theorie der kognitiven Dissonanz[8]. Versuchspersonen wurden mit einer sehr langweiligen Aufgabe beschäftigt. Anschließend wurden sie gebeten, als Helfer des Versuchsleiters andere Versuchspersonen zu werben. Dafür wurden sie unterschiedlich hoch bezahlt — entweder sehr gut oder sehr schlecht. Der Effekt dieses Täuschungsmanövers (denn in Wirklichkeit waren ja *sie* die Versuchspersonen, und das zu einem Zeitpunkt, zu dem sie die psychologische Untersuchung schon hinter sich zu haben meinten), der Effekt war: Die schlecht bezahlten waren überzeugter von dem Experiment und wirkten überzeugender auf andere. Sie hatten — so die Erklärung — kognitive Dissonanz zu beseitigen, den Widerspruch zwischen dem Erlebnis der langweiligen Tätigkeit und der Aufgabe, andere davon zu überzeugen, wie interessant der Versuch gewesen sei. Als Ergebnis — zur Reduktion der Dissonanz — werteten sie die Tätigkeit in ihrer Erinnerung auf. Für die gut bezahlten Versuchspersonen bestand dafür keine Notwendigkeit — sie wußten, was sie taten, für ihre 30 Silberlinge.

Noch ein Experiment aus dieser Zeit sei erwähnt, auch dieses ein wichtiger Versuch, ausgeführt von hochangesehenen Forschern: Schachter und Singer prüften damit ihre Gefühlstheorie[9]. Sie besagt, daß die Wahrnehmung des eigenen Gefühlszustandes aus zwei Komponenten entsteht — einer unspezifischen Aktivierung/Erregung und einer subjektiven Attribution — dem Versuch, für diesen Erregungszustand eine plausible Erklärung zu finden. Das klassische Experiment: Schachter und Singer injizierten ihren Versuchspersonen Adrenalin unter dem Vorwand, sie wollten die Wirkung eines Vitaminpräparates prüfen. Das Ergebnis, obwohl nicht sehr eindeutig, wurde als Stütze der theoretischen Annahme gewertet.

Ein vergnüglicheres Experiment zur Prüfung der gleichen Theorie sah so aus, daß männliche Studenten von einer hübschen Interviewerin auf einer schwankenden Hängebrücke interviewt wurden[10]. Die Personen der Kontrollgruppe wurden dagegen im Seminarraum befragt. Im Anschluß an das Interview wurde erfragt, wie sympathisch die Versuchspersonen die Interviewerin gefunden hätten. Ergebnis war, daß die auf der Hängebrücke Befragten der Dame weit mehr zugetan waren als die Versuchspersonen aus dem Seminarraum. Sie hatten, so die Interpretation der Autorinnen, die Erregung durch die Versuchsbedingungen uminterpretiert. Liebe als Fehlattribution, sozusagen.

Problematisierung von Forschungsmethoden

Die Vergnüglichkeit dieses Experiments ist charakteristisch für die Sozialpsychologie der sechziger Jahre. Man ließ sich immer wieder etwas Erstaunliches einfallen, das durchzuführen, zu berichten und zu lesen Vergnügen bereitete. Kritiker nannten das später den „fun and games approach to social psychology". In sozialpsychologischen Untersuchungen der sechziger und auch noch der siebziger Jahre wurde folgendes bezüglich der Häufigkeit von Täuschungsmaßnahmen ausgezählt: Menges[11] durchforschte verschiedene Fachzeitschriften des Jahrgangs 1971 mit insgesamt etwa 1000 publizierten Untersuchungen und fand, daß nur in ca. 3% der Fälle den Versuchspersonen vollständige Informationen gegeben worden waren, in 17% falsche und in 80% unvollständige Informationen. Seeman[12] belegte mit einem Vergleich der Jahrgänge 1948 und 1963 der beiden Zeitschriften Journal of Personality und Journal of Abnormal and Social Psychology einen Anstieg der Täuschungshäufigkeit von 18,47% auf 38,17%. Carlson[13] schließlich zitierte als Extremfall ein Experiment mit 18 Täuschungen und 3 zusätzlichen Manipulationen. Täuschungen über den Versuchszweck, mag man urteilen, gehören zu den kleineren Sünden, wenn dadurch niemandem ein Schaden entsteht. Doch das war nicht immer gewährleistet. Es wurden vielerlei Experimente ausgeführt, als deren Konsequenz sehr wohl Beeinträchtigungen, Angst, Frustration, Selbstzweifel, Verwirrung und Unsicherheit zu befürchten waren: U. a. hat man Versuchspersonen glauben gemacht, homosexuelle Neigungen zu haben, man hat sie dazu gebracht, Heuschrecken zu essen und Heroin zu verkaufen, man hat sie heimlich bei der Verrichtung ihrer Notdurft beobachtet, ihnen weisgemacht, sie seien dumm, und sie an der fiktiven Vorbereitung eines Watergate-ähnlichen Einbruchs beteiligt[14].

Dies war die Atmosphäre, die in der experimentellen Sozialpsychologie herrschte, als Stanley Milgram seine „Gehorsamsversuche" vorbereitete, zu denen wir gleich en detail kommen. Wirklich über die Stränge des allgemeinen Moralempfindens wurde selten geschlagen, aber es war doch öfters hart an der Grenze.

Kurz vor Milgrams ersten Publikationen konnte noch folgendes geschehen: Im Jahre 1959 wurden die Teilnehmer eines psychologischen Kongresses mit dem Bericht über einige Expe-

rimente zur Todesangst überrascht, die an Rekruten durchgeführt worden waren. Einer dieser Versuche an unwissenden
und damit unfreiwilligen Versuchspersonen bestand darin, daß
ihnen mitgeteilt wurde, sie hätten versehentlich eine Injektion
bekommen, an deren irreversibler Wirkung sie innerhalb einer
halben Stunde sterben würden. Die Experimente blieben wissenschaftlich ohne Bedeutung, aber sie waren der erste wirksame Auslöser der Diskussion über die Ethik der experimen-
talpsychologischen Forschung. Immerhin konnte es zu dieser
Zeit noch geschehen, daß nicht die für die Experimente Verantwortlichen, sondern der Kollege, der gegen ihre Durchführung
Protest erhob, dadurch in Schwierigkeiten gekommen ist[15].

Nun aber zu Milgram. Sein Gehorsamsversuch stellt wohl
eines der berühmtesten Experimente in der Psychologie dar,
auf alle Fälle eines der spektakulärsten. Vermutlich ist es trotz
hohen Bekanntheitsgrades von Nutzen, diesen Versuch mit
einer kurzen Beschreibung in Erinnerung zu rufen:

Die Aufgabe der Versuchsperson war, einer anderen Versuchsperson für ihr Versagen in einem Lernexperiment strafweise
Stromstöße zunehmender Intensität zu erteilen. Obwohl die
andere Versuchsperson auf die Applikation der Stromstöße je
nach spezieller Versuchsbedingung sichtbar und/oder hörbar
aversiv reagierte, fuhren viele Versuchspersonen mit der Bestrafung auch über den Punkt hinaus fort, an dem das anfängliche
Bitten und Jammern, dann Schreien der anderen Person ab-
brach und einer Stille wich, der man entnehmen konnte, die
andere Person sei ohnmächtig geworden oder womöglich gar
nicht mehr am Leben. Der Eindruck hochgradiger Gefährdung
wurde auch durch die Versuchsanordnung signalisiert, z. B.
waren die Tasten für die höchsten Stromstärken mit Gefahren-
hinweisen ausgestattet. Praktisch alle Versuchspersonen unter-
nahmen einmal oder mehrmals während der Bestrafungsproze-
dur den Versuch, das Experiment abzubrechen, wurden aber
von dem Versuchsleiter mit Aufforderungen wie: „Machen Sie
weiter, das Experiment verlangt es so! Es ist absolut notwendig,
daß Sie fortfahren" davon abgehalten[16]. Selbstverständlich
waren die wesentlichen Elemente des Versuchs fiktiv: die Aus-

losung der Rollen war präpariert, die zu bestrafende Versuchsperson war ein Schauspieler, sein Lernversagen war standardisiert, das Gerät war nur scheinbar geeignet, Stromstöße zu
applizieren. Die Ergebnisse dieses Experiments waren erschütternd: Je nach Versuchsbedingung folgten zwischen $\frac{1}{3}$ und $\frac{2}{3}$
aller Versuchspersonen den Anweisungen bis zum quälenden
Ende, bis zur Höchststufe. Junge und alte Versuchspersonen
taten das, Männer und Frauen, Hippies und Faschisten. Nur
von letzteren hätte man es erwartet, und nur ihretwegen hatte
Milgram dieser Versuch interessiert. Seine Ausgangsfrage war:
Sind die KZ-Verbrechen typisch für Deutsche, lassen diese sich
besonders leicht zur Unmenschlichkeit verführen, indem man
Druck auf sie ausübt und an ihre Verpflichtung zum Gehorsam
appelliert. Nachdem Milgram Versuche mit amerikanischen
Studenten durchgeführt hatte, ließ er von der ursprünglichen
Absicht ab. Er befragte Fachleute und Laien nach ihrer Schät-
zung bezüglich der Gehorsamkeits-Quoten — sie lagen alle bei
wenigen % oder ‰; im wesentlichen traute man nur Psychopa-
then zu, lebensbedrohliche Bestrafungen auf Anordnung, aber
ohne „wirklichen" Zwang, auszuführen.

Die Ergebnisse wären also nicht nur in bezug auf die Frage
interessant: Darf man den Versuchspersonen überraschend
eine solche Situation zumuten, sondern auch in bezug auf die
inhaltlich-psychologischen Erkenntnisse. Immerhin hatte man
auch Bedingungen gefunden, in denen die meisten Versuchspersonen verweigerten, nämlich erstens den Fall, daß eine andere
— vermeintliche — Versuchsperson die Verweigerung vorexer-
zierte, und zweitens die Kondition, in der der Versuchsleiter
unsicher wirkte und damit den Eindruck erweckte, er sei selbst
nicht mehr Herr der Lage.

Immerhin könnte man anknüpfen an eine ganze Reihe anderer
Experimente zur Konformität, zum sozialen Einfluß, zur Sug-
gestibilität. Beispielsweise hatte Martin Orne einige Jahre zuvor herausgefunden, daß es ein leichtes ist, Versuchspersonen
zu selbst- und fremdgefährdendem Verhalten zu bringen —
Geldstücke aus einem Salzsäurebecken zu fischen, giftige
Schlangen anzufassen, auf andere zu schießen[17]. Der Versuchs-

leiter mußte nur so tun, als wollte er sie hypnotisieren, sie aber nicht wirklich hypnotisieren — Versuchspersonen sind meistens so willig und gefügig, daß sie mitspielen. Sie wollen gute Versuchspersonen sein, der Wissenschaft nicht schaden, selbst einen guten Eindruck machen. Sie handeln wie Patienten beim Arzt.

Der Milgram-Versuch steht nur insoweit einzigartig da, als das Ausmaß des Unerwarteten, der grausigen Assoziationen, die Demonstration der Effekte ihn heraushebt — und vielleicht sogar dafür verantwortlich ist, daß eine zulängliche Bearbeitung und weitere Erforschung des Phänomens unterblieben ist. Das ist nicht untypisch in Wissenschaftsbereichen, die nicht eindeutig kumulativ sind, und wäre wissenschaftspsychologisch unschwer zu erklären, was aber an dieser Stelle, da nicht unmittelbar zum Thema gehörig, unterbleiben muß.

Die ernsthafte Aufarbeitung der Milgram-Studie ist, wie gesagt, weitgehend unterblieben, die Diskussion wurde in Zirkel verlegt, die 1968 über antiautoritäre Erziehung debattierten, nachfolgend in Abiturientenseminare und Volkshochschulkurse. Aber in anderer Hinsicht waren Milgrams Arbeiten konsequenzenreich: Sie waren ein — der — wesentliche Auslöser einer Diskussion in der Psychologie zu Fragen der Forschungsethik — etwas bescheidener: zur Frage, welche experimentellen Maßnahmen vertretbar seien und welche nicht.

Milgram selbst hielt seine Versuche nicht nur für vertretbar, sondern auch für lehrreich — er verwies auf die Einsichten, die jeder seiner Versuchsteilnehmer gewonnen habe. Andere bezweifelten, ob man seinen Mitmenschen ungebeten Einsichten in die Abgründe ihrer Seele oktroyieren dürfe. Milgram ließ eine Stichprobe seiner Versuchspersonen nach einem Jahr durch einen Mitarbeiter befragen und interpretierte die Aussagen als verträglich mit der Hypothese, daß keine nachhaltigen Beeinträchtigungen aufgetreten seien. Dem Verfasser dieses Beitrags wurde demgegenüber von einem Experimentator berichtet, daß er nach einer Replikation des Versuchs eine seiner Versuchspersonen davon abhalten mußte, sich vor einen Omnibus zu stürzen.

Die fachinterne Diskussion dieser Experimente weitete sich in den siebziger Jahren auf die Erörterung aller bedenklichen Maßnahmen aus. Man kann diese zusammenfassen als:

— Täuschung oder Mißinformation der Versuchspersonen;
— Beeinträchtigung/Schädigung/Belastung;
— Manipulation (ungewollte Einflußnahme und Veränderung);
— Beschränkung der Teilnahmefreiwilligkeit;
— Risiko von Neben- oder Nachwirkungen;
— Deprivation;
— Verletzung von Würde und Selbstachtung;
— Verletzung der Privatsphäre;
— Verletzung der Vertraulichkeit persönlicher Informationen und Daten;
— Etablierung unwürdiger sozialer Machtrelationen.

Die Gefahr, ethisch fragwürdige Untersuchungen durchzuführen oder einzelne problematische Maßnahmen innerhalb der Untersuchungen zu verwenden, ist nicht nur beim Experiment, sondern auch bei keiner andern bekannten und vom Konsens der wissenschaftlichen Gemeinschaft getragenen Forschungsmethode gänzlich zu vermeiden: Selbst mit so „harmlosen" Methoden wie der Befragung kann man sich des mangelnden Respekts vor der Privatsphäre anderer schuldig machen; mit der Beobachtung „öffentlichen Verhaltens" macht man Menschen zu Versuchspersonen, ohne ihr Einverständnis dazu eingeholt zu haben. Gleichwohl gilt das Experiment, also ausgerechnet die via regia der Psychologie der vergangenen Jahrzehnte, als die unter ethischem Aspekt problematischste Methode.

Ethische Richtlinien für die Forschung der Psychologie

Die Formulierung ethischer Direktiven für die psychologische Forschung, wie sie in den letzten Jahren unternommen wurde, trägt der Schwierigkeit Rechnung, daß strikte und konkrete Handlungsanweisungen nicht praktikabel sind, soweit die frag-

liche Maßnahme innerhalb des vernünftigen Handlungsspiel-
raums liegt. So ist nirgendwo verpflichtend festgeschrieben,
daß den Versuchspersonen ein Risiko von 3% für Kopfschmer-
zen am darauffolgenden Tag gerade noch zumutbar sei, daß
jede Versuchsperson zu allem und jedem Detail eines Versuchs
zuvor ihr Einverständnis gegeben haben müsse, oder daß eine
Nahrungsdeprivation von 10 Stunden akzeptabel, eine solche
von 12 Stunden dagegen verwerflich sei. Entgegen Forderungen nach strengeren deontischen Verpflichtungsurteilen[18] sind
die Formulierungen der berufsethischen Richtlinien von der
unter Kollegen verbreiteten Meinung getragen, daß enge De-
tailregelungen der Vielfalt der konkreten Umstände nicht gerecht werden können.

Einige Stichworte zum Beispiel „Mißinformation" mögen dies
verdeutlichen: Soll es erforderlich sein, den Versuchspersonen
„die volle Wahrheit" über eine Untersuchung zu sagen, und
was bedeutet dies (wird jemals „die volle Wahrheit" in einem
Zeitschriftenaufsatz wiedergegeben?); sind alle Arten von Un-
aufrichtigkeiten gleichermaßen zu mißbilligen – das Ver-
schweigen der Hypothesen wie die fälschliche Bekanntgabe
eines geringen IQ zur Minderung des Selbstwertgefühls; gibt
es analog zu den Alltagsnormen Unwahrhaftigkeiten, die von
der Konvention gedeckt sind; sind diese negotiabel, als „Spiel-
regel" vereinbar (und gegebenenfalls: generell oder für jeden
Einzelfall zu vereinbaren?); welches Gewicht soll die Einschätzung ihrer Zulässigkeit durch die Versuchsperson haben (die
Mißinformationen bislang weitgehend für unproblematisch
halten); ist eine Täuschung ohne nachteilige Konsequenzen
gleichbedeutend mit einer solchen, in deren Gefolge Versuchspersonen Schaden nehmen; kann eine nachträglich vorgenom-
mene Aufklärung den Forscher rehabilitieren (und zwar gleichermaßen, wenn dadurch etwaige negative Konsequenzen
beseitigt werden, wie wenn sie unverändert fortbestehen?); soll
schließlich eine Verpflichtung zu voller Information auch dann
bestehen, wenn dadurch eine Beeinträchtigung der Versuchspersonen zu erwarten ist?

Nur wenige werden alle diese Fragen bejahen. Dies bedeutet
zweierlei:

1. Die Vielfalt der Forschungsmaßnahmen innerhalb einer Untersuchung, die mit dem Informationsangebot an die Versuchspersonen zusammenhängen, sind mit den Begriffen „Täuschung" vs. „volle Wahrheit" nicht angemessen zu beschreiben — nicht nur ist das semantische Feld des Begriffspaares unangemessen weit, auch der präskriptive Anteil deckt sich nicht mit den Normen, die soziales Handeln im Alltag regeln (z. B. impliziert „Täuschung" die Konnotation des Betrugs)[19].

2. Konkrete Forschungsmaßnahmen sind nur im Kontext aller anderen Parameter zu beurteilen, die eine Untersuchung definieren. Daraus ergibt sich, daß verbindliche Forschungsregelungen sich sowohl mit der Schwierigkeit der Begriffsunschärfe allgemeiner Termini auseinanderzusetzen haben wie mit dem Problem der Kontextabhängigkeit einzelner Maßnahmen. Das gilt nicht nur für das hier gewählte Beispiel der Mißinformation, sondern auch für alle anderen der genannten problematischen Forschungspraktiken; bei genauerer Betrachtung ergäben sich für sie ähnliche Differenzierungsmöglichkeiten wie im erörterten Beispiel.

Alles in allem, scheinen allgemeine flexible Handlungsmaximen wie die, daß sich keine Versuchsperson nach einem Experiment schlechter fühlen solle als zuvor, sinnvoller als detaillierte Vorschriften, wenn auch wahrscheinlich nicht ausreichend. Ein wenig genauer wäre etwa das Prinzip, Information vorzuenthalten sei (nur) dann zulässig, wenn eine Versuchsperson auch bei voller Information keinen Grund gehabt hätte, die Versuchsteilnahme zu verweigern. Regeln dieser Art sind dann nicht unangemessen, wenn man im Grundsatz auf einen Konsens innerhalb der wissenschaftlichen Gemeinschaft, auf vernünftige Urteilsfähigkeit bei allen und auf das Wohlwollen gegenüber den Versuchspersonen als Forschungspartnern bauen kann (wohingegen sie etwa für die Formulierung von Strafgesetzen nicht ausreichen würden).

Flexible Handlungsnormen dieses Typus sind in den meisten berufsethischen Richtlinien auch enthalten. Charakteristischer für diese Regelungen ist allerdings eine Kombination deontischer Prinzipien. („Es ist nicht erlaubt, Personen ohne ihr Wissen zu beobachten") mit dem utilitaristischen Grundsatz der Abwägung von Nutzen und Kosten („es sei denn, die Maßnahme ist angesichts der wissenschaftlichen Bedeutung der Untersuchung unumgänglich"). Dieses Abwägungsprinzip, wiewohl sicher nicht gänzlich entbehrlich, impliziert als Leitlinie praktischen Handelns eine Reihe von Problemen, aus der hier nur zwei herausgegriffen seien: erstens die Schwierigkeit, die Bedeutung einer Forschungsmaßnahme (ihr übergeordnet: einer empirischen Forschungsrealisation) zu bemessen, insbesondere für den betreffenden Wissenschaftler selbst; zweitens die Frage der Angemessenheit einer Abwägung, bei der die Träger von Nutzen und Kosten nicht identisch sind: Risiken, die der Versuchsperson aufgebürdet werden, sollen ein Gegengewicht darstellen zu einem Nutzen für die Gesellschaft, „die Erkenntnis", den Wissenschaftler (anders als etwa bei einer riskanten, aber im Erfolgsfall segensreichen Operation).

Die derzeit gültigen ethischen Kodizes sind teilweise eine direkte Reaktion auf die vorangegangenen Diskussionen. Sie wurden größtenteils in den späten siebziger Jahren formuliert, in einigen Ländern befinden sie sich in laufender Revision.

Einige Kernpunkte des Teils dieser Regelwerke, der sich speziell auf die psychologische Forschung bezieht, sind Freiwilligkeit der Versuchsteilnahme, Vermeidung physischer und psychischer Gefährdung, besondere Einwilligungspflicht und Schutzmaßnahmen in Risikofällen sowie Vertraulichkeit der Daten[20].

Allgemeine berufsethische Prinzipien

Berufsethische Richtlinien in der Psychologie enthalten natürlich nicht nur Aussagen über die Forschung im engeren Sinne, sondern auch Regeln des Umgehens mit Menschen in der Rolle von Klienten, Patienten, Auftraggebern usw. In einigen Fällen sind Prinzipien der Forschung nicht gesondert aufgeführt, sondern die Regeln beziehen sich ohne Differenzierung auf alle Arten berufsbedingter Interaktion. Die neuformulierten

Grundwerte	Bundesrepublik Deutschland (1986)	Dänemark (1973)	Deutsche Demokratische Republik (1979)	Frankreich (1960)	Großbritannien (1983)	Niederlande (1976)	Österreich (1976)	Polen (1971)	Schweden (1983)	Schweiz (1976)	Spanien (1974)	Ungarn (1984)	USA (1981)
Respekt vor der Würde und dem Wert des Individuums	×	(×)	×	×	(×)	×	×		×	×	(×)	×	×
Verpflichtung, Erkenntnis zum Wohle der Menschen einzusetzen	×		×		×	×	×	×	×	×		×	×
Schutz und Förderung der Autonomie des Individuums	×					×			×	×	×		×
Verpflichtung, zum Wohle der Gesellschaft zu wirken	×		×		×	×	×	×		(×)		×	
Berufliche und wissenschaftliche Kompetenz und Objektivität	(×)	×	×	×	×	×	×	×	×	(×)	×	×	×
Freiheit von Forschung und Berichterstattung	×			(×)	×					×	×	(×)	×
Schutz der Integrität und des Ansehens des Berufsstandes					(×)			×	(×)		×	×	×

Anm.: Explizit formulierte ethische Prinzipien oder Elemente dieser Prinzipien sind in den Spalten der Länder, in deren berufsethischem Kodex sie aufgeführt sind, durch „ × " markiert. Im Teil „Grundwerte" sind Prinzipien benannt, die gewöhnlich den speziellen Regeln in Form einer Präambel vorangestellt sind. Ein „ × " in Klammern bedeutet, daß das betreffende Prinzip nicht explizit formuliert, aber erschließbar ist oder daß sein Geltungsanspruch eingeschränkt ist.

Ethische Prinzipien: Verantwortung	Bundesrepublik Deutschland (1986)	Dänemark (1973)	Deutsche Demokratische Republik (1979)	Frankreich (1960)	Großbritannien (1983)	Niederlande (1976)	Österreich (1976)	Polen (1971)	Schweden (1983)	Schweiz (1976)	Spanien (1974)	Ungarn (1984)	USA (1981)
Schutz des Wohlbefindens von Klienten und Versuchspersonen	×	×	×	×	×	×	×	×	×	×	×	×	×
Eigenverantwortung für berufliches Handeln	×	×		×	×	(×)	×	(×)	(×)	×	×	×	×
Konsequenzen (allgemein)	×	×		×	×	×	×	×	×	×	×	×	×
Konsequenzen (Gesellschaft)			×			×			(×)	×		×	
angemessener Einsatz u. Gebrauch von Dienstleistungen, Methoden u. Ergebnissen	×	×	×	×	×	×			×		×	×	×
Vorrang der Interessen des Klienten	×	×	(×)	×	×	×	(×)		×	×	×	×	×
Objektivität	×			×	×	×	×	×	(×)		×	(×)	×
Wirksamkeits-Überprüfung	×				×	×				×		×	×
Delegation von Klienten/ Patienten	×	×		×		×	×	×	(×)	×	×	×	×
Verantwortung für Kollegen u. Mitarbeiter	×	×		×	×	×	(×)		×	×	×	×	×
Schutz der Privatsphäre	(×)			×	×	×	(×)	(×)	×	(×)	(×)	(×)	×
Beendigg. v. Beziehungen	×	×			(×)				×			×	×
Abwägen wissenschaftl. u. humanitären Nutzens	×		×		×	×	×					×	×

Ethische Prinzipien: Kompetenz	Bundesrepublik Deutschland (1986)	Dänemark (1973)	Deutsche Demokratische Republik (1979)	Frankreich (1960)	Großbritannien (1983)	Niederlande (1976)	Österreich (1976)	Polen (1971)	Schweden (1983)	Schweiz (1976)	Spanien (1974)	Ungarn (1984)	USA (1981)
Erhaltung hoher beruflicher Standards	×	×	×	×	×	×	×	×	×	×	×	×	×
Beschränkung auf wissenschaftlich kontrollierte Methoden	×		×	×	×		×	×	×	×		(×)	×
Fortbildung, Aufgeschlossenheit gegenüber neuen Methoden	×		×	×	×	×		×	×	×		×	×
Grenzen eigener Kompetenz erkennen	×	×		×	×	×	×	×	×	×	×	×	×
Bemühung um kompetente berufliche Unterstützung	×	×		×	×	×	×	×	×	×	×	×	×
Angemessene Präsentation psychologischen Wissens in der Öffentlichkeit	×	×			×	×					×	×	×
Trennung persönlicher und beruflicher Interessen	×	×		×	×	×			×	×	×	(×)	×
Verhinderung inkompetenten Vorgehens anderer	×	×		×	×	×	×	×	×	×	×	×	×

Ethische Prinzipien: Redlichkeit	Bundesrepublik Deutschland (1986)	Dänemark (1973)	Deutsche Demokratische Republik (1979)	Frankreich (1960)	Großbritannien (1983)	Niederlande (1976)	Österreich (1976)	Polen (1971)	Schweden (1983)	Schweiz (1976)	Spanien (1974)	Ungarn (1984)	USA (1981)
Redlichkeit der Absichten	×		(×)		×	(×)			×	×	×	(×)	×
Kein Ausnützen von Vertrauen und Abhängigkeit anderer	×	×		×	×	×	(×)	(×)	×		×	×	×
Ehrlichkeit bei Forschungsarbeiten	×	×		×	×		×				×	×	×
Ehrlichkeit bei Publikationen	×	×			×		×		×			×	
Freiwilligkeit der Teilnahme von Klienten und Versuchspersonen	×	×			×	×	×	×	×			(×)	×
Einwilligung nach Aufklärung	×	×			×	×	×	×	×	(×)	(×)	×	×
Angemessene Information v. Klienten u. Versuchspersonen über Ergebnisse	×	×			×	×	×	×	×		×		×
Angemessene und bescheidene Darstellung eigener Qualifikation	×	×			×	×	×	×	×	×	×	(×)	×
Verhinderung von Fehlinterpretationen eigener Arbeit und Qualifikation	×	×			×	×	×	×	×		×	×	×
Objektives u. seriöses Anbieten v. Dienstleistungen	×	×			×		×		×		×		×
Fairneß u. Unterstützung in beruflichen Beziehungen	×			×	×	×	(×)	×	(×)		×	×	×
Aufgeschlossenheit gegenüber Kritik	(×)	×			×			×					

Ethische Prinzpien: Vertraulichkeit	Bundesrepublik Deutschland (1986)	Dänemark (1973)	Deutsche Demokratische Republik (1979)	Frankreich (1960)	Großbritannien (1983)	Niederlande (1976)	Österreich (1976)	Polen (1971)	Schweden (1983)	Schweiz (1976)	Spanien (1974)	Ungarn (1984)	USA (1981)
Vertraulichkeit persönlicher Informationen	×	×	×	×	×	×	×	×	×	×	×	×	×
Vermeidung unangemessenen Eindringens in die Privatsphäre			×	×	×	×	(×)	(×)	×	×	×	(×)	×
Maßnahmen zur Sicherung der Vertraulichkeit von Daten und Aufzeichnungen	×		×	×	×	×	×	×	×	×	×	×	×
Information von Klienten über die gesetzlichen Beschränkungen der Vertraulichkeit					×		×			×		×	×
Weitergabe vertraulicher Informationen nur nach Zustimmung	×	×		(×)	×	×			×	×	×	×	×
Diskussion vertraulicher Informationen nur zu beruflichen Zwecken	×	×			×	×	×	×	×		×	×	×
Kontrolle der Verbreitung von Tests und anderen Meßverfahren		×			×		×	×	×		×	×	×

berufsethischen Richtlinien für die Psychologie in der Bundesrepublik Deutschland sind integriert in eine „Berufsordnung für Psychologen"[21].

In Tab. 1 wurde versucht, die wichtigsten Grundsätze im Überblick zusammenzustellen, die derzeit in 12 europäischen Ländern Gültigkeit haben. Die US-amerikanischen Standards, von denen die meisten europäischen Formulierungen stark beeinflußt sind, werden vergleichshalber ergänzend angefügt. Es handelt sich in keinem Fall um Regeln mit Gesetzeskraft, sondern lediglich um Prinzipien, die von den Berufsverbänden — gewöhnlich in partizipativer Manier auf breiter kollegialer Basis — als Ausdruck der Selbstverpflichtung formuliert wurden. Obgleich diese Regeln nur vorgesetzlichen Charakters sind, dürften sie doch in vielen Fällen verhaltenssteuernd wirken, zumal sich berufsständische Ehrengerichte daran orientieren, und fallweise auch die öffentliche Rechtsprechung, vor allem im Bereich des Zivilrechts, auf sie Bezug nimmt.

Die Auflistung in Tab. 1 kann nur als ein grober Überblick gelten, der unter den Einschränkungen erheblicher Klassifikationsprobleme steht und nur mit Vorbehalt interpretierbar ist — unterschiedliche Generalitätsniveaus einzelner Prinzipien wie der ganzen Kodizes sind einer der Aspekte, die den Vergleich erschweren, unterschiedliche Grade der „Explizität" ein weiterer. Leerstellen in der Tabelle bedeuten natürlich nicht einen Widerspruch zum betreffenden Prinzip, sondern nur das Fehlen einer expliziten Formulierung ($= X$) oder eindeutig erschließbaren Geltendmachung dieses Prinzips ($= (X)$).

Die Forschungssituation als sozialer Kontrakt

Wenn in berufsethischen Regelsystemen einerseits detaillierte Vorschriften vermieden werden sollen, andererseits die formulierten Präskriptionen auch nicht unverbindlich bleiben sollen — worin besteht dann ein gangbarer Weg, das Maß an Verpflichtung und Verantwortung im Einzelfall zu bestimmen? Für die Forschungssituation, für den Fall des „Versuches mit

Menschen", wie er in dieser interdisziplinären Zusammenschau thematisiert ist, soll abschließend versucht werden, Anhaltspunkte für eine solche Beurteilung anzubieten. Grundgedanke ist der eines „sozialen Kontrakts" zwischen Versuchsleiter und Versuchsperson.

Betrachtet man soziale Beziehungen unter austauschtheoretischem Aspekt, so nimmt jeder der Beteiligten seine „Kalkulation" von Nutzens- und Kostenelementen vor. Beziehungen werden dann eingegangen und aufrechterhalten, wenn das Gewicht der Nutzensbeträge zumindest dem Aufwand, den Kosten, äquivalent ist[22]. Auch die Beziehung zwischen Versuchsleiter und Versuchsperson kann als eine Austauschbeziehung verstanden werden, und zwar als eine relativ explizite, bewußt eingegangene beiderseitige Verpflichtung mit definierten Rollen und gegenseitigen Erwartungen, als ein „sozialer Kontrakt". Während nun aber in „gewöhnlichen" sozialen Beziehungen jeder der Partner die Abwägung seines Nutzens und seiner Aufwendungen selbstverantwortlich für sich vornimmt, fällt im psychologischen Experiment diese Aufgabe dem Versuchsleiter ganz oder teilweise auch für die Versuchsperson zu. Da sich die Versuchsperson selbst zum Zeitpunkt der Vereinbarung kein realitätsgerechtes Bild von dieser Situation machen kann, ist sie auch nicht in der Lage, die für den Kontrakt relevanten Parameter abzuschätzen. Die Verpflichtung, auch im Sinne der Versuchsperson für eine gerechte, ausgewogene Beziehung zu sorgen, übernimmt der Versuchsleiter. Unbillig ist es dabei, den Kontrakt, den er mit seiner Versuchsperson eingeht, „kurzzuschließen" mit dem anderen Kontrakt, den er mit seinen „Auftraggebern" Wissenschaft, Gesellschaft, Forschungsträgern geschlossen hat, und die Kosten aus dieser zweiten Vereinbarung kurzerhand den Partnern in der ersten, den Versuchspersonen, aufzubürden. (Dieses ist der Weg, auf dem die Argumentation entsteht, der hohe wissenschaftliche Wert einer Untersuchung rechtfertige es, den Versuchspersonen ein bestimmtes Schädigungsrisiko zuzumuten.) Beispiele solcher Kosten für die Versuchspersonen sind Zeitaufwand, Anstrengung, Verzicht auf Selbstkontrolle,

Angst, Scham, Enttäuschung, Beeinträchtigung des Selbstwertgefühls, Veränderung des Selbstbilds. Oft sind gerade die pro-
blematischeren dieser Kosten diejenigen, die der antizipatori-
schen Einschätzung durch die Versuchspersonen am wenigsten
zugänglich sind.

Das Maß an Verantwortung, das ein Versuchsleiter für das
Wohlbefinden seiner Versuchsperson trägt, bemißt sich danach, was man relative Situationskontrolle nennen könnte.
Die relative Kontrollmacht, die ein Versuchsleiter, speziell ein
Experimentator in der Forschungssituation, hat, ist außerordentlich hoch, wie die Arbeiten zur sogenannten „Sozialpsychologie des psychologischen Experiments" gezeigt haben. Als
Interaktionssituation gleicht sie eher der Arzt-Patient-Bezie-
hung als einer egalitären Relation: Für die Versuchsperson ist
die Situation durch ein bestimmtes Maß an Intransparenz
gekennzeichnet oder durch verminderte Situationskontrolle.
Diese Intransparenz oder verminderte Kontrolle auf der einen
und die erhöhte Kontrolle auf der anderen Seite muß nicht
nur einfach hoch oder niedrig genannt werden, sondern läßt
sich durchaus etwas genauer bemessen: sie kovariiert nämlich
mit verschiedenen Charakteristika der Untersuchungssitua-
tion. Für den Fall des Laborexperiments können als besonders
bedeutsam gelten die 4 Faktoren: 1. Untersuchungsgegenstand
(Inhalt und Kontext der Untersuchung mit der weiteren Differenzierung nach Vertrautheit und Gefährlichkeit von Situation
und provoziertem Verhalten), 2. Stimuluskontrolle (Kontrolle
der Reizsituation, wie sie sich für die Versuchsperson darbietet,
durch den Versuchsleiter), 3. Reaktionskontrolle (Festlegung
der Verhaltensmöglichkeiten der Versuchsperson durch den
Versuchsleiter), 4. Machtdifferenz a priori zwischen Versuchsleiter und Versuchsperson (durch Status, Alter usw.). Je stärker
nun das Gefälle der Kontrollmacht zwischen den beiden Inter-
aktionspartnern ist, desto mehr werden die Möglichkeiten der
Selbstkontrolle von der Versuchsperson an den Versuchsleiter
delegiert. Seine Verantwortung für das Wohlbefinden der Versuchsperson wächst mit dem Umfang der delegierten Kontrolle. Besteht kein oder nur ein geringes Gefälle, z. B. wenn ein

Kollege den anderen um Teilnahme an einer wohlbekannten Introspektionsübung ersucht, so trägt jener nur geringe (im Prinzip quantifizierbare) Verantwortung für diesen. Beispiel für ein extrem hohes Maß an Verantwortung wäre die Durchführung langdauernder sensorischer Deprivation an Kindern. Die „Bemessung" der relativen Situationskontrolle (eine Skala liegt noch nicht vor) — und daraus folgend der Verantwortung — ergibt für das erste Beispiel geringe „Werte" auf allen 4 genannten Dimensionen, für das zweite durchwegs hohe „Werte".

Hohe Werte ergibt auch das Experiment von Milgram. Eine Betrachtung unter diesem Aspekt würde begründen, weshalb heute ein Experiment wie das von Milgram nicht mehr akzeptabel schiene: Milgram tat alles, die Delegation von Verantwortung oder Selbstverantwortlichkeit von der Versuchsperson auf den Versuchsleiter zu maximieren, und hat die Versuchsperson dadurch betrogen, daß der Versuchsleiter das korrespondierende Rollenverhalten verweigerte. Milgrams Experiment maximiert die Voraussetzungen für hohen Versuchsleitereinfluß, und der Experimentator tut ein übriges, um ihn während des Versuchs aufrechtzuerhalten und zu erneuern, indem er die Versuchspersonen, wenn sie, unter allen Anzeichen von Nervosität und Angst, mit der Bestrafung aufhören wollen[23], auffordert, weiterzumachen — in einem Tonfall, der geeignet ist, die Machtdifferenz zu verdeutlichen und dabei der Versuchsperson zu versichern, daß er, der Experimentator, noch keineswegs die Kontrolle über den Versuch verloren habe, daß sich nichts weiter abspiele als ein normaler Vorgang in einem sozialwissenschaftlichen Experiment, wenn auch die Versuchsperson es nicht mehr verstehen könne; aus ihrem Vorverständnis wie aus den Charakteristika dieser Versuchssituation muß sie erschließen, daß der Versuchsleiter seiner Verantwortung bewußt und ihr nachzukommen nach wie vor fähig und bereit sei, daß er sich also, nichts anderes bedeutet dies, an den geschlossenen sozialen Kontrakt halten werde.

Und genau das tut er nicht. Er läßt die Versuchsperson etwas, das sie vielleicht unter keinen anderen Umständen tun würde, gegen ihr Verständnis und quasi auf seine Rechnung tun und sagt plötzlich: „Wir haben gar nicht den Kontrakt abgeschlossen, auf den du dich verlassen hast; das vermeintliche Spiel war Ernst; du hast die Verantwortung selbst zu tragen." Das entspricht dem Verhalten eines Zauberkünstlers, der das Setting des Varietés und seine eigene Autorität — eben die Definition der Rollen — dazu ausnützt, einen Gast dazu zu bewegen, die Jungfrau im Sarg zu zersägen, und der dann, als das Blut herausfließt, erschrocken sagt: „Um Gottes Willen, was haben Sie denn da angerichtet? Sie ist ja wirklich entzwei!"

Anmerkungen

1 z. B. Graumann, C. F. & Métraux, A. Die phänomenologische Orientierung in der Psychologie. In: K. Schneewind (Ed.) Wissenschaftstheoretische Grundlagen der Psychologie, München 1977.

2 z. B. Gould, A. & Shotter, J. Human action and its psychological investigation, London 1977.

3 z. B. McGuire, W. J. The Yin and yang of progress in social psychology: Seven koan. Journal of Personality and Social Psychology, 26 (1973), 446—456.

4 z. B. Van Hoose, W. H. & Kottler, J. A. Ethical and legal issues in counceling and psychotherapy, San Francisco 1977.

5 Ebbinghaus, H. Über das Gedächtnis, 1885. Neudruck: Amsterdam 1966.

6 Titchener, W. B. Experimental psychology, New York 1901.

7 Asch, S. E. Social psychology. Englewood Cliffs 1952.

8 Festinger, L. & Carlsmith, J. M. Cognitive consequences of forced compliance. Journal of Abnormal and Social Psychology, 58 (1959), 203—210.

9 Schachter, S. & Singer, J. L. Cognitive, social and physiological determinants of emotional state. Psychological Review 65 (1962), 121—128.

10 Berscheid E. & Walter, E. Interpersonal attraction, Reading 1969.

11 Menges, R. J. Openness and honesty versus coercion and deception in psychological research. American Psychologist 28 (1973), 1030—1034.

12 Seeman, J. Deception in psychological research. American Psychologist, 24 (1969), 1025—1028.

13 Carlson, R. Where is the person in personality research? Psychological Bulletin 75 (1971), 203 – 219.

14 Zusammenfassend Schuler, H. Ethische Probleme psychologischer Forschung, Göttingen 1980.

15 Agryle, M. Report to the council of the British Psychological Society on my dealings with the A.P.A. Committee on Scientific and Professional Ethics and Conduct. Oxford, June 24th, 1960.

16 Milgram, S. Behavioral study of obedience. Journal of Abnormal and Social Psychology 67 (1963), 371 – 378.

17 Orne, M. T. Demand Characteristics and the concept of quasicontrols. In: R. Rosenthal & R. Rosnow (Eds.), Artifact in behavioral research. New York 1969, 143 – 149.

18 z. B. von Baumrind, D. Principles of ethical conduct in the treatment of subjects: Reaction to the draft report of the Committee of Ethical Standards in Psychological Research. American Psychologist 26 (1971), 887 – 896.

19 vgl. dazu auch Irle, M. Das Instrument der „Täuschung" in der verhaltens- und sozialwissenschaftlichen Forschung. Zeitschrift für Sozialpsychologie 10 (1979), 305 – 330.

20 für eine detaillierte Auflistung s. Schuler (Anm. 14).

21 Berufsverband Deutscher Psychologen. Berufsordnung für Psychologen. Bonn 1986.

22 Thibaut, J. W. & Kelley, H. H. The social psychology of groups. New York: Wiley, 1959.

23 Milgram, S., Some conditions of obedience and disobedience to authority. Human relations 18 (1965), 57 – 75.

Elmar Weingarten

Das sozialwissenschaftliche Experiment, verdeckte und teilnehmende Beobachtung

1. Zur Realität empirischer Feldforschung — ein Fallbeispiel und seine Implikationen

Beginnen wir, wie es dem Sozialwissenschaftler geziemt, aber keineswegs selbstverständlich ist, mit der Wirklichkeit: Im Jahr 1984 wurde der Soziologe Mario Brajuha von einem Gericht in den Vereinigten Staaten verurteilt, weil er mehrmals gerichtliche Vorladungen mißachtet und sich geweigert hatte, der Gerichtsbarkeit seine Feldforschungsnotizen zur Verfügung zu stellen. Was war passiert? Im Rahmen seiner Dissertation, die eine Arbeitsplatzuntersuchung in einem Restaurant zum Gegenstand hatte, bediente sich dieser Doktorand der klassischen Methode der teilnehmenden Beobachtung, arbeitete als Koch und Kellner in der von ihm beobachteten Gaststätte und machte sich, wie das üblich ist, Feldforschungsnotizen über das, was er sah und hörte. Gegen Ende seiner Tätigkeit ging das Restaurant in Flammen auf, und die Polizei vermutete Brandstiftung. Mehrmals wurde Brajuha vorgeladen und schließlich zur Herausgabe seiner Aufzeichnungen verurteilt, was er jedoch weiter verweigerte. (Der Fall endete schließlich nach einigem Hin und Her mit einem Vergleich. Das Gericht bestand nicht weiter auf der Herausgabe seiner Aufzeichnungen, dies galt jedoch nicht für sein ohnehin geringes Vermögen: etliche Tausend Dollar für Strafe und Prozeßkosten gingen zu seinen Lasten.)

Was zeigt uns dieser Fall? Wir können davon ausgehen, daß der Forscher selbst von der Polizei und den Strafverfolgungsbehörden nicht als Brandstifter verdächtigt worden war. Immerhin war ja denkbar, daß der Sozialwissenschaftler seine

Aufzeichnungen deshalb nicht herausgab, um sich nicht selbst zu belasten, was sein gutes Recht gewesen wäre. Dafür gab es keinen Anhaltspunkt, ganz abgesehen davon, daß es höchst verwunderlich wäre, wenn ein Forscher das eigene Forschungsfeld abbrennen würde, gleichsam um die Spuren seiner wissenschaftlichen Tätigkeit zu beseitigen. Die Tatsache, daß dieser Forscher die Aufzeichnungen nicht herausgegeben hat, machte ihn aber noch in anderer Weise verdächtig. Nicht nur, daß er selbst etwas zu verbergen hätte, vielmehr schützt er andere, die er beobachtet hat, oder er betreibt seine Wissenschaft in einer Weise, die es ihm verbietet, dem Staat bei der Aufklärung eines Verbrechens zu helfen, nicht aber, sich konspirativ mit Kriminellen gemein zu machen.

Der staatliche Zugriff und der sich anschließende Rechtsstreit — und dieser Aspekt der Sache ist hier von Interesse — hat das besondere Verhältnis von Forscher und Forschungssubjekt schlaglichtartig verdeutlicht, weil der Charakter dieser sozialen Beziehung und ihre vielfältige Gefährdung aufgezeigt worden ist.

Ein Feldforscher, der sich im Wege der Anwendung sogenannter qualitativer Methoden auf die Feinmechanik sozialen Geschehens einläßt, der seine Erkenntnisse in unmittelbarer Teilhabe an der gesellschaftlichen Wirklichkeit zu gewinnen versucht, auch wenn diese, wie in diesem Fall, nur ein kleines, offenbar leicht brennbares Restaurant ist, und der seine Einzelbeobachtungen schriftlich in der Folge dokumentiert, findet sich plötzlich in die Rolle eines *Spitzels der Polizei* gedrängt. Die Strafverfolgungsbehörde ignoriert sowohl die spezifischen Umstände des Zustandekommens solcher Aufzeichnungen als auch das wissenschaftliche Interesse, in dessen Namen sie entstanden sind, sie ignoriert weiterhin das besondere Vertrauensverhältnis, auf das jede sozialwissenschaftliche Feldforschung baut bzw. das sich im Verlaufe einer Untersuchung entwickelt bzw. entwickeln sollte. Sie ignoriert aber auch die sehr komplizierten Schritte, die notwendig sind, um von der überwältigenden Fülle des Seins zur wissenschaftlichen Analyse zu gelangen. Diese komplexe Realität wird ausschnitthaft wahrgenommen, dann noch einmal ausschnitthaft aufgezeichnet, und dann wiederum, zur Reduzierung übergroßer Komplexität, nur ausschnitthaft der wissenschaftlichen Analyse zugeführt.

Die Reaktion des Staates verändert in diesem Fall im Nachhinein die besondere Qualität, den Charakter des produzierten Datenmaterials. Die Transformation von Beobachtungsprotokollen in Beweismaterial für kriminalistische, im Gegensatz zu wissenschaftlichen Hypothesen ist Beleg für die ungeheuer vielfältigen Auslegungsmöglichkeiten, denen derartiges Datenmaterial, zudem dann, wenn es personenbezogen erhoben ist, offensteht. Der Schritt vom vertrauensvollen Informanten des Sozialwissenschaftlers zum Opfer der Justiz ist nur ein kleiner.

Interessanterweise haben die sich verteidigenden Sozialwissenschaftler und ihre Rechtsanwälte zur Stärkung ihrer Position auf andere Rollen verwiesen, bei denen der Schutz von Klienten unproblematisch, weil gang und gäbe ist. Die ärztliche Schweigepflicht und das Beichtgeheimnis sind legitimierte Formen zur Abwehr von Außenstehenden, die sich anschicken, in die Sphäre des besonderen, im Wortsinne geheiligten Vertrauensverhältnisses zwischen Priester und Beichtendem, aber auch zwischen Arzt und Patient einzudringen. Das Gleiche gilt für den Journalisten, dem ein Zeugnisverweigerungsrecht zusteht und dem nur in Ausnahmefällen die Preisgabe seines Informanten abverlangt werden kann. Bedeutsam ist also, daß dem Sozialwissenschaftler ganz augenscheinlich ein vergleichbarer Schutz nicht gewährt wird. Während die genannten anderen Professionen, insofern sie in Verfolgung ihrer beruflichen Tätigkeit zu „Geheimnisträgern" werden, geschützt sind, scheint das, was Wissenschaftler treiben, als alltagsweltliches Handeln verstanden zu werden, welches keines besonderen Schutzes bedarf.

Das Verhältnis zwischen dem Forscher und dem Forschungssubjekt — bleiben wir bei dieser euphemistischen Umschreibung des Objekts unserer sozialwissenschaftlichen Neugier — dieses Verhältnis bleibt also prekär: es muß ständig entwickelt und bearbeitet werden, es entbehrt eines gesellschaftlich oder rechtlich legitimierten Schutzes, und es ist in besonderer Weise durch vielfältige Einflüsse gefährdet. Nimmt der Staat sich das Recht des ungehinderten Zugriffs auf im wissenschaftlichen Interesse entstandene Daten heraus, so werden als unbeabsichtigte Konsequenz aus unproblematischen Untersuchungen über gesellschaftliche Beziehungen höchst problematische Experimente mit Menschen.

2. Weisen soziologischen Forschens und ihre ethischen Probleme

Was ein Soziologe tut bzw. wo das Problematische an der Art und Weise, *wie* er es tut, zu suchen ist, ist keineswegs Allgemeingut, noch ist es leicht und eindeutig zu bestimmen, und sei deshalb in kurzen Züge skizziert. Die Fragestellungen der Soziologen zielen zum einen auf den *Vollzug* gesellschaftlichen Zusammenlebens und -wirkens und zum anderen auf die in solchem Zusammenwirken entstandenen gesellschaftlichen *Hervorbringungen*. Für den einen Soziologen sind die *Produkte* gesellschaftlichen Handelns interessant, seien dies eine Universität, ein Staat, ein Krankenhaus, die Religion, aber auch Ehe und Familie und schließlich auch so etwas wie die in einem familiären Zusammenhang produzierte psychische Störung. Den anderen Sozialwissenschaftler fasziniert all dies gar nicht, sondern er richtet sein Augenmerk ganz auf die Frage, „what makes society tick" (Goffman), also auf das *Wie* gesellschaftlichen Handelns, auf jene Mechanismen, die gleichförmiges, aufeinander bezogenes soziales Handeln in Gang setzen und in Gang halten.

Für den Sozialforscher stellt sich sodann die Frage nach dem angemessenen Zugang zu der von ihm zu entdeckenden und zu analysierenden gesellschaftlichen Wirklichkeit. Die beiden zentralen Zugangsweisen, die sich mitunter fast feindlich gegenüberstehen, gilt es kurz zu charakterisieren, um dann die besonderen Beziehungen beschreiben zu können, die sich jeweils zwischen dem Forscher und dem beforschten Individuum entwickeln, und diese hinsichtlich der hier zu beantwortenden Frage nach der Forschungsethik und damit nach dem jeweils implizierten Menschenbild angemessen beantworten zu können.

2.1 Der quantitativ verfahrende Zugang zur gesellschaftlichen Wirklichkeit

Im quantitativen Forschungsdesign steht der einzelne Sozialforscher einer Vielzahl von Menschen gegenüber, die ihn nicht in ihrer jeweiligen Individualität interessieren, sondern als Mitglieder eines Kollektivs, als Träger bestimmter meßbarer, aggregierbarer, korrelierbarer Merkmale, die in den Analysen des Forschers nur noch abgelöst von den je spezifischen biographischen Lebenszusammenhängen bedeutsam sein können.

Wenn sich beispielsweise Epidemiologen für die Entwicklung und Verteilung von Krebserkrankungen interessieren, so ist es ihr Anliegen, alle jene denkbaren Ursachen zu identifizieren, die für diese rasch zunehmende Todesursache verantwortlich gemacht werden könnten, um sie medizinisch, gesundheits- und sozialpolitisch angemessen bekämpfen und schließlich beseitigen zu können. Das individuelle Krebsschicksal des Einzelnen ist nicht das Erkenntnisinteresse, sondern anhand detaillierter Informationen über Häufigkeit und Verteilung bestimmter Merkmalsausprägungen in gesunden und erkrankten Populationen können Maßnahmen konzipiert werden, die — und das ist entscheidend, nicht zuletzt für die ethische Problematik — nicht für den hier und jetzt von Krebs befallenen Kranken, sondern bestenfalls für Risikopopulationen in der Zukunft von Bedeutung sein können.

Wie stellt sich nun in derartig angelegten Forschungsarrangements quantitativ verfahrender Sozialforschung die Beziehung des untersuchten Individuums zu seinem Forscher dar? Eine forschungspraktisch zunehmend bedeutsam werdende Ambivalenz ist hier beobachtbar: Einerseits ist es eine unabdingbare Forderung empirischer Sozialforschung, daß der Einzelne mitsamt seinen beobachteten Merkmalen in der Masse unidentifizierbar und unauffindbar verschwindet, d. h. die Daten müssen so aufbereitet werden, daß eine Personenbeziehbarkeit prinzipiell unmöglich wird. Das Datenschutzgesetz und die angesichts der technologischen Entwicklung immer sensibler gewordenen Bürger verlangen dies, und sehr zu Recht: Lassen sich doch Datenbestände, die an verschiedenen Orten gesammelt werden, leicht so miteinander vernetzen, daß Personen in nicht allzu schwierigen Operationen identifizierbar gemacht werden können.

Auf der anderen Seite aber wird den Sozialwissenschaftlern insgesamt, aber insbesondere quantitativen empirischen Ansätzen, immer wieder der Vorwurf gemacht, daß sie in der Umfrageforschung es geradezu versäumen, den Einzelnen in seiner je besonderen, biographisch gefügten Individualität ernst zu nehmen. So steht der Sozialwissenschaftler vor einem fast unlösbaren Dilemma: Für seine Untersuchungen und Experimente braucht er den Einzelnen, und er braucht Informationen über ihn, die an Intimität sehr oft weit über Frau Noelle-Neumanns Sonntagsfrage hinausgehen und damit auch ein Interesse an persönlichen Einstellungen und Haltungen suggerieren. Gleichzeitig muß er seinem Interviewpartner aber zu verstehen geben, daß diese erfragte Einstellung, diese höchst individuelle Meinung, dieses festgestellte statistische Merkmal als Eigenschaft dieser individuellen Person unbedeutend ist, und — wenn überhaupt — nur in der Zusammenschau von etlichen Tausend Fällen zum Tragen kommt, und sollte die erfragte Meinung einer Person zudem noch außergewöhnlich sein, so hat sie dort eine verschwindend geringe Bedeutung.

Zur Interaktionslogik dieser Beziehung muß festgestellt werden, daß die Diskrepanz zwischen vorgespieltem Interesse an je individueller Meinung und der Auswertungsrealität empirischer Sozialforschung für den Soziologen nur deshalb erträglich ist, weil in diesen quantitativ verfahrenden Ansätzen eine echte, länger andauernde Beziehung zwischen Forscher und befragtem bzw. beforschtem Subjekt nicht entsteht, in der dann echtes Interesse von seiten des Beforschten eingeklagt werden könnte.

Die Arbeitsbasis eines Psychologen beispielsweise ist in dieser Hinsicht eine ganz andere. Hier handelt es sich auch im Falle der Forschung zumeist um ein quasi therapeutisches Arbeitsbündnis, das hier und jetzt in der Forschungssituation verwirklicht wird und wo zumindest der Anschein von unmittelbarer Relevanz umstandslos erweckt werden kann.

Gehen wir noch einmal zurück zu unserem Beispiel der Epidemiologie. Hier ist nicht selten und auch mit gutem Grund die Forderung zu hören, daß beispielsweise die Anlegung von Krebsregistern, d. h. die Totalerfassung aller in einem bestimmten Zeitraum und in einem bestimmten räumlich abgrenzbaren Raum auftretenden Neuerkrankungen für notwendig erachtet wird.

Diese Forderung wirft eine Reihe von Problemen auf, die letztlich dazu geführt haben, daß einheitliche rechtliche Lösungen noch nicht gefunden werden konnten. Die Kontroversen entzünden sich u. a. an der Frage, ob das Einverständnis des Patienten zur Meldung erforderlich sei. Fordert man dieses, so bedeutet die Erfassung eines Krebsfalles auch, daß dem betroffenen Patienten sowohl die Erkrankung wie auch die Tatsache der Meldung mitgeteilt werden muß.

Dies bedeutet für den Arzt, daß er nicht mehr die Freiheit hat, einem Patienten, den er möglicherweise nicht mit dem Schicksal der Krebserkrankung konfrontieren will, diese Diagnose zu verheimlichen. Die gesetzlich vorgeschriebene statistische Erfassung aller Krebskranken kann in diesem Falle das therapeutische Verhältnis zwischen Arzt und Patient entscheidend beeinflussen, wobei der experimentelle Charakter nicht nur in der Beantwortung der Frage zum Ausdruck kommt, wieviel an Auseinandersetzung mit dem eigenen körperlichen Zustand ein Mensch psychisch ertragen kann.

Zweitens ist für sozialmedizinische und sozialepidemiologische Forschung ein solches Krebsregister nur dann sinnvoll, wenn Nachuntersuchungen möglich sind, d. h. wenn die Entwicklung der Krebserkrankung beobachtet werden kann. Dies ist allerdings nur dann realisierbar, wenn die Daten personenbezogen erfaßt werden. Sie sind dann jedoch jederzeit auf das Individuum rückführbar und stehen damit auch dem Mißbrauch offen.

Ein anderes Problem stellt sich, wenn — wie derzeit in den vorhandenen Krebsregistern üblich — ohne Wissen der Betroffenen an die statistischen Landesämter gemeldet wird. Hier entsteht auf einer neuen, sehr persönlichen Ebene das Problem der unkontrollierten und unkontrollierbaren Sammlung und Speicherung personenbezogener, nicht anonymisierter Daten und der Unmöglichkeit, unerlaubten Datentransfer und negative Folgen für die erfaßten Individuen sicher auszuschließen.

Fassen wir also die sich zwischen Forscher und Forschungssubjekt abspielenden Beziehungskonstellationen wie folgt zusammen. Der Sozialwissenschaftler zeigt sich an Individual-Daten interessiert, läßt jedoch den Einzelnen in der Menge zu dessen vermeintlichem Schutz verschwinden und verspricht bestenfalls eine Verbesserung gesellschaftlicher Lebensbedingungen für eine vage Zukunft, aber nicht notwendig für den untersuchten Einzelfall. Von ihm verlangt er die Teilnahme an seinen Untersuchungen und Experimenten im Interesse eines abstrakten Allgemeinwohls.

2.2 Qualitative Forschung als Experimente mit Menschen

Nun ist es keineswegs so, daß jene sozialwissenschaftlichen Untersuchungsansätze besonders inhuman wären oder zumindest den Keim der Inhumanität in sich trügen, die mit großen Fallzahlen operieren und dem naturwissenschaftlichen Experimentaldesign nachgemodelt sind. Ganz im Gegenteil: In jenen Untersuchungstechniken, die bewußt die Nähe zu den Objekten ihrer wissenschaftlichen Neugier suchen, die mit ihnen nicht in Form schriftlicher und/oder standardisierter Fragebögen verkehren, sondern soziales Leben in unmittelbarer Teilhabe entdecken wollen, für solche Forscher werden die Fragen nach der Forschungsethik besonders virulent, da die Beziehungen des Forschers zum Beforschten in der Regel von Anfang an besonders eng geknüpft sind, von Vertrauen geprägt sein sollten, aber wie alle menschlichen Beziehungen vielfältigen Gefährdungen ausgesetzt sind. Dabei ist es ganz einerlei, ob man mit offenen, d. h. nicht standardisierten Interviews Meinungen, Haltungen und Ansichten über Geschehenes erkundet, oder den Strom gesellschaftlichen Handelns teilnehmend oder nicht teilnehmend beobachtet.

Die ersten Möglichkeiten, als Forscher zu straucheln, bieten sich schon bei dem für den weiteren Verlauf einer Untersuchung so zentralen Problem der Art und Weise der Einfädelung in das untersuchte Feld, d. h. der Darstellung der eigenen Forschungsziele. *Dabei wird nur allzu oft geheuchelt und getäuscht.* Manche Forscher nehmen ganz offen falsche Rollen ein, prätendieren Identitäten, die mit ihrer wahren absolut nichts zu tun haben, andere spiegeln falsche Forschungsziele vor, lenken ihre untersuchten Subjekte auf falsche Fährten, damit sie ihre eigentlichen Ziele möglichst ungestört im Schutze des falschen Eindruckes, den sie erzeugt haben, verfolgen können. Sehr unterschiedliche Beispiele ließen sich anführen: Einmal die Untersuchung von Sullivan und Mitarbeitern, in der ein Offizier sich als Wehrpflichtiger hat einziehen lassen, um die militärische Grundausbildung aus der Perspektive eines Rekruten zu beobachten; bekannt geworden ist auch die Untersuchung von Rosenhan, der sich mit vorgespielter Symptomatik in eine psychiatrische Klinik hat einweisen lassen, um dort die Behandlungsrealität in amerikanischen *mental hospitals* aus der Perspektive der Betroffenen kennenzulernen. Eine andere Variante ist die von Laud Humphrey, der die legitimierte Rolle des Spanners in einem Homosexuellen-Treffpunkt einnahm, um sexuelle Verkehrsformen studieren zu können. Diese Untersuchungen sind harter Kritik unterzogen worden: es gäbe kein noch so hochrangiges Erkenntnisinteresse, das es rechtfertigen würde, jene, die man untersucht, über die eigenen wissenschaftlichen Absichten zu täuschen. Ebenso wie im alltäglichen Lebenszusammenhang Lug und Trug zu den verpönteren Interaktionskompetenzen gehören, steht es auch hier. Eine vielversprechende soziale Beziehung läßt sich so nicht aufbauen. Andererseits stehen dem Sozialwissenschaftler nur wenige Fel-

der offen, wenn er seine Absichten offen und arglos ausbuch-
stabiert, und der Vorwurf, daß die Soziologen im Bereich des
abweichenden Verhaltens beispielsweise auf die Erforschung
des Lebens von Prostituierten, Kriminellen und psychisch
Kranken sich gestürzt und konzentriert haben, hat hier seinen
berechtigten Grund. „To study down" ist leicht — „to study
up", also beispielsweise Wirtschaftskriminalität zu untersuchen, ist eben schon forscherrollentechnisch wesentlich schwieriger.

Denzin hat am entschiedensten die Legitimität verdeckter Beobachtung bezweifelt und jede „bewußte Verschleierung der
Forscheridentität" als unethisch abgelehnt (1967, S. 373). Auf
der anderen Seite wird Feldforschung immer als eine Form
von Infiltration fremder, anders überhaupt nicht erfahrbarer
Welten angesehen. Man geht davon aus, daß der gute Zweck
wissenschaftlicher Erkenntnis und damit einer verbesserten
gesellschaftlichen Praxis die problematischen Mittel fehlerhaf-
ter oder falscher Forscherselbstpräsentation heilige. So hat
beispielsweise die Analyse Rosenhans einer geschlossenen
psychiatrischen Anstalt eine Menge an Diskussionen und
schließlich auch an Reformen in Bewegung gesetzt, die im
Nachhinein die Annahme der Rolle legitim erscheinen läßt,
zumal der Forscher hier die Rolle und damit die Nachteile
eines psychiatrischen Patienten auf sich genommen hat und
somit seine Untersuchung ein Stück weit Experiment mit der
eigenen Psyche gewesen ist, um das Ziel der Veränderung eines
beklagenswerten Zustandes verfolgen zu können.

Aber das Problem geht noch tiefer: In einigen qualitativen
Untersuchungen haben sich Forscher beispielsweise als Mitarbeiter der Polizei eingeschlichen, um deren Praktiken bei der
Identifizierung, Definition und Bewältigung unterschiedlichster Kriminalität zu untersuchen (Van Maanen, 1982). Hier
kommt es sehr rasch zu Kollisionen zwischen Forscherrolle
und Mitwisserschaft beispielsweise bei höchst problematischen
Ermittlungspraktiken. Wie verhält sich ein Forscher zu jenen,
zu denen er sich, offen oder verdeckt seine wissenschaftlichen
Ziele darstellend, Zutritt verschafft hat und die er jetzt bei-

spielsweise in ihrem Umgang mit anderen Menschen als höchst problematisch, deviant oder gar kriminell erlebt? Solche Situationen stellen sich nicht nur in Untersuchungen von Polizisten und Fahndungsbeamten ein, sondern wir selbst in unseren Forschungen im Bereich der ambulanten und stationären medizinischen Versorgung haben erlebt, wie die moralische Entrüstung über beobachtete Zustände mit der Rolle des detachierten wissenschaftlichen Beobachters immer wieder interferiert. Hier die vernünftige Grenze zu ziehen, stellt sich als schier unmöglich dar.

Zur Frage des Ausmaßes an offener Identifizierung der eigenen Interessen und wirtschaftlichen Anliegen des Forschers pendelt die Diskussion auch heute noch unentschieden zwischen zwei Extremen hin und her, dem Hochhalten hehrer moralischer Standards, die sich gründen auf den Respekt, den jeder der Autonomie und Integrität seiner Mitmenschen zu zollen verpflichtet ist und der folgerichtig jede Täuschung verbietet, und einer Position, die — flapsig gesagt — darauf besteht, daß der Wissenschaftler und insbesondere der qualitative Forscher nicht alles dem Günter Wallraff überlassen sollte.

Bei der Beurteilung sozialwissenschaftlicher Täuschungsstrategien muß man in Rechnung stellen und dem Sozialwissenschaftler zugute halten, daß die Realität gesellschaftlichen Lebens solches Verschleierungshandeln legitimiert, weil es auch Bestandteil unseres Alltagshandelns ist, an dem wir als qualitative Forscher so nahe wie möglich dran bleiben wollen. Zum einen hat man als Forscher zu Beginn oft noch nicht die genauesten Vorstellungen davon, was man eigentlich will. Im Feld (aber erst dann) präzisieren sie sich oft recht rasch. Doch die wenigsten Forscher setzen sich dann erneut mit den Beobachteten zusammen und diskutieren mit ihnen den veränderten Verlauf der Handlung

Das zweite Problem ist der Grad der Detaillierung. Selbst wenn der Sozialforscher noch nicht genau weiß, was er will, so ist er doch ein Meister darin, dies seinen alltagsweltlichen Kontaktpartnern äußerst kompliziert mitzuteilen. Dann ist er auch nicht besonders überrascht, wenn es gut geht und er im

Feld zugelassen wird, wenn die Gesprächspartner zu erkennen geben, daß sie es so genau wiederum auch nicht wissen wollen. Auch dieses ist — wenngleich auf den ersten Blick nicht erkennbar — eine Täuschungsstrategie. Sie hat den Schein gewahrt, war strategisch (in dem Sinn wie linguistisch begabte Sozialwissenschaftler wie Habermas diesen Begriff verwenden), aber verschafft subjektiv dem soziologischen Gewissen beträchtliche Linderung. Wir hatten bereits erwähnt, daß diese Strategie des Servierens eines Forschungsproblems auf einem Niveau, wo es niemanden mehr interessiert, natürlich seine alltagsweltliche Entsprechung hat. Auch hier prallen ständig unterschiedliche Denksysteme, Vorstellungen, Lebensstile, Deutungen — eben Alltagswelten — aufeinander, bei denen die üblichen Gesetze menschlicher Kommunikation gelten, nämlich die, daß sich die Menschen immer nur partiell verstehen, daß sie nie ständig nachfragen, sich jede Unklarheit ausbuchstabieren lassen. Sie ökonomisieren ihre Interaktionen, indem sie abwarten und an neu Gehörtem altes überprüfen usw. Fängt der Forscher an, seinen Forschungsplan Punkt für Punkt auszubuchstabieren, so hat er ebenso rasch verloren, wie dies auch die sattsam bekannten Kommunikationsumstandskrämer im Alltag haben. Hier liegt also ein Dilemma, will man das Forschungssubjekt nicht zum passiven Opfer sozialwissenschaftlicher Untersuchungstechniken werden lassen.

Ein zweites Problem, das sich für den qualitativ verfahrenden Sozialwissenschaftler stellt, ist die Beeinflussung des Feldes. Die sogar in den Naturwissenschaften nicht bestrittene Regel, daß der Forscher sein Feld nie unbeeinflußt hinterläßt, daß er stets ganz entscheidende Effekte auf dieses ausübt, gilt für den Bereich der qualitativ verfahrenden Sozialwissenschaften ganz besonders. Es könnte an dieser Stelle eine lange Liste von Beispielen angeführt werden, wie insbesondere im Bereich ethnographischer Forschung massive Beeinflussungen des sozialen und kulturellen Lebens zu beobachten gewesen sind. Oft hat lediglich die erkennbar gewordene Neugier von Ethnologen zu politischer Aufmerksamkeit und dann zu desaströsen Folgen geführt. Vielfach hat die Neugier der Sozialforscher gewachsene Kulturen in ihrer Existenz beeinträchtigt oder gar bedroht. Wie sensibel man im Einzelfall sein muß, belegt der Bericht über einen Anthropologen, der eine missionierte Eskimo-Gemeinde untersuchte und arglos Mitglieder bat, Schamanengesänge zu singen. Stunden später hat sich ein Eskimo umgebracht, weil er sich diesen Verrat an seiner früheren Religion nicht verzeihen konnte (Briggs in Appell 1978, S. 92).

Aber auch positive Effekte qualitativer Feldforschung lassen sich denken. Die zeitweise intensiv betriebene Aktionsforschung beruhte eben auf dem Prinzip, Forschung und (politisch motivierte) Veränderung der Realität kontrolliert miteinander zu verknüpften.

3. Autonomie, informierter Konsens und Vertrauen

Die Darstellung sollte deutlich machen, daß in allen soziologietheoretischen Varianten und der mit ihr jeweils verknüpften unterschiedlichen Forschungspraxis die Gefahr besteht, daß der untersuchte Mensch, ob als Kollektiv oder als Individualität, zum Objekt sozialwissenschaftlichen Experimentierens wird.

Die in diesem Band an anderer Stelle dargestellten Milgram-Experimente bilden den einen Pol des Kontinuums, der anderen, (gleichwohl problematisch, aber in aller Regel ungefährlich) ist in den Garfinkelschen „Krisenexperimenten" zu sehen, in denen systematisch die gesellschaftlichen Interaktionsregeln des Alltagslebens vom Forscher verletzt werden, um diese als solche sichtbar zu machen, was zu Spannungszuständen im Interaktionsgefüge führt, wodurch aber nicht unbedingt beschädigte Identitäten im Forschungsfeld zurückgelassen werden, wie Milgram das nach seinen Experimenten zweifellos getan hat.

Vielleicht liegt hier ein Schlüssel zum Problem. Praktische Sozialforschung sollte den beobachteten Menschen als ein Individuum begreifen, welches autonom seine Existenz zu bestimmen in der Lage ist, d. h. seine Integrität darf nicht durch forscherisches Handeln verletzt werden. Daß dieses hehre Postulat nicht immer aufrecht erhalten werden kann, liegt auf der Hand. Goffman und Garfinkel beispielsweise hätten in ihren Studien die Plastizität sozialer Interaktionsregeln nie in dieser Schärfe herausarbeiten können, wenn sie nicht mit einer gewissen interaktionellen Chuzpe den beobachteten Forschungssubjekten gegenüber zu Werke gegangen wären. Die in solchen Untersuchungssituationen anzustellenden Kosten-Nutzen-Abwägungen muß der Forscher selbständig und der Forschergemeinschaft gegenüber verantwortlich durchführen. Er muß ihr beispielsweise vermitteln, warum die klare Offenlegung des wissenschaftlichen Interesses den Forschungsertrag gefährdet hätte und dieser anders nicht realisierbar gewesen wäre.

Auf der anderen Seite darf dieses Argument nicht dazu führen, daß der sogenannte „informierte Konsens", das auf vollständiger Information beruhende Einverständnis mit dem Beforschten nicht mehr gesucht wird. In aller Regel ist er die fruchtbarste Grundlage für einen erfolgreichen Forschungsprozeß. Dieser muß im Verlauf der Untersuchung in ständiger gegenseitiger personeller Beeinflussung entstehen und immer wieder neu erarbeitet werden. Nur so wird letztendlich die Gefahr einer Sozialforschung vermieden, in der Menschen zu Sachen gemacht werden und damit das Vertrauensverhältnis zwischen Wissenschaftler und Forschungssubjekt zu einem Gewaltverhältnis denaturiert wird.

Von der Verwirklichung solcher Grundsätze waren und sind wir jedoch weit entfernt. Die heftigen Diskussionen um den Datenschutz haben auch den Sozialwissenschaftlern die Quittung für ihre jahrzehntelangen ,Tricksereien' geliefert, und man kann nicht sagen, daß sie diese jetzt so ganz unverdient in ihren Händen halten.

Literatur

Appell, George, Ethical Dilemmas in Anthropological Inquiry: A Case Book, Waltham (Mass.) 1978.

Emerson, Robert M. (Hrsg.), Contemporary Field Research. A Collection of Readings, Boston 1983.

Erikson, Ken T., A Comment on Distinguished Observation in Sociology, in: Social Problems 12 (1967) 366—373.

Goffman, Erving, Relations in Public, New York: Basic Books 1971.

Humphrey, Laud, Tearoom Trade. Impersonal Sex in Public Places, Chicago 1970.

Rosenhan, D. L., On Being Sane in Sane Places, in: Science 179 (1973) 250—258.

Sullivan, Mortimer, Stuart Queen und Ralph Patrick Jr., Participant Observation as Employed in the Study of a Military Training Program, in: ASR 23 (1958) 660—667.

Van Maanen, John, The Moral Fix: On the Ethics of Fieldwork, in: Social Science Methods, Vol. I: Qualitative Social Research, San Francisco 1982, S. 115—139.

Gerd Koch

Versuche mit Menschen in der Ethnologie — Völkerkundliche Untersuchungen: Möglichkeiten und Probleme

Der grimmig blickende Mann hob seinen Bogen, er hatte einen Pfeil aufgelegt, er zielte auf mich, zog die Sehne durch — und ich sagte: Schieß doch mal!

Wir waren beide im Versuch. Es war im August 1974, im Bergland von Neuguinea. Ich wünschte meine Feldforschung in der Eipomek-Region in der höchstgelegenen Siedlung Malingdam zu beginnen, und Motub, führender Mann der Gemeinschaft, war nicht damit einverstanden. Wir hatten uns drunten im Tal getroffen, und so machte er ganz deutlich seinen Test. —

Lächelnd senkte er seinen Bogen, und wir unterhielten uns dann über ein ganz anderes Thema. Motub wußte zu der Stunde noch nicht, was ich in seinem Dorf zu tun plante, er hatte einiges über Missionare in weiter entfernten Tälern erfahren, daß sie das Leben der Einheimischen total zu verändern trachteten, und mit gutem Recht wollte er sich und die Seinen vor so etwas schützen. Es dauerte Wochen, bis ich zu diesem Dorf ziehen durfte — und hier konnte ich dann die gleichen Erfahrungen machen wie zuvor bei den 18 Gemeinschaften in sieben Regionen, unter denen ich in dem vergangenen Vierteljahrhundert in Ozeanien gelebt hatte: Wenn man allein in einer fremden Gemeinschaft, gleich welche Region, welches Volk, lebt, sich weitestgehend anpaßt und sichtlich am alltäglichen Dasein der Menschen interessiert ist, dieses möglichst mitmacht, als ein Lernender mit gebührendem Respekt vor der jeweiligen Daseinsordnung erscheint, dann kann die Arbeit eines Ethnologen eigentlich nur positiv verlaufen.

Wenn wir unter dem Begriff „Ethnologie" die wissenschaftliche Erkundung und den Vergleich der *Kulturen* menschlicher Gemeinschaften, vorzugsweise vorindustrieller Gesellschaften, verstehen, und wenn wir den Menschen als „kulturelles Wesen" begreifen, dann ist die Kultur faßbar mit ihren Trägern, mit den handelnden Menschen, ihrem Verhalten, ihrem Schaffen, ihren Produkten. Alles dort Vorhandene gehört zur Kultur, ob es ein Objekt, ob es soziale Regeln oder Glaubensvorstellungen sind. Denn wir verstehen unter dem allgemeinen Begriff „Kultur" alle Entwicklungen und Erscheinungen, die der Mensch in seiner Auseinandersetzung mit seinesgleichen und mit seiner Umwelt schafft und die jeweils für eine Gruppe von Menschen als typisch gelten sowie innerhalb derselben an die folgende Generation weitergegeben werden. Dabei sind alle Entwicklungen und Erscheinungen der Kultur bewertungsfrei zu sehen — und mit einer Anzahl unterschiedlicher Methoden zu untersuchen und zu analysieren.

Gibt es in diesem Bereich kaum schriftliche Quellen, bieten die mündlichen Überlieferungen keine rechte Sicherheit, so ist die Ethnologie im wesentlichen eine empirische Wissenschaft vom lebenden Menschen und seiner jeweiligen Kultur, überwiegend die Gegenwartsstrukturen sind der Untersuchungsgegenstand. Haben die Ethnologen sich bis in die Gegenwart um kleine, homogene „exotische" Gemeinschaften gekümmert — in dem Bestreben, Kulturmonographien zu erarbeiten, so entstanden mit der Veränderung der Welt der sogenannten Naturvölker, mit dem Werden neuer nationaler Einheiten, mit den Staatsbildungen samt Urbanisierungsproblemen weitere Untersuchungsbereiche, oft nur einzelne Probleme und Prozesse betreffend. Immer ist indessen die zu untersuchende Gemeinschaft als eine eigene Welt, ein „geistiges Universum eigener Art" zu sehen, und um ethnologisch zu arbeiten, muß man innerhalb einer solchen Welt leben und sie von „innen her" beobachten, wie Robert Redfield[1] treffend schrieb.

Jede zu untersuchende Gemeinschaft bietet und bedingt eine spezifische Beobachtungssituation. Der Ethnologe, der zu seiner Arbeit, die primär immer nur ein Versuch sein kann, ansetzt, ist nicht nur in allen traditionellen wie neuesten Theorien und Methoden trainiert und über die bisherigen Erkenntnisse hinsichtlich der zu erforschenden Region bestens informiert — er muß vielmehr auch frei sein von vorgefaßten Meinungen und Urteilen, bereit sein, zudem seine Vorkenntnisse und Planungen jederzeit zu modifizieren, und, das ist heute zu verlangen, er muß hernach auch ausweisen, welche Beobachtungen auf welche Weise er direkt machte und welche Informationen auf welche Weise von wem mit welcher Gegenkontrolle er erhielt.

Eine derartige planvolle, systematische Untersuchung, sei es nun eine allgemeine Kulturaufnahme (in ihren Begrenzungen angesichts der schier unendlichen Vielfalt) oder ein Einzelgebiet, ein Einzelthema in seinen Bezügen zur Gesamtkultur betreffend, ist also die „Feldforschung des Ethnologen", sein „Feldexperiment" („field research", „field work"). Dazu gehören, sofern relevant erscheinend, die materiellen Phänomene, im allgemeinen ein Dorf-Zensus nebst Plan, Genealogien, Biographien und Verwandtschaftsbezeichnungen, die Sozialstruktur, das Individuum und seine Rolle in der Gesellschaft, in seinen vielfältigen kulturellen Bezügen, das „Überindividuelle" der Angehörigen der betreffenden Gruppierung, spezifische Verhaltensweisen und Regeln des Gemeinschaftslebens sowie Glaubensvorstellungen, Praktiken der Magie und die Mythen — sofern nicht weitere Sonderforschungen, etwa in Wirtschaftsethnologie, Sozialethnologie, Rechtsethnologie, Religionsethnologie und Musikethnologie erforderlich sind.

Allerdings — die meisten Regionen unserer Erde wurden von den Europäern entdeckt und von deren sogenannter Zivilisation beeinflußt, bevor die Ethnologie zu einer in Theorien und Methoden ausgebildeten Wissenschaft geworden war, so daß alle ethnographische Arbeit schon derart kontaktierte Gemeinschaften betrifft — mit Ausnahme einzelner kleiner Bereiche im einsamen Bergland von West-Neuguinea, die gerade in diesen Jahren erschlossen werden[2]. Schon im Jahre 1922 beklagte Bronislaw Malinowski[3], daß das „Material" der Ethno-

logie-Forschung „mit hoffnungsloser Geschwindigkeit" dahin-
schmelze.

Indessen beschäftigen sich die Ethnologen nicht mehr allein
mit Menschen entlegener Regionen, nicht mehr vor allem mit
kleinen, kulturell homogenen Gemeinschaften der „Dritten
Welt". Es wurden nicht nur das längst nicht mehr zu realisie-
rende Ideal der Erstkontakte und die klassische Monographie
über „primitive Völker" weitgehend aufgegeben, sondern es
sind gerade auch, wie schon angedeutet, moderne Entwicklungen wie z. B. das Entstehen neuer nationaler Einheiten mit
ihren Verstädterungsproblemen sowie einzelne Prozesse innerhalb gegenwärtiger Kulturbereiche der „Dritten Welt" zu wichtigen Themen geworden, zudem gelten Gruppierungen, Mino-
ritäten des eigenen Bereiches, wie etwa die Sinti oder die
Türken in Deutschland mit ihren kulturellen Bezügen und
Schwierigkeiten als erforschenswert. Mit weiter entwickelten
Beobachtungsmethoden werden innerhalb der sogenannten zi-
vilisierten Welt besondere Tendenzen und Entwicklungen, Ver-
strickungen und Differenzen der Kulturbereiche untersucht.

Die heute allgemein gültige Methode der *teilnehmenden Beobachtung* in der Feldforschung, das enge Zusammenleben mit
einer (zunächst) fremden Gemeinschaft, um innerhalb derselben und mit Hilfe derselben sie zu untersuchen, mit ihrem
eigenen adäquaten Maß zu messen, sie, wie schon angedeutet,
von *innen heraus* zu erkennen, das kann mit bestimmten Einschränkungen *ein Versuch mit Menschen* genannt werden. Es
sind Begegnungen mit Menschen, es ist ein Zusammenwirken
mit Menschen, die aus ethischen wie aus wissenschaftlichen
Gründen nicht den Status ausgelieferter Objekte erhalten dürfen. Derartige *Versuche* sind eher ein Versuch, *Versuche zu
erkennen.* Es ist ein Versuch, ein Experiment, ob die Menschen
dort „mitmachen", ob die Auswirkungen, Nachwirkungen for-
schungsgerecht zu begrenzen sind. Es ist kein Versuch, der den
Menschen als ein *Objekt* ohne *Mitbestimmung* bedingt. Es ist
ein Versuch in des Wortes elementarer Bedeutung, also eine
Handlung, durch die man etwas erkunden, prüfen oder erreichen will (gemäß Wahrigs Deutschem Wörterbuch). Hier gibt

es keine Versuchs-Anordnung, keine Versuchs-Planung, keine Versuchs-Personen. Es ist eben nur eine Aktion, eine Zustands-*Unter*suchung, die man versucht, ob sie durchführbar ist, ob sie gelingen kann. Es ist der Versuch, ein Ziel der Erkenntnis mittels einer wissenschaftlichen Arbeit zu erreichen, einer Arbeit, die immerhin im Sinne eines solchen Versuches auch als Experiment im ursprünglichen Wortgehalt zu bezeichnen ist, wobei das Experiment (gleichfalls nach Wahrig) als ein allgemeiner wissenschaftlicher Versuch oder gar als gewagtes Unternehmen begriffen wird. Damit sind wir weit jenseits der medizinischen Versuche am Menschen und ebenso entfernt von den Experimenten etwa der Psychologie, der Sozialpsychologie.

„Teilnehmende Beobachtung" bedeutet also, in einer Gemeinschaft mitzuleben, über eine längere Zeit, möglichst ein Jahr lang oder mehr, um auch den wirtschaftlichen und rituellen Jahreszyklus zu erforschen. Das heißt, das alltägliche Leben der betreffenden Menschen zu beobachten, ohne es durch die Gegenwart des Untersuchenden oder gar durch dessen Eingriff zu verändern oder auch nur durch Meinungsäußerungen und Verhaltensweisen zu beeinflussen. Der Forscher muß sich anpassen, in die Gemeinschaft eingliedern lassen, an deren Arbeit und Spiel, Gespräch und Ritual so weit wie möglich teilhaben, ohne irgendwie störend oder auch nur belastend zu wirken. Hier mag schon die Frage berechtigt sein, ob eine „teilnehmende Beobachtung" überhaupt im wörtlichen Sinne möglich sei, da man entweder teilnehme oder beobachte. Vielleicht sollte man dieses Verfahren anders formulieren, etwa als *Erkennen durch Miterleben*.

Damit dürfte klarwerden, daß die Person des Untersuchenden, des Feldforschers, hier eine größere Stellenbedeutung hat als in vielen anderen Disziplinen. Auch der handelnde, der „forschende" Mensch ist hier im Versuch, gewissermaßen im Selbstversuch. Darüber hinaus bilden der Untersuchende und der Untersuchte allzu leicht eine Einheit — mit der Behinderung „objektiver" Betrachtung.

Der Feldforscher muß sich konsequent von abendländischer Lebensweise so weit wie möglich lösen, er muß bereit sein,

„auszusteigen", sich einzupassen, anzupassen und dabei auch die europäischen, die euro-amerikanischen Perspektiven weitgehend beiseite lassen. „Er hat in einer Art ‚zweiter Sozialisation' die Grundzüge einer ganzen Kultur zu lernen, ...", wie Ivo Strecker[4] treffend schrieb. Der Untersuchende sollte die Sprache der Gemeinschaft kennen, möglichst beherrschen, er muß auf allzu reichliche Ausrüstung verzichten, bereit sein, auf einer Schlafmatte zu nächtigen und an den Mahlzeiten der Einheimischen teilzunehmen. Und: der Forscher sollte möglichst allein sein, ohne direkte, engere Verbindung zu anderen Weißen[5].

Wieweit ein solcher Idealfall einer Feldforschung möglich ist, hängt von der jeweiligen Situation/Region und vor allem von der Persönlichkeit des jeweiligen Ethnologen ab. Dabei spielt gewiß dessen Einstellung zu seinem eigenen Hintergrund, zu der abendländischen „Zivilisation" wie zu der Lebensweise/ Kultur der zu untersuchenden Gemeinschaft eine wichtige Rolle. Wesentlicher ist aber die psychische wie praktische Anpassungsbereitschaft, das Sozialisationsvermögen des Untersuchenden, wenn er seinen „Versuch mit Menschen" beginnt.

Eine solche Untersuchung mit den Arbeitsmethoden der möglichst weitgehenden direkten Beobachtung, des Miterlebens der alltäglichen Aktivitäten sowie der Datengewinnung durch nicht erfragte Informationen ist dann fortzusetzen mit zunehmend systematischen Befragungen und wird — bei einer allgemeinen Aufnahme — bald auch über den materiellen, technisch-wirtschaftlichen Bereich der Kultur hinaus auf die Sozialstruktur und die Glaubensvorstellungen sowie die wechselseitigen funktionellen Zusammenhänge ausgedehnt.

Der Versuch mit Menschen betrifft dabei zunehmend die Informanten, die dem Ethnologen während seines Zusammenlebens mit der Gemeinschaft aus dieser heraus in Hilfsbereitschaft oder gar Freundschaft erwachsen und die er auch — gemäß deren jeweiliger Kompetenz — sehr bedacht auswählen muß, sorgsam prüfend, wer warum für den zu erforschenden Komplex besonders qualifiziert und kooperativ sei. Dabei wird der Untersuchende sich dessen bewußt sein, daß er nie die Mei-

nung oder gar das Wissen der gesamten Gemeinschaft, sondern
nur etwa das auf den Klan oder die Position des Informanten
Bezogene erfahren wird. Können etliche wesentliche Erscheinungen schon nicht durch Befragungen, sondern nur durch
immer wiederholte Beobachtung erschlossen werden, so mögen
Informanten dazu vielleicht vertiefende und ergänzende Mitteilungen geben. Abstraktes, allgemeine Regeln und Systeme,
werden nur einzelne Informanten in wenigen Gemeinschaften
beschreiben können. Dafür muß der Ethnologe typische Fall-
beobachtungen sammeln, um aus einer größtmöglichen Fülle
dann seine Folgerungen selbst abzuleiten — immer darauf
bedacht, daß jede Information mehrfach und unabhängig von
Zeit und Ort innerhalb des betreffenden Siedlungsbereiches
einzuholen ist, zum Zwecke der wechselseitigen Prüfung und
Abwägung. Auch in der Gewißheit, daß immer nur Varianten
zu erkennen sind, muß jede Fehlinformation ausgeschlossen
werden. Einzelne Phänomene und Probleme sind immer gewissenhaft innerhalb des Zusammenhanges der jeweiligen Kultur
zu sehen, so daß auch bei einer detail- oder problemorientierten
Forschung doch möglichst alle Bereiche der betreffenden Kultur berücksichtigt werden.

So intensiv der Versuch des Feldforschers, Erkenntnisse unter
kontrollierten Bedingungen zu gewinnen auch sein mag, er ist
in Gefahr, verschiedene Ebenen der Beobachtung miteinander
zu vermischen, infolge einer unbewußten Erscheinungsfixie-
rung Beobachtetes, Gehörtes und Erfragtes miteinander zu
einer Darstellung zu vereinen, wie schon Strecker klar erkannte[6], so daß eine „inter-subjektive Kontrolle von Generali-
sierungen" besonders wichtig wäre, zumal die ins Unendliche
reichende Fülle von Beobachtungs- und Informationsmöglich-
keiten einer einzigen Kultur nur mittels gezielter Selektivität
als nutzbar erscheint.

Andererseits fordert hier der „Versuch mit Menschen" eine
ganz besondere Rücksichtnahme des Untersuchenden auf den
Untersuchten. Es ist schlichtweg sittenwidrig, bei einer noch
fremden Gemeinschaft draußen in der weiten Welt zu erscheinen, sich einzuquartieren und mit der Arbeit zu beginnen.

Dieses würde, gerade heutzutage, als „kolonialimperialistisches" Unterfangen allseitig abgelehnt werden. Auch in der Vergangenheit haben die meisten Ethnologen im Interesse der Betroffenen wie in dem ihrer eigenen Arbeit immer eine vorsichtige Annäherung versucht.

Kulturforschung ist international, sollte sie jedenfalls sein, obgleich wir darin noch sehr eurozentrisch befangen sind. So erlebte ich allgemeines Staunen, als ein chinesischer Kollege in einer Kantine einen dort arbeitenden jungen Türken auf Türkisch ansprach, sich mit ihm fließend unterhielt. Der Chinese war in seiner wissenschaftlichen Arbeit eben auf Orientalistik, auf Turkologie spezialisiert, und wir sollten uns nicht wundern, wenn einmal ein Herr aus Zentralafrika erscheint, der freundlich in einem Dorfe der Lüneburger Heide anfragt, ob er die dortige „Bauernkultur" untersuchen dürfe.

Es war mir, auch vor 35 Jahren, obschon nie in solcher Richtung geschult, immer selbstverständlich, bei den Gemeinschaften, unter denen ich leben und arbeiten wollte, anzufragen, ob ich das auch durfte und wie man zu solchem Vorhaben stünde. Das bedingte eingehende Beratungen mit den führenden Persönlichkeiten, dem Außenstehenden manchmal vielleicht umständlich erscheinende langwierige Versammlungen der Alten und auch dann etwa folgende Abstimmungen. Ausführliche Erläuterungen, klar und ehrlich gebracht, hatten immer das Einverständnis der Gemeinschaft zur Folge. Als Ethnologe mußte man sich nicht nur weitestgehend einpassen, sondern auch etwaige Wünsche und Forderungen führender Persönlichkeiten erfüllen — bis zum Aufgeben eines ständigen Informanten, der etwa gerade persona non grata im Dorfe war. Etwas übertrieben erscheint mir indessen die Reaktion einer Ethnologin, die vor gar nicht langer Zeit auszog, um in Westafrika eingehende Forschungen zu betreiben, und die sich dann ob solchen Strebens nach Erkennen und Wissen innerhalb der besuchten Gemeinschaft ihrer Arbeit schämte und hinfort für die Einheimischen nur noch kochte.

Je länger man in einer Gemeinschaft lebt, desto mehr wächst man in sie hinein, um so selbstverständlicher gehört man

letzthin dazu. Die Gefahr einer Sensibilisierung der zu Untersuchenden schwindet. In der Gleichförmigkeit des Alltags wird
der Ethnologe ständig gesehen, er „macht mit", er gibt keinen
Anlaß zur Beunruhigung, seine Anwesenheit ist nichts Besonderes mehr. Das ist dann die gute Phase des eigentlichen
Arbeitsbeginns. Beherrscht der Ethnologe die Sprache, so wird
jeder Partner innerhalb der Gemeinschaft dann als Informant
helfen können, und im langen Lauf der Arbeiten werden dem
sichtlich neugierigen, wenn auch ständig zurückhaltenden Forscher Informationen von etlichen Einheimischen spontan zuge-
tragen. Man hat sich auf ihn und seine Interessen eingestellt
— sofern nicht besonders sensible Themen berührt werden,
die auch eine relativ offene Gesellschaft vor dem Zuwanderer
gern hütet. Über solche befragt, werden einige Informanten
schweigsam, während andere ausweichend antworten oder ir-
reführen. Nur mit weitgehender Toleranz und Geduld kann
der Ethnologe dann auf einen weiteren Erfolg diskreterer Bemühungen hoffen. Er muß dabei sich ständig bewußt sein, daß
es Begegnungen mit zu respektierenden Mitmenschen sind,
daß diese nicht etwa den Stellenwert ausgelieferter Objekte
haben dürfen. Ist auch dieses in seinem Unterbewußtsein fixiert
und strebt er nicht Erfolge *um jeden Preis* an, dann kann seine
Arbeit im allgemeinen erfolgreich sein.

Ob der Ethnologe aber letzthin Erfolg haben wird, das hängt
wiederum sehr von seiner Persönlichkeitsstruktur ab, einfacher
gesagt: von seinem Gemüt, zumal auch der handelnde, der
forschende Mensch hier selbst im Versuch ist. Denn, wie schon
angedeutet, hat die Person des Untersuchenden hier eine größere Stellenbedeutung als in vielen anderen Fachbereichen.

Es wäre zu einfach, zu fordern, daß der Untersuchende keine
primäre Vorstellung von der zu untersuchenden Gemeinschaft
haben dürfe. Diese wird bei allem Bestreben, solches zu vermeiden, zumindest im Unbewußten vorhanden sein. Es darf indessen vorausgesetzt werden, daß die betreffende Persönlichkeit
so kritisch ist, um etwaige vorgefaßte Meinungen zu revidieren,
solche gründlich in Frage zu stellen. Der Ethnologe sollte auf
keinen Fall eine romantisch-idealisierende Attitüde und auch

keine ideologische Belastung mitbringen. Er wird keine leicht zu lebende Position haben, im positiven Fall meist zwischen den beiden Kulturen stehen. Denn, so sehr er sich auch der zu erforschenden Gemeinschaft anzugleichen versuchen wird und den abendländischen Weg der Daseinsmeisterung nicht als Richtmaß nehmen wird, als Vorstellung, als „Vor-Bild" wird jener oft dabei, unterschwellig aktiv sein.

Um der betreffenden Gemeinschaft nahezukommen, um die erstrebten Kenntnisse im umfassenden „Versuch" zu gewinnen, muß der Ethnologe fähig sein, auf primitivste Weise zu leben. Er muß die Befähigung zum „Alleinsein" in der Gruppe haben, angstfrei sein bezüglich etwaiger Mißhelligkeiten und effektiver Gefahren, Krankheiten eingeschlossen. Der Untersuchende muß zu weitestgehender Hingabe, nicht unbedingt zur Selbstaufgabe, bereit sein.

Dieses alles ist in den Auswirkungen nicht so ernst zu nehmen. In den 35 Jahren deutscher Nachkriegsforschung ist nur ein Ethnologe draußen zu Tode gekommen, und das geschah in einem Krankenhaus.

Hans Fischer[7] schrieb über einen „Kulturschock", „den viele oder die meisten Ethnographen erleben", z. B. „wenn plötzlich alle Sicherheiten, alle Regeln nicht mehr gelten". Und er betont: „Jeder Feldforscher hat irgendwann solche Phasen ..." Ich glaube, zumindest nach meinen Erfahrungen in ganz verschiedenen Regionen Ozeaniens, daß dieses keineswegs für jeden Ethnologen gilt. Oft wird ein Ethnologe in der zu untersuchenden Gemeinschaft sich zunächst noch fremd fühlen. Seine heimischen Ordnungsbegriffe, Regeln und Normen gelten nicht mehr, er kann enttäuscht sein, wenn seine Erwartungen der Kooperation zunächst nicht erfüllt werden. Doch alles dieses sollte jedenfalls nicht mehr als ein Gefühl der Unsicherheit bedingen. Indem der Ethnologe vordem alle Möglichkeiten und Risiken ganz durchdacht einkalkuliert, wird er gegen einen „Kulturschock" weitgehend gefeit sein — oder er widmet sich an Stelle des Feldversuches dann eher der theoretischen Ethnologie, die heute sogar ein stärkeres

Gewicht als die Arbeit vor Ort anscheinend bekommen hat. Für eine solche Orientierung gibt es genügend Beispiele.

Ein Ethnologe, der die zu untersuchende Gemeinschaft in einer uns einsam erscheinenden Region erreicht hat, akzeptiert wird und unter ihr, mit ihr zu leben beginnt, wird kaum verwundert sein, daß er zunächst selbst „untersucht" wird. Jede seiner Bewegungen, jeder Handgriff werden tags und nachts von einer Menge Höchstinteressierter beobachtet, alle Habe wird geprüft, und die „neuen Mitmenschen" nehmen an allen seinen Verrichtungen, bis zum Urinieren und Exkrementieren, lebhaft optischen Anteil. Reüssiert der Ethnologe, läßt er sich durch solches zu Erwartende, Selbstverständliche, nicht irritieren, lebt er fortan, nun weniger ein Kuriosum als ein akzeptiertes Glied der Gemeinschaft, dann wird er vielleicht auch mehr respektiert als ihm gemäß erscheint. Er kann keine Kokospalme erklettern, auf See vermag er nicht einmal ein Auslegerboot richtig zu paddeln, und im Hochgebirge stürzt er immer wieder, rutscht unbeholfen allzu glatte Steilhänge hinunter — und doch gibt ihm jedwede Gemeinschaft dafür, klug mitdenkend, einen Bonus. Das mag so weit gehen, daß wettersichere Polynesier den Ethnologen interessiert fragen, ob es am nächsten Tage wohl Regen geben würde, oder während eines Seebebens, das in bestimmten Regionen Melanesiens häufiger ist, wird er um Auskunft gebeten, um wieviel es noch schlimmer kommen würde. Man bringt dem Untersuchenden, wenn er nicht allzuviel falsch gemacht hat, Vertrauen entgegen.

Ganz richtig schreibt Fischer[8]: „Wieder ist es die ganze Persönlichkeit des Feldforschers, einschließlich unbewußter und unterbewußter Bereiche und Schichten, die zu einem erheblichen — aber weitgehend nicht überprüfbaren Anteil — die Ergebnisse und zunächst schon das Zustandekommen der Feldforschung bedingt." Es ist der sogenannte Versuchsleitereffekt, auf den Eno Beuchelt[9] verwies hinsichtlich der „Bedeutung einer psychologischen Durchleuchtung der Kulturanthropologen, die sich besonders zu befassen hat mit der Einstellungsprägung und -veränderung vor und während der Feldarbeit, mit Beeinflussung der beobachteten Einheimischen oder

der befragten Informanten durch das Verhalten des Feldforschers ... und mit dessen spezifischen Formen der sozialen
Wahrnehmung". Namhafte Ethnologen, die grundlegende
Werke publizierten, haben immerhin unter den oft harten
Entbehrungen, dem Gefühl totaler Verlassenheit und der Lan-
geweile gelitten, sind in existentielle Schwierigkeiten geraten,
die nicht wissenschaftliche Ursachen hatten, sondern gemüts-
bedingt waren.

Während Franz Boas zur Durchführung seiner Feldforschungen an der Nordwestküste Amerikas nur selten in einer indiani-
schen Gemeinschaft lebte, sondern Hotels und Pensionen einen
Spaziergang vom Dorfe entfernt vorzog[10] und Margaret Mead
für ihre vieldiskutierte Forschungsarbeit zu „Coming of Age
in Samoa" bei einer amerikanischen Familie in Manu'a wohnte
– in der Sorge, infolge einer einheimischen Ernährung und
der nervlichen Belastung des Zusammenlebens mit etlichen
Eingeborenen im selben Raum eines Hauses ohne Wände an
Arbeitseffektivität zu verlieren[11], gab Bronislaw Malinowski
schon seit 1914/15 das Beispiel, wie ein Ethnologe „als ein
Eingeborener unter Eingeborenen viele Monate lang leben"
und arbeiten konnte[12].

Allerdings – so bewundernswert diese Forschungsweise Mali-
nowskis war und wie überzeugend auch sein daraus resultieren-
des Werk über „die Argonauten des westlichen Pazifik" geriet
– wir wissen heute mehr über seine ganz erheblichen Schwierigkeiten der Teilnahme am alltäglichen Leben jener Gemeinschaft auf den Trobriand-Inseln. Es waren nicht nur die ersten
Wochen bei jener Gemeinschaft, in denen ihm ein „Gefühl der
Hoffnungslosigkeit und Verzweiflung nach vielen hartnäckigen
aber nutzlosen Versuchen", in rechten Kontakt mit den Einheimischen zu gelangen, überkam, so daß er zeitweilig verzagte
und, Novellen lesend, sich zu separieren versuchte[13], sondern
es war gerade auch seine gesamte Feldforschungszeit in jener
Region, in der er sich unglücklich isoliert fühlte, „denn der
Eingeborene ist nicht der natürliche Gefährte für einen Weißen"[14]. Wie sehr Malinowski, der als ein Begründer des Funk-
tionalismus in der Ethnologie und als besonderes Vorbild für

die Feldarbeit der „teilnehmenden Beobachtung" gilt, seinen „Versuch mit Menschen" *erlitten* hat, wird erst voll deutlich, wenn wir sein Tagebuch lesen, das seine Witwe Valetta ein halbes Jahrhundert hernach mutig veröffentlichte[15]. Hier verrät er ganz ehrlich seine Neigungen zur Hypochondrie, seine ständige Sorge um die Erhaltung der Gesundheit, seine immer wiederkehrenden Sehnsüchte nach seiner Geliebten in unerreichbarer Ferne, aus denen ihm der Abstand zu den zu erforschenden Menschen voll bewußt wurde[16], und er hatte auch durchaus das Bedürfnis „to run away from the niggers"[17], wie er zudem einige zu seiner durchaus systematischen Arbeit gehörende Aufgaben als „unpleasant tasks"[18] beklagte.

Nicht von ungefähr wird hier deutlich, wie wichtig die heute selbstverständliche Forderung nach ausführlicher Darstellung der jeweiligen *Versuchssituation* in jeder Publikation ethnographischer Feldforschung ist. Leider geben die meisten Veröffentlichungen der Vergangenheit, aber auch noch etliche aus jüngerer Zeit wenig Aufschluß über die Details der Anlage und der Durchführung eines solchen „Versuches mit Menschen", über die Reaktionen der Betroffenen und gerade auch über die Situation, den physischen wie psychischen Zustand des Untersuchenden, so daß aus solcher Arbeit resultierende Folgerungen kaum nachvollziehbar, nicht zu kontrollieren sind. Ein so offen geschriebenes „Diary in the Strict Sense of the Term" von Malinowski erlaubt uns eine gewisse Prüfung seiner Folgerungen, obschon sein Tagebuch fast ausschließlich seine Gemütslagen, kaum seine jeweiligen wissenschaftlichen Tendenzen und Methoden erkennen läßt. Auch die unter dem Titel „Blackberry Winter" von Margaret Mead[19] erschienenen Aufzeichnungen lassen eine bessere, kritische Beurteilung der Forschungsergebnisse dieser Ethnologin zu.

Es sollte eine Selbstverständlichkeit sein — und könnte vom „Versuchsleiter", dem jeweiligen Ethnologen, als Zumutung bezeichnet werden, rückhaltlos Aufschluß über sein betreffendes Arbeitsvermögen, die persönlichen Schwierigkeiten und die Fehlschläge zu geben, auch etwa über die Modifizierungen der Methoden, mit denen er die Befunde „erzielte", zu berich-

ten. Allzu menschlich kann ein Ethnologe Irrtümern erliegen
— oder auch Versuchungen — und aus ferner Einsamkeit mit
höchst solide erscheinenden Ergebnissen heimkehren, die etwas
leichtfertig fixiert wurden und die niemand hierzulande zu
prüfen vermag. Eine Teamarbeit, etwa ein größeres Forschungsvorhaben, bei dem mehrere Wissenschaftler selbständig und voneinander getrennt mit gleichartigen Aufgaben in
derselben Region arbeiten, kann indessen in solcher Hinsicht
zu weitgehend abgesicherten Ergebnissen führen, wenn die
Kollegen ihre Befunde und Manuskripte gegenseitig zur Kontrolle prüfen und hernach einem Redaktionsausschuß der
„Feldarbeiter" vorlegen[20]. Ältere Monographien, deren Ergebnisse strittig sind, könnten durch eine „Versuchswiederho-
lung", durch ein „re-study", geprüft werden, sofern die Situation am Ort dieses noch zuläßt. Wieweit eine „Objektivität"
aber überhaupt erreicht werden kann, das wird wohl immer
strittig bleiben. Gewiß kann es keine absolut objektiven Ergebnisse, trotz allem umsichtigen Bemühen, geben. Aber *„relativ
objektiv"* könnten die unter hohem Verantwortungsbewußt-
sein erreichten Befunde schon genannt werden.

Eine weitgehende Abhängigkeit von der Person des „Versuchsleiters", des innerhalb der Gemeinschaft arbeitenden Wissenschaftlers, ist kaum zu vermeiden. Diejenigen, die hinausfah-
ren, sich den „Versuch mit Menschen" samt allen Mißhelligkeiten zutrauen, können auch ihrer selbst nicht sicher sein —
wie viele Erfahrungen bewiesen haben. Es sind nicht nur die
Einsamkeit, etwaige Kontaktschwierigkeiten mit den Einheimischen, etwa das Fehlen einer Logistik zur permanenten Versorgung, sondern es sind gerade auch die allgemeinen Streßsitua-
tionen. Die individuelle Veranlagung, die jeweilige Belastbarkeit mag dabei entscheidend sein. Es gibt Ethnologen, die auf
einer Riffinsel im Pazifik, auf unabsehbare Zeit abgeschnitten
von jeder Verbindung (wie Nachrichten/Post, Verpflegung, medizinische Versorgung) ganz allein frohgemut leben können,
und andererseits Wissenschaftler, die im Team-Verband in einer
Region wie im Bergland von Neuguinea wohlversorgt arbeiten
und dennoch den Anspannungen des Stresses erliegen. Das ist

für den Einzelnen und vom Einzelnen selbst nicht vorherseh-
bar, nicht prüfbar. Meine Erfahrungen als Koordinator des
West-Irian-Projektes (1974—1987) haben mich jedenfalls dessen belehrt, und Psychologen versicherten, daß selbst ein drei-
wöchiges Test-Camp in den Hochalpen keine Gewähr für pro-
blemfreie Eignung zur Feldforschung etwa in einem fernen
Gebirgsland bieten könne.

Wie werten wir aber andererseits nun die Betroffenen bei
solchem „Versuch mit Menschen"? Zunächst darf ich aus meinen eigenen Erfahrungen der vergangenen dreieinhalb Jahrzehnte sagen, daß bei einem der jeweiligen Situation entsprechenden Verhalten des Ethnologen keine besonderen Schwierigkeiten zu erwarten sind. Die Gemeinschaft akzeptiert — wie
schon anfangs angedeutet — im allgemeinen den Wissenschaftler, sobald sie überzeugt ist, daß er als harmloser Gast und
Freund eine ganze Weile dort bleiben und lernen möchte,
daß er Interesse für und Respekt vor Daseinsordnung und
Traditionen hat. Dann arbeiten in einer späteren Phase auch
Männer, Frauen und Jugendliche gern als Informanten mit.
In Polynesien, Mikronesien und Melanesien habe ich z. B. gute
Informanten mit erheblicher Ausdauer als hilfreiche Freunde
kennengelernt; Täuscher, zur augenblicklichen Gefälligkeit
oder infolge Unwissenheit oder wegen notwendig erscheinen-
der Geheimhaltung, gibt es wohl allenorts, und — bei negativer
Motivierung — werden sie häufig schon von der Gemeinschaft
korrigiert. Wegen ihrer dynamischen, zu spontanen Handlungen neigenden Lebensweise der Bergpapua in Neuguinea waren
diese im allgemeinen eher für kürzere Informationsgespräche
und Befragungen zugänglich. Sie hatten allerdings noch nicht
wie die anderen Ozeanier mit ihrem Jahrhundert christlicher
Missionierung die „Sitzungen" der Weißen in Kirchen und
Schulen kennengelernt.

Es kann nun die Frage gestellt werden, ob unser Ethos erlaube,
überhaupt Menschen anderer Regionen zu untersuchen, praktisch also zum Beispiel „Versuche mit Menschen" etwa in
kleinen, kulturell homogen erscheinenden Gemeinschaften zu
unternehmen. Oder simpel als Einwand eines jugendlichen

Kritikers einmal gebracht: „Messen ist doch faschistisch!". Hierzu wäre als Kommentar zunächst zu geben, daß seit Jahrtausenden Menschen anderer Gruppierungen von Menschen beobachtet worden sind und daß diese dann auf unterschiedlichste Weise darüber berichtet haben. Es ist meiner Meinung eine Selbstverständlichkeit, Kenntnisse über unseresgleichen zu sammeln und zu mehren. Auch die von unseren Untersuchungen Betroffenen haben gleichartige Interessen. Ich habe auf allen Forschungsreisen immer wieder erlebt, daß nach einer Weile das Verhältnis umgekehrt wurde und man mich mehr oder weniger systematisch über meinen persönlichen und meinen kulturellen „Hintergrund" ausfragte. Und während der Feldforschungen des West-Irian-Projektes im Jahre 1976 geschah es z. B., daß der gerade mit einer Cessna im Eipomek-Hochtal gelandete Anthropologe von einigen der ihn höchst interessiert umringenden Bergpapua kräftig um Oberarme und Waden gefaßt wurde, da man seine Körpermaße unter der Kleidung erkennen wollte, und ihm wurden auch in Freundschaft „Haarproben" entnommen, die allerdings als Schmuck eines Kampfbogens dann zu nutzen waren.

Es muß immer eine Selbstverständlichkeit sein, daß alle ethnographische Feldforschung in absoluter Fairneß in vollem Einverständnis mit den Betroffenen geschieht, daß man sich fortwährend gemäß den Regeln der jeweiligen Gemeinschaft verhält, und daß nichts gegen deren erklärten Willen unternommen wird. Es ist keine List oder Täuschung, keine „Verhör"-Technik anzuwenden, und die Ergebnisse solcher Untersuchungen dürfen auch keinerlei Schaden bei den Untersuchten hernach anrichten; es muß auch so etwas wie einen „Datenschutz" gegenüber deren Behörden geben. Forschungen in fremden, sogenannten exotischen Regionen der *Dritten Welt* sind also nicht im wörtlichsten Sinne *Versuche mit Menschen*, sie sind, wie schon erläutert, eher *Versuche zu erkennen* und in der Durchführung Begegnungen mit Menschen, Mitmenschen, die, wie wiederholt betont, nie den Status „ausgelieferter Objekte" erhalten dürfen. Der Ethnologe hat eine hochgradige Verantwortung besonderer ethischer Dimension. Verständnis für und Rücksichtnahme auf diese Menschen sind wichtiger als die Ergebnisse einer Untersuchung — sofern man zu einer solchen Wertung jeweils gezwungen ist. Mir wurden z. B. nach längerem Aufenthalt auf einer Riffinsel im westlichen Pazifik von einem Einheimischen, der mein guter Freund geworden war, unter aller Vorsicht auf einer Buschlandlichtung gegen Mitternacht, geheime Formeln und Praktiken der Magie mitgeteilt. Ich hatte ihn dort ganz allein zu treffen, und es waren Geheimnisse, die nur in seiner Sippe unter den Ältesten seit Menschengedenken vererbt waren. Ich erhielt diese Informationen, weil der Freund mir helfen, mich stark machen wollte für die Rückkehr nach dem fürchterlichen Europa, damit ich auf meinem Eiland Berlin am Leben bliebe. Diese Magie ist wissenschaftlich besonders interessant, gibt sie doch Beweise, daß es sich hier um keinen simplen Zauber handelt. Man würde hier Elemente der psychogenen Stärkung und etliche weitere psychische Komponenten analysieren können. Aber solches Material darf ich nie publizieren, hätte auch nicht die Neigung dazu. Denn diese seit Jahrhunderten bewahrten Geheimnisse einer Sippe könnten dann der übrigen Bevölkerung bekannt werden, es wäre Verrat an einer Freundschaft. Andererseits darf der Untersuchende nie vergessen, daß eine emotionale Annäherung, etwa eine weitgehende Identifikation mit den Einheimischen und der Gemeinschaft, die Gefahr der Behinderung „objektiver" Betrachtung birgt, daß in der Beobachtung und Erkundung und weiterhin in der Auswertung der Daten und der Publikation der Ergebnisse eine Distanzierung unerläßlich ist.

Im übrigen sind die einheimischen Informanten selbstverständlich auch materiell nicht auszunutzen. Sind sie z. B. in irgendeinem Arbeits- und Einkommensverhältnis, so sollte man ihnen zumindest die durch Informationszeiten entgangenen Verdienstmöglichkeiten ersetzen. Wird der Feldforscher indessen nach längerem Aufenthalt um Rat gefragt, wirtschaftliche oder politische Probleme betreffend, so muß er sich wohl sehr prüfen, ob sein Wissen und seine Orientierung ausreichen, eine in ihren Konsequenzen optimale Empfehlung zu geben.

Das Verhalten des Feldforschers wird — so anpassungsbereit und inkorporationsfähig er auch sein mag und so neutral er sich immer gibt, jedenfalls einen gewissen Einfluß auf die betreffende Gemeinschaft haben. Im Interesse seiner Arbeit, der Zuverlässigkeit seiner Befunde wie auch gerade im Interesse der etwa später in dieser Region wieder tätigen Kollegen sollte der Untersuchende alltäglich mit höchster Umsicht arbeiten um seine Einwirkung auf die Gruppe möglichst gering zu halten. Wir sind indessen stolz darauf, daß unsere Forschungen im Hochland von Neuguinea das Selbstbewußtsein der Bergpapua — infolge der Bestätigung der Werte ihrer eigenen Kultur — so gestärkt haben, daß die hernach in diese Region eindringende, allzu rigorose Mission, eine amerikanische Sekte, einige Schwierigkeiten hatte, jene Welt umzukehren. In Westpolynesien waren Missionare und Händler als erste da, vor anderthalb Jahrhunderten, und die Glaubensboten hatten einigen Erfolg, bei den Einheimischen die Erinnerungen an die eigene Vergangenheit, an ihre Geschichte, weitgehend auszulöschen, so daß die Insulaner bald selbst glaubten, daß alles vor der Europäisierung nur „te po uliuli", „die allerschwärzeste Nacht", gewesen sei. Hier wurde dem Ethnologen, es war doch erschütternd, gesagt: „Du bist der einzige, der zu uns gekommen ist, der sagte, daß unsere Vergangenheit nicht schlecht gewesen sei ...".

Es ist keine Selbstverständlichkeit, völkerkundliche Feldforschung an einem gewählten Ort durchzuführen. Das kann keine allein persönliche Entscheidung sein. Wie schon erläutert, ist die ausdrückliche Zustimmung, das Einverständnis der betreffenden Gemeinschaft hierfür die Voraussetzung. Früher schien das Permit der jeweiligen Kolonialverwaltung manchem dafür zu genügen. Heute werden, in Umkehrung der alten Verhältnisse — oder auch in deren Fortsetzung — den Ethnologen oft „von den Mächtigen der Neuen Klasse im ‚parakolonialen' Herrschaftssystem der ‚befreiten' Staaten alle möglichen Schwierigkeiten und Hindernisse bereitet, wenn sie ethnographische Forschungen unter ethnischen Minderheiten betreiben wollen", wie Rüdiger Schott[21] ganz richtig schrieb. So mußte das durchaus im Interesse der Bergpapua von West-Neuguinea — vor Beginn des Missionseinflusses — im Jahre 1974 von vielen Forschern unter Einsatz von Gesundheit und Leben und erheblichen finanziellen Mitteln begonnene Forschungsprojekt („West-Irian-Projekt") nach wenigen Jahren abgebrochen werden, weil die Regierung Indonesiens ihre Neuguinea-Politik dabei tangiert sah.

Die Untersuchungen der Ethnologen, ihre *Versuche mit Menschen* sind letzthin nicht nur von Vorteil für die „Wissenschaft" abendländischer Prägung. Sie sind — oder sollten zumindest sein — gerade auch im Interesse der Betroffenen. Es geht darum, deren Kultur vor weiteren Veränderungen zu erfassen, deren Geschichte zu erarbeiten, zu schreiben — weil sie selbst das nicht tun, etwa noch nicht wollen und können, und es gehört dazu, ihre Probleme, die Möglichkeiten zu Verbesserungen, zur Hilfe aufzuweisen. Das erscheint alles wesentlich zur Stärkung des Selbstbewußtseins dieser Menschen in einer verwirrenden Welt, für ihr Identitätsverständnis, zur Selbstbehauptung gegenüber vielen negativen Einwirkungen. Das bedeutet aber, daß die Ergebnisse der jeweiligen Feldforschungen den betreffenden Gemeinschaften, deren Repräsentanten, zugänglich gemacht werden müssen. Allzuoft haben sich Betroffene beklagt: „Wir haben Forscher bei uns gehabt, und dann haben wir nie wieder etwas von ihnen und ihren Arbeiten gehört oder gesehen." Schon vor drei Jahrzehnten hat Erhard Schlesier[22] dazu geschrieben: „Der Völkerkundler hat die hohe ethische Verpflichtung, jenen Menschen, mit deren Leben, Kultur und Vergangenheit er sich wissenschaftlich beschäftigt, zu helfen, in der modernen Zeit, der sie sich ohne eigene Schuld unerwartet gegenübergestellt sehen, zu bestehen und den Übergang von ihrer Welt in die des Stahls, des Motors, der Atomtechnik und des hemmungslosen wirtschaftlichen Wettbewerbs ohne existenzbedrohende Schädigungen zu finden. ... Hier erhält wohl die völkerkundliche Arbeit ihren letzten und höchsten Sinn." Allerdings sah Schlesier auch ganz richtig die Situation, daß der Ethnologe mit seinen Arbeiten im wesentlichen nur die Grundlagen biete, die Nutzbarmachung, die Anwendung, Sache anderer sei.

Die Folgen der wissenschaftlichen Erkundung fremder Kulturen, solcher *Versuche mit Menschen*, sind nicht ohne Risiko — weniger für die Betroffenen während der Forschungsarbeiten als vielmehr hinsichtlich der Nachwirkungen, wenn gar die betreffende Region dadurch etwa leichter erschlossen, zugänglich für Mission und Administration wird, wenn publizierte Erkenntnisse als Material zur intensiven Beherrschung des Gebietes dienen können. Allerdings sind nicht viele derartige Negativbeispiele bekanntgeworden. Um die Befunde der Ethnologen kümmert man sich an maßgebenden Stellen kaum, wie ja auch hierzulande weder im diplomatischen Dienst noch in der Entwicklungshilfe Ethnologen besonders begehrt sind. Gewichtiger erscheint das Risiko, das entsteht, wenn derartige Forschungen nicht durchgeführt würden, wenn die Zeit nicht genutzt wird und die Erkenntnisse, die heute noch erarbeitet werden können, morgen, in der allgemeinen Situation des rapiden Kulturwandels, nicht mehr zu gewinnen sind, wenn Kulturgeschichte verlorengeht, vergessen wird. Denn auch gerade die Motivation der Einheimischen, deren Zukunft nur in rechter Kenntnis von Vergangenheit und Gegenwart adäquat gestaltet werden kann, ist ein ganz wesentliches weiteres Ergebnis dieser *Versuche mit Menschen*, sofern wir von solchen sprechen können.

Anmerkungen

1 Robert Redfield, The Primitive World and Its Transformation, Ithaka 1953, S. 20.
2 Vgl. dazu das ‚West-Irian-Projekt‘, Schwerpunktprogramm der Deutschen Forschungsgemeinschaft, und dessen Schriftenreihe ‚Mensch, Kultur und Umwelt im zentralen Bergland von West-Neuguinea‘, Berlin 1979—1987.
3 Im Vorwort zu Argonauts of the Western Pacific, London 1922, S. XV.
4 Ivo Strecker, Methodische Probleme der ethno-soziologischen Beobachtung und Beschreibung, Bd. 3 d. Arbeiten a. d. Inst. f. Völkerkunde d. Univ. z. Göttingen, Göttingen 1969, S. 10.
5 Vgl. schon bei Malinowski (Anm. 3), S. 6.
6 Strecker (Anm. 4), S. 92.

7 Hans Fischer: Feldforschung, in: Hans Fischer (Hrsg.): Ethnologie, Berlin 1983, S. 81.

8 Hans Fischer: Zur Theorie der Feldforschung, in: Wolfdietrich Schmied-Kowarzik und Justin Stagl: Grundfragen der Ethnologie, Berlin 1981, S. 75.

9 Eno Beuchelt: Psychologische Anthropologie, in: Fischer: Ethnologie, S. 348.

10 Derek Freeman: Margaret Mead and Samoa. The Making and Unmaking of an Anthropological Myth, Cambridge und London 1983, S. 316 f.

11 Freeman (Anm. 10), S. 66.

12 James G. Frazer im Geleitwort zu Malinowski (Anm. 3), S. VII.

13 Malinowski (Anm. 3), S. 4).

14 Malinowski (Anm. 3), S. 7.

15 Bronislaw Malinowski: A Diary in the Strict Sense of the Term, London 1967.

16 Malinowski (Anm. 15), S. 273.

17 Malinowski (Anm. 15), S. 175.

18 Malinowski (Anm. 15), S. 212.

19 Margaret Mead: Blackberry Winter. My Earlier Years, New York 1972.

20 Beim ‚West-Irian-Projekt' (s. o.) ergaben sich bei der Bearbeitung der Schriftenreihe Hunderte von sachlichen, mehr oder weniger bedeutenden Korrekturnotwendigkeiten im vollen Einverständnis der Kollegen.

21 Rüdiger Schott: Aufgaben der deutschen Ethnologie heute, in: Schmied-Kowarzik u. Stagl: Grundfragen der Ethnologie, S. 62.

22 Erhard Schlesier: Möglichkeiten und Grenzen einer ‚Angewandten Völkerkunde' in Deutschland, in: Hans Plischke (Hrsg.): Göttinger völkerkundliche Studien, Bd. 2, Düsseldorf 1957, S. 98.

O.J. and Economic Change, in: Man, 9 (1974), 119–31. (Deutsche Übersetzung 1982, 243–46).

Strathern, Marilyn: Zur Theorie des Patrilinearitätsprinzips: Vollständige kulturelle Formen und deren Bildung, Grenzlinien der Schichten, Berlin 1964, 17 ff.

Tawney, Richard Henry: Religion and the Rise of Capitalism, in:

J.C. Mitchell: Social Networks in Urban Situations, Manchester 1969, 83–111.

Turner, Victor Witter: Schism and Continuity in an African Society. A Study of Ndembu Village Life, Manchester 1957.

Tönnies, Ferdinand: Gemeinschaft und Gesellschaft. Die Abhandlung des Communismus und des Socialismus als empirischer Kulturformen, Leipzig 1887.

Tylor, E.B.: Primitive Culture, 2 vols., London 1871.

Tyler, S.A.: Essays on Cognitive Anthropology, New York 1969. (T. Bottomore (Hrsg.), London 1973, 77–94.)

Varenne, Hervé: Americans Together: Structured Diversity in a Midwestern Town, New York 1977.

Voget, Fred W.: A History of Ethnology, New York 1975.

Wallace, Anthony F.C.: Culture and Personality, New York 1961.

Versuche in der Politik

Hellmut Becker

Bildungsreform — Großversuch mit Menschen?

Geschichte könnten wir als ein ständiges Experiment mit Menschen ansehen. Das Handeln der Menschen mit- und gegeneinander, das Handeln der Politiker, es setzt die Menschen immer wieder neuen Situationen aus, die nicht vorher ausprobiert werden können. Wenn wir der Frage unseres Themas gerecht werden wollen, dann müssen wir zunächst einmal wissen, daß die Welt der politischen und sozialen Entscheidungen keine wissenschaftliche Welt ist. Wenn wir dort von Versuchen und Experimenten sprechen, dann meinen wir nicht das Experiment im strengen wissenschaftlichen Sinn, wie wir es hier in einer Reihe von Vorträgen kennengelernt haben. In unserer Zeit ist Politik wissenschaftsabhängig geworden, d. h. wissenschaftliche Ergebnisse haben Einfluß auf Politik. Das darf aber nicht zu der Verwechslung führen, Politik sei selbst Wissenschaft und in ihr könne nach wissenschaftlichen Regeln Experiment und Versuch ablaufen.

In jüngster Zeit mußten in der Bundesrepublik zwei wichtige politische Entscheidungen gefällt werden. Die Entscheidung über das Tempolimit auf den Autobahnen, und die Entscheidung über die deutsche Beteiligung beim SDI-Programm der Amerikaner. In beiden Fällen hat das Parlament umfangreiche hearings mit Wissenschaftlern abgehalten. Vielfältiges Material ist ausgebreitet worden, Ergebnisse wissenschaftlicher Untersuchungen wurden vorgetragen, aber aus keiner wissenschaftlichen Untersuchung hat sich eine unmittelbare Handlungsanweisung ergeben. Komplexe politische Tatbestände können durch die Wissenschaft vorgeklärt werden, aber die Umsetzung wissenschaftlicher Kenntnisse in politische Handlung bleibt eine politische Aufgabe. Die Genauigkeit von Wissenschaft läßt sich auf Politik nicht übertragen.

Bei einem Symposion der Max-Planck-Gesellschaft über „Ethik und Wissenschaft" hat Professor Helmchen darauf hingewiesen, daß doch eigentlich auch die Bildungsreform als ein Experiment mit Menschen angesehen werden könne. Ich habe dem widersprochen, und diese unsere Kontroverse hat neben anderen Erwägungen zu dieser Vortragsreihe geführt. Dabei möchte ich zu Anfang ganz offen sagen, Herr Helmchen konnte sich zu seiner Annahme, die Bildungsreform sei Experiment mit Menschen, berechtigt fühlen, dank des unglücklichen Sprachgebrauchs der Pädagogen, die ihre Vorstellung von Experiment und Versuch nicht deutlich von dem naturwissenschaftlichen Gebrauch dieser Worte abgegrenzt haben.

Die in den Geistes- und Sozialwissenschaften üblich gewordene Neigung naturwissenschaftliche Begriffe zu verwenden, ohne sich über ihren genauen Sinn im klaren zu sein, hat dazu geführt, daß wir von Schulversuchen, von Experimentalprogrammen und dergleichen gesprochen haben. Dadurch wurde der Annahme Raum gegeben, es handele sich hier um Versuche oder Experimente im strengen naturwissenschaftlichen Sinn. Nun haben wir den Vorträgen dieser Reihe bereits entnommen, daß auch in den Naturwissenschaften der Experimentbegriff nicht so exakt verwandt wird, wie es ursprünglich üblich war. Daß sich sein Gebrauch ausgedehnt hat, und daß der Begriff unscharf geworden ist. Aber man kann doch davon ausgehen, daß die Naturwissenschaft herkömmlicherweise unter Experiment einen Vorgang versteht, in dem aufgrund einer klaren Versuchsanordnung bestimmte Hypothesen intersubjektiv nachvollziehbar überprüft werden. Dies hat wiederum zur Voraussetzung, daß es möglich ist, einen großen Teil des Versuchsfeldes konstant zu halten und eine oder einige wenige interessierende Phänomene als Variable zu isolieren, um so zu eindeutigen Feststellungen über sie zu kommen. Derartige Experimente gibt es aber in den Geistes- und Sozialwissenschaften nicht. Zwar ist es der Schulpsychologie in bescheidenem Maße gelungen, im Rahmen ihrer Forderung kleine überschaubare Experimentalsituationen herzustellen. Die Ergebnisse dieser Forschung sind aber nicht Ausgangspunkt der hier zur Diskussion stehenden großen bildungspolitischen Entscheidungen.

Lassen Sie mich mit einem Beispiel beginnen: Die Jahrgangsklasse, die Ihnen allen als die natürliche Form der Schule
erscheint, hat es in der ganzen Bildungsgeschichte nicht gegeben, bis sie in der zweiten Hälfte des 19. Jahrhunderts, also
vor gut 100 Jahren, eingeführt worden ist. Diese Einführung
war eine politische Entscheidung und sie entsprach der am
militärischen Denken und am militärischen Aufbau orientierten Vorstellungswelt der damaligen Verwaltung. Niemand hat
darüber nachgedacht, ob die Ausbildung in Jahrgangsklassen
eigentlich so besonders sinnvoll und praktisch wäre. Es ist eine
politische Entscheidung gewesen und da sie dem Ordnungs-
denken der meisten Beteiligten entsprach, ist es seitdem so
geblieben. Wissenschaftliche Untersuchungen gab es über die
Bedeutung und Auswirkung der Jahrgangsklasse zunächst
überhaupt nicht. Erst in unseren Tagen gibt es umfassende
Argumente von der Jahrgangsklasse als der gottgegebenen
Einheit wieder loszukommen. Selbstverständlich gilt jetzt alles,
was der Jahrgangsklasse entgegenwirkt, zum Beispiel die Möglichkeit, daß einige Schüler in einigen Fächern schneller voran-
rücken, daß das System der Fächerwahl den Klassenverband
auflöst usw., als Experiment. Das, was seit einigen Jahrzehnten
besteht, ist gottgewollt, was ändert, scheint Experiment.

Ähnlich verhält es sich mit der 45-Minuten-Stunde und dem
ständigen Wechsel des Unterrichtsgegenstandes. Es ist in der
Schule der letzten 100 Jahre üblich, daß alle 45 Minuten
ein neuer Gegenstand den Schüler beschäftigt. Demgegenüber
haben pädagogische Reformer seit langem etwas propagiert,
was man den Epochen-Unterricht nennt; er besteht in der
Konzentration auf bestimmte Gegenstände, die dann eine
kurze Epoche hindurch mehrstündig behandelt werden, um
dadurch eine bessere Konzentration der Schüler zu erreichen.
Nach einiger Zeit wird dann das betreffende Fach nunmehr
in seltenen Stunden weitergeführt, um der Gefahr des Vergessens zu begegnen. Wenn man von der Sache her denkt, wäre
dieses eigentlich die naheliegende Lernform gewesen. Durch
die zunehmende Konzentrationsschwierigkeit von Kindern in
der modernen Welt ist auf dieses Problem deutlicher aufmerk-

sam gemacht worden, obwohl man es auch schon hätte früher entdecken können und entdeckt hat. Die an das alte System Gewöhnten sehen im Epochen-Unterricht ein Experiment. Dagegen wird angeführt, daß es sich an vielen Schulen, zum Beispiel an den Waldorfschulen und der Odenwaldschule sehr bewährt hat, daß es also ein gelungenes Experiment sei. Dabei steht der ganze Begriff Experiment für Veränderung an sich. Das ist, wenn man es im strengen wissenschaftlichen Sinn verwendet, falsch.

Es handelt sich darum, daß man in der politischen Praxis natürlich je nach der allgemeinen Entwicklung Veränderungen vollzieht und daß viele Menschen Veränderungen in sich als ein Risiko betrachten. Wenn sich die Menschen und die gesellschaftlichen Entwicklungen verändern, muß sich natürlich auch das Bildungssystem, das auf diese Menschen und diese Gesellschaft Antwort geben soll, verändern. Wenn man also Experiment im weiteren Sinne versteht, dann ist sowohl die Veränderung ein Experiment als auch das Belassen der bisherigen Zustände. Wenn zum Beispiel aufgrund der demoskopischen Entwicklung große Veränderungen eintreten, dann wäre es unsinnig, wenn die Schule darauf nicht reagieren würde. Wenn zum Beispiel plötzlich ein hoher Prozentsatz an Schülern einer Schule Ausländer sind, die einen anderen kulturellen Hintergrund haben, dann muß die Schule bildungspolitisch anders darauf antworten, als wenn sie eine homogene Schülerschaft deutscher Herkunft hätte.

Eine Schulform, die sehr erfolgreich für eine ausgewählte Elite ist, muß sich ändern, wenn die Gesellschaft eine solche Elite nicht mehr besitzt. Die Schule einer Klassengesellschaft sieht notwendig anders aus, als die Schule einer offenen Gesellschaft mit dem Prinzip der Gleichberechtigung ihrer Bürger. Gegenüber solchen gesellschaftlichen Veränderungen ist möglicherweise die Nichtveränderung das risikoreichere Experiment als die Veränderung, die den veränderten Verhältnissen Rechnung zu tragen versucht. Aber auch ich habe jetzt das Wort „Experiment" in jenem weiteren unexakten Sinn benutzt, in dem man Experiment synonym für Erprobung, Versuch, Veränderung,

verwendet. Wenn die Gesamtschulentwicklung in der Bundesrepublik in einem Buch von Jürgen Raschert dargestellt wird,
dann heißt dieses Buch nicht zufällig „Gesamtschule — ein
gesellschaftliches Experiment". Das gesellschaftliche Experiment ist dann aber natürlich gerade nicht ein Experiment im
naturwissenschaftlichen Sinn, sondern eine soziale Erprobung,
wie die Einrichtung von Einbahnstraßen oder die Einführung
von bleifreiem Benzin oder irgendeine sozial-politische Maßnahme, deren Folgerungen zwar praktisch erprobt und diskutiert werden sollen, die sich aber nicht zwingend wissenschaftlich vorklären und entscheiden lassen.

Ganz besonders schwierig wird diese Frage nun, wenn das
neue Risiko aufgrund neuer wissenschaftlicher Erkenntnisse
politisch verlangt wird. Ich will Ihnen auch dafür ein Beispiel
geben: Ausgehend von den Forschungen von Basil Bernstein
hat sich in der Wissenschaft der Nachweis entwickelt, daß
entscheidende kognitive und emotionale Entwicklungen in den
ersten Lebensjahren des kleinen Kindes stattfinden. Das, was
in dieser Zeit versäumt worden ist, kann nach diesen Untersuchungen sehr schwierig später nachgeholt werden. Daraus
ergab sich eine umfassende Argumentation, daß auch das
logische Denken, das Sprachverhalten des Kindes schon vor
seinem Schuleintritt in solchem Umfang vorgebildet wird, daß
in der späteren Schule ab 6 Jahren eine Chancengleichheit
zwischen Schülern verschiedener sozialer Herkunft und daher
unterschiedlicher sprachlicher Vorbildung und unterschiedlichen Grades der kognitiven Entwicklung nicht mehr hergestellt werden kann. Die Forderung aus diesen Erkenntnissen
ist die Verfrühung des Bildungsprogramms, ist die Entwicklung
vorschulischer Bildung. Der politische Schluß daraus war, ein
auf emotionale und kognitive Entwicklung ausgerichtetes Bil-
dungsprogramm für die Drei- bis Fünfjährigen, wie es der
Deutsche Bildungsrat in seinem Strukturplan für den sogenannten Elementarbereich als Form des frühen Lernens entwickelt hat. Dabei ging es nicht darum, daß die Drei- bis
Fünfjährigen Lesen, Schreiben und Rechnen lernen sollten,
sondern daß sie in ihrer Sprache und in ihren logischen Folge-

rungen die Ausdrucksfähigkeit und Beweglichkeit erreichen sollten, die Kindern der höheren sozialen Schichten automatisch zuteil werden.

Natürlich hat die Wissenschaft, die uns gelehrt hat, was in diesem frühen Kindesalter an Entwicklungen sich vollzieht, keine Versuchsanordnungen geliefert, aus denen hervorgeht, wie zum Beispiel ein Kindergarten aussehen soll, der nicht mehr eine bloße Aufbewahranstalt ist, sondern zugleich die kognitiven und emotionalen Entwicklungen einleitet. Die Wissenschaft konnte auch nicht sich mit den Schwierigkeiten auseinandersetzen, die sich aus der Frage ergeben, ob die bürgerliche Entwicklung zum Maßstab für die Entwicklung nichtbürgerlicher Schichten gemacht werden kann. Wissenschaft bietet rationale Aufklärung, aber nicht Handlungsanweisungen. Unsere Kenntnisse über die Entwicklung kleiner Kinder können uns nicht gleichzeitig sagen, wie ein Kindergarten genau aussehen soll.

Das heißt, im Aufbau des Elementarbereichs steckt aufgrund wissenschaftlicher Ergebnisse ein erhebliches Maß an politischer Entscheidung. Die Entwicklung der neuen Kindergärten stellt ein Experiment dar, das aber nicht in streng wissenschaftlichen Formen nachprüfbar ist, obwohl eine wissenschaftliche Beobachtung dieser Entwicklung von hohem Interesse ist. Das Experiment Vorschule als Veränderung des alten Fröbelschen Kindergartens ist auf wissenschaftliche Erkenntnisse gestützt, es ist durch sie nahegelegt, aber es kann nicht mit einem zwingenden wissenschaftlichen Kontrollmechanismus ausgestattet werden. Die Erfahrungen, die bei jedem menschlichen Tun gesammelt werden, sind natürlich besser, wenn sie unter Verwendung wissenschaftlicher Methoden vorgenommen werden, aber es wäre ein Irrtum, dieses als ein wissenschaftliches Experiment mit Menschen zu bezeichnen. Wir stehen also vor der Tatsache, daß der Teil der Bildungsreform, der vielleicht den umfassendsten Erfolg gehabt hat, nämlich die Ausdehnung des vorschulischen Bereichs, nicht ein wissenschaftliches Experiment darstellt, sondern lediglich den Versuch praktischer Folgerungen aus neuen wissenschaftlichen Erkenntnissen.

Diese praktischen Folgerungen sollen dann vor dem Gericht der menschlichen Erfahrungen kritisch analysiert werden.

Aber ist diese kritische Analyse nun Wissenschaft? Das hängt mit einem anderen komplizierten Problem zusammen. Die Naturwissenschaften haben uns gelehrt, daß ein wesentliches Element wissenschaftlichen Denkens das Messen ist. Von hier aus entsteht in der Naturwissenschaft eine gewisse Skepsis gegenüber hermeneutischen Methoden. Bildungsprobleme sind aber nicht allein mit den empirischen Methoden des Zählens und Messens zu lösen. Es entsteht automatisch ein Methoden-eklektizismus, der uns zum Beispiel zwingt, psychometrische und psychoanalytische Methoden nebeneinander zu verwenden. Die im strengen Sinne empirische Untersuchung bedarf der Ergänzung zum Beispiel durch historische und analytische Methoden. Dabei besteht kein Zweifel, daß die Folgen bil-dungspolitischer Entscheidungen für den einzelnen Menschen außerordentlich relevant sind und sein Schicksal in umfassendem Sinne bestimmen. Es besteht kein Zweifel, daß wir ein Interesse an einer Art Rationalisierung unserer bildungspoli-tischen Verfahren haben. Das gesellschaftspolitische Experiment sollte in möglichst hohem Maße rational und nicht emotional betrachtet werden. Aber durch diesen Wunsch kann das gesellschaftspolitische Experiment, von dem wir hier sprechen, noch nicht zu einem strengen wissenschaftlichen Experiment im naturwissenschaftlichen Sinne werden. Allerdings kann man Hypothesen bilden und sie im Popperschen Sinne falsifi-zieren und verifizieren. Dabei kommen wir aber nicht daran vorbei, daß in hohem Umfange eine interpretative Leistung von der Wissenschaft erwartet wird. Der öffentliche Sprachge-brauch hat dazu geführt, daß man auch das Experiment nennt. Woher sollen wir nun die wissenschaftlichen Kriterien für die Entwicklung neuer Kindergärten im oben beschriebenen Sinne nehmen?

In diesen Zusammenhang gehören natürlich viele Probleme des Anfängerunterrichts. Soll man besser lesen lernen, mit buchstabieren, wie man es früher getan hat oder soll man besser lesen lernen mit der Methode, ganze Wortzusammen-

hänge in sich aufzunehmen? Die Frage ist wissenschaftlich
nicht schlüssig zu entscheiden. Dasselbe gilt z. B. auch für
die ganze neue Mathematik, d. h. für einen mathematischen
Unterricht, in dem die Mengenlehre an entscheidender Stelle
steht, andere Arten der Mathematik vernachlässigt werden.
Die Mathematiker glaubten, und dem entsprach dann ein
Beschluß der gesamten europäischen Kultusministerkonferenz,
das Verständnis für Mathematik durch die Mengenlehre tiefer
zu begründen. Die Gewandtheit in bestimmten Rechenarten
schien weniger wichtig. Es gibt keinen Weg, diese Frage wissenschaftlich einwandfrei zu klären. Ähnliches gilt für die Frage,
ob behinderte Kinder besser und vorteilhafter für sie selbst
und für die Nichtbehinderten in normalen Schulen integriert
unterrichtet werden, oder in Sonderschulen einer besonderen
Ausbildung unterzogen werden sollten. Genau dieselben
Schwierigkeiten bestehen in der Behandlung der Legastheniker,
d. h. besonders lesebehinderter Kinder. Für alle Formen des
Unterrichts in diesen Bereichen gibt es sogenannte wissenschaftliche Argumente. Aber es gibt eben nicht die Schärfe
des Beweises, die uns aus der klassischen Naturwissenschaft
geläufig ist. Dagegen ist es möglich, Erfahrungen zu sammeln
und sie zu interpretieren. Das kann man dann mit Jürgen
Raschert ein gesellschaftliches Experiment nennen.

Sie alle haben viele Jahre der Diskussion um die Frage des
Lesenlernens nach der sogenannten ganzheitlichen Methode
oder nach dem herkömmlichen System des Buchstabierens
miterlebt. Es gibt kein wissenschaftliches Experiment, das diese
Frage eindeutig beantwortet. Es gibt eine vielfältige Argumentation, die eine gute Entscheidungshilfe ist, diese Entscheidung
kann aber immer noch unterschiedlich ausfallen. Selbstverständlich muß man Entscheidungen erproben und dann eine
argumentationsgestützte Entscheidung fällen.

Insofern täte man gut, das Wort „Experiment" deutlich vom
strengen naturwissenschaftlichen Experiment abzugrenzen und
eher davon zu sprechen, daß man Erfahrungen sammeln muß
und daß Erfahrungen nicht dadurch schlecht sind, daß sie vom
Bestehenden abweichen, weil oft gerade das Abweichen das

Normale, und das Beharren das Risikoreiche sein kann. Aber diese Frage kann auch nicht wissenschaftlich exakt geklärt werden. Am Anfang der ganzen Auseinandersetzung um die Bildungsreform als Experiment am Menschen steht die Forderung, weniger von Experiment zu sprechen und sich auch kein Experiment im naturwissenschaftlichen Sinne vorzustellen, sondern sich darüber klar zu werden, daß das kritische Sammeln von Erfahrungen Voraussetzung jeder Bildungspolitik ist und daß es sich hier um offene Argumentationszusammenhänge, nicht um strikte Beweise handeln kann.

Man muß zugeben, daß die ganze Verwirrung der Diskussion ihren Ausgangspunkt bei den Empfehlungen des Bildungsrats hat. Ich bin selbst an dieser Verwirrung nicht unbeteiligt gewesen und möchte Ihnen gerne schildern, wie es dazu gekommen ist: Politisch stand zur Zeit der Gründung des Deutschen Bildungsrats die Frage, Fördern oder Auslesen, dreigliedriges Schulsystem oder Gesamtschule im Vordergrund. Es stand von vornherein fest, daß eine eindeutige Mehrheit für das eine oder andere Prinzip im Bildungsrat und auch in der pädagogischen Öffentlichkeit nicht zu erreichen sein würde. Infolgedessen haben wir uns kurz nach der Gründung darauf geeinigt, vielfältige Erprobungsprogramme zum Sammeln von Erfahrungen zu fordern und haben dies Experimentalprogramm genannt. Der Bildungsrat hatte einen Unterausschuß Experimentalprogramm und dieser Ausschuß hat zu einer Empfehlung des Bildungsrats zur „Einrichtung von Schulversuchen mit Gesamtschulen" im Januar 1969 geführt, in dessen Folge in der Tat in allen Ländern der Bundesrepublik, in unterschiedlicher Zahl, Gesamtschulen eingerichtet worden sind. Das Wort „Versuch", das hier verwandt worden ist, ist gewählt worden wegen seines neutralen Charakters. Wenn man statt dessen Erprobung gesagt hätte, wäre das sachlich sicher richtiger gewesen und hätte die Verwechslung mit dem naturwissenschaftlichen Versuch auch vermieden. Andererseits hätte Erprobung geklungen, wie wenn man die Gesamtschule einführen, aber noch erproben wollte. Während im Worte „Versuch" sozusagen in einem dilatorischen Formelkompromiß, um mit Carl Schmidt zu reden, sich die Befürworter der Gesamtschule den Beginn einer Gesamtschulentwicklung und die Gegner die Möglichkeit der Ablehnung der Gesamtschule vorstellen konnten. Der Versuch, ebenso wie das Experiment, ist also politisch gesehen ein Begriff des Kompromisses, der eine nicht mögliche Entscheidung durch eine Erprobung ersetzen wollte. Dabei war sich der Deutsche Bildungsrat darüber im klaren, daß es einen Versuch im naturwissenschaftlichen Sinn nicht geben konnte.

Die Skepsis des Bildungsrats gegenüber den technischen Möglichkeiten des Vergleichs kann nicht deutlicher ausgedrückt werden, als er es damals in seiner Empfehlung getan hat. Ich zitiere einige Stellen aus der Empfehlung des Deutschen Bildungsrats im Wortlaut, weil hier der ehrliche Versuch unternommen worden ist, den Gedanken des Experiments und den Rat zur Vorsicht mit Experimenten zugleich zum Ausdruck zu bringen, und weil diese Empfehlung immerhin die Basis der Entwicklung in allen deutschen Bundesländern gewesen ist:

Problematik des Vergleichs

„Im allgemeinen werden Verwaltungen und Politiker aus Vergleichen — zwischen herkömmlichen und neuen Schulsystemen, zwischen Varianten des neuen Systems — die wichtigsten Entscheidungshilfen erwarten. Ob es sich dabei um Quotenvergleiche (zum Beispiel von erreichten höheren Abschlüssen nach sozialer Schicht) oder Leistungsvergleiche handelt (zum Beispiel gemessene Testleistung in bestimmten Fächern in einem Jahrgang), immer wird man geneigt sein, das Vergleichsergebnis als eindeutige Information über die Leistung des untersuchten Schulsystems zu deuten.

Nun handelt es sich bei allen Vergleichen dieser Art stets um den Vergleich äußerst komplexer Gebilde unter einem Aspekt, der im Brennpunkt des Interesses steht, nicht um den Vergleich dieser Gebilde selbst. So gibt es vergleichbare Leistungen sowohl in Gesamtschulen als auch in herkömmlichen Schulen, denen gemeinsame Unterrichtsziele zugrunde liegen (zum Beispiel Fertigkeiten und Kenntnisse in einer Fremdsprache). Es gibt daneben nur partiell vergleichbare und schließlich unvergleichbare Leistungen der Schulsysteme, weil die gemessenen partikularen Leistungen in verschiedene Systeme eingebettet sind, die sie in je verschiedene Zusammenhänge stellen und ihnen verschiedene Bedeutungen verleihen. Die Vergleichbarkeit nimmt ab, je stärker die Leistungsnormen des neuen Systems sich von denen des herkömmlichen unterscheiden. Dies ist schließlich, zumindest teilweise, das Ziel ihrer Einrichtung.

Komplexität von Untersuchungen im Schulbereich

Man wird zunächst geneigt sein, angesichts der Dringlichkeit bildungspolitischer Entscheidungen, die Gesamtschulsysteme am Maßstab einfacher Quotenvergleiche zu beurteilen, schon weil Längsschnittuntersuchungen langwierig sind und das Instrumentarium psychometrischer Forschungen erst entwickelt werden muß. Es muß indes darauf hingewiesen werden, daß Quotenvergleiche zwar deskriptiv den Zustand der Systeme aufweisen, jedoch nicht die Erklärungen liefern können, die man für politische Entscheidungen benötigt. Hierzu ist eine Vielzahl von exakten Forschungen nötig; erst die Summe ihrer Ergebnisse ermöglicht ein zuverlässiges Bild des komplexen Sachverhalts. Einzelergebnisse bleiben bruchstückhafte Teilinformationen, deren Verallgemeinerung zu gefährlichen Fehlschlüssen und falschen Entscheidungen führen kann.

Langfristigkeit

Die Zeitpläne von Projekten der Schulforschung sind häufig langfristig, da die untersuchten Bildungsprozesse über Jahre verlaufen, ehe ihre Ergebnisse ausgemacht werden können.

Die Langfristigkeit vieler Projekte der Bildungs- und Schulforschung wirft das Problem auf, daß sie nicht einfach wiederholt werden können wie die Experimente der Naturwissenschaften:

Unter den langen zeitlichen Abläufen verändern sich die Bedingungen der Schulversuche selbst, so daß die Bestätigung von Hypothesen nur begrenzt durch Wiederholung von gleichen Versuchsanordnungen gesucht werden kann. Schulversuche implizieren also zugleich Langfristigkeit und Einmaligkeit der untersuchten Prozesse.

Veränderungen der Untersuchungsbedingungen

In engem Zusammenhang damit steht die Frage der Veränderung der Untersuchungsbedingungen. Versucht man sonst, in einer Untersuchung stets Sorge dafür zu tragen, daß die Versuchsbedingungen konstant bleiben, um das untersuchte Verhalten eindeutig bestimmen zu können, so muß man hier wegen der Entwicklungsaufgaben gerade Veränderungen wünschen.

Schulversuche sollen ihre optimale Gestalt in eigener Entwicklung suchen. Die optimalen Bedingungen der Forschung (Konstanz, Unveränderlichkeit) sind nicht optimale Bedingungen für die Entwicklung der Versuchsschulen. Die Forschung kann nicht, um gültige Ergebnisse zu gewinnen, sinnvolle Entwicklungen in den Schulversuchen unterbinden. Sie ist daher notwendig eingeengt und in gewisser Hinsicht dem Primat der Schulentwicklung unterworfen, die sie freilich wird registrieren müssen. Schon dies ist eine wichtige Forschungsaufgabe, wenn solche Entwicklungen nicht unbesehen und blind verlaufen sollen. Es wird dabei in gelungenen Fällen eine Wechselbeziehung zwischen Schulentwicklung und Forschung entstehen, in der die Forschung eine Orientierungsfunktion für eine Schulentwicklung erhält, die ohne sie weniger funktionsgerecht verliefe."

Trotz dieser vorsichtigen Formulierungen hat der Deutsche Bildungsrat die Schwierigkeiten eines wissenschaftlichen Vergleichs der beiden Schulsysteme noch unterschätzt. Die Bildungskommission hatte den Vorschlag gemacht, eine einheitliche Forschung in allen Ländern zu diesen Fragen zu entwickeln. Schon in diesem Punkt scheiterte die Wissenschaft an unserem Föderalismus; die einheitliche Forschung wurde in der Kultusministerkonferenz zwar erörtert, scheiterte aber an der Kulturhoheit der Länder und kam nie zustande. Vielleicht ist dieses Scheitern sogar ein Glück, denn ein einwandfreies wissenschaftliches überzeugendes Ergebnis wäre wohl kaum zu erreichen gewesen. Die Komplexität von Schule ist zu groß, als daß ein klares Bild entstehen könnte.

Jürgen Raschert hat in seinem Buch „Gesamtschule: Ein gesellschaftliches Experiment" die Vielfalt der einzelnen Untersuchungen zur Gesamtschulpraxis aufgearbeitet, aber gerade die Lektüre der wissenschaftlichen Untersuchungen im einzelnen macht deutlich, warum der komplexe Vorgang sich zur wissenschaftlichen Nachprüfung so wenig eignet. Eine wichtige Variable, die der besseren Förderung, kann nicht einfach durch einen Quotenvergleich operationalisiert werden, weil die inhaltliche Qualität der Abschlüsse so unterschiedlich in Deutschland ist. Es stellt sich heraus, daß selbst prinzipiell empirisch überprüfbare Fragestellungen in der Interpretation relevanter empirischer Ergebnisse häufig zu völlig kontroversen Resultaten führen. Ein praktisches Problem dieser Untersuchung möchte ich nicht unerwähnt lassen: Der wissenschaftliche Begleitforscher zu Schulexperimenten gerät in der Schule in eine komplizierte Situation. Die Lehrer, die mit den neuen Aufgaben zum großen Teil überfordert sind, verlangen dauernd, daß die Begleitforscher ihnen doch lieber helfen sollten, besseren Unterricht zu geben, als komplizierte Untersuchungen anzustellen.

Es entsteht also eine Situation, die auch das wissenschaftliche Ethos der Untersucher auf eine schwierige Probe stellt. Es kommt hinzu, daß die Gesamtschule eigentlich mit dem Regelschulsystem nur vergleichbar wäre, wenn sie selbst als Regelschule eingeführt wäre, gerade das ist aber nicht der Fall. Es zeigt sich deutlich, daß gerade die Gesamtschule als Experiment experimentell kaum überprüfbar ist. Sehr schwierig ist auch die Tatsache, daß die neuartigen Formen, mit denen die Lehrer im allgemeinen besonders engagiert sind, einen Faktor von Qualität einbeziehen, der gar nicht der normalen Entwicklung entsprechen würde, aber in der angeblich experimentellen Situation sich für die Forschung verwirrend auswirkt. Außerdem ist es offensichtlich unmöglich, das genetische Potential wirklich vergleichbar anzuordnen, weil es von Faktoren abhängt, die wiederum nicht unmittelbar mit der Einrichtung von Gesamtschulen zu tun haben. Man muß also wohl sagen, daß das Experiment — soweit es denn eines war — erwiesen hat, daß die Experimentalsituation keine wirklich zwingende Entscheidungsbasis gegeben hat. Es bleibt nichts anderes übrig, als die strenge Untersuchungsform durch umfassende Beobachtungsberichte zu ersetzen. Dabei ist nicht auszuschließen, daß die unterschiedlichen politischen Interessen der verschiedenen Schulverwaltungen fast automatisch unterschiedliche Ergebnisse in den Beobachtungen erzeugen.

Die Gefahr solcher gesellschaftspolitischen Experimente für die Betroffenen ist übrigens relativ gering. Die Erfahrung hat gezeigt, daß die Erprobungsphase hochmotivierend auf die Lehrenden wirkt, so daß in solchen Experimentalsituationen insbesondere qualifiziertere Lehrer sich beteiligen und die Lehrer dann auch noch besser arbeiten als in den traditionellen eingefahrenen Situationen. Die verstärkte Motivierung der Lehrer wirkt sich in der Regel zugunsten der Schüler aus. Hinzu kommt, daß das Nichtdurchführen des Experiments genauso ein Experiment darstellt wie das Experiment selbst.

Alles dieses gilt übrigens auch für die Empfehlung zur Einrichtung von Schulversuchen mit Ganztagsschulen. Im Unterschied zur gesamten angelsächsischen Welt ist Deutschland ja das Land der Halbtagsschule mit den ganzen Schwierigkeiten der Aufteilung des pädagogischen Einflusses zwischen dem der Straße und den Eltern gehörenden Nachmittag und dem der Schule gehörenden Vormittag, auch mit den ganzen Schwierigkeiten der Trennung von Arbeit in der Schule und Arbeit zu Hause. Daß durch die Halbtagsschule auch eine soziale Differenzierung eintritt, kommt noch hinzu, weil selbstverständlich die Hilfen bei der Hausarbeit im bürgerlichen Elternhaus ganz anders zur Verfügung stehen als für die Masse der Schüler.

In der Ganztagsschule, die nun etwas für Deutschland so Neues darstellt, hat der Bildungsrat vorsichtigerweise nicht ein wissenschaftliches Experimentalprogramm entwickelt, sondern eine Reihe von Fragen gestellt, die praktisch überprüft werden sollten. Das war nicht Aufgabe für wissenschaftliche Forschung, sondern eine Forderung an eine Schulaufsicht, die zum Teil mit wissenschaftlichen Kategorien zu arbeiten in der Lage sein sollte. Jeder Abschnitt der Empfehlung hat einen Zusatz, in dem es heißt: „Deshalb müssen in den Ganztagsschulversuchen die folgenden Fragen geprüft werden." Ich gebe ein Beispiel für diese Versuchsanordnung aus dem Thema „Aufgabenerledigung in der Schule, neue Arbeitsformen":
„Wie lassen sich bei der Aufgabenerledigung in der Schule die Zusammenarbeit zwischen Lehrern und Schülern und der Schüler miteinander mit der disziplinierten Einzelarbeit verbinden? Wie weit soll die Übungsarbeit im Unterricht erfolgen, wie weit in gesonderten Arbeitsstunden?
In welchen Formen soll die Zusammenarbeit in den Arbeitsstunden vor sich gehen?
Gibt es bestimmte Aufgaben, für die allein die häusliche Einzelarbeit sinnvoll ist?"

Ähnliche Vorschläge sind für die verschiedensten pädagogischen Aufgaben in der Ganztagsschule gemacht worden. Es handelt sich hier offenbar nicht um wissenschaftliche Versuche, sondern um eine sozial-politische Erprobung, wie wir sie auch von der Rentenreform, der Steuerreform oder von Verkehrsregelungen her kennen.

Es liegt auf der Hand, daß die Veränderung eines Halbtagsschulsystems in ein Ganztagsschulsystem eine für alle am Schulwesen Beteiligten, Lehrer, Eltern, Schüler und Schulverwaltung, besonders weitgehend ist. Trotzdem gibt es keine Möglichkeit, die Technik des wissenschaftlichen Versuchs, wie sie in dieser Vortragsreihe mehrfach erörtert worden ist, auf eine solche Frage anzuwenden. Die einzige Möglichkeit ist eine Beobachtung und kritische Analyse, die sich aber nun auf sehr verschiedene Bereiche erstrecken muß. Die Ganztagsschule bringt eine neue Form der Differenzierung des Unterrichts, sie bringt die Erledigung der Hausaufgaben in der Schule, sie bringt die erweiterte Möglichkeit für künstlerische Betätigung, mehr Zeit und freiere Formen für Sport und Spiel, die Erweiterung des sozialen Erfahrungsbereichs, die Verstärkung der Kontakte zwischen Schülern aus verschiedenen sozialen Schichten, eine Veränderung der Zusammenarbeit zwischen Lehrern und Schülern, weil sie sich auf weitere Bereiche ausdehnt, daher möglicherweise einen Ausbau der Schülermitverwaltung, eine engere Zusammenarbeit zwischen Eltern und Schülern, weil nun auch ein Teil der Zeit, die bisher unter Kontrolle der Eltern stand, unter die Kontrolle der Schule gerät. Sie bringt vernünftigerweise einen Ausbau der schulinternen psychologischen Beratung, weil sehr viel mehr Zeit des einzelnen Schülers von der Schule in Anspruch genommen wird. Sie bringt neue Probleme der Zeiteinteilung, der Arbeitseinteilung und schließlich darf man auch die neuen Probleme der Kosten und der Schulmahlzeit nicht vergessen. Ob es besser ist, wenn die Kinder über Mittag bei Abwesenheit der Eltern sich aus dem Kühlschrank zu Hause versorgen, oder eine Gemeinschaftsmahlzeit in der Schule einnehmen, ist ein für die Kinder sehr wichtiges, aber wissenschaftlich nicht zu lösendes Problem.

Die angelsächsischen Länder haben die Ganztagsschule nicht zufällig, sondern, weil sie glauben, mit der Ganztagsschule die richtigere Antwort auf unsere gesellschaftlichen Lebensformen gefunden zu haben. Das heißt, die Ganztagsschule ist ebenso ein Experiment wie die Ablehnung der Ganztagsschule. Möglicherweise bringt die Tatsache, daß wir wenige oder gar keine Ganztagsschulen haben, für viele Kinder eine bestimmte Art der Schädigung hervor. Dieses alles sind aber Fragen der bildungspolitischen Argumentation, bei denen man Einzelprobleme wissenschaftlich untersuchen kann, aber diese Untersuchungen kann man nie so weit treiben, daß aus ihnen eine wissenschaftlich gesicherte Basis für die komplexe Gesamtentscheidung gewonnen werden könnte.

Zum Beispiel könnte man ohne Mühe die Zahl der Schlüsselkinder feststellen, das heißt der Kinder, die die Schule besuchen und mittags ihre Eltern nicht zu Hause vorfinden und sich selbst versorgen müssen. Da hätte man ein interessantes Datum zur Begründung von Ganztagsschulen, aber die Bedeutung dieses Datums müßte erst im einzelnen durchdiskutiert werden. Denn wer kann wissen, ob die Gemeinschaftsverpflegung im einzelnen etwas Vernünftigeres ist als der Zwang, für Kinder selbständig im elterlichen Haushalt fertig zu werden? Die inhaltliche Planung der Ganztagsschule ist so ungeklärt, daß die Einrichtung von Ganztagsschulen zugleich die Bedingung für die Erprobung selbst setzt. Das sogenannte Experiment gerät also in alle Schwierigkeiten des ‚action research'. Es ist eine bekannte Hypothese über Ganztagsschulen, daß sie dem Abbau der sozialen Schranken dienen, es ist aber auch denkbar, daß sich in der Begegnung verschiedener Schichten den ganzen Tag Cliquen bilden und die sozialen Unterschiede sich geradezu verstärken. Auch das ist nicht experimentell mit Sicherheit so oder so zu beweisen. Das heißt, jeder einzelne Faktor in einem solchen Problem ist so interpretationsabhängig, daß zwingende Ergebnisse von wissenschaftlichen Untersuchungen nicht erwartet werden können.

Weder die Pädagogik noch die Psychologie, noch die Sozialwissenschaften sind in der Lage, für eine solche bildungspolitische Entscheidung etwas anderes als Teilaspekte zu untersuchen. Solche Untersuchungen sollen natürlich gemacht werden und sie sind im Zusammenhang mit der Ganztagsschulempfehlung auch gefordert worden, aber es darf nicht verdeckt werden, daß es sich hier um Probleme handelt, die dann letzten Endes einer politischen Entscheidung bedürfen, zu der einzelne wissenschaftliche Materialien bereitgestellt werden können, aber wissenschaftliche Experimente im strengen Sinn sind unmöglich.

Nun sind die Reformen der Schulstruktur zur Überwindung des dreigliedrigen Schulwesens, die Einführung des Elementarbereichs als vorschulische Entwicklungsstufe nicht die einzigen Elemente von Bildungsreformen in den letzten 20 Jahren. Mindestens so wichtig ist die Curriculumreform, d. h. die Veränderung an Inhalt und Methode des Unterrichts; ebenso wichtig und vielen aus ihrer Schulzeit vertraut, ist die Oberstufenreform mit der Einführung von Kern- und Kursunterricht in der Oberstufe. Jeder, der die reformierte Oberstufe besucht hat, weiß wie wichtig der Grad der Veränderung ist, der hier erfolgt ist. Stellen diese Reformen nun „Experimente mit Menschen" dar? Die Grundlage der gesamten Cirruculumreform ist die Erkenntnis, daß die Vermehrung des Wissens eine neue Gliederung der Stoffe in der Schule erforderlich macht, und daß zudem die Explosion des Wissens eine Begrenzung und Neugliederung der Unterrichtsstoffe hat unvermeidlich werden lassen. Außerdem haben unsere wissenschaftlichen Erkenntnisse über die Bedeutung der Motivierung von Schülern und über die Lernzielbestimmung die Bedingungen von Unterricht grundlegend verändert. Die Frage der Veränderung unserer Bildungsziele aufgrund unserer gesellschaftlichen Entwicklung kommt in diesem Zusammenhang dazu.

Der amerikanische Psychologe Cronbach hat mit Recht festgestellt, daß die vergleichende Curriculumevaluierung im wissenschaftlichen Sinne unmöglich ist, weil die Motivationsverschiebung der Beteiligten durch die Neueinführung so stark ist, daß keine klaren Meßgrundlagen mehr vorhanden sind. In Deutschland hat man die Oberstufenreform zugleich mit dem ‚numerus clausus' an den Universitäten und mit einem neuen Zensurensystem eingeführt, so daß es gar nicht möglich ist, in der wissenschaftlichen Forschung zu trennen, welche Reform welche Wirkungen auslöst. Man ist also auch in diesem nun wirklich zentralen Punkt unseres Schullebens auf Berichte und Analysen angewiesen, die nicht die Form eines einwandfreien wissenschaftlichen Experimentes haben können. Das bedeutet aber gar nicht, daß diese Analysen unnötig sind. Gegenüber der rein verwaltenden Prüfung durch die Schulaufsicht sind solche wissenschaftlichen Untersuchungen vor allem, wenn sie mit einer gewissen methodischen Vielfalt arbeiten, wertvoll und geben der Schulaufsicht differenziertere Grundlagen zu politischen Entscheidungen, als es die herkömmliche Verwaltung mit ihrer Neigung zur Berechnung von Notendurchschnitten hat.

Übrigens sind Noten ein anderes wissenschaftliches Problem. Wir besitzen eine ganze Serie von wissenschaftlichen Forschungen in der ganzen Welt, die sowohl die mangelnde Aussagekraft von Noten, den mangelnden Voraussagewert als auch die Ungenauigkeit aufgrund von subjektiven Vorurteilen bei den Lehrern beweisen. Jeder Mensch, der diese Untersuchungen, die nun schon seit vielen Jahrzehnten stattfinden, gelesen hat, kann nur staunen gegenüber dem Aberglauben der weiterhin den Zensuren gewidmet ist. Es stellt sich also heraus, daß in Bereichen, in denen wissenschaftliche Erkenntnisse möglich sind, die Wirkung von Wissenschaft auf die politische Praxis relativ bescheiden ist. Die Untersuchungen zeigen zum Beispiel ganz deutlich, in welchem Umfang die Noten streuen, wenn man dieselben Arbeiten von verschiedenen Lehrern zensurieren läßt. Sie zeigen auch, welche groteske Folgen es hat, wenn man bestimmte Vorgaben mitgibt, zum Beispiel „guter Schüler" oder „schlechter Schüler". Sie zeigen auch, daß ein Schüler nach empirischen Forschungen außerordentlich schwer — auch bei Wechsel der Leistungen — zu einem Wechsel der Zensuren kommt. Gute Schüler bleiben gute Schüler, schlechte Schüler bleiben schlechte Schüler.

Alle diese Faktoren müßten ausreichen, um unser Zensurensystem nicht zum bedingungslosen Kriterium für das berufliche und gesellschaftliche Fortkommen von Jugendlichen zu machen. Aber da Bildungsreform ein gesellschaftspolitisches und kein wissenschaftliches Experiment ist, wirkt sich die Wissenschaft leider auch da, wo sie über klare Erkenntnisse verfügt, auf den politischen Ablauf nicht hinreichend aus. Die Vorurteile über die Scheinobjektivität des Zensurenwesens sind so stark, daß dagegen die wissenschaftliche Erkenntnis nicht ankommt. Ich habe versucht, diese Zusammenhänge in einem Buch „Zensuren — Lüge — Notwendigkeit — Alternativen" im einzelnen darzustellen. Es bestehen also große Schwierigkeiten selbst einzelne wissenschaftlich gesicherte Erkenntnisse in der Bildungsreform praktisch politisch zur Wirkung zu bringen.

Lassen Sie mich die Antwort auf die Frage, Bildungsreform: „Großversuche mit Menschen?" zum Abschluß kurz zusammenfassen.

Die Bildungsreform hat, auch wenn sie die der Naturwissenschaft entlehnten Worte wie Experiment und Versuch benutzt,
mit Experiment und Versuch im strengen wissenschaftlichen
Sinn nichts zu tun. Sie enthält vielfältige sozialpolitische Maßnahmen, die zum Teil im Stadium der praktischen Erprobung
sind. Sie beruhen häufig auf neueren wissenschaftlichen Erkenntnissen, aber Wissenschaft ist in der Bildungspolitik wie
in der Sozial- und Außenpolitik eine Grundlage für politische
Entscheidungen, aber sie kann die politische Entscheidung
selbst nicht liefern. Daher kann kein Experiment eine Handlungsanweisung geben, sondern nur das Feld in dem Bildungspolitik stattfindet, kann durch Forschung aufgehellt und erklärt werden. Diese Forschungen sind aber ebenso wichtig und
notwendig und bedürfen des Zusammenwirkens verschiedener
Disziplinen.

Als wir in der Max-Planck-Gesellschaft vor 22 Jahren das
Institut für Bildungsforschung gründeten, haben wir klar gesagt, daß wir ein wissenschaftliches Feld, das unaufgeklärt
war, aufzuklären helfen wollten. Wir wußten aber, daß wir den
Politikern die Entscheidung nicht abnehmen konnten, übrigens
auch nicht abnehmen wollten. Sehr oft sind dann von den
Politikern Fragen an uns gestellt worden, so als ob wir auf
wissenschaftlicher Grundlage Handlungsanweisungen geben
könnten. Wir haben immer wieder unterstrichen, daß wir nur
Aufklärung, keine Handlungsanweisungen geben können.
Unsere 11 Bundesländer haben dann wohl fast alle in unterschiedlichen Formen eigene Bildungsforschungsinstitute gegründet, weil ihnen die Verbindung von Bildungsforschung mit
politischer Handlung im eigenen politischen Interesse wichtig
war. Wie weit diese politikgebundene Forschung zur Aufklärung hilfreich war, darf man bezweifeln, weil natürlich ein
ministerialeigenes Forschungsinstitut, in dem auch die Veröf-
fentlichungsgenehmigungen für jede einzelne Schrift erfolgen
muß, nicht geeignet ist, freie Forscher anzuziehen und richtig
auszubilden. Da die Universität interdisziplinäre Institute nur
selten und ungern möglich macht, gibt es nur 3 Institute in
Deutschland, die von diesen unmittelbaren Bindungen frei

sind; das Institut für die Pädagogik der Naturwissenschaften in Kiel, das Institut für internationale pädagogische Forschung in Frankfurt und das Max-Planck-Institut für Bildungsforschung in Berlin. Die anderen Bildungsforschungsinstitute stehen in der Regel in unmittelbarer Abhängigkeit von den Ministerien, die die Bildungspolitik machen. Ich möchte nicht behaupten, daß sie deswegen einfach politischen Weisungen folgen, aber die Gefahr in dieser Richtung liegt natürlich auf der Hand. Aber auch die Einrichtung dieser Bildungsforschungsinstitute war für den gesamten wissenschaftlichen Aufklärungsprozeß hilfreich, weil durch die enge Verbindung dieser Institute mit den Ministerien von Anfang an in die ministerielle Arbeit ein Stück wissenschaftlicher Aufklärung eindringen konnte, und die Verbindung von Verwaltung und Wissenschaft ist ja nur angemessen, wenn man sich darüber im klaren ist, daß moderne Verwaltung und Wissenschaft in demselben Aufklärungsprozeß ihre gemeinsame Basis haben.

Zum Schluß noch ein Wort zum Sprachgebrauch: Wenn ich eine Frau liebe, so ist das sicher kein Experiment im wissenschaftlichen Sinn. Trotzdem kann man keiner Liebe den experimentellen Charakter absprechen. Wenn ich mit dieser Frau zusammenlebe, ist es ein Versuch, der möglicherweise eine dauernde Beziehung vorbereitet. Wenn ich mich dann verheirate, ist das in jeder Ebene, in geistiger, in erotischer, in lebenspraktischer Beziehung, ein Experiment. Wir sind sogar bereit, langfristig erfolgreiche Ehen als ein gelungenes Experiment zu bezeichnen, aber es ist vielleicht wichtig, sich gelegentlich klar zu machen, daß wir dieses Wort „Experiment" hier in einem übertragenen Sinne benutzen und das gilt auch für die Bildungsreform.

Karl W. Deutsch

Sind politische Entscheidungen Experimente mit Menschen?

Aus dem 13. Jahrhundert unserer Zeitrechnung wird berichtet, daß Kaiser Friedrich II. von Hohenstaufen den Versuch unternahm, die Ursprache der Menschheit zu entdecken. Zu diesem Zwecke ließ er eine Anzahl von Säuglingen zur Aufzucht an Ammen übergeben, die den strengen Befehl hatten, zu ihnen kein einziges Wort zu sprechen. Wenn dann die Kinder alt genug würden, um zu sprechen zu beginnen, würden sie das notwendigerweise in der Ursprache der Menschheit tun.

Das kaiserliche Experiment war auf eine Theorie gestützt. Es gab, so schien es dem Kaiser, nur zwei Quellen der menschlichen Sprache: Die Ursprache, die im Innern jedes Kindes schlummert, und die Sprache, welche seine Mutter und andere Menschen seiner Umgebung zu ihm sprechen. Schaltet diese zweite Sprache aus, dann müsse die erste, sonst schlummernde Sprache, zum Vorschein kommen.

Das Experiment schlug fehl. Alle Kinder starben, bevor sie sprachen. Der Kaiser hatte nicht geahnt, daß kleine Kinder Ansprache und Zuwendung brauchen, wenn sie überleben sollen. Und er hatte nicht geahnt, daß Kleinkinder, wie etwa Zwillinge, die mit wenig oder keinen Sprachkontakten mit anderen Menschen aufwachsen, wohl eine gemeinsame Sprache entwickeln, daß aber solche Zwillingssprachen das Ergebnis des Suchens und gegenseitigen Anpassens der Kinder sind, so daß diese Sprachen untereinander verschieden sind und trotz zahlreicher Studien keine „Ursprache" unter ihnen gefunden werden konnte.

Wo hatte der Kaiser mit seinem unmenschlichen Experiment geirrt? Er hatte nicht geahnt, auf welche wirklichen Variablen es für das Überleben der Kinder ankam und welche vermutete Variable — die „Ursprache" — es bei diesen Kindern gar nicht gab.

Was können wir aus seinem Irrtum über Versuche mit Menschen lernen? Hier müssen wir etwas weiter ausholen, um uns an die Grundbegriffe von Experimenten, Quasi-Experimenten und Erfahrungen zu erinnern.

Das Spektrum zwischen Erfahrung und Experiment

Die meisten Ereignisse in der wirklichen Welt werden von einer Vielzahl von Bedingungen, Teilursachen und Kreisen von Wechselwirkungen beeinflußt, die wir alle mit dem Wort „Faktoren" bezeichnen können. Alle diese Faktoren ändern sich. Manche tun das langsamer bis hin zu sehr langsam, andere schnell bis hin zu sehr schnell. Die sich langsam ändernden können wir Strukturen nennen, die sich schnell ändernden Prozesse. Meist geschieht das Zusammenspiel der Faktoren derart, daß kein einzelner Faktor in seiner Wirkung und Veränderungsgeschwindigkeit alle anderen so stark überwiegt, daß die Beobachtung dieses Faktors allein genügt, um den Ausgang des Prozesses vorauszusagen, der uns interessiert, oder daß die Manipulation dieses einen Faktors hinreiche, um den Prozeß zu kontrollieren. Je weniger Faktoren wir erkennen und isolieren können, desto mehr sind wir auf Erinnerungen an undifferenzierte Wirkungskomplexe oder -bündel angewiesen, die wir Erfahrungen nennen. Je genauer wir etwas voraussagen oder kontrollieren wollen, desto mehr Faktoren und Wechselbeziehungen unter ihnen müssen wir messen und gesondert in Rechnung stellen. Wie lernen wir, so etwas zu tun?

Im Laufe der Geschichte der Naturwissenschaften und der Medizin hat man sich bemüht, immer mehr Faktoren zu kontrollieren und zu manipulieren. Das geschah zunächst derart, daß man suchte, alle Faktoren stillzulegen, die man erkannt hatte und die man manipulieren konnte, mit der Ausnahme eines einzigen Faktors, den man variierte oder variieren ließ, mit Beobachtung der jeweiligen Folgen. Eine solche isolierende und kontrollierende Versuchsanordnung steht am anderen Ende von den undifferenzierten Bündeln von Erfahrungen. Sie ist das klassische Experiment, das Professor Hellmut Becker in einem anderen Vortrag in dieser Reihe beschrieben hat. Der erkannte, sich oft verändernde, manipulierbare und von sich regelmäßig wiederholenden Folgen begleitete Faktor wurde dann üblicherweise als Ursache bezeichnet. Die Erkenntnis der „Ursachen" der Dinge — rerum cognoscere causas — wurde dann das Ziel der Wissenschaft.

Das Denkmodell der Kausalität und die Versuchsanordnung des klassischen Experiments konnten viele Probleme nicht bewältigen. Wo mehrere oder viele Faktoren nebeneinander wirkten und wo die Wechselwirkung unter ihnen die Einzelwirkung jedes besonderen Faktors beträchtlich änderte, konnten die Ergebnisse nur statistisch analysiert werden, oft mit Hilfe der „normalen" Glockenkurve des Mathematikers Gauss oder anderer Verteilungsmuster. Mit Hilfe solcher statistischer Methoden und neuerdings auch unter Anwendung von Großrechnern ist es heute möglich, über den engen Rahmen der klassischen Experimente hinauszugehen.

Durch den Übergang vom Kausaldenken zum Wahrscheinlichkeitsdenken werden diese neueren, leistungsfähigeren Methoden auch auf dem Gebiete des menschlichen Verhaltens und der Gesellschaftswissenschaften anwendbar. So aber erweitert sich der Begriff des Experiments wieder.

Ein Teil der Erfahrungsbündel wird analytisch auflösbar und kann als Quasi-Experimente behandelt werden. Gleichzeitig aber bleibt noch ein anderer — in Politik und Gesellschaft überwiegender — Teil von Erfahrungen weiterhin im Bereich der bloßen Erfahrungswissenschaften — wobei man sicherlich auch aus solchen Erfahrungen lernen kann.

Experimente und Quasi-Experimente auf verschiedenen Ebenen:
Individuen und kleine Gruppen

Politische und quasi-politische Organisationen machen Experimente mit Einzelmenschen vor allem auf dem Gebiete der Ausbildung. Obwohl diese meist in größeren oder kleineren Gruppen erfolgt, ist das Ziel doch immer ein Ergebnis im späteren Fähigkeitsgrad und Verhalten des einzelnen Menschen in dem, was er oder sie später tun kann und tun will. Dennoch sind die Ergebnisse im Einzelfall nur höchst ungenau voraussagbar. Bestenfalls über die Wahrscheinlichkeitsverteilung des Verhaltens einer großen Zahl von Individuen lassen sich genauere Aussagen machen, wobei weitgehend offen bleibt, welche Individuen an welcher Stelle der Verteilungskurve landen werden. Das Gesamtergebnis ist vollkommen. „Hier sitz' ich, forme Menschen nach meinem Bilde ..." mochte der Prometheus des jungen Goethe sagen, aber in der Praxis hat sich diese Vision — wer immer sie auch haben mochte — nie vollkommen erfüllt. Voltaire, Robespierre und der britische marxistische Gelehrte John Desmond Bernal kamen alle aus Jesuitenschulen; der antisowjetische Schriftsteller Solschenitsyn kam aus dem Erziehungssystem der Sowjetunion.

Experimente mit Individuen führen öfter zu Erkenntnisgewinnen als zu Kontrolleistungen.

Die Experimente des Psychologen Anatol Rapoport untersuchten, wie sich Menschen in Positionen der Schwäche oder der Stärke in Konflikten verhalten. Zehn Prozent verhielt sich wie die frühen Christen; sie fügten sich, wenn schwach, und waren großmütig, wenn stark. Andere zehn Prozent zeigten gerade das Gegenteil, unterwürfig, wenn schwach, waren sie gnadenlos in Lagen der Stärke. Weitere zehn Prozent konnte man „freigiebige Rebellen" nennen; wenn schwach, lehnten sie sich auf, aber wenn stark, waren sie großmütig. Und schließlich suchten siebzig Prozent der amerikanischen Studenten nach

Macht; sie lehnten sich gegen eigene Lagen der Schwäche auf, aber nützten jeden Machtvorteil aus, wenn sie ihn einmal hatten.

Ein Experiment des amerikanischen Psychologen Stanley Milgram war nicht weniger aufschlußreich. Er brachte naive Studenten in die Situation, in der sie glaubten, selbst ein Experiment durchzuführen. Auf Befehl einer Autorität im weißen Arztkittel hatten sie einer „Versuchsperson" als „Strafe" steigende Dosen von Schmerz durch Elektroschocks zuzufügen, um angeblich die Wirkung von Strafen auf Lernleistungen zu prüfen. (Sie wußten nicht, daß die immer stärkeren Schmerzen der Versuchsperson nur vorgetäuscht waren.) Ein Drittel der amerikanischen Studenten weigerte sich, mit der Schmerzzufügung fortzufahren, obwohl ihnen der befehlende „Arzt" versicherte, er übernehme die volle Verantwortung. Es ist zu hoffen, daß in anderen Ländern der Anteil der Verweigerer der Henkersarbeit nicht kleiner sein dürfte.

Auf der Ebene der kleinen Gruppen zeigt eine Reihe von Experimenten des amerikanischen Soziologen Freed Bales, daß es zwei Grundfunktionen der Gruppenführung gibt, die sich nur selten in einer Person vereinigen lassen:

1. die Aufgabenführung, welche die Gruppe zu Leistung und Zielerreichung anhält, und
2. die integrative Führung, welche die Gruppe durch Kommunikation und emotionale Zuwendung zusammenhält.

Die Bedeutung all dieser Experimente und Erkenntnisse für die Politik liegt auf der Hand.

Experimente auf der Ebene größerer Einheiten: Städte, Länder und Staaten

Mit der Betrachtung von Großexperimenten betreten wir das eigentliche Gebiet der Politik. In einem gewissen Sinne war jeder Stadtstaat ein Versuch, der zu Untergang, Verlust der

Unabhängigkeit, Stagnation oder Blüte führen konnte. Athen, Sparta, Rom, Florenz, Venedig und Genf nach Calvin können als solche Versuche angesehen werden, von denen, trotz aller Unterschiede, jeder mehrere Jahrhunderte überdauerte. Über Athen und Sparta ist hier auf die besonders einsichtsvollen Arbeiten von Sir Alfred Zimmern, Werner Jaeger und Bernard Knox hinzuweisen.

Auch die Gründung von Sekten kann die Funktion eines politischen Versuchs erfüllen, wenn sie zur weitgehenden Kontrolle des praktischen und politischen Lebens führen. Calvins Genf, die verhältnismäßig kurze Zeit der Theokratie in Massachusetts im 17. Jahrhundert, die langwirkende Gründung der Sikh-Gemeinschaft durch Guru Nanak im 17. Jahrhundert und das gegenwärtige Shiitenregime im Iran sind Beispiele dafür.

Auf der Ebene von Ländern gibt es etwas über hundert Fälle von Kolonialregimes, oft aus dem 18. und 19. Jahrhundert, die dann im 20. Jahrhundert zu Nationalstaaten führten. Hier gibt es Erfahrungen mit Rassenmischung, wie in Ägypten, Brasilien und Mexiko, und mit Versuchen von Rassentrennung, wie in vielen britischen und niederländischen Kolonien und heute noch in Südafrika.

Auch manche andere „Nationalstaaten" sind nicht allmählich herangewachsen, sondern haben als kühne Versuche angefangen. Der heutige Staat Israel ist ein solcher Versuch. Ein früherer Versuch war der erfolgreiche Erobererstaat der Normannen in England, während die Normannenregimes in Süditalien und Sizilien verschwanden. Andere Staaten entstanden als Versuche der Agglomeration — also der Ansammlung — verschiedener Territorien, Sprach- und Volksgruppen oder Religionsgemeinschaften. Manche dieser Versuche schlugen fehl, wie das mittelalterliche Burgund und das moderne Groß-Pakistan, das 1971 auseinanderbrach. Das vielsprachige Habsburgerreich dauerte immerhin von 1526 bis 1918, als es schließlich unter den Belastungen des 20. Jahrhunderts und des I. Weltkrieges zusammenbrach.

Andere vielsprachige oder vielethnische Staaten blieben. Großbritannien mit Wales und Schottland blieb, während die Union von 1801 mit Irland fehlschlug. Die Eidgenossenschaft der Schweiz dauerte und wuchs vom 13. ins 19. Jahrhundert und wurde 1847 zum vielsprachigen modernen Staat. Kanada ist als zweisprachiger und bikultureller Staat erhalten geblieben und auch die politische Einheit des unabhängigen Subkontinents Indien blieb bis heute erhalten.

Versuche in noch größerem Maßstab sind jene mit der Einführung einer neuen Gesellschaftsordnung. Die Schweiz und die Niederlande waren eine lange Zeit Inseln der Marktwirtschaft und zum Teil der Genossenschaftswirtschaft im Europa der Adelsherrschaft.

Die weitestgehendsten Quasi-Versuche ergeben sich bei der relativ schnellen Änderung einer ganzen Gesellschaftsordnung. Eine solche Änderung ist bisher immer nur im Rahmen eines Nationalstaates erfolgt, aber sie vollzieht sich notwendigerweise auf mehreren Ebenen des gesellschaftlichen Systems und in bezug auf mehrere Sparten des menschlichen Verhaltens. Beispiele sind die sechs autonomen kommunistischen Revolutionen in Russland (1917), Jugoslawien (1945), Albanien (1945), Nord-Vietnam (1946–48), China (1949) und Kuba (1959). Alle diese Revolutionen waren auf die Änderung von Macht- und Eigentumsverhältnissen konzentriert. Besonders von der Änderung der letzteren wurde von Marxisten erwartet, daß sie auch zu spektakulären Veränderungen auf anderen Gebieten des menschlichen Verhaltens führen würden. Diese Erwartungen haben sich nur zu einem verhältnismäßig geringen Teil erfüllt. Die meisten sozialen Leistungsdaten der politischen Systeme, wie Wirtschaftswachstum, Lebenserwartung und Sterblichkeit, Schulbesuch, etc., variieren viel stärker mit dem Pro-Kopf-Einkommen, der nationalen Kultur und der Entwicklungsstufe jedes Landes als mit den jeweils vorherrschenden Großeigentumsverhältnissen. Ein Blick auf die acht kommunistischen Regimes, die mit Hilfe auswärtiger kommunistischer Truppen eingerichtet wurden – die Äußere Mongolei (1920–24), Nord-Korea (1945), die DDR (1945–49), Polen (1945), CSSR (1945), Ungarn (1945), Rumänien (1945) und Bulgarien (1945) — ergibt das gleiche Bild. Die Wirkungen der Änderung des Eigentums an größeren Produktionsmitteln sind beträchtlich, aber sie sind sekundär im Vergleich zu den Wirkungen der jeweiligen nationalen Kultur und wirtschaftlichen und sozialen Entwicklungsstufe. Die Koppelungen zwischen Eigentumsverhältnissen und dem täglichen Leben sind schwächer, als es viele Theoretiker des 19. und frühen 20. Jahrhunderts erwartet hatten. Die gegenteilige Erwartung Vilfredo Paretos von der „Zirkulation der Eliten", gemäß welcher selbst große Revolutionen die Struktur von Gesellschaften nicht wesentlich zu ändern vermöchten, sondern nur höchstens die Inhaber der bevorzugten Plätze im unverändert ungleichen Sozialgefüge durch andere Personen ersetzen könnten — diese Erwartung hat sich ebenfalls nicht erfüllt. Sozialstrukturen ändern sich; aber ein halbes Jahrhundert von wirtschaftlicher und sozialer Entwicklung kann sie gründlicher ändern als schnelle Revolutionen es vermögen.

Nicht-marxistische Revolutionen, wie die Meiji-Restoration in Japan (1868) und die Islamische Revolution im Iran (1978) bestätigen diese Vermutungen.

Auf internationaler Ebene schließlich gab und gibt es schwächere, aber nicht unbeträchtliche Versuche, wie den Völkerbund (1920 – 41), der fehlschlug, und die Vereinten Nationen (1945 –), die heute noch nützliche Arbeit leisten. Besonders internationale „funktionale" Organisationen, wie die Internationale Telegraphenunion und der Weltpostverein — beide aus der Mitte des 19. Jahrhunderts — haben sich bewährt. Heute funktionieren Dutzende und Hunderte von Gesetzen und Verträgen — von „Intergovernmentalen Organisationen" (IGO) — dieser Art. Die meisten dieser Versuche haben sich bewährt. Darüber hinaus bemühen sich viele „nicht-governmentale" internationale Organisationen, das Weltgeschehen auf internationaler Ebene zu beeinflussen, manche davon, wie das Internationale Rote Kreuz, mit respekterheischendem Erfolg. Alle diese Dinge begannen als Versuch und viele ihrer Ergebnisse sind geblieben.

Selbstversuche oder Fremdversuche:
Wer experimentiert mit wem?

Aus der Geschichte der Medizin im 19. Jahrhundert ist bekannt, daß Forscher nicht selten medizinische Präparate, Bakterienkulturen oder Impfstoffe an sich selbst ausprobierten, bevor sie sie an anderen Menschen erprobten. Solche Selbstversuche sind nicht immer möglich, aber wenn sie es sind und tatsächlich stattfinden, erheischen sie Achtung.

Auch in der Politik gibt es ähnliche Probleme. Es gibt politische Versuche, in denen die Entscheidungsträger das Schicksal jener Menschen teilen, über deren Verhalten oder Zukunft sie entscheiden oder zu entscheiden glauben. Demgegenüber — und vielleicht häufiger — gibt es Fremdversuche, bei denen der Experimentator den Menschen, mit denen und an denen er experimentiert, so fern steht, wie mancher Naturforscher den Versuchstieren in seinem Laboratorium. So haben in der Hitlerzeit die Experimente der nationalsozialistischen Ärzte in den Konzentrations- und Vernichtungslagern eine Spur des Grauens in der Geschichte der Menschheit hinterlassen, ohne nennenswerten Beitrag zum Fortschritt der Medizin.

In weniger extremer Form sind in der Politik Fremdversuche häufig. Stalin experimentierte mit Bauern verschiedener Einkommensstufen durch die sowjetische Kollektivierungskampagne zu Anfang der 1930er Jahre. Er und die Sowjetregierung teilten die höheren Ernteergebnisse, die in späteren Jahren folgten, nicht aber die furchtbaren Leiden, die der Verlauf dieser Kampagne für Millionen von Menschen mit sich brachte.

Auch demokratische Staatsmänner haben Fremdversuche mit Menschen angestellt oder fortgesetzt. Das Zeitalter des westlichen Kolonialismus, etwa von 1875 bis 1960, ist voll von Versuchen, verschiedene Verwaltungssysteme und Verfassungsordnungen an den Kolonialvölkern in Asien und Afrika zu erproben. Eine schlimmere Form von Versuchen stellte das Sklavereisystem dar, das vom 16. bis zum 19. Jahrhundert in den Plantagen von Nord- und Südamerika und auf den Inseln

der Karibik vorherrschte, ebenso wie ähnliche Formen der
unfreien Arbeit, die sich in diesen Jahrhunderten, wie Max
Weber betonte, in der marktfernen Großproduktion landwirt-
schaftlicher Erzeugnisse von Russland und Ostpreußen bis
nach Niederländisch-Indien entwickelte. Diese Praktiken
haben während dieser Jahrhunderte Millionen von Menschen
schwer geschädigt, aber haben zum Konsum privilegierter
Schichten und direkt und indirekt zur Akkumulation von
Kapital vor allem in den Ländern des Westens beigetragen.
Zugleich aber hatten sich viele Menschen derart an diese Praktiken gewöhnt, daß die Abschaffung von Sklaverei und Leib-
eigenschaft im 19. Jahrhundert und von vielen Einrichtungen
der Rassendiskriminierung im 20. Jahrhundert als kühne Experimente empfunden wurden.

Je mehr es gelingt, Fremdversuche durch Selbstversuche zu
ersetzen, desto besser für die Demokratie. Der Aufbau von
Genossenschaften, Gewerkschaften und von manchen bäuer-
lichen oder handwerklichen Organisationen waren oft Selbstversuche in großem Maßstab. Kleinere Versuche, etwa auf
Gemeindeebene, können Selbstversuche werden im Verhältnis
zur Freiwilligkeit der Beteiligten.

So wurde in den 1970er Jahren die von dem Volkswirt Milton
Friedman und dem Politologen Daniel Patrick Mognihan vorgeschlagene „Negative Einkommenssteuer" in drei Städten
des USA-Staates New Jersey erprobt. Gemäß diesem Konzept
wurden dort an arme Familien anstelle zweckgebundener
Sozialleistungen einfach öffentliche Geldbeträge zur freien Verfügung ausbezahlt, die das Gesamteinkommen jeder Familie
auf die Höhe eines festgesetzten Mindestbetrages brachte. Anhänger dieser Reform erwarteten von ihr mehr Freiheit und
weniger bürokratische Verwaltungskosten und Verzögerungen;
Gegner befürchteten Zunahme von Verschwendung und Abnahme von Arbeitswilligkeit bei den so Unterstützten. Die
Ergebnisse der Versuche waren nicht völlig konklusiv, aber
sie zeigten keine nennenswerte Abnahme der Arbeitswilligkeit
oder der Neigung, Arbeit zu suchen. Trotzdem wurde die
„Negative Einkommenssteuer" nicht in größerem Maßstab

eingeführt, vielleicht weil sie nicht in den Zeitgeist jener Jahre paßte, und wohl auch, weil sie den Interessen vieler öffentlicher Angestellter zuwiderlief und auch bei Arbeitgebern Besorgnisse erregte. Der Fall zeigt, in welchem Maße die Auswertung und Anwendung von Versuchsergebnissen auch von den institutionellen und ideologischen Rahmenbedingungen der Gesellschaft abhängen, in der die Versuche stattfinden.

Manchmal können Selbstversuche im Laufe der Zeit zu Fremdversuchen werden. Wenn eine Missionskirche versucht, ein ungläubiges Land zu bekehren, so teilen oft die Missionare und die kleinen Gemeinden von Frühbekehrten zunächst das gleiche Schicksal inmitten einer ungläubigen Bevölkerung. Gelingt die Bekehrung in großem Maßstab und wird die Kirche groß und mächtig, so gestaltet sich das Schicksal ihres leitenden Personals bald sehr verschieden von dem der noch verbliebenen Missionare und Neubekehrten, die sich noch bemühen, die Bekehrungskampagne fortzusetzen, vielleicht unter schwierigeren Bedingungen.

Ähnliches geschieht im Falle mancher Revolutionen. Im Anfang teilen jene, welche die Revolution predigen und zu leiten suchen, oft das Schicksal der kleinen Gruppen ihrer Anhänger. Siegt die Revolution und gewinnen die Revolutionäre die Herrschaft, dann werden viele von ihnen zu Regierenden und ihre weiteren Versuche, die Politik der Revolution bei den Massen der Bevölkerung durchzusetzen oder weiter zu entwickeln, können dann zunehmend zu Fremdversuchen werden. Die Geschichte Russlands und der Sowjetunion in unserem Jahrhundert bietet manche Beispiele dafür.

Was sind die Erfolge von politischen Versuchen?

Bei allen Versuchen sollte es möglich sein, drei Arten von Fragen zu stellen.

Erstens der kognitive Erfolg: Führte der Versuch zu einem Gewinn an Wissen? Je größer der Gewinn an Erkenntnis, desto größer war in diesem Sinne der Erfolg. Die Ergebnisse eines solchen Versuches müssen nicht nur kognitiv sein. Wenn sie uns aufmerksamer und empfindsamer machen für Dinge und menschliche Nöte, die wir bisher übersahen, so wäre auch das als ein Erfolg zu werten. So gesehen, besteht der Erfolg eines Versuches darin, jeden von uns selbst etwas weniger unwissend und stumpfsinnig zu machen.

Zweitens der integrative Erfolg: Ist es möglich, die Ergebnisse des Versuches mit unserem bereits vorhandenen Wissen derart in einen Zusammenhang zu bringen, daß wir diese Ergebnisse einander nachvollziehbar mitteilen können und beginnen können, ihre Bedeutung in weiteren Wissenszusammenhängen zu erforschen? Hier liegt die Bedeutung des Versuches für Theorie und die Bedeutung der Theorie für weitere Versuche.

Drittens der pragmatische Erfolg: Sind die Ergebnisse des Versuchs praktisch anwendbar, oder zeigen sie einen Weg zu einer solchen Anwendung? Führen sie — und sei es in noch so bescheidenem Maßstab — zu einer größeren Entfaltung menschlicher Tätigkeiten und Kräfte und zu einer Kontrolle unseres Schicksals in dieser Richtung?

Alle menschliche Geschichte ist eine Kette von Versuchen. Wir wünschen, daß diese Kette nicht mit der Krankheit und dem Selbstmord der Menschheit endet. Wir wollen, daß sie zu einem Wachstum der menschlichen Wahrnehmungen und Fähigkeiten führt, zu einer besseren Befriedigung menschlicher Grundbedürfnisse, zu mehr Spontaneität, Lernfähigkeit, Solidarität, Offenheit, Zuwendungsverhalten und Fähigkeit zur Selbstverwandlung. Auf diesem Wege wird es viele Selbstversuche geben müssen. Aber wo die Größenordnung der uns gestellten Aufgaben der Anpassung oder der Initiative die Kräfte einer gesamten Gesellschaft erfordert, wird die Rolle der Politik und des Staates noch zumindest während des nächsten Jahrhunderts unentbehrlich bleiben.

Alexander Schwan

Über den Versuchscharakter von Revolutionen und Reformen

Abgrenzungs- und Definitionsprobleme

Mein Vortrag soll sich im Rahmen der Universitätsvorlesung „Versuche mit Menschen" mit dem experimentellen Charakter von Revolutionen und Reformen befassen. Es handelt sich heute Abend nicht um die gleichsam normalen politischen Entscheidungen und ihren experimentellen Gehalt, die das alltägliche gesellschaftliche Leben zu jeder Zeit bestimmen. Von ihnen war im letzten Vortrag die Rede. Es steht auch nicht die eher kontinuierlich angelegte Reformpolitik nach Plan im Mittelpunkt unserer heutigen Erörterungen, weil darüber Professor Hellmut Becker bereits gehandelt hat. Heute geht es um den schwierigen Sachverhalt, wie es mit dem Versuchscharakter politischer Vorgänge von herausragender geschichtlicher Bedeutung steht, solcher Vorgänge nämlich, die eine bestehende gesellschaftliche Formation in ihrer Struktur umwälzen, d. h. revolutionieren. Sie führen damit ein neues Stadium der Geschichte der betreffenden Gesellschaft herauf, üben also langfristig Wirkung auf deren Gestalt aus. Das kann mit oder ohne Gewalt im Sinne der ausdrücklichen Verletzung vorher geltenden Rechtes geschehen, bedeutet aber jedenfalls einen fundamentalen Eingriff in die Struktur des Bisherigen, also Anwendung von Macht gegen die bestehenden Verhältnisse.

In diesem Verständnis ist die Grenze zwischen Revolution und (struktureller) Reform fließend. Reformen unter Wahrung des Rechts, die aber bedeutsame gesellschaftliche Veränderungen einleiteten wie z. B. die Stein-Hardenbergschen und Humboldt-schen Reformen in Preußen oder die britischen Wahlrechtsreformen des 19. Jahrhunderts oder die unblutige „Glorious Revolution" von 1688 in England, die die Wandlung von der absolutistischen zur konstitutionellen Monarchie herbeiführte, sind nicht minder große Experimente, die in das Leben einer ganzen Gesellschaft und ihrer Glieder eingreifen, wie gewaltsame im Sinne von blutigen, militant gegen bestehende Rechtsverhältnisse gerichteten Revolutionen nach Art der Französischen, der Russischen oder der Chinesischen Revolution. Sie sind es u. U. mehr als die mannigfachen Putsche, Machtergreifungen, Aufstände, Guerillabewegungen usw., die wir vorschnell als revolutionär anzusprechen pflegen, die aber oft keine dauerhaften gesellschaftlichen Veränderungen bewirken, sondern nur politische Machtverlagerungen von der einen auf eine andere Gruppe bedeuten, welche ihre Herrschaft unter neuer Fahne mit weitgehend alten Mitteln ausübt und dabei Mühe hat, sich zu behaupten.

Ich konzentriere mich also auf „große" Revolutionen. Auch dann ist noch zuzugeben, daß der Begriff „Revolution" diffus bleibt. Wir reden ja auch von der industriellen, von der wissenschaftlichen oder von der technologischen Revolution als von großangelegten Prozessen einer ökonomischen, wissenschaftlichen oder technischen Veränderung der modernen Lebenswelt. Dabei ist jedoch über konkrete politische Konsequenzen nichts Näheres ausgesagt. Heutzutage wird zunehmend eine (in vielen Zügen schleichende, nur verdeckt wirkende) Kulturrevolution thematisiert. Damit wird auf einen Wandel im Wertbewußtsein und in den Verhaltenseinstellungen der Mitglieder der sog. „postindustriellen" oder gar „postmodernen" Gesellschaft gezielt. Es fand aber in China seit 1967 auch eine „Kulturrevolution" im Rahmen einer bereits erfolgten kommunistischen, also gesellschaftlich-politischen Revolution statt, mit der die erste Revolution durch erneute Umwälzung des nachrevolutionären Lebens bis in seine anthropologische Grundstruktur hinein fortgesetzt, vertieft, auf Permanenz gestellt werden sollte. Sie ist inzwischen abgebrochen zugunsten anderer, pragmatischerer Entwicklungen, die manche wiederum als revolutionär, andere als „konterrevolutionär" apostrophieren. So geht es auch mit den politischen Erhebungen im kommunistischen Ostblock, also in Ungarn 1956, in der

ČSSR 1968, in Polen 1980: ob sie als revolutionär oder konterrevolutionär gelten, hängt vom jeweiligen ideologischen Blickpunkt ab.

Es wird weiterhin von der algerischen, kubanischen, vietname-
sischen, chilenischen, nicaraguensischen, iranischen Revolution gesprochen. Die Reihe ist leicht zu verlängern. Auch
die nationalsozialistische Machtergreifung wird zuweilen als
Revolution gewertet, und sei es als nihilistische. Bei den letztge-
nannten Phänomenen handelt es sich allerdings um Geschehnisse, über deren soziale und politische Reichweite heftig ge-
stritten wird. Da sind dann eher solche epochalen geistigen
und kulturellen Veränderungen wie die Renaissance als Übergang vom Mittelalter zur Neuzeit, die Kopernikanische Wende
im naturwissenschaftlichen Weltbild, die Philosophie und politische Theorie der Aufklärung, überhaupt der gesamte neuzeitliche Säkularisierungsprozeß als großangelegte Revolutionen
zu würdigen. Doch wird damit die Rede von „Revolution"
nicht eindeutiger, nur disparater.

Man könnte gerade die europäische Geschichte als eine Geschichte nahezu permanenter Umbrüche, Neuanfänge, Renais-
sancen, Reformationen und eben Revolutionen begreifen. Sie
sah tiefgreifende Umwälzungen durch das Christentum in der
Spätantike, durch die germanischen Völker im Frühmittelalter,
durch die Begründung der Nationalstaaten im Spätmittelalter,
durch die Glaubensspaltung und das Aufkommen profaner
Philosophie und Wissenschaft in der frühen Neuzeit, durch die
Industrialisierung, die Ausbreitung kapitalistischer Wirt-
schaftsweise und sozialistischer Gegenkräfte, durch die Entstehung und Durchsetzung der neuen politischen Formen libera-
ler Demokratie sowie totalitärer Diktatur seit der Französischen bzw. seit der Russischen Revolution — und so weiter. In
dieser Geschichte hat es Sklavenaufstände, Bauernerhebungen,
bürgerliche und proletarische Revolutionen, ideologische, reli-
giöse, nationale Kriege, auch Bürgerkriege gegeben. Die europäische Geschichte ist eine Geschichte von besonderer Bewegt-
heit, von vielfältigen Antagonismen, von einer unaufhörlichen
spannungsreichen Dynamik.

Bei allem Hin und Her, Auf und Ab, Gewinn und Verlust
weist diese Geschichte aber vielleicht doch eine grundlegende
Kontinuität auf: Sie ist interpretierbar — nicht zwingend,
sondern allenfalls versuchsweise — als Prozeß einer fortschrei-
tenden Befreiung des Menschen, von immer mehr Menschen,
aus nicht-eingesehenen und nicht-akzeptierten Bindungen und
Abhängigkeiten. Diese Befreiung ist — zu verschiedenen Zeiten, aber in einer konsequenten Abfolge — eine Befreiung vom
Mythos, von der Umschlossenheit durch die Natur, von der
Vorherrschaft eines dogmatischen Glaubens, von festgefügten
sozialen Gliederungen, von politischer Bevormundung und
Unterdrückung, von der Dominanz wirtschaftlicher Mächte;
aber die jeweilige Befreiung wird erreicht nur durch ungeheure
geistige, soziale und politische Anstrengungen, die die neuen
Kräfte immer wieder auch binden und in neue Formationen,
Gliederungen, Ordnungen zwingen, so daß neue Einschrän-
kungen der Freiheit entstehen. Dennoch ist die jeweils neue
Grundlage insgesamt freiheitlicher und damit menschenwürdi-
ger, indem sie mehr Menschen als früher die Möglichkeit der
Selbstbestimmung und Eigentätigkeit einräumt, trotz aller zu
bringenden Opfer.

In dieser Geschichte wollen wir zur Veranschaulichung des
schwierigen und bisher abstrakt umschriebenen Sachverhaltes
auf zwei große umwälzende Vorgänge näher eingehen, die
in einem präzisen Sinne als *große politische Revolutionen* zu
charakterisieren sind: auf die Französische und auf die Russische Revolution. Bei beiden handelt es sich um tiefgreifende
strukturelle Umgestaltungen vorher bestehender sozialer, öko-
nomischer, rechtlicher und kultureller Zustände mit politischen
Mitteln, d. h. aufgrund einer Kette von politischen Akten, und
zwar schwergewichtig auch solchen militanter Gewalt, die die
staatlichen Ordnungsverhältnisse entscheidend mitverändern.
Das geschieht in beiden Fällen so, daß die große Masse der
Bevölkerung davon betroffen und daß innerhalb ihrer eine
revolutionäre oder als revolutionär in Anspruch genommene
Klasse daran beteiligt ist, daß es mithin um eine großangelegte
Aktion zugunsten einer ganzen Klasse geht, die dadurch ihre

gesellschaftliche und politische Emanzipation erreichen will oder soll.

Beide Revolutionen folgen — zumindest in wichtigen ihrer Phasen — einem mehr oder minder ausgeprägten revolutionstheoretischen Konzept, dessen sich die führenden Akteure bedienen, die sich gerade damit — im Namen der Theorie — zu den bestimmenden revolutionären Eliten aufschwingen. In beiden Fällen beschwören die theoretischen Fixierungen, die zu diktatorischem Handeln ermächtigen, die gefahr herauf, daß die Revolution ihre ursprünglich spontanen Antriebskräfte und die damit verknüpften gesellschaftlichen Interessen verrät. Die darüber ausbrechenden Auseinandersetzungen führen zum Kampf revolutionärer Gruppen gegeneinander. Damit steht die Revolution selbst auf dem Spiel. Dennoch hat sie in beiden Fällen jahrzehnte-, im Falle der Französischen Revolution jahrhundertelange Folgen gezeitigt, die grundlegenden ihrer Zielsetzungen auch entsprechen.

Die heutigen bürgerlichen, freiheitlichen, demokratischen Gesellschaften sind ohne die Französische Revolution, die heutigen entwickelten sozialistischen Gesellschaften sind ohne die Russische Revolution nicht zu denken. Was immer man von ihnen speziell halten mag, sie sind gegenüber den Zuständen, die sie abgelöst haben, fortschrittlichen, emanzipatorischen Charakters. Über Frankreich und Rußland hinaus sind beide Revolutionen trotz aller Bestreitung in ihren langfristigen Auswirkungen maßstäblich geworden und geblieben für die Gesellschaftstypen, die sie inauguriert haben. Im folgenden will ich in ganz knappen Strichen die wichtigsten Phasen des Verlaufs beider Revolutionen skizzieren, um vergleichend vielleicht einige typische Merkmale der Revolution und ihres experimentellen Charakters erfassen zu können.

Die Französische Revolution

Erstens also die Französische Revolution von und seit 1789, die entfernt verwandte Vorläufer in der englischen Glorious

Revolution von 1688 und in der Amerikanischen Revolution von 1776 hat. Die Situation in Frankreich vor 1789 ist durch den völligen inneren und äußeren Verfall der absolutistischen Herrschaft der Krone unter Ludwig XVI. gekennzeichnet. Diese Herrschaft steht im Zeichen korrupter Hofhaltung, unfähiger und unkoordinierter Staatsverwaltung, mangelhafter Wirtschaftsplanung, der Käuflichkeit der Ämter und der Konkurrenz der Provinzialstände, aus der sich eine zunehmend stärker werdende Organisation der Privilegierten, des Adels und des höheren Klerus, entwickelt. Diese verweigern der Krone schließlich die finanzielle und politische Unterstützung. Zu schwache Versuche, das Steuer- und Finanzwesen zu reformieren, werden boykottiert. Die Opposition verlangt die Reaktivierung der seit 1614 nicht mehr einberufenen Generalstände.

Doch die Privilegiertenopposition stellt gleichsam nur einen Schleier der wahren sozialen Verhältnisse dar. Entscheidend bedeutsam ist vielmehr, daß im 18. Jahrhundert das französische Bürgertum kräftig erstarkt. Der Merkantilismus der absoluten Monarchie (mit seinem Abschließen der nationalen Ökonomie nach außen durch Schutzzölle und der Vereinheitlichung des Wirtschaftsgebietes durch Abbau der inneren Zölle) hat eine Groß- und Mittelbourgeoisie des Finanzkapitals, der Fabrikanten, der Kaufleute und der Advokaten herangezogen, die nach gesellschaftlicher und politischer Gleichstellung mit den Privilegierten verlangt. Sie ist vom Rationalismus und Humanismus der Aufklärung beeinflußt, die im Interesse der politischen Emanzipation des Individuums scharfe literarische und philosophische Kritik an den sozialen Zuständen und insbesondere an Staat und Kirche übt.

In der französischen politischen Theorie des 18. Jahrhunderts sind es insbesondere Montesquieu und Rousseau, die zum ersten Male ausdrücklich eine Philosophie der individuellen Freiheit von staatlicher Bevormundung, gesellschaftlicher Entfremdung und weltanschaulicher Indoktrination formulieren. Sie verstehen ihre Theorie als aufklärende Anleitung zum Handeln, als Grundlage eines praktisch-politischen Programms.

Im einzelnen sind ihre Positionen bekanntlich sehr unterschiedlich; das hat Auswirkungen auf die Spannungen innerhalb der aktiven Kräfte der Revolution gehabt. Montesquieu ist der Verfechter einer konstitutionellen Monarchie mit Teilung der staatlichen Gewalten in Legislative, Exekutive und Jurisdiktion. Dadurch soll alle politische Gewalt gemäßigt und kontrollierbar werden. Den Individuen und gesellschaftlichen Gruppen soll ein Freiraum der Unabhängigkeit und Eigenständigkeit gesichert sein. Staat und Monarch sind nicht mehr die Repräsentanten des gemeinschaftlichen Lebens der Bürger, sondern nur noch ihre Schutzmächte. Dies ist im Kern die liberale Version politischer Aufklärungstheorie.

Ihr steht Rousseau als Verfechter einer radikalen, unmittelbaren Demokratie gegenüber. Souverän sind nicht Staat und Monarch, jedoch auch nicht die Individuen als solche, sondern das Volk als Einheit, in der Form der volonté générale. Der Gemeinwille soll im plébiscite de tous les jours, in der ständigen Mobilisierung der Bürger, konkret in der permanent tagenden Vollversammlung (dem späteren Konvent) zur Wirksamkeit gelangen. Die Versammlung faßt jederzeit konstitutive Beschlüsse, sie ist das permanente revolutionäre Organ. Die Regierung führt in totaler Unterordnung, lediglich als Ausschuß, die laufenden Geschäfte, Politik wird zum unaufhörlichen Prozeß, zum täglichen (dabei täglich aber grundlegend neuen) Experiment, zum revolutionären Schmelztiegel.

Diese Denker sowie einige andere um das große Bildungswerk der „Enzyklopädie" sich scharende Literaten und Wissenschaftler gewinnen in der zweiten Hälfte des 18. Jahrhunderts weite Verbreitung in den gebildeten Schichten des Adels und des Bürgertums. Die absolute Monarchie dagegen findet keine intellektuelle Unterstützung mehr. Die Zeit arbeitet gegen sie. Mißernten, Hungersnöte und Bauernunruhen sind in den achtziger Jahren dann nur noch beschleunigende und schließlich auslösende Faktoren für den Ausbruch der Revolution. Die Generalstände müssen einberufen werden. In ihnen bildet sich neben Adel und Klerus sofort ein bürgerlicher „Dritter Stand", mit dem ein Teil der anderen zusammen geht. So entsteht eine

„patriotische Partei", die den Zusammenschluß zur Nationalversammlung erstrebt. Dagegen wenden sich Krone, Hof, Regierung und ein Teil der Privilegierten, aber unentschlossen
und kraftlos. Die bürgerlichen und kleinbürgerlichen Massen
von Paris erheben sich, besonders mit dem Sturm der Bastille
am 14. Juli 1789. Der König kapituliert und fügt sich den
Forderungen des Dritten Standes. Die staatliche Verwaltung
bricht im ganzen Land zusammen. Plünderungen und Aufruhr
sind an der Tagesordnung, die „Grande Peur" bricht aus.

In dieser krisenhaften, spontan revolutionären Situation
nimmt die Nationalversammlung das Heft ganz in die Hand.
Am 4. August verkündet sie eine Garantie für die politische
und ökonomische Bewegungsfreiheit der Individuen und die
Sprengung aller korporativen Fesseln, am 26. August die
große, berühmte Deklaration der Menschen- und Bürgerrechte
im Namen der persönlichen Freiheit, der sozialen Gleichheit
und der nationalen Einheit. Die Regierung wird der Nationalversammlung gegenüber verantwortlich. Die Monarchie bleibt
bestehen, aber unter parlamentarischer Kontrolle, an die Gesetzgebung und das Budgetrecht der Nationalversammlung
gebunden, also als konstitutionelle, gewaltenteilige Monarchie.
Alles dies wird in der ersten nachrevolutionären Verfassung
von 1791 verankert. Die Periode von 1789 bis 1791 ist die *erste
Phase* der Revolution; sie ist — unter dem geistigen Signum
Montesquieus — im Ganzen liberal geprägt.

Doch die Revolution bleibt dabei nicht stehen. Wachsender
Widerstand von König, Hof und Klerus sowie die aufgrund
mannigfacher Unruhen desolate wirtschaftliche Lage, sodann
der militärische Zusammenstoß mit den alten europäischen
Mächten, vornehmlich mit Österreich und Preußen, den die
gemäßigtere revolutionäre Gruppe der Girondisten fördert,
provozieren eine Radikalisierung bei einem Teil der Revolutionäre, den von kleinbürgerlichen Schichten unterstützten Jako-
binern. Diese fordern die völlige Ausschaltung der Monarchie,
des Klerus und des Adels zugunsten der Republik. Die inner-
revolutionären Spannungen werden von immer größerem Fa-
natismus getragen. Der Antagonismus zwischen Gemäßigten

und Radikalen bestimmt die *zweite Phase* der Revolution, vor allem 1791/92.

Die gemäßigte Parlamentsmehrheit verhält sich gegenüber den Radikalen ihrerseits unentschlossen und schwach. Mit der Erstürmung der Tuilerien (des damaligen Königsschlosses) durch das von Danton aufgewiegelte Volk von Paris am 10. August 1792 kommt es nun auch zur Erhebung innerhalb der Revolution gegen die Nationalversammlung. Unter der Führung Dantons und Robespierres wird die *dritte Phase* der Revolution eingeleitet: die der Diktatur der Jakobiner als revolutionärer Minderheit. Die Jakobiner regieren mit Hilfe des radikaldemokratischen Konvents, der jedoch nur von einem Zehntel der stimmberechtigten Pariser Bevölkerung gewählt ist, und des formell die Konventsbeschlüsse lediglich ausführenden, tatsächlich aber immer mächtiger werdenden, alle Aktivität und Führung an sich reißenden Wohlfahrtsausschusses.

Die Jakobiner streben die radikale Zentralisierung der Staatsmacht im Namen des von ihnen gelenkten Volkes an. Sie rufen am 25. September 1792 die Republik aus. Mit der Hinrichtung des Königs (21. Januar 1793), der Verhaftung der führenden Girondisten (2. Juni 1793), der Ausschaltung aller Gegner und der Bekämpfung katholischer Aufstände (Vendeé) wird ihre Schreckensherrschaft (la terreur) errichtet. Die Guillotine köpft mehr und mehr auch Vertreter aus den eigenen Reihen. Die Revolution frißt mit atemberaubender Schnelligkeit ihre eigenen Kinder. Die erbitterten persönlichen und politischen Rivalitäten unter den sich jeweils als sakrosankt empfindenden Führern bewirken zunächst die Ausschaltung und Hinrichtung Dantons, Desmoulins' und ihrer Freunde, damit die Alleinherrschaft Robespierres, die nun geradezu pseudoreligiöse und chiliastische Züge gewinnt: Robespierre proklamiert sich selbst zum Hohenpriester des „höchsten Wesens" und die Kathedrale Nôtre-Dame zum „Tempel der Vernunft". Er herrscht kurze Zeit monokratisch im Zeichen eines strengen Moralismus, des Zwanges zur Tugend.

An dieser Stelle muß uns nochmals kurz die politische Theorie beschäftigen. Hatte schon Rousseau erklärt, der Einzelne gewinne seine wahre, sittliche Freiheit durch vollständige aktive Identifikation mit dem Gemeinwillen, und wenn er sich dieser Einsicht verweigere, so sei es das Recht der „gesamten Körperschaft", ihn dazu zu zwingen, dem Gemeinwillen zu folgen, „was nichts anderes heißt, als daß man ihn zwingt, frei zu sein"[1], so geht Robespierre in seinem ideologisch-diktatorischen Anspruch noch weiter. In einer berühmten Rede vor dem Konvent (vom 5. Februar 1794) rechtfertigt er die Herrschaft des Schreckens damit, daß Politik die Moral schlechthin zu verbürgen habe, und zwar in revolutionären Zeiten mit allen Mitteln: „Wir wollen eine Ordnung der Dinge, die alle niedrige und grausame Leidenschaft in Zaum hält, alle wohltätigen und edlen Triebe erweckt, wo der Ehrgeiz darin besteht, dem Vaterland nützlich zu sein, wo die Auszeichnungen nur aus der Gleichheit entstehen, wo die Allgemeinheit die Wohlfahrt des Individuums sichert und wo alle Herzen durch Betätigung der republikanischen Gesinnung in Wallung kommen ... Wir wollen Sittlichkeit an die Stelle des Egoismus, Grundsätze an die Stelle der Gewohnheiten, die Herrschaft der Vernunft an die Stelle der Sklaverei der Tradition, die Verachtung des Lasters an die Stelle der Verachtung des Unglücks, das Verlangen nach Ruhm an die Stelle der Geldgier setzen ... In friedlichen Zeiten ist Tugend die Quelle der Macht einer Regierung des Volkes. Während der Revolution sind unsere Quellen Tugend und Schrecken. Die Tugend, ohne welche der Schrecken eine Katastrophe ist, und der Schrecken, ohne den die Tugend machtlos ist ... Ihr bezähmt durch den Schrecken die Feinde der Freiheit und ihr habt recht als Begründer der Republik."[2]

Robespierres systematischer Terror vermittels der unaufhörlich arbeitenden Revolutionstribunale und der nicht mehr stillstehenden Guillotine ruft schließlich die Gegenkräfte auf den Plan. Alle anderen Strömungen, so disparat sie sind — von den Girondisten über die Dantonisten bis zu noch radikaleren Extremisten (den Hébertisten) — schließen sich im Widerstand zusammen. Am 28. Juli 1794 wird das Pariser Stadthaus gestürmt und Robespierre guillotiniert.

Robespierres Hinrichtung ist der Wendepunkt der Französischen Revolution. Es beginnt die *vierte Phase* mit der Direktorialverfassung von 1795. Sie bedeutet die Rückkehr zu einer liberalen Staatsform, jedoch mit übertriebener Gewaltentrennung und dadurch bedingter weitgehender Ineffizienz. Das in ihrem Rahmen etablierte Direktorium bemüht sich, eine Balance zwischen der immer mehr ermutigten royalistischen Rechten und einer erneuten Radikalisierung der Linken unter dem Einfluß Babœufs zu halten. Schwächlich versuchte Reformen haben keinen durchschlagenden Erfolg. Die Jahre des Direktoriums bis 1799 sind eine Zeit der Dauerkrise, in der angesichts zunehmender Unruhen schließlich nur noch das Heer die Regierung rettet.

Unter dem Vorwand einer drohenden jakobinischen Verschwörung führt schließlich der in mehreren Feldzügen zum Heros gewordene korsische General Napoléon Bonaparte am 18. Brumaire (9. November) 1799 einen Staatsstreich durch. Das napoleonische Zeitalter beginnt als *fünfte Phase* der Revolution: Es bringt im Jahre 1804 die Rückkehr zur absoluten Monarchie in einem aber doch modernisierten Staatswesen, was dessen Verwaltung, Wirtschaft, Armee und nicht zuletzt die Rechtsordnung (Code civil) betrifft. Das Bürgertum bleibt im Wirtschaftsleben und in der Administration die maßgebliche Schicht, es wird jedoch von der politischen Führung ausgeschlossen. Auch das mit der Revolution erwachte Nationalbewußtsein des Volkes hält sich durch; es wird im Zuge der napoleonischen Kriege und in der Gegenwehr gegen Napoleon auf andere Völker übertragen. Napoleon wird so zum Besieger, aber auch Vollstrecker der Französischen Revolution, der ihre Wirkungen erst über Frankreich hinaus auf Europa ausdehnt.

Alle weiteren Entwicklungen sind fernere, aber nachhaltige Folgen der Französischen Revolution im 19. Jahrhundert, dem Jahrhundert bürgerlichen Selbstbewußtseins und bürgerlicher Herrschaft, dem Jahrhundert der recht eigentlich „Bürgerlichen Gesellschaft", die dann auch die Anfänge der gegen sie gerichteten, zugleich in ihr wirkenden Arbeiterbewegung sieht. In Frankreich selbst kommt es seit 1814 zur Wiederherstellung

eines Königtums (mit oktroyierter Verfassung), 1830 zum
„Bürgerkönigtum", 1848 zur Nach-Revolution, die im zweiten,
aber schwächeren Bonapartismus scheitert, der seinerseits nach
der Niederlage von 1871 durch die Dritte Republik abgelöst
wird. Während wir die Epoche von 1814 bis 1871 als eine
*sechste Phase nach*revolutionärer Entwicklungen, als eine Periode ständiger Verunsicherungen in der Frage der Verfas-
sungs- und Staatsordnung bezeichnen wollen, beginnt mit der
Dritten Republik die *siebte Phase* einer endgültigen Durchsetzung der Errungenschaften der Französischen Revolution auf
gemäßigter liberal-demokratischer Grundlage. Sie währt trotz
aller inzwischen erfolgten Verfassungsänderungen bis heute.
Und was sich so in Frankreich durchsetzte, hat auch in den
meisten anderen westeuropäischen Staaten analoge Früchte
gezeitigt, beginnend mit der Gründung des belgischen Staates
und mit seiner liberalen Verfassung von 1831. An dieser Entwicklung hat Deutschland verspätet, zunächst von 1918 bis
1933 und dann mit der Bundesrepublik seit 1949 partizipiert.

Kurz: Die Französische Revolution bleibt trotz ihrer eigenen
Spannungen, ihrer zeitweiligen Hypertrophien und der man-
nigfachen Brüche in dem von ihr eingeleiteten geschichtlichen
Prozeß konstitutiv für die gesamte Folgezeit im politischen und
sozialen System der bürgerlichen, freiheitlichen, pluralistischen
Gesellschaft — bis zur Gegenwart.

Die Russische Revolution

Strukturell ähnliche Gründe, Phasen und Folgeerscheinungen
lassen sich, so glaube ich, auch für die 1917 anhebende Russische Revolution aufzeigen. Die gravierenden Unterschiede zur
Französischen Revolution im Inhaltlichen, in der gesamten
und phasenweisen Zeiterstreckung, im Schwergewicht der einzelnen Phasen und in der Kontinuität und Diskontinuität der
revolutionären Kräfte sind zugleich ins Auge zu fassen.

Auch in Rußland hatte sich 1917 die zaristische Selbstherr-
schaft, d. h. die dortige Form absolutistischer Monarchie und

Ständegesellschaft, völlig überlebt. Dieser Anachronismus aus der Epoche des Hochabsolutismus in einem zunehmend liberaleren Zeitalter ist nur dadurch erklärlich, daß Rußland nicht über einen breiten bürgerlichen Mittelstand verfügte. Dennoch ist es im 19. Jahrhundert immer wieder von Unruhen geplagt. Eine Welle anarchistischer, terroristischer Attentate und die Bewegung der Volkstümler (Narodniki) schaffen ein revolutionäres Potential, und zwar in einer dünnen Intelligenzschicht, die politisch nicht zum Zuge kommt und teils liberale, teils marxistische Theorien aufnimmt. Zugleich wächst seit der Jahrhundertwende mit fortschreitender Industrialisierung die Arbeiterschaft; sie macht 1917 jedoch immer noch bloß 4% der Bevölkerung aus.

Nach Mißernten, Hungersnöten und Agrarrevolten kommt es im Gefolge des verlustreichen russisch-japanischen Krieges 1905/1906 zu einer Vorrevolution (ähnlich der Situation in Frankreich während der siebziger und achtziger Jahre des 18. Jahrhunderts). Sie scheitert, weil die revolutionären Kräfte noch zu schwach und überdies zersplittert sind: in die bürgerlich-liberal-demokratisch orientierten Konstitutionellen Demokraten und in die untereinander wiederum zerstrittenen Sozialisten (Sozialrevolutionäre, Menschewiki und die sich distanzierenden Bolschewiki unter Lenin). Die Revolutionäre haben keine ausreichende politische Basis. Zunächst wird ihnen eine Reichsduma zugestanden, dann wird diese wieder aufgelöst und auseinandergetrieben. Die zaristischen Minister Stolypin und Witte unternehmen Reformen, die sich aber nicht schnell genug und durchgreifend auswirken. Dennoch wäre ohne den Ersten Weltkrieg in Rußland aufgrund der mangelnden Kohärenz der Opposition wohl kaum so bald eine Revolution erfolgreich gewesen.

Der Weltkrieg zeigt die totale innere Zerrüttung und Schwäche des Zarenreiches. Die deutschen Truppen dringen weit ins Land vor. Durch den Krieg wird das Volk mehr und mehr in die Politik hineingezogen, allerdings nur als Objekt und Opfer. Nach zweieinhalb Kriegsjahren macht sich ein vehementer

Friedenswille geltend. Sabotageakte und Desertionen nehmen zu.

Ein totaler Zusammenbruch der Ernährungswirtschaft führt dann im März 1917 (nach russischem Kalender im Februar) zum Bündnis von Bürgerlichen, Arbeitern und Soldaten. Teile der Petersburger Garnison meutern, der Zar und die Regierung müssen abdanken, Rußland wird Republik. Diese *erste Phase* der Revolution ist dadurch gekennzeichnet, daß eine parlamentarische Provisorische Regierung gebildet und von einer Koalition aus Liberalen und Sozialisten (ohne die Bolschewiki) getragen wird, in der erst die Liberalen (Fürst Lwow), seit Juli 1917 die Sozialisten (Kerenski) dominieren. Aufgrund ihres politischen Selbstverständnisses fühlt sich die Provisorische Regierung weiterhin als Verbündete der Entente und begeht den wohl entscheidenden Fehler, daß sie den Krieg fortsetzt, wenngleich in der Absicht, zu einer allgemeinen Friedenskonferenz zu gelangen. Sie setzt sich damit in Gegensatz zu dem immer ungestümer werdenden Friedensbegehren der Bevölkerung. Ohne diesen Fehler und ohne das Fiasko der Kerenskioffensive hätte sich vielleicht auch in Rußland ein liberales (d. h. konkret: sozial-demokratisches) Regime stabilisieren lassen.

So aber erhalten die radikalen Sozialisten die Chance der Agitation und Propaganda — vordergründig für einen sofortigen Friedensschluß, weitergreifend für ihren eigenen Herrschaftsanspruch. Die *zweite Phase* der Revolution im Sommer und Herbst 1917 ist beherrscht durch die Parole der „Doppelherrschaft": Informell gebildete Arbeiter- und Soldatensowjets richten sich gegen die Duma, das Parlament. Ihre führenden Gestalten sind der ehemalige Menschewik Trotzki und der von den deutschen Behörden aus seinem Schweizer Exil nach Rußland eingeschleuste Bolschewik Lenin. Sie verfügen über eine schlagkräftige Konzeption politischer Praxis. Diese gründet sich auf Marx' Theorie der absoluten Verelendung des Proletariats in der bürgerlichen Gesellschaft und seiner geschichtsnotwendigen Emanzipation durch das revolutionäre Handeln der Kommunisten, das zur Diktatur des Proletariats, zur sozialistischen Übergangsperiode und schließlich zur klassenlosen Gesellschaft führen soll.

Lenin hat dieser Theorie mit seiner Schrift „Was tun? Brennende Fragen der Bewegung" von 1901/02 ein entscheidendes revolutionsbestimmendes Element hinzugefügt und in der Gruppe der Bolschewiki zum Programm erhoben: seine Parteitheorie. Diese geht davon aus, daß das Proletariat nicht von sich aus zu revolutionärer Praxis gelangt, sondern spontan nur zu gewerkschaftlichen Forderungen innerhalb der bestehenden Ordnung neigt, sich folglich bestenfalls revisionistisch und damit bloß evolutionistisch verhält. Es bedarf deshalb der Führung durch intellektuelle Berufsrevolutionäre, die in festgefügten Kadern zusammenzuschließen und auf die Revolution vorzubereiten sind. Sie stellen die Vorhut des Proletariats und seine Erzieher dar. Sie erstreben zunächst den politischen Umsturz, dem eine von oben gelenkte soziale Revolution erst nachzufolgen hat. Die Avantgardepartei setzt sich also mit ihrem revolutionären Handeln an die Stelle des Proletariats. Sie lenkt es mit bedingungsloser Härte und absoluter Kompetenz. Lenins Theorie und Anspruch provozierten 1903 unter den russischen Sozialisten die Spaltung in Bolschewiki und Menschewiki.

Die Bolschewiki erweisen sich 1917 tatsächlich als die theoretisch bewußten und politisch aktiven Kader in den Sowjets und ihren Militärkomitees. Nach dem Scheitern der Kerenskioffensive dominieren die Sowjets immer mehr. Als ein erneuter Befehl zum militärischen Einsatz gegeben wird, bringt Trotzki die Petersburger Garnison abermals zur Meuterei. Die Bolschewiki stürmen das Winterpalais, die Provisorische Regierung unter Kerenski flieht, Lenin bildet am 7. November (nach russischem Kalender Oktober) eine bolschewistische Regierung.

Dieser Putsch leitet die *dritte Phase* der Revolution, die radikale Diktatur der Bolschewiki, ein. Sie führt zur schnellen Ausschaltung der sozialistischen Partner und Rivalen, der Menschewiki und der Sozialrevolutionäre. Die vorher einberufene Verfassunggebende Versammlung, in der die Bolschewiki in der Minderheit sind, wird mit Gewalt gesprengt. Aber auch die Sowjets werden nach und nach ausgebootet, soweit sie nicht von den Bolschewiki beherrscht sind. Der nun beginnende „Kriegskommunismus" ist despotisch: zahlreiche Aufstände — teilweise von den Weißgardisten initiiert und von den Ententestaaten unterstützt — werden rücksichtslos unterdrückt, Fraktionsbildungen werden unterbunden, Gegner aus dem eigenen Lager werden liquidiert. Diese Phase reicht bis zur militärischen Niederschlagung des Kronstädter Matrosenaufstandes 1921 und dem danach ausgesprochenen, bis heute geltenden Verbot der Bildung von Fraktionen und politischen Plattformen.

Unter der straffen zentralistischen Führung Lenins etabliert sich die absolute Herrschaft der Partei. Sie hat sich damit durchgesetzt und ist im Prinzip bis heute so bestehen geblieben. Diese entscheidende, alles weitere trotz mancher Wandlungen anhaltend prägende Dominanz der dritten, also der radikaldiktatorischen Phase der Revolution macht den essentiellen Unterschied zur Französischen Revolution aus. Trieb die Französische Revolution zwar auch zunächst mit einer gewissen inneren Logik auf die jakobinische Schreckensherrschaft zu, so blieb diese schließlich im Gesamtgeschehen der Revolution doch eine recht kurzfristige Phase unter und neben anderen; sie blieb letztlich Episode. Nach ihr vollzog sich eine entscheidende Wende im Verlauf der Revolution, die Abkehr vom Jakobinismus. Die Leninsche Parteidiktatur dagegen ist im Herrschaftsbereich des Marxismus-Leninismus und seines Sowjetsystems bis heute schlechthin konstitutiv geblieben. Die Wende in der Russischen Revolution fand nicht *nach*, sondern *vor* bzw. mit der dritten Phase statt. Seitdem ist und bleibt die Revolution bolschewistisch.

Deshalb besteht im Sowjetbereich seitdem Systemkontinuität, während die Französische Revolution erst in der siebten nachrevolutionären Spätphase mit der weitgehenden Durchsetzung des liberalen Systems zur politischen Festlegung ihrer Errungenschaften gefunden hat; dabei verbreiterten sich die tragenden sozialen Schichten gegenüber dem frühbürgerlichen Ursprung grundlegend. Allerdings hat sich auch die revolutionäre Partei Rußlands im Laufe der Jahrzehnte zunächst proletarisiert und heute zweifellos stark verbürgerlicht, also ihrerseits soziale Wandlungen erfahren.

Ich schließe die Betrachtung der weiteren Phasen der Russischen Revolution ganz kurz ab. Nachdem die Herrschaft der bolschewistischen Partei in allen Hinsichten siegreich erkämpft ist, lockert Lenin die Zügel um ein weniges, und zwar planmäßig. Die *vierte Phase* der „Neuen Ökonomischen Politik" (NEP) steht im Dienste der wirtschaftlichen Gesundung. Sie sieht deshalb eine auf den ökonomischen Bereich eng begrenzte Liberalisierung vor. Doch mit dem 1923 durch Krankheit bedingten faktischen Ausscheiden Lenins, erst recht nach seinem Tod im Jahre 1924 erwachen die Diadochenkämpfe zwischen Trotzki, Kamenew, Sinowjew, Bucharin und Stalin. Stalin schaltet nach und nach alle Rivalen aus und übernimmt die ganze Macht.

Die *fünfte Phase* ist durch den bis 1953 währenden Stalinismus bestimmt. Sie steht im Zeichen der Fünfjahrespläne, der vollständigen Kollektivierung der Landwirtschaft und Sozialisierung der Industrie, der Verketzerung fast aller Revolutionäre der ersten Stunde (mal als Rechts-, mal als Linksabweichler), ihrer Verurteilung in großen Schauprozessen und Liquidierung, der Einrichtung der Zwangs- und Arbeitslager, der Fixierung aller Lebensbereiche einschließlich der Wissenschaft auf den für sakrosankt erklärten Diamat und mit alledem der Etablierung des Systems totalitärer Herrschaft. Zugleich findet dieses System in der Folge des Zweiten Weltkrieges seine machtpolitische Ausdehnung auf die Länder Osteuropas.

Nach Stalins Tod zeigt die *sechste Phase* unter Chruschtschow eine begrenzte Auflockerung, die in Ungarn und Polen zu demokratisch-sozialistischen Bewegungen und Revolten führt. Spätestens mit der gewaltsamen Beendigung des „Prager Frühlings" seit dem 21. August 1968 beginnt unter Breschnew die *siebte Phase* einer neostalinistischen Konsolidierung im Innern auf mittlerer Linie, eines begrenzten Polyzentrismus der kommunistischen Parteien außerhalb der Sowjetunion, eingedämmt jedoch durch die Breschnewdoktrin und gebunden an die ideologischen Vorgaben der „friedlichen Koexistenz", die das Ziel der Weltrevolution nach wie vor einschließen.

So erstarrt das Sowjetsystem politisch heute erscheint, es hat doch eine tiefgreifende soziale und kulturelle Revolution wirkmächtig werden lassen. Entbehrt es auch der politischen Freiheiten, die die Französische Revolution begründet hat, so bringt die Russische Revolution doch eine zweite Idee und Wirkkraft von emanzipatorischer Virulenz zumindest bezüglich des Lebensstandards und -zuschnitts der sozialistischen Gesellschaft in die europäische und globale Geschichte ein. Nicht zufällig konkurrieren die Folgesysteme beider Revolutionen heute um das ausschlaggebende Gewicht in der Weltpolitik.

Nochmals: die heutige Welt wäre ohne diese beiden großen Revolutionen überhaupt nicht vorstellbar.

Revolutionen und Reformen

Ich will versuchen, zusammenfassend einen kurzen Vergleich zu ziehen. Beiden großen Revolutionen gingen der erst allmähliche Niedergang und dann rasche Verfall absolutistischer Herrschaft voraus. Diese Herrschaft enthielt den geistig, ökonomisch und sozial aufstrebenden Kräften die politische Mitbeteiligung vor, ja sie unterdrückte sie mit repressiven Maßnahmen. Verspätete und dann immer noch zögerliche Reformen kamen nicht zu politischer Wirkung. Virulente emanzipatorisch orientierte Theorien dienten den revolutionären Kräften zur Handlungsanleitung und förderten ihr politisches, ja historisches Bewußtsein und ihre Gruppen- und Parteibildung. Unmittelbar auslösend für den ersten revolutionären Akt (im Sommer 1789 bzw. im März 1917) war dann eine akute, drastische ökonomische und politische, 1917 auch militärische Krise des bestehenden Systems.

Der erste Akt der Revolution war in beiden Fällen infolgedessen zweifellos spontanen Charakters, mithin kein bewußt und planmäßig angelegtes Experiment. Doch traten danach recht bald gleichgerichtete Tendenzen auf, daß radikale elitäre, aber populistisch erscheinende Gruppen sich der Revolution bedienten, um sie zum Experimentierfeld ihrer die gesamte Gesellschaft mit diktatorischer Gewalt umschaffenden Ideen zu machen. Sie liquidierten nicht nur die Feinde der Revolution, sondern auch anfängliche Kombattanten, die wegen abweichenden, zumeist moderateren Verhaltens zu Rivalen und Gegnern geworden waren (bzw. weitgehend von den Radikalen dazu gemacht wurden).

Im einzelnen habe ich für die langfristige Entwicklung der beiden Revolutionen bis zu ihren noch heute tragenden Auswirkungen jeweils sieben Phasen unterschieden, die bei allen inhaltlichen und strukturellen Differenzen doch erstaunliche formale Parallelen aufweisen, so daß sie vielleicht einen typischen Verlauf von Revolution als Prozeß markieren können. Es muß eindringlich betont werden, daß es hier keinerlei Beweiskraft von naturgesetzlicher Stringenz, sondern lediglich den Versuch einer Annäherung im Verstehen geschichtlicher Phänomene durch ganz vorsichtige typologische Zuordnungen geben kann.

So folgt auf die *erste*, spontane, insgesamt noch gemäßigte, gleichsam liberale Phase der Revolution (1789 – 1791 bzw. Frühjahr und Sommer 1917) eine *zweite* Phase zunehmender Konkurrenz und „Doppelherrschaft" zwischen den moderateren und den radikaleren revolutionären Gruppen (1791/92 bzw. Sommer und Herbst 1917), die in die *dritte* Phase radikal-revolutionärer Diktatur der schlagkräftigsten Minderheit übergeht (1792 – 1794 bzw. November 1917 – 1921). Diese revolutionäre Hochphase — die exemplarische Phase des gezielten Experimentierens mit „revolutionärer", immer deutlicher aber von „oben" ausgeübter Gewalt — wird im Falle der Französischen Revolution abgelöst von einer *vierten* Phase der Lockerung und des turbulenten Übergangs (1794 – 1799); im Falle der Russischen Revolution wird die dritte Phase durch diese vierte planmäßig fortgesetzt, aber auch modifiziert (1921 – 1924). In der vierten Phase bereitet sich durch schwere Nachfolgerivalitäten die Machtkonstellation der *fünften* Phase vor, die im Zeichen einer diktatorischen Ein-Mann-Herrschaft, der Bürokratisierung und Pervertierung der Revolution, aber auch der Stabilisierung und imperialistischen Ausbreitung wichtiger ihrer Folgeerscheinungen steht (1799 – 1814 bzw. 1924 – 1953). Die *sechste* Phase ist gekennzeichnet durch eine im ersten Fall starke, im zweiten Fall gezügelte erneute Verunsicherung aufgrund mehr oder minder gegenläufiger (restaurativer oder aber freiheitlicher) Tendenzen (1814 – 1871 bzw. 1953 – 1968), um sich danach mit der *siebten* Phase (etwa ab 1871 bzw. 1968) auf eine mittlere Linie mit verschiedenen Modifikationen und Erweiterungen — liberaldemokratischer Pluralismus einerseits, Polyzentrismus aber auch Neostalinismus andererseits — einzupendeln. In dieser Form haben heute die Nachfahren Kerngehalte der beiden großen Revolutionen gleichsam als System stabilisiert. Der revolutionäre Impetus ist damit zugleich ausgelöscht.

Den entscheidenden Unterschied zwischen beiden Revolutionsverläufen erblicke ich darin, daß für die Russische Revolution die *dritte*, die bolschewistische, radikal-diktatorische Hochphase dominant und konstitutiv geblieben ist, während die heutigen Folgewirkungen der Französischen Revolution in etwa zu den liberalen Antrieben der *ersten*, der Ursprungsphase zurückgekehrt sind — ungeachtet aller modernen Erweiterungen zur pluralistischen Demokratie. Daraus resultiert für mich die Wesensdifferenz, daß das Nachfolgesystem der Französischen Revolution ein politisch freiheitliches System ist, das zugleich inzwischen seine ursprüngliche bürgerliche Klassenbasis sozial beträchtlich, wenngleich gewiß immer noch nicht ganz ausreichend verbreitert hat, während das Nachfolgesystem der Russischen Revolution ein politisch diktatorisches, in vielen Zügen nach wie vor totalitäres System ist, das allerdings eine soziale Entwicklung ermöglicht hat, die gewiß in keinem Vergleich zu den Verhältnissen steht, die die Revolution überwand.

Mit beiden großen Revolutionen waren in verschiedenen ihrer Phasen zweifellos ungeheure Gewalttaten, massiver Terror,

Machtusurpation, innere und äußere Kriege, kurz viele inhumane Akte, ja eindeutige Perversionen ihres eigentlichen Anspruchs verbunden. Dennoch haben sie angesichts der Unrechts-, Unterdrückungs- und Elendszustände der vorangegangenen Epoche, die diese aus eigener Kraft nicht zu überwinden vermochte, so etwas wie geschichtliche Notwendigkeit, und bei allen Verstößen gegen die Gebote der Humanität, die auf ihrem Konto stehen, haben sie — zu größeren oder geringeren Teilen — doch emanzipatorisch, in diesem Sinne fortschrittlich gewirkt. Dies vermag ihnen wohl eine gewisse historische Rechtfertigung im Ganzen verleihen. Das heißt nicht, daß die von ihnen angewandten Gewaltmethoden im einzelnen, bei der konkreten politischen und persönlichen Zurechnung, gebilligt werden könnten. Dafür haben sie sich zu oft und zu sehr mit letzter Rücksichtslosigkeit über das hinweggesetzt, was einzelne Menschen und ganze Gruppen dachten, wollten und für richtig hielten. Kurz: Das Gesamtexperiment dieser Revolutionen war gerechtfertigt, die vielen einzelnen Experimente, sofern sie Gewalt gegen Menschen enthielten und noch enthalten, waren und sind es nicht. Ich verkenne nicht, daß in diesem Fazit ein tiefes Dilemma steckt. Ich glaube nicht, daß es auflösbar ist.

So viel aber läßt sich m. E. normativ feststellen: daß Revolutionen mit der unausweichlich zu ihnen gehörenden militanten Gewalt, der Fanatisierung der Gesinnung und der Intoleranz und Intransigenz des Verhaltens der Revolutionäre nur dann nicht verwerflich sind, sondern zumindest bedingt legitim sein können, wenn die zu verändernden Verhältnisse eindeutig repressiv, völlig überlebt und aus eigenem Vermögen unreformierbar erscheinen.

Ich wage nicht, von dieser Prämisse her etwas zur Situation in der Dritten Welt zu sagen, zumal sie sich in den einzelnen Ländern und Regionen sehr unterschiedlich darbietet. Wir sollten als Europäer vorsichtig damit sein, unsere geschichtlichen Erfahrungen auf andere kulturelle Traditionen und Gegebenheiten einfach zu übertragen. Ich nehme mir auch nicht heraus, beurteilen zu wollen, wie die oppositionellen Bestrebungen im Sowjetsystem, also im „real existierenden Sozialismus", sich verhalten sollten. Zumindest wir Deutsche, die wir allzu oft unheilvoll in die Belange der osteuropäischen Völker eingegriffen haben — bis hin zu dem Tatbestand, daß die Etablierung des Sowjetsystems in diesen Ländern eine indirekte Folge deutscher Politik ist —, sollten in dieser Hinsicht Zurückhaltung üben.

Für unsere eigene Situation in der westlichen Welt aber ist klar zu konstatieren, daß sie heute keinen triftigen Grund und kein Potential für legitime revolutionäre Experimente enthält. Weder ist unsere Gesellschaft dem Zusammenbruch nahe noch zeigt sie — bei allen kritikwürdigen Schwächen und Fehlern, auch der in ihr betriebenen Politik sämtlicher Parteien und Gruppen — ein Maß an Unfreiheit oder sozialer Ungerechtigkeit, das revolutionsträchtig wäre. Es gibt in ihr weder eine revolutionäre Klasse noch eine bedeutende revolutionäre Partei, es gibt allenfalls revoluzzerhafte intellektuelle Zirkel, die gesellschaftlich isoliert sind und entweder blauäugigen Utopien oder aber blindem terroristischem Aktionismus verfallen. Es fehlt jeder Ansatz zu einer ausgebildeten revolutionären Theorie.

Das Streben nach gesellschaftlichen Veränderungen ist im demokratischen Staat auf den Weg evolutionärer Reformpolitik verwiesen. Gerade eine freiheitliche Gesellschaft ist eine societas semper reformanda et semper reformabilis. Reformversuche — auf welchen Gebieten auch immer — sind an den demokratischen Willensbildungs- und Entscheidungsprozeß gebunden und von der Zustimmung der Mehrheit abhängig. Zwar müssen sie oftmals experimentell vorpreschen. Aus theoretischen und praktischen Vorgaben können unübergehbare Fakten entstehen. Diese müssen jedoch prinzipiell überprüfbar und revidierbar sein. Legitime Reformversuche implizieren eine Offenheit für ihre Kritik, Kontrolle und Revision, die Anwendung des Prinzips weitgehender Mitbestimmung und Selbstbeteiligung für alle im engeren und weiteren Sinne von ihnen Betroffenen und schließlich die strikte Rechtsförmigkeit des Verfahrens. Insofern sind sie immer dem aristotelischen Gedanken der μεσότης — des Maßes und der Mitte — verschrieben.

In alledem unterscheiden sich Reformexperimente qualitativ von revolutionären Aktionen und Prozessen, so langfristige revolutionäre Auswirkungen Reformen haben können und so sehr auch in Revolutionen weitreichende Reformprogramme eingebaut sind. Daß aber die genannten demokratischen und rechtsstaatlichen Grundsätze für die Legitimität und den Ablauf von Reformen gelten, das liegt nicht zuletzt doch wieder im Geschehnis der großen Französischen Revolution begründet.

Anmerkungen

1 Jean-Jacques Rousseau: Vom Gesellschaftsvertrag oder Grundsätze des Staatsrechts. Hrsg. von Hans Bockard/Eva Pietzker, Stuttgart 1977, S. 21.
2 Maximilien Robespierre: Reden. Redner der Revolution, Bd. I. Berlin 1925; zit. nach: Menschen und Zeiten. Quellenteil. Paderborn 1970, S. 211 f.

Wissenschaftshistorische und philosophische Überlegungen

Fritz Krafft

Beobachtung — Versuch — Experiment

Von *Versuchen mit Menschen* handelt dieses Buch. Dabei soll mit der Formulierung des Themas „der Doppelcharakter eines versuchsweisen Umgangs mit Menschen" verdeutlicht werden, insofern nämlich der Mensch sowohl als „ausgeliefertes Objekt" als auch als „handelndes Subjekt" von solchen Versuchen erfaßt werde und damit in die Thematik einzubeziehen sei[1]. In diesem der wissenschaftshistorischen und wissenschaftstheoretischen Orientierung gewidmeten Beitrag geht es dabei allerdings mehr um die Frage, was es denn sei, was da von und mit Menschen angestellt wird, so daß naturgemäß mehr von dem Menschen als handelndem Subjekt, denn von ihm als behandeltem Objekt der Rede sein wird.

Beobachtung, Versuch und Experiment sind methodisch mehr oder weniger abgesicherte Mittel, Informationen über den erfaßten oder zu erfassenden außersubjektiven Objektbereich dem Subjekt beim Erkenntnisprozeß über diesen Objektbereich zuzuleiten — gleichsam als Entscheidungshilfen —, wobei Innovationen im Erkenntnisbereich über einen empirisch erfahrbaren Objektbereich keineswegs eine durch Beobachtung, Versuch oder Experiment am Objekt gewonnene neuartige Erfahrung voraussetzen. Weder ist also Erfahrung durch Beobachtung, Versuch oder Experiment eine unbedingte Voraussetzung für Innovationen im wissenschaftlichen Erkenntnisbereich (nicht einmal der Erfahrungswissenschaften), noch sind auch Beobachtung, Versuch und Experiment ihrerseits *objektive* Erfahrungsmittel oder gar Mittel zur Erfassung eines Objektes (oder Objektbereichs) in seiner gesamten Komplexität — trifft dies doch nicht einmal für eine aufgrund vielartiger Beobachtungen, Versuche und Experimente gewonnene Erfahrung oder für eine auf solchen Erfahrungen beruhende Theorie oder Wissenschaft zu.

Wissenschaft als intellektuelles Artefakt

Was Wissenschaft auch immer sei, sie ist — wie die Unsicherheit im definitorischen Zugriff schon verdeutlicht — nicht etwas in der Natur dem sie benutzenden Subjekt Vorgegebenes; und zwar ist sie dies weder im platonisch-konstruktivistischen Sinne noch im aristotelisch-analytischen Sinne. Der Mensch als erfahrendes und erkennendes Subjekt findet Wissenschaft und damit auch exakte Erfahrungswissenschaft also nicht bereits fertig vor, so daß sie Stück für Stück neu *entdeckt* werden könnte — jedenfalls findet er sie nicht in dem Sinne vor, daß sie etwas außerhalb menschlicher, d. h. außerhalb soziokultureller Traditionen Stehendes wäre. Theorien und komplexe Theoriensysteme, also Wissenschaft(en), wurden und werden vielmehr stets erst durch des Menschen denkerisches und sprachliches *Handeln* geschaffen[2]. Wissenschaft ist ebenso wie die Technik und technische Artefakte ein Produkt des menschlichen Intellekts und somit ein genuin geschichtliches Geschehen, das folglich weder in seinem Fortschreiten determiniert ist, noch einer Naturgesetzlichkeit unterliegt; dieses intellektuelle Produkt Wissenschaft ist vielmehr weitestgehend jeweils von den Absichten und Zielen des Handelnden her, d. h. von den Absichten und Zielen des handelnden Subjekts bzw. der handelnden scientific community her bestimmt worden und wird es sein.

Dabei bedingen natürlich diese Absichten und Ziele jeweils auch die Art und Wahl der Methoden, mit denen die Ziele erreicht werden sollen, also auch das empirische Erfahrungsinstrumentarium Beobachtung, Versuch, Experiment (so etwa bezüglich ihrer Anwendbarkeit, Aussagefähigkeit oder Übertragbarkeit); und die subjektiv bzw. im Rahmen einer scientific community intersubjektiv gesetzten Ziele einer Wissenschaft oder der Wissenschaft sind nicht stets dieselben gewesen — oder mit anderen Worten: Die Aufgabe, die der Mensch bzw. die scientific community sich mit einer wissenschaftlichen Disziplin oder der Wissenschaft setzten, ist nicht stets dieselbe gewesen (woraus übrigens folgt, daß sie auch nicht dieselbe

bleiben wird und muß wie gegenwärtig). Schon deswegen ist
das Vorgehen moderner Wissenschaftstheorien nicht statthaft,
die von denjenigen Methoden her, die durch ein einziges gegenwärtig intersubjektiv gesetztes und anerkanntes Ziel einer einzelnen exakten Erfahrungswissenschaft (wie der meist gewählten Physik) bestimmt sind, normativ auf die Wissenschaftlichkeit anderer wissenschaftlicher Disziplinen oder zurückliegen-
der Phasen derselben Disziplinen schließen. Das hieße einerseits die Geschichte der Wissenschaften zu leugnen (was die
Wissenschaften als innovativen Prozeß aber überflüssig
machte) und andererseits alle Erkenntnis auf abstraktes mathe-
matisch-physikalisches Erfassen zu nivellieren und zu degradie-
ren und die so nicht erfaßbare Welt letztlich ebenfalls zu
leugnen. Es ist deshalb auch nicht erforderlich, wenn nicht
sogar unstatthaft, sich dieser für andere Ziele und Objektbereiche entwickelten und angemessenen Methoden zu bedienen,
um die Wissenschaftlichkeit des eigenen andersartigen Tuns
aufzuweisen; hierzu bedarf es anderer Kriterien.

Die Vielfalt der durch die unterschiedlichen Absichten und
Zielsetzungen bedingten unterschiedlichen Zugänge zum Objektbereich der Wissenschaften in der geschichtlichen Abfolge
und im gegenwärtigen Nebeneinander wird dabei schon schlaglichtartig aufgezeigt durch die Vielfalt der Wissenschaftsmetho-
dologien (die sich im Deutschen fälschlich Wissenschaftstheorien nennen), die bisher entweder im platonischen Sinne als a
priori gegeben konstruiert wurden (Konstruktivismus) oder in
aristotelischem Sinne a posteriori analytisch gewonnen wurden
(Analytische Wissenschaftstheorie).

Ursache für diese Vielfalt der Wissenschaftstheorien ist nämlich in erster Linie die Verschiedenartigkeit der als Ausgangspunkt gewählten Beispiele, selbst wenn sie derselben Disziplin
entnommen wurden und aus derselben Zeit stammen. Bereits
hierfür bestanden nämlich zumindest in Nuancen unterschiedliche Zielsetzungen bzw. Orientierungen, die dann ihrerseits
die Methoden unterschiedlich bestimmten — wobei für die
Ergebnisse in Form von Gesetzen, Konzepten, Theorien, Disziplinen und Ideen allein die Widerspruchsfreiheit in einem je-

weils mehr oder weniger großen Rahmen Kriterium für Wissenschaftlichkeit sein kann. In diesem Sinne ist etwa die Aristotelische Physik ebenso in sich widerspruchsfrei und wissenschaftlich wie die Galileisch-Newtonsche Klassische Physik oder die Einsteinsche Relativistische Physik — nur war die Zielsetzung eine jeweils andere gewesen und war der ins Auge gefaßte Objektbereich ein jeweils anderer — und folglich auch die Art der anzuwendenden Methoden, Erfahrungen zu gewinnen.

Was ist nun unter solchen Zielsetzungen zu verstehen und wie entstehen sie?[3]

Zielgerichtetheit — interne und externe Finalität

Ziel heißt griechisch *telos*, lateinisch *finis*, es umfaßt gleichzeitig die Wortfelder *Zweck, Endzweck, Ende*. *Finalität* bedeutet deshalb *Zweckmäßigkeit*, und *Teleologie* ist die Lehre von einer solchen Zweckmäßigkeit. Zu unterscheiden ist dann zwischen einer internen Finalität, von der man annimmt, daß sie dem Einzelding und Einzelprozeß innewohnt und den Prozeß eines Einzeldinges deterministisch auf dieses Ziel hin bestimmt, und einer externen Finalität, die als allgemeine Zweckmäßigkeit die gesamte Natur durchwalten soll, so daß jeder Einzelzweck dem Gesamtzweck untergeordnet und alles funktional aufeinander bezogen ist. Die Vorstellung von einer internen Finalität des Einzelprozesses war von Aristoteles in die Naturphilosophie eingebracht worden (sie findet sich auch heute noch oder wieder als Teleonomie im Konzept der Biologie), während Philosophien, die einen Schöpfergott zugrundelegen — wie der Christliche Aristotelismus von der Spätantike bis ins 17. Jahrhundert und die Physiko-Theologie des 18. und teilweise 19. Jahrhunderts —, eine externe Zweckmäßigkeit kennen, die als Ordnungsprinzip dem Einzelgeschöpf übergeordnet ist und alle natürlichen Prozesse lenkt. Die Prozesse selbst sollen in beiden Fällen kausaldeterministisch ablaufen, aber auf ein eindeutig gegebenes Ziel hin, das den Prozeßverlauf richtungsmäßig steuert. Man lehnt von wissenschaftstheoretischer Seite

her heute solche Vorstellungen in der Regel als metaphysische
Vorgabe generell ab und mißt den Grad der Rationalität einer
Wissenschaft nach dem Maß, in dem solche Vorgaben aus ihr
— teilweise scheinbar — eliminiert worden sind.

Diese Verdrängung der Vorstellung von einer die gesamte Natur durchwaltenden Zweckmäßigkeit ging einher mit der Auflösung einer einheitlichen Physica als *der* Naturwissenschaft,
als Wissenschaft vom natürlichen Geschehen in seiner gesamten Komplexität (ohne daß eindeutig wäre, welches die Ursache und welches die Folge gewesen ist)[4]. Im 18. Jahrhundert
bestanden noch Natur*wissenschaft*, in der natürliche Prozesse
kausal auf die sie auslösenden und bewirkenden Ursachen
zurückgeführt werden, Angewandte *Mathematik*, in der natürliche Prozesse quantitativ-mathematisch beschrieben werden,
und Natur*geschichte*, in der alle Naturreiche morphologisch
beschrieben werden, nebeneinander; es waren von der wissenschaftlichen *Zielsetzung* her bestimmte unterschiedliche Betrachtungsweisen *derselben* Objektbereiche. Seit dem letzten
Drittel des 18. Jahrhunderts erfolgte dann eine Trennung von
Disziplinen nach *Objekt*bereichen, und zwar insbesondere deshalb, weil seit Immanuel Kants *Metaphysischen Anfangsgründen der Naturwissenschaft*[5] von 1786 Natur*wissenschaft* und
Naturprozeß beschreibende Mathematik als unverzichtbare
Einheit gesehen wurden, der die Naturgeschichte als empirischer Teil heuristisch vorgeschaltet ist. Alle Bereiche, die nicht
mathematisch formulierbaren Gesetzmäßigkeiten unterlagen
oder in denen solche noch nicht entdeckt waren, galten daraufhin als nicht oder noch nicht natur*wissenschaftlich* erfaßbar;
Chemie und die biologischen und medizinischen Disziplinen
galten als keine Wissenschaften. Da hiermit eine Abwertung
bzw. unterschiedliche Wertschätzung hinsichtlich der Aussagefähigkeit und der Allgemeingültigkeit und Beweisbarkeit der
Aussage verbunden war, waren die Vertreter dieser Disziplinen
bestrebt, sie dadurch zu Wissenschaften zu machen, daß sie
ihre Aussagen möglichst mathematisierten bzw. diese auf das
Mathematisierbare beschränkten[6] — und daß heißt dann aber
auch: sich auf Aussagen und Untersuchungen beschränkten,

die von natur*wissenschaftlichen* Betrachtungsweisen erbracht
werden können, Biologie und Medizin also etwa zu Chemie
und Physik der Organismen machten.

Vielfach blieb aber die naturgeschichtliche Betrachtungsweise
im 19. Jahrhundert noch die einzig mögliche; und da die
Naturgeschichte mit dem ideologischen Hintergrund der Physi-
kotheologie von einer externen Zweckmäßigkeit ausgegangen
war, enthielten weiterhin naturgeschichtlich orientierte Kon-
zepte in der Biologie und Medizin auch im 19. und teilweise
im 20. Jahrhundert noch diese teleologischen Vorstellungen[7];
sie waren dann häufig in irgendeiner Form mit vitalistischen
Ideen verbunden und enthielten sich im wesentlichen der experimentellen Methoden. Im Bereich der natur*wissenschaftlichen*
(im alten Sinne: physikalischen) Betrachtungsweise, welche die
natürlichen Prozesse kausal auf ihre Ursachen zurückführt, ist
dagegen der Zweck als eine solche partikuläre und damit auch
als generelle Ursache seit dem ausgehenden 18. Jahrhundert
vorerst endgültig verschwunden — naturphilosophisch nach
René Descartes besonders wieder in Kants *Metaphysischen
Anfangsgründen der Naturwissenschaft* abschließend begründet.

Kant, der selbst in seinen naturwissenschaftlichen Frühschrif-
ten teleologisch argumentierte, läßt die Teleologie aber immerhin noch als heuristisches Prinzip zu[8], und als solches wirkt sie
insbesondere in den biologischen und manchen medizinischen
Disziplinen noch bis heute nach. Einen gewissen Ersatz für die
durch die Eliminierung der ‚externen‘ Finalität hinterlassene
Lücke liefert heute die ‚intern‘ innerhalb eines geschlossenen
Systems begründende ökologische Denkweise, die zumindest
für ein jeweils regionales Ökosystem Prozesse, die den Objekt-
bereichen unterschiedlichster naturwissenschaftlicher Disziplinen angehören, aufeinander bezieht und zu einer übergeordne-
ten Einheit zusammenfaßt. Auch der menschliche Körper wird
daraufhin von der Medizin wieder mehr als eine Art Ökosystem
angesehen.

Es ist einleuchtend, daß jeder Eingriff von außen ein solches
Ökosystem mehr oder weniger zerstörend verändert; folglich

kann ein Ökosystem *als solches* auch nie experimentell erfaßt werden, sondern es können dann nur seine Reaktionen auf einen experimentellen Eingriff zur ausgleichenden Anpassung an die dadurch verursachte Veränderung beobachtet werden. Und von dort her wird dann wohl auch verständlich, warum die an einer partiellen und generellen, externen und internen Zweckmäßigkeit orientierte Naturwissenschaft, wie sie Platon und Aristoteles in der Antike begründet hatten und die bis in die Neuzeit, für Teilbereiche bis ins 18. und 19. Jahrhundert hinein, gültig geblieben war, das in ein Naturgeschehen eingreifende Experiment als Mittel zur Erlangung von Kenntnissen über die *natürlichen* Dinge und Prozesse ablehnen mußte.

Subjektive Zielsetzungen für die Wissenschaft

Von einer solchen (internen oder externen) objektiven Zweckmäßigkeit oder Zielgerichtetheit, auf die hin das objektive natürliche Geschehen partiell oder generell kausal-deterministisch ausgerichtet ist (man mag sie anerkennen oder nicht), muß nun die subjektive oder intersubjektive Ziel*setzung* für eine Handlung unterschieden werden. Jedes Handeln erfolgt auf ein durch andere vorgegebenes oder durch den Handelnden selbst gesetztes Ziel hin. Wissenschaft ist ebenfalls eine kommunikative sprachliche Handlungsform. Für sie kann es deshalb nur eine subjektive oder (im Rahmen einer scientific community) intersubjektive Ziel*setzung* durch Menschen geben. Wissenschaft hat somit kein immanentes Ziel, auf das hin sie sich kausal-deterministisch entwickeln müßte oder könnte — und das dann andererseits auch die zur Erreichung dieses Zieles angewandten Methoden als systemimmanent rechtfertigen würde.

Die Wege, auf denen ein Handelnder das sich gesetzte und ins Auge gefaßte Ziel erreichen kann, sind einerseits durch die Mittel und Fähigkeiten, andererseits aber auch durch das zu Erreichende, das Ziel selber, bestimmt — wobei allerdings auch bei genauestem Abstecken des Zieles erst, nachdem das Ziel erreicht wurde, erkannt werden kann, welches der geeig-

netste Weg gewesen wäre. Glück und Zufall spielen deshalb
eine große Rolle; Irr- und Abwege sind nicht zu vermeiden.
Auf Wissenschaft bezogen bedeutet dies, daß die Methodik
weitgehend nicht nur einerseits durch das theoretische und
instrumentelle Werkzeug bestimmt ist, sondern andererseits
auch durch das Ziel, d. h. innerhalb der naturwissenschaftlichen Disziplinen durch das, *was* man an der Natur, und
durch die Art, *wie* und *wozu* man es erkennen will. Es bedeutet
aber auch, da dieses Ziel nicht objektiv vorgegeben ist, sondern
vom handelnden Wissenschaftler subjektiv und für den Gel-
tungsbereich einer scientific community intersubjektiv gesetzt
wird, daß er vorher nicht weiß, *wie* sich ihm die Natur zeigen
wird und *was* sie ihm unter dem von ihm gewählten Zielaspekt
zeigen wird. (So erklären sich zum Beispiel Zufallsentdeckun-
gen.)

Worauf die wissenschaftliche Erkenntnis aus ist und was deshalb in der Regel jeweils als das allein Erkennnbare gilt, was
seinerseits dann auch die Methoden bedingt, so daß mit diesen
Methoden auch nichts Andersartiges erkannt werden kann, ist
im Laufe der Geschichte und für verschiedene Disziplinen
jeweils etwas anderes gewesen. Die Orientierung der Wissen-
schaft(en) kann dabei auf reine Erkenntnis um ihrer selbst
willen ausgerichtet sein − und das Erkenntnisobjekt kann
auch dann Unterschiedliches sein: das *Sein*, die *Ideen* oder das
Wesen der Dinge, Gott oder Gottes Schöpfungsplan in den
Dingen, die Zweckmäßigkeit des einzelnen Prozesses oder der
gesamten Natur, die Kinematik oder Funktion von Bewe-
gungsprozessen oder deren kausal-deterministische Ableitung,
menschliche oder tierische Verhaltensweisen usw. Doch neben
solchen auf Erkenntnis ausgerichteten intellektuellen Orientie-
rungeng gab und gibt es für die Wissenschaft(en) auch utilitari-
stische Zielsetzungen, die ihre Ergebnisse nicht selbst schon
als Ziel und Zweck ansehen, sondern als Mittel für andere
Zwecke benutzen, für theologische, ideologische, pädagogische, humane, soziale, technische, militärische, wirtschaftliche,
ökologische usw. Alle diese Zielsetzungen haben auch Naturwissenschaften schon gehabt; sie brauchen sich nicht alle ge-

genseitig auszuschließen und haben deshalb zum Teil auch mit jeweils unterschiedlicher Gewichtung nebeneinander oder gemeinsam bestanden.

Historischer Erfahrungsraum

Die Methoden einer Wissenschaft, Erfahrungen zu gewinnen, sind nun zwar zielbedingt, nicht aber ausschließlich durch das Ziel bestimmt. Das die Methoden bedingende Ziel wiederum ist nur zu einem Teil objektbedingt; es wird in viel stärkerem Maße von dem jeweiligen Historischen Erfahrungsraum des zielsetzenden Menschen bzw. der zielsetzenden scientific community geprägt[9]. Dieser Historische Erfahrungsraum, der die jeweiligen Erfahrungsweisen ermöglicht und bedingt, ist seinerseits wiederum Änderungen unterworfen, die durch die unterschiedlichsten außer- und innerwissenschaftlichen Komponenten, die ihn konstituieren, bedingt sind. Aufgaben und Ziele einer Wissenschaft sind deshalb ebenfalls Änderungen unterworfen; sie werden dabei jeweils insbesondere von externen Instanzen, vor allem von der Religion und Theologie, von der Philosophie und von weltanschaulichen Ideologien, von Gesellschaftslehren und technisch-wirtschaftlichen Erfordernissen oder Wünschen und natürlich von der Art der Institutionalisierung und Finanzierung, bestimmt und ändern sich mit diesen.

Der erfahrene und beobachtete Gegenstand, Zustand oder Vorgang der Natur mit ihren unveränderlichen Naturgesetzen bleibt zwar in der Regel über den für die Geschichte der Naturforschung relevanten Zeitraum derselbe, er *erscheint* aber nicht stets als der gleiche; denn der Blick- und Standpunkt des Beobachtenden und Erfahrenden ist ständig Änderungen unterworfen gewesen. Jede Erkenntnis, auch jede wissenschaftliche Erkenntnis beruht ja auf Abstraktion, die aus dem komplexen Gebilde oder Geschehen bestimmte Aspekte isoliert — oder negativ ausgedrückt: Jede Erkenntnis beruht auf der Vernachlässigung von Aspekten und Erscheinungsformen an dem Objekt, die als für die jeweilige Erkenntnisweise unwesentlich und deshalb als nicht-erkennbar gelten. Das Phänomen, also das, was einem Beobachter *an* und *von* einem Objekt erscheint, ist insofern von dem Beobachter und seiner Art zu beobachten selbst abhängig; es erscheint ihm nur *so*, wie er es sehen will und kann, und zwar nicht nur dann, wenn er sich eines Experimentes zur Gewinnung von Beobachtungsdaten bedient. Diese jeweiligen Sehweisen einer Zeit, ihre Erfahrungs-möglichkeiten, hängen nun von zahlreichen innerwissenschaft-lichen, insbesondere aber auch von außerwissenschaftlichen Komponenten ab: etwa von der geographisch-klimatischen Lage, von der gesellschaft-politischen Struktur eines Volkes oder einer größeren oder kleineren gesellschaftlich-kulturellen Gruppe, von der geistigen Tradition, der Religion und Philoso-phie, der Sprache und Begriffswelt, von der jeweiligen Technik und Wirtschaftsform usw. Allerdings wurden dabei im Wandel der Zeit für verschiedene Gruppen und für verschiedene Zweige des Wissens auch jeweils andere Komponenten in stär-kerem Maße als die übrigen wirksam; und in neuerer Zeit haben manche durch das quantitative und qualitative Wachs-tum der Kommunikationsmittel ihre Unterschiede und damit ihre unterschiedlichen Einflußmöglichkeiten stark oder ganz verloren, was eine größere Einheitlichkeit einzelner Wissen-schaften zur Folge hat, die sie aber nicht unbedingt angemesse-ner oder sinnvoller macht. — Aus dem Zusammenwirken dieser Komponenten, die ich *Präsentabilien* nenne[10], resultiert der jeweilige Historische Erfahrungsraum.

Es gibt allerdings keinen Kollektivgeist als innovatorische Kraft; und selbst ein interdisziplinäres Forscherteam kann dafür kein adäquater Ersatz sein, weil es nur zu einer Synthese der Ergebnisse verschiedener Denkweisen, nicht aber zu einer Synthese dieser Denkweisen selber führen kann; und die Ergeb-nisse sind häufig genug inkompatibel, und sei es auch nur von der jeweiligen Wissenschaftssprache her. Eine Zeit kann deshalb auch nie ihre Möglichkeiten voll ausschöpfen; denn grundsätzlich ist jedem Insassen eines historischen Erfahrungs-raumes durch Tradition, Begabung und Unterweisung ein an-derer Ausschnitt aus der jeweils verfügbaren, also grundsätz-

lich gegenwärtigen Menge dieser Präsentabilien auch mehr
oder weniger präsent. Die Zugehörigkeit zu einer bestimmten
scientific community setzt allerdings ein Mindestmaß gemein-
samer wissenschaftsspezifischer Präsentabilien voraus.

Möglicher und tatsächlicher Erfahrungsbereich einerseits und
den Historischen Erfahrungsraum konstituierende Präsentabilien andererseits bedingen einander; sie stehen in einander
wechselseitig verändernder Abhängigkeit von einander. Mit
anderen Worten: Der Blick- und Standpunkt des Beobachters,
seine Zielsetzung, ändert sich stetig oder sprunghaft mit dem
diesen Standpunkt bedingenden Erfahrungsraum. Mit der Änderung des Erfahrungsraumes einer Gruppe oder eines Einzelnen ändert sich aber auch deren Erfahrung und Beobachtung,
die ihrerseits dann wieder ändernd auf einzelne Präsentabilien
wirken, die als Komponenten den Erfahrungsraum ergeben —
so daß dieser einem steten, mehr oder weniger rasch und
umfassend erfolgenden Wandel unterworfen ist.

Neben dieser allmählichen und wechselseitigen Änderung können sich einzelne Komponenten aber auch sprunghaft verändern, oder sie können verloren gehen oder aus einem anderen,
nicht unmittelbar benachbarten Erfahrungsraum durch Anschluß an eine im Präsenzbereich einer Wissenschaft selbst
nicht vorhandene Tradition übernommen werden. — So können etwa experimentelle Methoden von einer Wissenschaft in
eine andere übernommen und auf einen andersartigen Objektbereich übertragen werden, dem unter gleichen Zielvorstellungen gleichartige Informationen entlockt werden sollen. — Im
allgemeinen sind dann allerdings die Grundlagen für ein *gleich*-
artiges Verständnis einer Erfahrung oder Beobachtung so weit
verschoben, daß höchstens im eigentlichen Sinne *un*verstandene und *un*verständliche Ergebnisse von einem in einen anderen Erfahrungsraum übernommen werden können und die
gewonnenen neuen Erfahrungen mit denen der ursprünglichen
Wissenschaft inkompatibel oder dem neuen Objektbereich
nicht angemessen sind. Andererseits sind Innovationen, Ent-
deckungen und Erfindungen, jeweils die Folge eines Durchsto-
ßens und Ergänzens des vorhandenen Präsenzbereichs. Hier

heißt es also genauestens abwägen, weil Unverständnis, Fehl-
eingriff und Innovationsschub ganz nahe beieinanderliegen
und die Stellungnahme der scientific community und ihre
Einschätzung keineswegs immer sachlich begründet sind. Gelegentlich entstehen dann, wenn aus dem Erfahrungsraum einer
Wissenschaft heraus ganze ihr bis dahin nicht zugehörige Objektbereiche neu erschlossen werden, sogar mehr oder weniger
langlebige Zwischendisziplinen, wie die Biochemie, Biophysik,
Astrophysik usw.

Das Kommunikationsmittel zwischen dem durch einen jeweils
bestimmten Historischen Erfahrungsraum geprägten Subjekt
und dem von ihm unter einem bestimmten Zielaspekt ausgewählten Objektbereich, über den Erfahrungen gewonnen werden sollen, ist dann der Bereich der bewußten Wahrnehmung
durch selektierende passive Beobachtung oder durch gezielte
experimentelle aktive Fragestellung.

Antike und neuzeitliche Erfahrungswissenschaft

In der Regel wird nun das Entstehen der neuzeitlichen Naturwissenschaft mit der Einführung des Experiments als gezielter
Frage an die Natur verbunden, das die Antike noch nicht
besessen habe, weshalb sie nicht zu gleichen Ergebnissen hätte
vordringen können. In diesem Sinne äußert sich schon selbst
ein so begeisterter Griechenfreund und -kenner wie Goethe,
wenn er schreibt[11]:

„Sehen wir uns nach den eigentlichen Ursachen um, wodurch
die alten in ihren Vorschritten gehindert worden, so finden wir
sie darin, daß ihnen die Kunst fehlt, Versuche anzustellen, ja
sogar der Sinn dazu. Die Versuche sind Vermittler zwischen
Natur und Begriff, zwischen Natur und Idee, zwischen Begriff
und Idee ..."

Im Zeitalter des Induktivismus, im 19. Jahrhundert, als man
in Reaktion auf das spekulative Zeitalter der Romantik allein
einer angeblich theorie- und vorurteils*freien* Beobachtung mit
oder ohne Experiment die Möglichkeit zu neuen Erkenntnissen

in den Naturwissenschaften zuschrieb, äußerte sich 1877 der
durch seine programmatischen naturwissenschaftlichen Reden
hervorgetretene bedeutende Elektrophysiologe Emil du Bois-
Reymond ähnlich, wobei er den Griechen sogar die Fähigkeit
zu sorgfältiger Beobachtung überhaupt absprach[12] — immer
im Kontrast zu dem von Galileo Galilei begründeten induktiv-
experimentellen Naturforschen, dem allein die großen Fortschritte zu verdanken seien. Eine ungewollte Bestätigung lieferte der Gymnasialprofessor und Privatdozent für Mathematik und Physik Siegmund Günther, der gleichzeitig einer der
ersten Naturwissenschaftshistoriker war, wenn er, als scharfe
Kritik an du Bois-Reymond gedacht, 1887 schrieb[13]:

„Ein Volk kann eine beträchtliche Dosis von Erfindungsgeist
sein eigen nennen, ohne daß es darum daran zu denken
brauchte, die Vorgänge der Natur unter dem rein theoretischen
Gesichtspunkt auch durch das Experiment zu erforschen, d. h.
dem Walten der Natur gewisse einschränkende Bedingungen
aufzuerlegen, durch welche aus der Fülle verschleiernder Be-
gleitumstände ein einzelner besonders wichtiger Prozeß ausgeschieden und in dieser seiner Isolierung bequemerem Studium
unterzogen werden soll."

Natürlich gibt diese Beschreibung die Absicht und das Ziel des
experimentellen Vorgehens seiner Zeit und überhaupt neuzeit-
licher Naturwissenschaft korrekt wieder; nur fehlt in der Bewertung durch die Naturforscher selbst der etwas negative
Unterton, der sich aus der Rechtfertigung der Ablehnung des
Experiments etwa durch Platon[14] bei Günther unterschwellig
eingeschlichen hatte. Andererseits ist, wie wir sogleich an einem
Beispiel erfahren werden, die isolierende und idealisierende
Betrachtungsweise insbesondere der physikalischen Disziplinen und derjenigen, die sich ihnen bewußt oder unbewußt
methodisch anpaßten, keineswegs an das experimentelle Verfahren gebunden, wenn sie dieses auch förderte. Auch ist weder
die experimentelle Methode noch die neuzeitliche Naturwissenschaft überhaupt zu irgendeiner Zeit gleichzusetzen mit reinem
Induktivismus, insbesondere nicht bei ihrem Protagonisten
Galilei. Zudem ist das Experiment antikem Denken keineswegs

fremd gewesen, wie immer noch behauptet wird. Insofern dürfte gerade ein Vergleich antiken und neuzeitlichen naturwissenschaftlichen Denkens ein Schlaglicht auf die Rolle werfen, welche das Experiment für letzteres spielt.

Betrachten wir dazu ein Beispiel, das uns gleichzeitig einen gewissen Einblick in bestimmte beobachtende und experimentelle Praktiken und Methoden gewährt:

Die aristotelische Physik besagt, daß verschieden schwere Körper gleicher Gestalt und gleichen Volumens entsprechend ihrem Gewicht ungleich schnell fallen — dergestalt, daß der schwerere Körper schneller und der leichtere langsamer fällt. Ursache hierfür sei einerseits das unterschiedliche (die Schwere definierende) Fallvermögen als dem Körper innewohnender Bewegungstrieb, andererseits das Sich-Widersetzen des Mediums, durch das der Fall erfolgt, wobei ein dichteres Medium weniger leicht zerteilt wird. Die Beobachtung zeige nämlich, daß dieselbe Strecke in unterschiedlich dichten Medien — etwa in Wasser und Luft — in unterschiedlichen Zeiten durchfallen werde. Die Fallstrecken verhielten sich proportional den Dichten der Medien, was einerseits bedeute, daß die Falldauer eine Folge der Dichte des Mediums ist, andererseits aber auch, daß, wenn die Dichte des einen Mediums den Wert Null hätte, die Fallstrecke also im Vakuum zurückgelegt würde, die beiden Falldauern in keinem Verhältnis mehr zueinander stünden. Folglich könne es kein Vakuum geben, da die Fallbewegung darin instantan erfolgen müßte, was dem Begriff der Bewegung widerspräche — oder für alle Körper gleich schnell wäre, was der Erfahrung widerspräche[15].

Wir sehen, daß im Gegensatz zur landläufigen Meinung die aristotelische Physik durchaus eine Erfahrungswissenschaft war: Sie ging von Beobachtungen, empirischen Erfahrungen aus und stellte Messungen an — letztere allerdings in der Regel nicht tatsächlich, sondern nur in Form vergleichender Messungen mittels sogenannter Gedankenexperimente, deren innere, nämlich mathematische Logik ihm trotz der noch mangelnden Formalisierung die Möglichkeit einer vergleichenden Zeitmessung für je zwei Prozesse lieferte. Neben systemimmanenten Kategorien und Theorieelementen dienen dann Beobachtung und Erfahrung als Kriterien für die Ausschaltung von Absurditäten, auf die hin im Sinne einer Ja/Nein-Entscheidung die Argumentationskette ausgerichtet wird. Zur Anwendung kommt dieses auch später übliche Verfahren dann aber keineswegs nur bei experimentell nicht zugänglichen Vorgängen. Ein Gedankenexperiment macht einfach die ins Auge zu fassenden Eventualitäten schneller zugänglich, beschleunigt also den Erkenntnisprozeß, dessen Endergebnis sich wie bei einem messenden Experiment ebenfalls an Beobachtungen oder Erfahrungen prüfen läßt. (Ein gutes, d. h. gutdurchdachtes Experiment steht sowieso erst als Prüf- oder Meßinstanz für ein Gedankenexperiment.)

Ähnlich wie bei Aristoteles sind die Argumentationsstrukturen auch bei Galileo Galilei (wobei seine Gedankenexperimente teilweise auf Überlegungen älterer Zeitgenossen zurückgreifen können) — nur mit ganz anderen Ergebnissen[16]:

Giovanni Battista Benedetti hatte bereits argumentiert: Läßt man zwei gleichgroße, gleichschwere und gleichgestaltete Körper gleichzeitig aus derselben Höhe fallen, so fallen sie gleichschnell nebeneinander her; verbände man nun diese beiden Körper durch eine gewichtlose Kette, also nur in Gedanken, miteinander, so fiele auch das Zwillingspaar mit derselben Geschwindigkeit wie die einzelnen Körper, obwohl es doppelt so schwer wäre, also eigentlich doppelt so schnell fallen müßte, wenn Aristoteles recht hätte (bzw. die mittelalterlichen Aristoteliker, welche die bei Aristoteles genannte Proportionalität zu einer direkt linearen gemacht hatten). Auch Galilei argumentiert, daß man „ohne viel Versuche durch eine kurze, bindende Schlußfolgerung" nachweisen könne, wie unmöglich es sei, daß ein größerer Körper sich schneller bewege als ein kleinerer, aus demselben Stoff bestehender. Dazu verbindet er in Gedanken zwei verschieden schwere, also angeblich verschieden schnell fallende Körper, so daß der langsamere den schnelleren bremsen müßte, woraufhin ein größerer (nämlich der vereinigte) Körper langsamer fiele — wenn die aristotelische Vorstellung richtig wäre, womit sie aber gleichzeitig auch widerlegt wäre. Folglich fallen im selben Medium alle Körper aus gleichem Stoff gleich schnell, wie groß bzw. wie schnell sie auch immer seien. Da das Medium „stets zur Seite geschoben werden müsse"[17], bleibe die Abhängigkeit der Fallgeschwindigkeit von der durch die Gestalt bedingten Fähigkeit, das Medium zu teilen, bestehen. Denke man sich also das Medium fort, so könne man verallgemeinern: Im Vakuum fallen alle Körper aus gleichem Stoff gleich schnell. — Eine Aussage, die seinerzeit nicht nur nicht experimentell überprüfbar war, sondern die auch insofern jenseits aller Prüfbarkeit lag, als Galilei wie seine Zeitgenossen davon überzeugt war, daß es ein zusammenhängendes Vakuum gar nicht gebe. (Künstlich erzeugt wurde ein solches erst etwa fünfzig Jahre später durch die Barometerversuche der Forscher um Evangelista Torricelli und die Luftpumpenversuche Otto von Guerickes[18].)

Wie fiele das Experiment aus, wenn Größe und Gestalt gleich wären, die Körper jedoch aus verschiedenen Stoffen bestünden, also ungleich schwer wären? Galilei wählt Blei und Kork als Substanzen, sowie Öl, Wasser und Luft als Medien — man könnte die Unterschiede noch verstärken (was in einem Gedankenexperiment ja ohne weiteres zu machen ist) und flüssiges Quecksilber als dichtestes Medium wählen. Blei fällt durch alle Medien, Kork nur durch Luft, und der Unterschied der Fall- bzw. Sinkgeschwindigkeit wird umso geringer, desto dünner das Medium ist, so daß — folgert Galilei, jedenfalls seit seiner Paduaner Zeit um 1600 — bei der Dichte Null auch der Geschwindigkeitsunterschied entfiele: Im Vakuum fallen alle Körper gleich schnell, wie schwer, wie groß, wie gestaltet und woraus bestehend sie auch immer sind — was sich, wie gesagt, natürlich nicht nachprüfen ließ, schon weil es gar kein Vakuum geben sollte.

Galilei erzeugt also in Gedanken einen Idealzustand, indem er diejenigen Größen ausschaltet, die (jedenfalls nach der damals gültigen Vorstellung des Aristoteles) verändernd oder modifizierend auf den untersuchten Prozeß einwirken könnten: das Medium und das Gewicht; es verblieben die unabhängigen Bezugsgrößen Weg und Zeit, von denen allerdings zur Zeit

Galileis nur der Weg meßbar war, die Zeit sich aber wegen der Kürze der in Frage kommenden Falldauern noch einer Meßbarkeit entzog. Selbst wenn Galilei also die legendären Fallversuche am Schiefen Turm von Pisa angestellt haben sollte, Zeiten hätte er nicht messen können; außerdem war er in den Jahren, als er in Pisa wirkte, noch von der Richtigkeit der aristotelischen Vorstellung überzeugt gewesen, daß ein fallender Körper nach anfänglicher Zunahme der Geschwindigkeit rasch eine dann gleichbleibende Geschwindigkeit erreiche[19] (worauf ihn die Experimente also hätten geführt haben müssen).

Galilei erreichte durch die abstrahierende Idealisierung des Fallvorganges eine Reduktion auf den für alle Körper und stets gleichen kinematischen Bewegungsprozeß, frei von allen Störungen durch innere oder äußere Einflüsse — wie es für die Himmelsbewegungen, die nach damaliger Auffassung störungsfrei und stets gleich verliefen, zutraf, die deshalb seit der Antike mathematisch beschreibbar gewesen waren[20] (auch gemäß Aristoteles). Da die Natur sich stets der einfachsten Mittel bediene und überall von Gott nach Maß, Zahl und Gewicht geordnet sei — er beruft sich dazu auf das Buch der Weisheit Salomonis der Heiligen Schrift[21] —, sucht Galilei dann nach der möglichst einfachen mathematischen Formel als Gesetzmäßigkeit, nach der alle Fallprozesse ablaufen, wiederum ohne irgendwelche Experimente durchzuführen. Lange Jahre versuchte er vielmehr die Zunahme der Fallgeschwindigkeit irgendwie mit dem zurückgelegten Weg in Abhängigkeit zu setzen ($v \sim s$), bis ihm 1609 der entscheidende Durchbruch gelang, der sich in den *Discorsi* von 1638 lapidar als Selbstverständlichkeit liest, wenn Galilei schreibt[22], daß er durch aufmerksame Beobachtung des natürlichen Geschehens und der Ordnung der Natur gefunden habe, daß kein Zuwachs einfacher sei als derjenige, der in immer gleicher Weise hinzutritt; so werde man nicht fehlgehen, die Vermehrung der Geschwindigkeit gemäß der *Zeit* zuzulassen ($v \sim t$). Und hierzu konnte er sich gedanklicher Vorarbeiten der Pariser Nominalisten des 14. Jahrhunderts und besonders Nicole Oresmes bedienen[23].

Die Nominalisten waren nämlich bestrebt gewesen, qualitative Veränderungen quantitativ-geometrisch zu beschreiben, und hatten dabei so etwas wie einen Funktionsbegriff geschaffen, indem sie die jeweiligen Intensitäten von Qualitäten als Breiten (sog. Formlatituden) über der Fläche, über der Zeit usw. als Länge abtrugen. Sie unterschieden dazu zwischen gleichförmiger Intensitätsverteilung und ungleichförmiger Intensitätsverteilung und unterteilten letztere wiederum in gleichförmig ungleichförmige und ungleichförmig ungleichförmige. Unter Intensität konnte dann auch die Größe einer Geschwindigkeit verstanden werden, wobei eine gleichförmig ungleichförmige Geschwindigkeit eine solche bezeichnete, bei der — wie Galilei sich ausdrückte[24] — der Zuwachs immer in gleicher Weise hinzutritt, deren Intensität also gleichförmig zu- oder abnimmt. Eine solche gleichförmig ungleichförmige Geschwindigkeit stellt sich dann als Dreieck dar mit der Anfangsgeschwindigkeit 0 bei t_0 und der Endgeschwindigkeit h bei t_n:

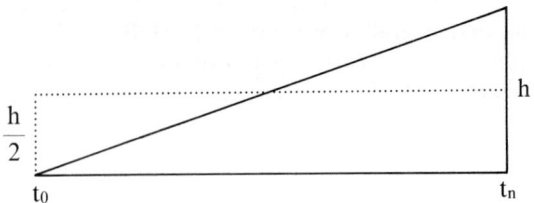

Die Fläche des Dreiecks ergibt so die in der Zeit t_n zurückgelegte Strecke. Gemäß der Formel zur Berechnung einer Dreiecksfläche zeigte dann Nicole Oresme, daß dieselbe Strecke zurückgelegt worden wäre, wenn der Körper sich die gesamte Zeit über gleichförmig mit der halben Endgeschwindigkeit $\left(\dfrac{h}{2}\right)$ als mittlerer Geschwindigkeit bewegt hätte (das Rechteck über derselben Länge und der halben Höhe des Dreiecks ist mit diesem flächengleich). — Dieser Überlegung bediente sich, wie gesagt, Galilei und erhielt bei der Annahme, daß der Geschwindigkeitszuwachs pro Zeiteinheit stets in gleicher Weise hinzutritt, folgende Zuordnungen, die bei ihm allerdings noch als geometrische Streckenverhältnisse auftreten:

Fallzeit t	Endgeschwindigkeit v_t	Mittl. Geschwindigkeit v_m	Fallstrecke $s_t (= v_m \cdot t)$
1	a	$\dfrac{1}{2}$a	$\dfrac{1}{2}$a
2	2a	$\dfrac{2}{2}$a	$\dfrac{4}{2}$a
3	3a	$\dfrac{3}{2}$a	$\dfrac{9}{2}$a
4 ...	4a	$\dfrac{4}{2}$a	$\dfrac{16}{2}$a

Zwei Wegstrecken verhielten sich also wie die Quadrate der zugehörigen Fallzeiten: $s_1 : s_2 = t_1{}^2 : t_2{}^2$, wofür in der späteren funktionalen Schreibweise geschrieben werden kann:

$$s = \frac{1}{2} a \, t^2,$$

in welcher Form wir alle das Fallgesetz kennen.

Galilei sagt ausdrücklich — etwa in einem Brief von 1624[25] —, er habe keinerlei Experiment angestellt, bevor ihn nicht die „natürliche Überlegung" ganz fest überzeugt habe, daß das Ergebnis so ausfallen müsse, wie es auch tatsächlich ausgefallen sei — und er betont, daß es der experimentellen Bestätigung auch gar nicht bedurft hätte. Hierzu bediente er sich dann allerdings in einer genialen, mathematisch begründeten Verlangsamung des als solchen noch nicht meßbaren Fallvorganges der bekannten Versuche mit der Fallrinne. Seine Maxime, die auch die der neuzeitlichen Naturwissenschaften werden sollte, alles Meßbare zu messen und alles Nicht-Meßbare meßbar zu machen, bezieht sich also nicht nur auf die Quantifizierung von Qualitäten, sondern auch auf eine theoretisch und durch Gedankenexperimente begründete Anpassung eines Vorganges an die jeweiligen instrumentellen Möglichkeiten — wobei in diesem Falle durch die Verlangsamung zusätzlich der Störfaktor Medium beim freien Fall weitgehend ausgeschaltet werden konnte.

Zur Bestimmung der tatsächlichen Streckenlängen, d. h. der in der ersten Sekunde oder Zeiteinheit zurückgelegten Fallstrecke, sind dann natürlich messende Experimente oder experimentelle Messungen erforderlich. Solche Messungen wurden aber bezeichnenderweise gar nicht von Galilei durchgeführt, sondern erst seit den 1640er Jahren von dem Bologneser Jesuitenpater Giambattista Riccioli, und zwar in der Absicht, das galileische Fallgesetz zu widerlegen[26].

Dieses gelang ihm zwar nicht, doch konnte er in einer mit Hilfe von Ordensbrüdern sorgfältig durchgeführten Versuchsreihe erstmals tatsächlich aufweisen, daß verschieden schwere Körper gleicher Gestalt und gleichen Volumens wirklich ungleich schnell fallen, wie Aristoteles aus seiner Physik abgeleitet hatte. (Im 19. Jahrhundert konnte dann der britische Physiker George Gabriel Stokes zeigen, daß Kugeln in Flüssigkeiten und Gasen infolge der Reibung mit *konstanter* Geschwindigkeit sinken, die proportional der Viskosität der Flüssigkeit ist, wie sich im Rahmen der anderen Begrifflichkeit auch aus der aristotelischen Physik ergeben hatte.)

Hierdurch wird eines wohl ganz deutlich: Die aristotelische *Physik* ist in ihren Methoden und Ergebnissen nicht *falsch*, und die galileische *Physik* ist ihr gegenüber nicht *wahr*. Beide *Physiken* wollten etwas ganz Anderes! Aristoteles betrachtete den komplexen Vorgang in der uns umgebenden Natur, Galilei beschreibt einen idealistisch abstrahierten Vorgang, der *so* auf der Erde, wo er beobachtet wird, gar nicht ablaufen kann. Galilei beschränkt sich dazu bewußt auf die mathematische Beschreibung der ehemals als sekundär geltenden Eigenschaften einer bloßen Kinematik; ihn interessiert nur, *wie* diese Bewegungen immer wieder ablaufen, nicht *warum* sie so ablaufen. Ihn interessiert also nicht das, was zuvor als Physik des Vorganges angesehen wurde, seine Ursachen, um die es hinwiederum Aristoteles in erster Linie gegangen war. Für Aristoteles war Bewegung nur der Übergang zwischen zwei Zuständen, einem nicht-naturgemäßen, demzufolge der Körper sich auf ein Ziel hinbewegt, dessen Erreichen seinen natürlichen Zustand bedeutet, so daß er dort ruht. Ausgangspunkt *und* Ziel, ohne die Bewegung nicht möglich sei, galt seine Aufmerksamkeit. Galilei blieb hingegen mit seinem mathematisch-kinematischen Reduktionismus ganz im Rahmen der alten, auf Aristoteles zurückgehenden Auffassung, daß die Mathematik zur physikalischen Ursachenerklärung nichts beizutragen vermöge und lediglich der Beschreibung von für antikes Denken sekundären Eigenschaften der natürlichen Körper und ihrer Bewegungen diene.

Die Rolle der Mathematik für die Naturbetrachtung in Antike und Neuzeit

Während die aristotelische ‚Physik‘ als begründende Wissenschaft die wesensgemäßen Eigenschaften herleiten und auf die empirisch gewonnenen vier natürlichen ‚Ursachen‘ zurückführen sollte, leitet die Mathematik nach Aristoteles ihre Sätze aus künstlich gesetzten Axiomen ab; sie galt deshalb als ‚Kunst‘. Dieser Gegensatz, der neben der qualitativen Physik als Wissenschaft eine quantitative Beschreibung der Planetenbewegungen, optischer Phänomene und der Wirkweise mechanischer Geräte erlaubte, die keine Rückwirkung auf die ‚Physik‘ selber hatte, ist weitestgehend bis in die zweite Hälfte des 18. Jahrhunderts beibehalten worden, obgleich die Physik selber die aristotelischen Prinzipien bereits lange hinter sich gelassen hatte. Auch das, was Galilei in seinen *Discorsi*, und selbst das, was Isaac Newton in seinen *Mathematischen Prinzipien der Naturwissenschaft* von 1687 machte, war in ihrem und im Selbstverständnis der Zeit Mathematik, Angewandte

Mathematik, und keine Physik, wenn auch Mathematik, die *wesentliche* natürliche Prozesse beschreibt[27]. Demgegenüber beschrieb die Mathematik im Selbstverständnis der Antike in der Mechanik künstliche, gewaltsam erzeugte, ‚naturwidrige‘ Bewegungen und in der Optik unwesentliche, sekundäre und aufgezwungene Bewegungen des Lichtes. In beiden mathematischen bzw. technischen Disziplinen wurde nun in der Antike auch experimentiert[28] – so hat Ptolemaios z. B. in Meßreihen die Brechung des Lichtes an der Grenzschicht zweier unterschiedlich dichter Medien (wie Wasser und Luft) in Abhängigkeit von dem Einfallswinkel bestimmt, wurden von Heron die Elastizitätseigenschaften von Luft untersucht und technisch genutzt, wurden etwa von Pythagoreern schon Ende des 5. Jahrhunderts v. Chr. in Syrakus experimentell die günstigsten Ausmessungen für Torsionsgeschütze bestimmt, die während der gesamten griechisch-römischen Antike beibehalten wurden[29].

Im Gegensatz zu natürlichen Bewegungen, für die ein Körper den Bewegungsantrieb in sich selbst tragen sollte, galten die mechanisch erzeugten Bewegungen, wie das Ziehen und Heben von Lasten mit oder ohne Maschinenhilfe, als durch *äußere* Krafteinwirkung verursacht und nur solange andauernd, wie diese Kraft von außen direkt erwirkte. Die Bewegungsgröße entsprach dabei der Größe der Krafteinwirkung.

Neu ist bei Galilei demgegenüber, daß nicht nur durch Anwendung mechanischer Hilfsmittel wie Hebel und Flaschenzug *künstlich* erzeugte Bewegungen, sondern auch *natürliche* Bewegungsprozesse in eine mathematische Beschreibung eingeschlossen werden können. Die wissenschafts- und ideengeschichtlichen Voraussetzungen für diesen Schritt kann ich hier nur teilweise andeuten: Da ist zum einen die von den Nominalisten eingeleitete Möglichkeit der Geometrie, verschiedene Seinsbereiche betreffende Parameter wie Zeit, Weg und Gewicht zu mehrdimensionalen Größen zusammenzufassen, was der strengeren Ontologie der Antike widersprochen hätte. Da ist die Überwindung des antik-mittelalterlichen Dualismus zwischen prinzipiell anders ablaufenden himmlischen und irdi-

schen Prozessen, besonders aber die Überwindung der seit
Aristoteles herrschenden dualistischen Vorstellung von naturgemäßen und naturwidrigen, gewaltsamen Bewegungen, wodurch die Mechanik als schon in der Antike weitgehend erfolgte mathematische Beschreibung solcher gewaltsamer Bewegungen zu einer Beschreibung von naturgemäßen Bewegungen
werden konnte[30]. Für diese Umdeutung war übrigens die andersartige christliche Vorstellung von der Stellung des Menschen innerhalb der Schöpfung Natur Voraussetzung gewesen,
dergemäß der Mensch auf derselben Seinsstufe wie die übrige
Schöpfung steht, so daß er nichts gegen die zuvor als göttlich
geltende ‚Natur' vollbringen kann, die von ihm mechanisch
eingeleiteten Bewegungsvorgänge somit zwar künstlich, nicht
aber naturwidrig sein können.

Damit war eine wesentliche Voraussetzung für die Begründung
einer experimentellen Natur*wissenschaft* erbracht, zumal durch
diese Umdeutung der Mechanik auch in die bis dahin qualitative Physik die Möglichkeit Einzug hielt, aus den Bewegungsef-
fekten auf die Größe der Kraft zu schließen, die diese Bewegungen verursachen, indem, wie zuvor bei den gewaltsamen, auch
die natürlichen Bewegungen als von äußeren Kräften verursacht aufgefaßt wurden — so daß man sie auch durch solche
Krafteinwirkungen in einem Experiment künstlich verursachen
kann, ohne daß die Bewegung sich daraufhin von einer natürlich verursachten unterschiede. Der für Antike und Mittelalter
unüberbrückbare Unterschied zwischen *Physik* und *Kunst* bzw.
Technik wurde auf der Ebene der Mathematik — mit der
als Buchstaben Gott in der Schöpfung das *Buch der Natur*
geschrieben habe, wie Galilei und andere es ausdrücken[31] —
überwunden; so wie die Technik vermochte der Mensch durch
die erkannten mathematischen Gesetze auch die Natur zu
handhaben.

Voraussetzung für die Mathematisierung irdischer natürlicher
Prozesse war aber, wie wir gesehen haben, die weitestgehend
abstrahierende und isolierende Idealisierung des durch die
mathematische Beschreibung erfaßten Bewegungsvorganges,
so daß die erhaltene gesetzesmäßige Aussage aufgrund ihrer

Allgemeingültigkeit für keinen speziellen konkreten Fall der Realität mehr genau zutrifft. (Was übrigens für fast alle naturgesetzlichen Allaussagen gilt.) Aber gerade durch die starke Idealisierung trifft die Aussage bei Ausschaltung der Störungen dann wieder für jeden Fall zu; und erst diese Allgemeingültigkeit zu jeder Zeit und an jedem Ort ergibt die Möglichkeit einer experimentellen Prüfung und Messung, da sonst ja jedes Experiment ein anderes Zufallsergebnis erbrächte und nicht reproduzierbar wäre. Das setzt nun wiederum eine die gesamte Natur durchziehende Struktur und mathematische Ordnung voraus, die man im 17. Jahrhundert im Sinne des in der Renaissance wieder erstarkten Neuplatonismus als von Gott bei der Schöpfung zugrundegelegten mathematischen Plan verstand.

Hatten die Nominalisten noch die Frage nach dem *Wie* zusätzlich zu der Hauptfrage nach dem *Warum* eines Prozesses gestellt, so schloß Galilei die Frage nach dem *Warum* als nicht eindeutig beantwortbar aus der Naturforschung aus. Er reduzierte die Frage der Naturwissenschaft älteren Zuschnitts nach dem *Warum*, nach der Begründung für einen Naturzustand oder -vorgang, also auf die im Sinne der ursprünglich außerhalb einer *wissenschaftlichen* Erkennbarkeit stehenden ‚causae secundae' gestellte Frage nach dem bloßen *Wie* eines natürlichen Prozesses (wie etwa der Fallbewegung). Die Legitimation für den damit verbundenen Reduktionismus holte Galilei sich noch, wie wir gesehen haben, aus der Heiligen Schrift.

Der bei Galilei in der Fragestellung betonte Reduktionismus wird dann bei René Descartes zu einem Reduktionismus der *Erkenntnismöglichkeiten*. Seine generelle Skepsis, die sich in dem *Ich* als *res cogitans* auflöst, hat für die Erkenntnismöglichkeiten dieser res cogitans eine weitgehende Konsequenz: „Wie auch immer ich schließlich einen Beweisgrund gebrauchen mag", schreibt er in den *Meditationen*[32], „immer geht die Sache darauf zurück, daß mich allein das nach jeder Hinsicht überzeugt, was ich klar und deutlich erfasse, d. h. allgemein gesehen alles, was im Gegenstand der reinen Mathematik zusammengegriffen wird"[33]. Es sei nur sehr wenig, was er an den körperlichen Dingen klar und deutlich erfassen könne, „nämlich die Größe oder Ausdehnung der Länge, Breite und Tiefe; die Gestalt, die aus der Begrenzung dieser Ausdehnung entsteht; die Lage, welche die verschiedenen Gestaltungen untereinander innehalten; und die Bewegungen oder Veränderungen dieser Lage"[34]. Alles, was außerhalb der bloß im Raum ausgedehnten Dinge, der *res extensae*, wahrgenommen werden kann, gilt damit als nicht-seiend und nicht-erkennbar. Der Reduktionismus beschränkt sich nicht nur auf das Quantisierbare, sondern auf die einzelne *res extensa* und ihre (relative) Bewegung; alle Bewegung wird durch Bewegungen anderer *res extensae* verursacht, wozu Descartes eine Leere ausschließen muß, so daß alle Bewegung mechanistisch gedeutet werden kann und werden muß. – Diese cartesische mechanistische Welterklärung hatte sich auf die Dauer gegen die jüngere des Isaac Newton, die einen rein mathematischen Reduktionismus ohne die mechanistischen Kraftübertragungen beinhaltet, nicht durchsetzen können. Sie hatte dann aber schon vor der Mitte des 19. Jahrhunderts eine neue Hochblüte, nachdem die Mechanik selbst die erforderlichen Grundlagen geschaffen hatte. Jetzt konnte die newtonsche Kraftphysik der Fernwirkungen abgelöst werden, mechanistische Prinzipien der Nahewirkung mit dem ihnen gemäßen Reduktionismus gewannen wieder die Oberhand, bis sie ihrerseits allmählich von einer allgemeinen Energetik, insbesondere aber von einer Elektrik abgelöst wurden. Positivismus und Induktionismus als Wissenschaftsphilosophien entstanden genau in der Zeit des Übergangs der Physik von den mathematischen Prinzipien Newtons zu den mechanistischen im cartesischen Sinne.

Ein entsprechender Reduktionismus mit der Forderung nach Reproduzierbarkeit ist dann auch Grundvoraussetzung für die Anwendung eines Experimentes innerhalb der Biologie (oder Medizin), wie sie seit dem ausgehenden 18. Jahrhundert zögernd und später immer bedenkenloser angestellt wurden. Aber „nur wenn sich die Strukturen und Vorgänge, die er untersucht, der Fiktion beugen, technische Gebilde zu sein und er sie als solche beschreiben kann, wird der Biologe in die Lage kommen, diese Strukturen und Vorgänge auch zu beherrschen, d. h. im Experiment nach seiner Willkür herzustellen und zu reproduzieren"[35] — sonst hat er sich auf das passive Beobachten zu beschränken.

Regeln für die Erstellung und induktive Auswertung von Experimenten

John Stuart Mill faßte damals in seinem zuerst 1843 erschienenen *System of Logic*[36], das bis ans Ende des Jahrhunderts zahlreiche Übersetzungen und Auflagen erlebte, auch die letztlich auf Francis Bacon[37] zu Beginn des 17. Jahrhunderts zurückgehenden Regeln zur Erstellung von Experimenten und zur Auswertung von experimentellen Ergebnissen für Kausalaussagen in neuerer Form zusammen. Die formulierten vier „Methoden der experimentellen Übereinstimmung" sind wieder, wie bei Bacon, sehr allgemein gehalten; sie bestehen daraufhin unabhängig von den Prinzipien, mit deren Hilfe dann die aufgewiesenen Kausalzusammenhänge gedeutet werden (wenn diese natürlich auch in erster Linie jeweils die Wahl der experimentell angegangenen Objekte und damit das Experiment selbst bestimmen). Aber diese Logik konnte so auch während der genannten Übergangszeit und darüber hinaus gültig bleiben.

Experimente hätten gegenüber der Beobachtung den unschätzbaren Vorteil, daß man den zu untersuchenden Kausalbezug an beliebiger Stelle beliebig oft wiederholen und variieren könne oder daß man ihn überhaupt erst durch künstliche Isolierung aus der komplexen Menge unterschiedlichster Kausalzusammenhänge beobachtbar machen könne. Die Beobachtung *finde*, was die Natur liefert, sei also gleichsam auf ihr Entgegenkommen angewiesen, das Experiment dagegen *mache*, was der Forscher sucht und nur selten oder gar nicht vorfindet. Vorauszugehen hätte aber in jedem Falle — und das war bei Bacon noch vernachlässigt worden — eine geistige Analyse des komplexen Vorganges oder Zustandes im Hinblick auf die in die experimentelle Tat umzusetzende Isolierung des vermuteten Kausalzusammenhanges (und dieses kann, wie gesagt, nur aus dem jeweiligen Historischen Erfahrungsraum heraus erfolgen, ebenso wie das daraufhin zu konstruierende Experiment dann jeweils spezifisch für diesen Erfahrungsraum ist). Mill gibt dann vier Klassen von Experimenten[38]:

1. „Wenn zwei oder mehr Fälle des zu erforschenden Phänomens nur *einen* Umstand gemein haben, so ist der Umstand, in dem allein alle Fälle übereinstimmen, die Ursache (oder Wirkung) des gegebenen Phänomens" (Methode der Übereinstimmung).

2. „Wenn ein Fall, in dem das zu erforschende Phänomen eintritt, und ein Fall, in dem es nicht eintritt, alle Umstände bis auf einen gemein haben, und dieser nur in dem ersten vorkommt, so ist der Umstand, durch den allein die beiden Fälle sich unterscheiden, die Wirkung oder die Ursache oder ein notwendiger Teil der Ursache des Phänomens" (Methode des Unterschiedes).

Die Vereinigung dieser beiden Methoden ergibt die dritte Regel: „Wenn zwei oder mehr Fälle, in denen das Phänomen eintritt, nur einen Umstand gemein haben, während zwei oder mehr Fälle, in denen es nicht eintritt, nichts als das Fehlen jenes Umstandes gemein haben, so ist der Umstand, in dem allein die beiden Reihen von Fällen voneinander abweichen, die Wirkung oder die Ursache oder ein unerläßlicher Bestandteil der Ursache des Phänomens."

3. „Man ziehe von irgendeinem Phänomen den Teil ab, den man durch frühere Induktionen als die Wirkung gewisser Antezedentien kennt, und der Rest des Phänomens ist die Wirkung der übrigen Antezedentien" (Methode des Restes oder der Rückstände).

4. „Jedes Phänomen, das sich in irgendeiner Weise verändert, so oft sich ein anderes Phänomen in besonderer Weise verändert, ist entweder eine Ursache oder Wirkung dieses Phänomens oder steht mit ihm in irgendeinem Kausalzusammenhange" (Methode der sich begleitenden Veränderungen).

Voraussetzung für die Anwendung dieser Regeln und damit experimenteller Verfahren überhaupt ist, daß der passiv beobachtete oder durch isolierenden Eingriff erzeugte Vorgang jederzeit reproduzierbar ist — ohne daß damit allerdings verbunden wäre, daß ein mittels derselben Versuchsanordnung jederzeit reproduzierbares Phänomen auch jederzeit auf dieselbe Weise *gedeutet* werden müßte. Ist der Vorgang nicht reproduzierbar, so traten offenbar noch nicht als solche erfaßte Störungen auf, so daß die für ein Experiment erforderliche Isolierung der ausschließlich für den zu untersuchenden Kausalzusammenhang verantwortlichen Bedingungen noch nicht erfolgt war.

Entscheidende Experimente[39]

Im Idealfall — und das wäre das Ziel des experimentellen Verfahrens — hat ein Experiment, wenn es nicht nur zur direkten oder indirekten Messung von Naturkonstanten dient, so umfassende theoretische Vorgaben, daß es zwischen den Alternativen einer Ja/Nein-Entscheidung, wie wir sie auch aus den aristotelischen und galileischen Gedankenexperimenten schon kennen gelernt haben, entscheidet. Man nennt solche Experimente seit Robert Hooke und Isaac Newton in Anlehnung an die Benennung einer Fallgruppe bei Francis Bacon[40] *entscheidende Experimente* oder *experimenta crucis*, des Wegekreuzes, weil sie zwischen zwei alternativen Theorien entscheiden bzw. ein Phänomen erfassen, das nur durch eine bestimmte Theorie erklärbar ist.

Aber mit der Bestätigung oder vielmehr Rechtfertigung einer Theorie durch ein entscheidendes Experiment ist natürlich nicht die Richtigkeit und Allgemeingültigkeit dieser Theorie nachgewiesen, sondern nur der Umstand, daß der ausgewählte Kausalzusammenhang der einen Theorie nicht widerspricht und durch die andere nicht erklärt werden kann, wobei das *nicht* durchaus ein *noch nicht* sein kann. So sind etwa seit der zweiten Hälfte des 17. Jahrhunderts zahlreiche „entscheidende" Experimente gemacht und angeführt worden, die zwischen der Alternative Wellennatur oder Korpuskelnatur des Lichtes jeweils „eindeutig" entschieden, und zwar in fast regelmäßiger Abfolge abwechselnd für die eine und die andere. Die Situation spitzte sich in den zwanziger Jahren unseres Jahrhunderts so weit zu, daß William Bragg in typisch britischer Art als Lösung vorschlagen konnte[41]: Montags, mittwochs und freitags akzeptieren wir die eine Hypothese, dienstags, donnerstags und samstags die andere — zum Glück herrschte damals noch allgemein die Sechstagewoche. Eine Klärung begann sich erst abzuzeichnen, nachdem Niels Bohr 1927 seine Komplementaritätsvorstellung vorgestellt hatte, wonach[42] „die beiden Auffassungen der Natur des Lichts [als Welle oder Korpuskel] zwei verschiedene Versuche einer Anpassung der experimentellen Tatsachen an unsere gewöhnliche Anschauungsweise dar[stellen], durch welche die Begrenzungen der klassischen Begriffe in komplementärer Weise zum Ausdruck kommen." — In der mathematischen Formulierung macht die Zusammenfassung der für die *Anschauung* alternativen Theorien dann überhaupt keine Schwierigkeit.

Wir sehen hieran wohl deutlich genug, wie einerseits auch die vermeintlich objektiven experimentellen Befunde genauso von der theoretischen Vorgabe, von Zielvorstellungen, insgesamt von dem jeweiligen Historischen Erfahrungsraum, abhängen wie ihre Deutungen, und daß andererseits sogar das Veranschaulichen von Theorievorgaben durch Experimente nicht eindeutig ist, wobei doch gerade dieses „ad oculos demonstrare" der Experimentalmethode im 17. und 18. Jahrhundert zum Durchbruch verholfen hatte.

Skepsis

Aber die damit zunehmende Erfahrungsgläubigkeit, die im ausgehenden 19. Jahrhundert ihren Höhepunkt erreichte, hatte bereits um 1900 gerade im Zusammenhang mit den scheinbar entscheidenden Experimenten Skepsis erzeugt, die heute aufgrund von Karl Poppers Forderung nach prinzipieller Falsifizierbarkeit von Allsätzen, da diese prinzipiell nicht verifiziert werden können, wieder verstärkt berücksichtigt wird. Pierre Duhem hatte bereits 1906 in seinem auf der ganzen Welt vielgelesenen Buch *La physique, son object et sa structure* auch erstmals die Möglichkeit eines experimentum crucis strikt geleugnet, weil nie eine einzelne Hypothese experimentell überprüft werden könne, sondern nur immer ein ganzer Hypothesenkomplex — natürlich nicht zuletzt deshalb, weil bereits das theoretische und praktische Instrumentarium eine ungeheure Menge an Theorievorgabe enthält — und ein einzelner Kausalzusammenhang kaum isoliert werden kann. So schrieb er[43]:

„Die Physik ist keine Maschine, die sich demontieren läßt. Man kann nicht jedes Stück isoliert untersuchen. [...] Die physikalische Wissenschaft ist ein System, das man als Ganzes nehmen muß, ist ein Organismus, von dem man nicht einen Teil in Funktion setzen kann, ohne daß auch die entferntesten Teile desselben ins Spiel treten. [...] Der Uhrmacher, dem man eine Uhr gibt, die nicht geht, nimmt alle Räder derselben heraus und prüft jedes einzelne, bis er das gefunden hat, welches fehlerhaft oder gebrochen ist. Der Arzt, der einen Kranken untersucht, kann diesen nicht zerschneiden, um seine Diagnose aufzustellen. Er muß den Sitz und die Ursache des Übels einzig und allein durch die Feststellung der Unregelmäßigkeiten, die am Körper als Ganzes auftreten, erkennen. Diesem und nicht jenem gleicht der Physiker, der eine lahme Theorie wieder auf die Beine bringen will."

Duhem hält dem Physiker vor, daß nicht nur die *Natur*, sondern auch seine Wissenschaft *Physik* ein komplexes organologisches Ganzes bildet, das eben nicht in der Art einer Maschine in seine gesondert zu untersuchenden Einzelteile zerlegt werden kann. Das mutet fast wie der Versuch an, das Geschehen des 17. Jahrhunderts rückgängig zu machen und im Sinne der antiken Lösung wieder prinzipiell zwischen Mechanik als Maschinenlehre und Physik als Naturlehre zu trennen. Nach dieser Erkenntnis für die Physik, die ihre Skepsis durch den Vergleich mit analogen organischen Strukturen begründet, mutet es um so problematischer an, wenn seitdem verstärkt an der älteren Klassischen *Physik* orientierte Experimente auch und gerade im Bereich der organischen, psychischen und gesellschaftlichen Strukturen, *Versuche mit Menschen*, gemacht werden. Denn Experimente sind kein selbstverständlicher und notwendiger Bestandteil einer Erfahrungswissenschaft; sie sind nicht einmal innerhalb der Physik als der eigentlichen, paradigmatischen experimentellen Wissenschaft, die jederzeit reproduzierbare (und grundsätzlich reversible!) Prozesse behandelt, das einzige oder auch nur ein eindeutiges Erfahrungsmittel.

Anmerkungen

1 So in der Konzeption der Vorlesung „Versuche mit Menschen" von Hanfried Helmchen und Rolf Winau in: Freie Universität Berlin — Universitätsvorlesungen Wintersemester 1985/86, Programm (Berlin 1985), S. 17. Der vorstehende Beitrag bildete ursprünglich den Auftakt dieser Vorlesungen.
2 Vgl. hierzu Matthias Gatzemeier: Die Abhängigkeit der Methoden von den Zielen der Wissenschaft. Überlegungen zum Problem der ‚Letztbegründung', in: Perspektiven der Philosophie — Neues Jahrbuch 6 (1980), S. 92–118 (hier besonders S. 109 f.), und: Zweck und Zweckmäßigkeit der Wissenschaft, in: Berichte zur Wissenschaftsgeschichte 5 (1982), S. 17–23.
3 Siehe Fritz Krafft: Zielgerichtetheit und Zielsetzung in Wissenschaft und Natur. Entstehen und Verdrängen teleologischer Denkweisen in den exakten Naurwissenschaften, in: Berichte zur Wissenschaftsgeschichte 5 (1982), S. 53–74. Weitere neueste Literatur zur Thematik ist vermerkt bei Fritz Krafft: Vorbemerkung des Herausgebers [zu den im folgenden abgedruckten Beiträgen des Kolloquiums „Die Idee der Zweckmäßigkeit in der Geschichte der Wissenschaften"], in: Berichte zur Wissenschaftsgeschichte 5 (1982), S. 1 f.; siehe besonders auch den Sammelband von Hans Poser (Hrsg.): Formen teleologischen Denkens — Philosophische und wissenschaftshistorische Analysen. Kolloquium an der Technischen Universität Berlin, WS 1980/81, Berlin 1981 (TUB-Dokumentation Kongresse und Tagungen, Heft 11), hieraus Friedrich Rapp: Teleologie und Kausalität in wissenschaftstheoretischer Sicht (S. 1–15); sowie R. Kötter (Anm. 35).
4 Siehe zum folgenden Fritz Krafft: Der Weg von den Physiken zur Physik an den deutschen Universitäten, in: Berichte zur Wissenschaftsgeschichte 1 (1978), S. 123–162, und: Das Selbstverständnis

348   *Krafft*

der Physik im Wandel der Zeit. Vorlesungen zum Historischen Erfahrungsraum physikalischen Erkennens, Weinheim 1982 (Taschentext).

5 Immanuel Kant: Metaphysische Anfangsgründe der Naturwissenschaft, Riga 1786; wiederabgedruckt etwa in: Kant's gesammelte Schriften, hrsg. von der Königlich Preußischen Akademie der Wissenschaften. Erste Abtheilung: Werke, Bd 4, Berlin 1903, S. 465—565. Hierzu siehe zuletzt Dieter Waidhas: Kants System der Natur. Zur Geltung und Fundierung der „Metaphysischen Anfangsgründe der Naturwissenschaft", Frankfurt am Main/Bern/New York 1985 (Europäische Hochschulschriften, Reihe 20: Philosophie, Bd 162).

6 Jeremias Benjamin Richter, der mit seinen Schriften ‚Anfangsgründe der Stöchyometrie oder Meßkunst chymischer Elemente' (Breslau/Hirschberg 1792), ‚Angewandte Stöchyometrie' (2 Bde, 1793), ‚Thermimetrie' (1794) und ‚Phlogometrie' (1794) diesen Schritt für die Chemie vollzog, war Schüler Kants.

7 Vgl. neben den in Anm. 3 genannten Sammelbänden auch R. Kötter (Anm. 35) und Robert Spaemann/Reinhard Löw: Die Frage wozu? Geschichte und Wiederentdeckung des teleologischen Denkens, München 1981.

8 Dazu siehe besonders Hans-Jürgen Engfer: Über die Unabdingbarkeit teleologischen Denkens. Zum Stellenwert der reflektierenden Urteilskraft in Kants kritischer Philosophie, in: H. Poser (Anm. 3), S. 119—160.

9 Siehe dazu besonders F. Krafft: Das Selbstverständnis ... (Anm. 4).

10 Ich bezeichne die Komponenten, welche die Erfahrungs- und Erkenntnisweisen in einem ‚Historischen Erfahrungsraum' jeweils ermöglichen und die ihn konstituieren, als ‚Präsentabilien'. Diese umfassen einerseits die übernommenen und die neu geschaffenen Erfahrungen und Erkenntnisse selbst und andererseits die die einzelnen Denk-, Betrachtungs- und Erkenntnisweisen prägenden und ermöglichenden technischen, wirtschaftlichen, sozialen, philosophischen, ideologischen, erkenntnistheoretischen und methodologischen Komponenten. Diese ‚Präsentabilien' sind allerdings nicht alle jedem oder auch nur einem einzelnen Insassen dieses ‚Erfahrungsraumes' zugleich ‚präsent'; sie *können* es aber prinzipiell sein, weshalb ich sie ‚Präsent*abilien*' nenne. — Hierzu siehe F. Krafft: Das Selbstverständnis ... (Anm. 4).

11 Goethe — Gesamtausgabe der Werke und Schriften in 22 Bänden. Bd 21, Stuttgart 1959, S. 568 (ähnlich ebendort S. 817); vgl. Wolfgang Schadewald: Goethes Beschäftigung mit der Antike [Nach-

wort zu: E. Grumach: Goethe und die Antike (1949)], in: derselbe: Goethestudien − Natur und Altertum, 1963, S. 23−126.

12 Emil du Bois-Reymond: Culturgeschichte und Naturwissenschaft [1877], in: derselbe: Reden. Erste Folge: Literatur, Philosophie, Zeitgeschichte, Leipzig 1886 (²1912), S. 240−306, besonders S. 246 ff.

13 Siegmund Günther: Beobachtung und Experiment im Altertum, in: Bayerisches Industrie- und Gewerbeblatt 1887, Nr. 8/9, hier S. 4. − Generell zur vorplatonischen Zeit siehe Otto Regenbogen: Eine Forschungsmethode antiker Naturwissenschaft, in: Quellen und Studien zur Geschichte der Mathematik 1 (1930), S. 131−182, wiederabgedruckt in: derselbe: Kleine Schriften, München 1961, S. 141−194; und Geoffrey Ernest Richard Lloyd: Experiment in Early Greek Philosophy and Medicine, in: Proceedings of the Cambridge Philosophical Society 190 [N.S. 10] (1964), S. 50−72; zum Experiment in der Antike generell Ludwig Edelstein: Recent Trends in the Interpretation of Ancient Science, in: Journal of the History of Ideas 13 (1952), S. 573−604, Fritz Krafft: Der Wandel der Auffassung von der antiken Naturwissenschaft und ihres Bezuges zur modernen Naturforschung, in: Les études classiques aux XIXᵉ et XXᵉ siècles: Leur place dans l'histoire des idées, Vandoevres/Genève 1980, S. 241−304, sowie die in Anm. 29 genannte Literatur.

14 Siehe besonders Platon: Timaios 68 D (gegen Demokritos gerichtet) und Staat 529 B, 531 B.

15 Aristoteles: Physikvorlesung, Buch 4, Kap. 8. − Zum Gedankenexperiment (welcher Ausdruck von Ernst Mach zu stammen scheint) generell siehe etwa Ernst Mach: Erkenntnis und Irrtum, Leipzig 1905, Nachdruck: Darmstadt 1968, S. 183−200 (dieser Artikel „Über Gedankenexperimente" zuvor in: Poskes Zeitschrift für physikalischen und chemischen Unterricht, Heft 1/1897); hier S. 200: „Der enge Anschluß des Denkens an die Erfahrung baut die moderne Naturwissenschaft. Die Erfahrung erzeugt einen Gedanken. Derselbe wird fortgesponnen, und wieder mit der Erfahrung verglichen und modifiziert, wodurch eine neue Auffassung entsteht, worauf der Prozeß sich aufs neue wiederholt. Eine solche Entwicklung kann mehrere Generationen in Anspruch nehmen, bevor sie zu einem relativen Abschluß gelangt."

16 Siehe Bernhard Sticker: Erfahrung, Experiment und Gedankenexperiment in der Physik, in: Der mathematische und naturwissenschaftliche Unterricht 21 (1968), S. 81−87, wiederabgedruckt in: derselbe: Erfahrung und Erkenntnis. Vorträge und Aufsätze zur

Geschichte der naturwissenschaftlichen Denkweisen, 1943 – 1973, mit einer Einführung von Christoph J. Scriba, Hildesheim 1976, S. 59 – 65 (um das lange Zitat aus dem in Anm. 15 genannten Artikel E. Machs gekürzt); Stillman Drake: Galileo's Discovery of the Law of Free Fall, in: Scientific American 228 (1973), Nr. 5, S. 84 – 92; R. H. Taylor: Galileo and the Problem of Free Fall, in: The British Journal of the History of Science 7 (1974), S. 105 – 134; Michael Segre: The Role of Experiment in Galileo's Physics, in: Archive for History of Exact Sciences 23 (1980), S. 227 – 252. – Die Darstellung Galileis findet sich in den „Discorsi e dimostrazioni matematiche, intorno à due nuove scienze attenti alla mecanica & i movimenti locali", Leiden 1638, 1. und 3. Tag; siehe Galileo Galilei: Unterredungen und mathematische Demonstrationen über zwei neue Wissenszweige, die Mechanik und die Fallgesetze betreffend. Übersetzt und hrsg. von A. von Oettingen [3 Hefte, Leipzig 1890 – 1891 (Ostwalds Klassiker, Nr. 21, 24, 25)], Nachdruck: Darmstadt 1973, S. 56 ff. und 146 ff. – Le opere di Galileo Galilei [20 Bde, Florenz 1890 – 1909], Nuova ristampa della Edizione Nazionale, Florenz 1964 – 1966, hier Bd 8, besonders S. 107 f.

17 G. Galilei: Unterredungen ... (Anm. 16), S. 74.

18 Vgl. Fritz Krafft: Horror vacui, in: J. Ritter (Hrsg.): Historisches Wörterbuch der Philosophie. Bd 3 Basel/Stuttgart 1974, Sp. 1206 – 1212; derselbe: Otto von Guericke, Darmstadt 1978 (Erträge der Forschung, Bd 87).

19 Zu Galileis diesbezüglicher Schrift „De motu" (ca. 1590) siehe: Galileo Galilei, On Motion and On Mechanics. Translated with Introduction and Notes by E. Drabkin and St. Drake, Madison 1960; Friedrich Klemm: Der junge Galilei und seine Schriften ‚De motu' und ‚Le mecaniche', in: E. Brüche (Hrsg.): Sonne steh still. 400 Jahre Galileo Galilei, Mosbach 1964, S. 68 – 81.

20 Hierzu jetzt Otto Neugebauer: A History of Ancient Mathematical Astronomy. 3 Bde, Berlin/Heidelberg/New York 1975 (Studies in the History of Mathematics and Physical Sciences, Vol. 1).

21 Biblia sacra: Liber Sapientiae, Caput XI, 21: „Sed et sine his uno spiritu poterant occidi persecutionem passi ab ipsis factis suis, et dispersi per spiritum virtutis tuae: sed omnia in mensura, et numero et pondere disposuisti." – Die Berufung hierauf erfolgte bereits beim spätantiken Christen Isidorus von Sevilla: Etymologiarum libri XX [recognovit W. M. Lindsay. 2 Bde, Oxford 1911 u. ö.], XVI, 25: „Nam omnia corporalia, sicut scriptum est, a summis usque ad ima in mensura et numero et pondere disposita sunt atque formata; cunctis enim corporeis rebus pondus natura dedit ..."

22 G. Galilei: Unterredungen ... (Anm. 16), S. 147 (siehe ebendort S. 153 zur Abhängigkeit v ~ s).

23 G. Galilei: Unterredungen ... (Anm. 16), S. 158 ff. (Theorem I – II); vgl. Hans Christian Freiesleben: Galilei als Forscher, Darmstadt 1968, S. 24 – 28. – Nicole Oresme and the Medieval Geometry of Qualities and Motions: A Treatise on the Uniformity and Difformity of Intensities Known as Tractatus de configurationibus qualitatum et motuum [ca. 1350], Edited with an Introduction by M. Clagett, Madison 1968; vgl. Edward Grant (Ed.): A Source Book in Medieval Science, Cambridge (Mass.) 1974, S. 243 – 253 (Source Books in the History of Sciences).

24 Vgl. Anm. 22.

25 Galileo Galilei: Lettera a Francesco Ingoli in riposta alla Disputatio de situ et quieta terrae [1624], in: Le opere ... (Anm. 16), Bd 6, S. 501 – 561, hier S. 545 (zum Experiment, bei dem von der Mastspitze eines fahrenden Schiffes ein Stein fallen gelassen wird); vgl. auch etwa im „Dialogo" (Le opere, Bd 7, S. 171): „ohne Experiment bin ich sicher, daß es so geschehen wird, wie ich dir sage, weil es nämlich so geschehen muß".

26 Siehe dazu Hans Schimank: Pendelversuche und Fallversuche in Bologna, in: E. Brüche (Anm. 19), S. 82 – 97.

27 Vgl. F. Krafft: Der Weg von den Physiken ... (Anm. 4).

28 Vgl. F. Krafft: Der Mathematikos und der Physikos. Bemerkungen zu der angeblichen Platonischen Aufgabe, die Phänomene zu retten, in: Alte Probleme – Neue Ansätze. Drei Vorträge von F. Krafft, K. Goldammer, A. Wettley, Würzburg 1964, Wiesbaden 1965, S. 5 – 24 (Beiträge zur Geschichte der Wissenschaft und der Technik, Heft 5).

29 Siehe etwa Hermann Diels: Antike Technik. Sieben Vorträge, Leipzig/Berlin ²1920; Wilhelm Schmidt: Heron von Alexandria im 17. Jahrhundert, in: Abhandlungen zur Geschichte der Mathematik 8 (1898), S. 195 – 214; Fritz Krafft: Heron von Alexandria, in: Kurt Faßmann u. a. (Hrsg.): Die Großen der Weltgeschichte. Bd 2, Zürich 1972, S. 333 – 379.

30 Siehe R. Hooykaas: Das Verhältnis von Physik und Mechanik in historischer Hinsicht, Wiesbaden 1963 (Beiträge zur Geschichte der Wissenschaft und der Technik, Heft 7); Fritz Krafft: Die Stellung der Technik zur Naturwissenschaft in Antike und Neuzeit, in: Technikgeschichte 37 (1970), S. 189 – 209, überarbeitet neu abgedruckt in: F. Krafft: Das Selbstverständnis ... (Anm. 4), S. 37 – 74.

31 Galileo Galilei: Il saggiatore (Le opere di G. Galileo [Anm. 16], Bd 6, S. 232): „Die Philosophie steht geschrieben in dem großen

Buch, das uns fortwährend vor Augen liegt, dem Universum; aber man kann sie nicht begreifen, wenn man nicht die Sprache versteht und die Buchstaben (caratteri) kennenlernt, worin es geschrieben ist. Es ist in der Sprache der Mathematik geschrieben, deren Buchstaben Dreiecke, Kreise und andere geometrische Figuren sind. Ohne diese Mittel ist es dem Menschen unmöglich, auch nur ein einziges Wort zu verstehen."

32 Renè Descartes: Meditationes de prima philosophia, in quibus Dei existantia et animae humanae a corpore distinctio demonstrantur [(Paris 1641), ²Amsterdam 1642], V, 12 (R. Descartes: Meditationes de prima philosophia. Lateinisch-deutsch, hrsg. und eingeleitet von Lüder Gäbe, Hamburg 1959 [Philosophische Bibliothek, Nr. 250a]).

33 R. Descartes: Meditationes (Anm. 32), VI, 10.

34 R. Descartes: Meditationes (Anm. 32), III, 19.

35 Rudolf Kötter: Kausalität, Teleologie und Evolution. Methodologische Grundprobleme der modernen Biologie, in: Philosophia naturalis 21 (1984), S. 3−31 (Zitat von S. 21).

36 John Stuart Mill: A System of Logic, Ratiocinative and Inductive [London 1843 u. ö.], 2 Bde, London 1974 (The Collected Works, Vol. 7−8); deutsche Übersetzung: System der deductiven und inductiven Logik. Eine Darlegung der Grundsätze der Beweislehre und der Methoden wissenschaftlicher Forschung. Übersetzt von Th. Gomperz, 3 Bde, Leipzig 1872−1883, ²1884−1886; Nachdruck: 1968 (Gesammelte Werke, Bd 2−4).

37 Francis Bacon: Novum Organum (Liber II, § 36), in: The Works of Francis Bacon, Collected and Edited by J. Spedding, R. L. Ellis, D. D. Heath. 14 Bde, London 1858−1874; Nachdruck: Stuttgart-Bad Canstatt 1961 ff.; hier Bd 1; deutsche Übersetzungen sind Franz Bacon: Neues Organ der Wissenschaften. Übersetzt und hrsg. von A. Th. Brück, Leipzig 1830; Nachdruck: Darmstadt 1962 (hier S. 162), Das neue Organ (Novum Organon), hrsg. von M. Buhr, Berlin [Ost] 1962, ²1982 (Philosophische Studientexte), hier S. 219; Neues Organon, übersetzt ... von J. H. v. Kirchmann, Berlin 1870 (Philosophische Bibliothek, Bd 32), hier S. 282.

38 J. St. Mill (Anm. 36), Liber III, Cap. 8, § 2, 4, 5, 6; nach der Übersetzung von Th. Gomperz (Anm. 36), Bd 2, S. 90−104.

39 Walter Kaiser: Das Problem der „entscheidenden Experimente", in: Berichte zur Wissenschaftsgeschichte 9 (1986).

40 F. Bacon: Novum Organum (Anm. 37), Liber II, § 36: „Inter praerogatorias instantiarum, ponemus loco decimo quarto *Instantias Crucis*: translato vocabulo a crucibus, quae erectae in biviis indi-

cant et signant viarum separationes." — Robert Hooke: Micrographia, Or some Physiological Descriptions of Minute Bodies Made by Magnifying Glasses with Observations and Inquiries thereupon, London 1665, S. 47—67 (hier besonders S. 54 und 59; Hooke spricht allerdings auch noch wie Bacon von „instantia crucis"). — Isaac Newtons Brief an Henry Oldenburg vom 6. II. 1671/72, in: H. W. Turnbull (Ed.): The Correspondence of Isaac Newton, Vol. 1: 1661—1675, Cambridge 1959, S. 92—102 (hier S. 94 f.), sowie in: Philosophical Transactions of the Royal Society 80 (1672), 3075—3087, Nachdruck: München 1965 (hier S. 3076 f.), deutsch: J. A. Lohne/Bernhard Sticker: Newtons Theorie der Prismenfarben. Mit Übersetzung und Erläuterung der Abhandlung von 1672, München 1969 (Neue Münchner Beiträge zur Geschichte der Medizin und Naturwissenschaften, Heft 1).

41 Zitat nach Roger H. Stuewer: The Compton Effect, Turning Point in Physics, New York 1975, S. 331 (Presidental Address to the British Association at Glasgow).

42 A. Hermann (Hrsg.): Werner Heisenberg/Niels Bohr — Die Kopenhagener Deutung der Quantentheorie, Stuttgart 1963 (Dokumente der Naturwissenschaft, Nr. 4), S. 38 f. (S. 36—61: N. Bohr: Das Quantenpostulat und die neuere Entwicklung der Atomistik [1928]). Vgl. Klaus M. Meyer-Abich: Korrespondenz, Individualität und Komplementarität, Wiesbaden 1965 (Boethius, Bd 5).

43 Pierre Duhem: La physique, son object et sa structure, Paris 1906 u. ö.; deutsch: Ziel und Struktur der physikalischen Theorien, Leipzig 1908; hier S. 249 (vgl. das gesamte 10. Kapitel, S. 238—293).

Günther Patzig

Ethische Aspekte des Versuchs mit Menschen

„Keine Experimente!", das war das Motto, mit dem Konrad Adenauer und seine Berater 1957 und 1961 die Wähler für die Stimmabgabe zugunsten ihrer Partei gewinnen wollten; wie es scheint, nicht ohne Erfolg. Der erhoffte Effekt war natürlich, beim Wähler Furcht vor Veränderungen zu wecken, sowohl im Hinblick auf die „Soziale Marktwirtschaft", als auch hinsichtlich der außenpolitischen Grundorientierung der Bundesrepublik, der Bindung an den Westen. Die Wahl des Wortes „Experimente" statt „Neuorientierung" oder „Veränderung" oder „Reform" sollte vermutlich die Vorstellung nahelegen, die Politiker der Oppositionsparteien seien bereit, nicht aufgrund von klarer Einsicht, sondern von bloßen Hypothesen, mit einem hohen Irrtumsrisiko und aus einer Art politischer Abenteuerlust und Spielleidenschaft zu handeln. Dem Adressaten solcher Wahlkampfschlagworte sollte die Meinung nahegelegt werden, mit grundlegenden Gemeinschaftsinteressen dürfe nicht experimentiert oder gespielt werden, zugleich die Meinung, daß die damalige Opposition zu solchem riskanten Spiel mit den fundamentalen Interessen von Staat und Gesellschaft geneigt sei.

Nur kurze Zeit später hat auch die CDU das Konzept des „piecemeal social engineering", der schrittweisen Gesellschaftsreform durch „Versuch und Irrtum", die Karl Raimund Popper als das Kennzeichen des Verfahrens einer „offenen Gesellschaft" im Umgang mit ihren Problemen ansah, für sich ausdrücklich akzeptiert. Man könne, so Popper, nicht sinnvoll versuchen, mit einem Schlage und durch unwiderrufliche Umwälzungen eine ideale Gesellschaft zu schaffen, in der alle Menschen glücklich sein können. Vielmehr könne man nur stückweise, durch Bekämpfung offensichtlicher Mißstände,

Verringerung der konkreten Quellen menschlichen Leidens, Schritte in die richtige Richtung tun. Dabei sei es gerade der Vorteil einer schrittweisen Reform, daß man aus seinen Fehlern lernen, eine Reformmaßnahme bei überraschenden kontraproduktiven Nebenfolgen zurücknehmen, ein Experiment bei Mißerfolg abbrechen könne, ohne dadurch vollständige Desorientierung herbeizuführen. Eine Zeitlang hatten wir die ungewöhnliche Situation, daß sich sowohl der eher rechte Flügel der SPD wie der eher linke Flügel der CDU auf das Konzept Poppers beriefen (wobei sie sich natürlich gegenseitig das Recht zu einer solchen Berufung absprachen). Für unser Thema interessant ist an diesem Rückblick auf die politische Diskussion vor allem dies, daß es im Begriff des „Experiments" zu liegen scheint, daß der Ausdruck sowohl positive wie negative Assoziationen wecken kann. Positive, insofern das Wort an bewährte Methoden der Wissenschaft zur Gewinnung stabiler Hypothesen (vielleicht sogar gesicherter Erkenntnisse) erinnert – im Unterschied zu dogmatischen Festsetzungen. Negative Assoziationen, insofern man leicht den Eindruck gewinnt, es müsse eine unangemessene Verkürzung der Problemdimensionen und ein Mangel an Ernsthaftigkeit vorliegen, wenn jemand „mit Menschen" und ihren wesentlichen Interessen experimentieren will.

Daher ist es vielleicht nützlich, wenn wir uns zunächst daran erinnern, daß experimentierender Umgang mit Menschen (in einem weiteren Sinne) zu den Grundgegebenheiten der menschlichen Situation zu gehören scheint. Bei Anstellungsverträgen wird allgemein eine sogenannte „Probezeit" vereinbart; es wird also ein Experiment gemacht, und je nachdem, wie das Experiment ausgeht, wird der Vertrag fortgesetzt oder aufgehoben. Jede Festsetzung von Preisen in einer Marktwirtschaft ist ein Experiment; es wird die Vermutung überprüft, daß es hinreichend viele Wirtschaftssubjekte geben wird, die für die betreffende Ware oder Dienstleistung den verlangten Preis aufzuwenden bereit sind. Auch außerhalb wissenschaftlicher Zusammenhänge werden Experimente vorgenommen, bei denen es nicht unmittelbar um wirtschaftlichen oder politischen Erfolg geht, sondern um Einsicht in die Faktoren, die für das Verhalten von Menschen eine Rolle spielen. So wurde vor einiger Zeit berichtet, man habe durch einen Versuch festgestellt, daß, wenn dieselbe Ware, in diesem Fall ein Mantel in demselben Geschäft zur gleichen Zeit einmal zu einem „üblichen" Preis und zugleich an einer anderen Stelle zu einem Schleuderpreis angeboten wird, die überwiegende Mehrzahl der Kunden die teurere Ware bevorzugt. Für dies Verhalten ist vermutlich der Grund, daß die Leute meinen, im allgemeinen bestehe zwischen Qualität und Preis ein sachlicher Zusammenhang. Vielleicht könnte man schon hinsichtlich dieses Experiments den moralischen Einwand erheben, es sei unfair, die Kunden über die Identität der Ware bei stark differierenden Preisen nicht zu informieren; jedoch könnte man darauf antworten, es gelte nach allgemeiner Überzeugung der Grundsatz, es sei Sache des Kunden, sich durch Vergleich und eventuell Nachfrage über das Angebot Klarheit zu verschaffen.

Einem moralisch wesentlich sensitiveren Gebiet nähern wir uns dort, wo, noch immer außerhalb der Wissenschaft, Menschen durch zum Teil raffiniert ausgedachte oder dargestellte fiktive Situationen, wie wir sagen, „auf die Probe gestellt" werden. Dies ist, wie jeder weiß, ein beliebtes Motiv künstlerischer Darstellung: In Da Pontes Libretto zu Mozarts „Cosi fan tutte" wird ein Experiment gemacht, das der Überprüfung der Hypothese des sogenannten „Philosophen" Don Alfonso dienen soll, auf die Treue der Frauen sei, allgemein, kein Verlaß. Die Liebhaber der beiden (natürlich ohne ihren „informed consent") zu Versuchspersonen gemachten jungen Damen verabschieden sich zu (fingiertem) Kriegsdienst und machen den verlassenen Soldatenbräuten, in exotischer Verkleidung zurückgekehrt, unerkannt über Kreuz den Hof, und zwar mit Erfolg, wie sie zu ihrer Ernüchterung feststellen müssen. Allerdings geht die Sache versöhnlich aus; alle Beteiligten haben ihre Lektion gelernt, daß man sich nicht blind auf die Belastbarkeit menschlicher Beziehungen verlassen darf, und werden, wie man hofft, auf dieser realistischeren Basis ihre Verhältnisse besser einrichten.

Bekanntlich war Mozarts Oper in der Folgezeit, besonders im 19. Jahrhundert, der Gegenstand erheblicher moralischer Entrüstung, die sogar dazu führte, daß der Mozartschen Musik gelegentlich ein ganz anderer Text unterlegt wurde. Aber dabei ging es mehr um die sogenannte „Frivolität" des Sujets und vor allem um die im Titel ausgedrückte Verallgemeinerung, die als ein Angriff auf die Ehre des weiblichen Geschlechts als solchen aufgefaßt wurde. Weniger wurde diskutiert, ob Menschen das Recht haben können, zu Zwecken der Demonstration einer These (oder bloß einer Wette) andere Menschen, zumal solche, die ihnen nahestehen, einer Prüfung zu unterziehen, deren Ausgang schwerwiegende Folgen für das Lebensglück der Beteiligten und ihr, wie man heute sagt, Selbstwertgefühl haben könnte. Diese Frage wird uns im Zusammenhang des Problems sozialpsychologischer Experimente noch beschäftigen.

Was die (heitere) Kunst angeht, so wird heute niemand mehr Mozart und Da Ponte einen Vorwurf daraus machen wollen, daß sie eine in mancher Hinsicht allerdings heikle Geschichte auf die Bühne gebracht haben, zumal wenn sie als Basis einer so herrlichen Musik dient. Jedoch tauchen auch im Ernstfall des Lebens entsprechende moralische Probleme auf, wenn jemandem, z. B. durch die Strafverfolgungsbehörden, eine „Falle" gestellt wird. Die Bedenken, die gegen solche mit Täuschung arbeitenden Verfahrensweisen rege werden, stellen wir nur in besonderen Notfällen zurück, z. B. wenn es darum geht, einen gefährlichen Gewalttäter durch Einsatz von weiblichen Polizeibeamten, die als „Lockvögel" agieren, an weiteren Taten zu hindern. Als aber beispielsweise Agenten des FBI, die als Ölscheichs verkleidet waren (ähnlich wie die beiden Liebhaber in „Cosi fan tutte"), Kongreßabgeordnete zu bestechen versuchten und sie im Erfolgsfall beim Einstecken der Beträge filmen ließen, wurden mit Recht auch moralische Einwände erhoben: Vielleicht ist es (angesichts der Gefahren öffentlicher Korruption für das Gemeinwesen) moralisch zulässig, jemanden, von dem man aus anderen Gründen annimmt, daß er sich schon hat bestechen lassen, mit solchen Maßnahmen als jemanden zu erweisen, der zu solcher Verhaltensweise jedenfalls fähig ist, was die Verdachtsgründe gegen ihn erheblich verstärken muß. Jedoch dürfte es weder juristisch noch moralisch unbedenklich sein, jemanden allein aufgrund seines Verhaltens in einer derart fiktiven Situation zu rechtlicher Verantwortung zu ziehen.

Die wissenschaftlichen Versuche mit Menschen unterscheiden sich von den Experimenten im weiteren Sinne, die wir bisher betrachtet haben, vor allem dadurch, daß sie dem Ziel dienen, Einsichten zu gewinnen, die eine gewisse allgemeine Bedeutung haben können. Diese Bedeutung kann natürlich einmal in der Förderung liegen, die das jeweilige Wissenschaftsgebiet erfährt, dann aber auch direkt oder indirekt in den Wirkungen, die für die Verbesserung der menschlichen Verhältnisse aus der gewonnenen Einsicht in Sachzusammenhänge hergeleitet werden können.

Es ist plausibel, anzunehmen, daß im Falle der Humanexperimente in den Verhaltenswissenschaften, insbesondere in der Psychologie, die Chance des Erkenntnisgewinns als solchem im Vordergrund stehen muß und ein besonderes Interesse der Gesellschaft an Einsichten gerade in menschliches Verhalten mit Recht angenommen werden kann, während die hier natürlich auch vorhandene Möglichkeit der Verwertung solcher Einsichten für die Verbesserung der Praxis, z. B. in der Therapie, demgegenüber weniger ins Gewicht fallen dürfte. Bei den medizinischen Versuchen mit Menschen dürfte gerade umgekehrt die erhoffte Verbesserung unseres therapeutischen Arsenals zur Bekämpfung von Krankheiten das vorgeordnete gesellschaftliche Ziel sein, dem solche Forschungsaktivitäten dienen sollen, wobei freilich auch hier Erträge aus solchen Experimenten für die Grundlagenforschung durchaus in Betracht kommen und begrüßt werden.

Obwohl das heute nicht mehr unumstritten ist, lege ich für meine weiteren Ausführungen zunächst einmal zugrunde, daß der Fortschritt der wissenschaftlichen Erkenntnis auf allen Gebieten ein wichtiges gesellschaftliches Interesse darstellt. Diese Aufgabe ist im allgemeinen Institutionen anvertraut, in denen für die verschiedenen hier anfallenden Aufgaben qualifizierte Personen tätig sind. Diese Personen haben die berufliche Verpflichtung, durch ihre Arbeit zur Verbesserung und Erweiterung des Erkenntnisstandes in den von ihnen bearbeiteten Gebieten beizutragen. Insofern dienen sie einem gesamtgesellschaftlichen Interesse; zugleich aber natürlich auch ihrem persönlichen Interesse insofern, als besondere Erfolge in der wissenschaftlichen Arbeit beruflichen Aufstieg, Prestigegewinn, finanzielle Vorteile und vor allem innere Befriedigung bei erfolgreicher Tätigkeit einbringen können.

Hierzulande garantiert schon das Grundgesetz dem Wissenschaftler Forschungsfreiheit; jedoch ist es unbestritten, daß die Tätigkeit des Forschers bei der Verfolgung sowohl der ihm zur Berufspflicht gemachten gesamtgesellschaftlichen Interessen als auch bei der Verfolgung seiner persönlichen Interessen an erfolgreicher Forschung gewissen Einschränkungen unterliegt, da kein einzelnes Grundrecht ohne Rücksicht auf die in der Verfassung festgelegten anderen Grundrechte und Grundwerte verwirklicht werden kann. Für unsere Diskussion der moralischen Aspekte sind von zentraler Bedeutung die Einschränkungen, die sich aus einem Konflikt der Forschungsinteressen mit den ebenso berechtigten Interessen der Personen ergeben müssen, die der Forscher eventuell als Versuchspersonen in seine Forschungsprojekte einbeziehen will. Es ist eine der zentralen Aufgaben der Ethik, gewisse einleuchtende Grundregeln zu entwickeln, mit Hilfe derer solche ja in vielen Gebieten ständig auftretende Interessenkonflikte gelöst werden können.

Das hohe Ansehen, das der Wissenschaft und ihren Institutionen lange Zeit uneingeschränkt entgegengebracht wurde und auch heute noch jedenfalls weithin entgegengebracht wird, und die verbreitete Neigung, schwierige Probleme doch lieber den Fachleuten selbst zu überlassen, haben dazu beigetragen, daß lange Zeit nicht viel darüber nachgedacht wurde, wie die „scientific community" mit den Problemen des soeben bemerkten Interessenkonflikts umgeht.

Es war das Erschrecken über die grausamen Experimente an Häftlingen in den nationalsozialistischen Konzentrationslagern, das Erschrecken auch über die unabsehbaren Folgen medizinischer Irrtümer wie bei der Thalidomid-Katastrophe, aber auch eine ganze Reihe von skandalösen Einzelfällen, in denen Versuchspersonen, zum Teil ohne ihr Wissen und ohne ihre Zustimmung, höchst riskanten Prozeduren ausgesetzt worden waren, die diese Situation gründlich verändert haben. Wie bei den Tierversuchen die pauschale Rechtfertigung der hier üblichen Verfahren durch den Hinweis auf den höheren Wert menschlichen Lebens gegenüber nichtmenschlichem Leben nicht mehr akzeptiert werden kann[1], so kann auch die pauschale Begründung durch den unbestreitbaren Nutzen, den die Allgemeinheit und zukünftige Patienten von Humanexperimenten im Erfolgsfall haben können, nicht mehr als überzeugende Rechtfertigung der möglichen Schäden, denen Versuchspersonen bei solchen Experimenten ausgesetzt werden, gelten, und erst recht nicht für das Verfahren, Versuchspersonen ohne ihr Wissen und ihre ausdrückliche Einwilligung in solche Versuche einzubeziehen.

Es läßt sich aus der Literatur leicht belegen, daß viele Forscher im Bereich der Medizin im 19. Jahrhundert eine ethische Auffassung ihren Entscheidungen zugrunde gelegt haben, die wir heute als „akt-utilitaristisch" bezeichnen würden. Eine solche Ethik macht zum Kriterium der moralischen Richtigkeit einer Handlung ausschließlich die Frage, ob bei dieser Handlung oder ihrer Unterlassung das Wohlbefinden aller von den Wirkungen der Handlung bzw. Unterlassung betroffenen Menschen vergrößert bzw. verringert wird. Die philosophische Diskussion hat gezeigt, daß ein solches Kriterium unseren moralischen Intuitionen in massiver Weise widersprechen würde. So wären z. B. Versprechen nur einzuhalten, wenn gezeigt werden kann, daß die Einhaltung des Versprechens im konkreten Einzelfall günstigere Folgen als der Bruch des Versprechens haben würde. Eine Berücksichtigung solcher moralischer Regeln wie des Wahrheitsgebots, des Respekts vor der Autonomie des Individuums, des Gebots, gegebene Versprechen einzuhalten, ist nur im Rahmen einer nicht mehr akt-utilitaristischen, sondern regel-utilitaristischen Ethik möglich: Hier werden nicht mehr einzelne Handlungen, sondern die Anwendung allgemeiner moralischer Verhaltensregeln auf ihre günstigen bzw. ungünstigen Wirkungen auf das Wohlbefinden der Mitglieder einer Gesellschaft überprüft.

Diese regel-utilitaristische Begründungsstrategie für moralische Normen kommt unserem intuitiven Verständnis moralischer Verpflichtungen im Einzelfall schon sehr nahe; jedoch würden wohl die meisten Menschen daran festhalten wollen, daß bestimmte moralische Verpflichtungen auch dann bestehen bleiben würden, wenn sich nicht zeigen ließe, daß das Leben einer Gesellschaft unter Voraussetzung dieser Verhaltensregeln besser florierte als unter einer anderen. Daher ist zur Zeit auch die Mehrheit der philosophischen Ethiker der Ansicht, daß eine befriedigende Begründungsstrategie moralischer Normen sowohl regel-utilitaristische wie „deontologische" (den Eigenwert jedenfalls bestimmter moralischer Normen betonende) Elemente berücksichtigen muß.

Unter den heroischen Pionieren der experimentellen Medizin im 19. Jahrhundert haben mehrere die Ansicht geäußert, das Schicksal einiger Versuchspersonen, die bei solchen Experimenten ihr Leben lassen, falle nicht eigentlich ins Gewicht, wenn eine unbestimmte, aber große Zahl von Menschen durch die Ergebnisse solcher Experimente in Zukunft gerettet werden könne. Jedoch ist der Grundsatz nicht einleuchtend, daß jeder bereit sein müsse, seine eigenen, auch vitalen Interessen aufzuopfern, wenn dadurch den Interessen einer unbestimmten Mehrzahl von Individuen gedient wäre. Hans Jonas hat diesen Punkt in seinen „Philosophical reflections on human experimentation" (zuerst 1969, dt. in „Technik, Medizin und Ethik" 1985)[2] so eindrucksvoll erörtert, daß ich mich darauf beschränken möchte, hier ausdrücklich auf seinen Text zu verweisen.

Nur in Extremsituationen, wie Epidemien, Erdbeben und anderen Naturkatastrophen oder im Krieg kann der einzelne zugunsten der Allgemeinheit in diesem Sinne „geopfert" werden. Über das hinaus, was gesetzliche Regelungen von jedermann verlangen, kann der einzelne nur selbst darüber entschei-

den, wieviel er von seinen eigenen Interessen zugunsten der
Allgemeinheit oder anderer Individuen aufopfern will.

Hier wird nun schon deutlich, wie wesentlich das Moment der
freiwilligen Zustimmung der Versuchspersonen zur Teilnahme
an Versuchen sein muß, die unter dem Stichwort des „informed
consent" in den offiziellen Deklarationen (Nürnberger Kodex
1947; Helsinki-Tokio-Deklaration von 1964 bzw. 1975; in unserem Land neuerdings besonders wichtig das Arzneimittelgesetz
von 1976) verlangt wird. Es ist demgegenüber leicht, auf
Schwierigkeiten hinzuweisen, die der perfekten Erfüllung der
Forderung nach umfassender Aufklärung entgegenstehen. Die
potentiellen Versuchspersonen, so sagt man, können im allgemeinen das Versuchsdesign und den erhofften Erkenntnisgewinn nicht sachkundig beurteilen. Aber wenn das auch so ist,
so ändert sich nichts an der Grundforderung, daß der Proband
bzw. Patient darüber informiert werden muß, welchen Belastungen und welchen möglichen Risiken er sich mit seiner
Teilnahme am Versuch aussetzt. Dies verlangt die Achtung vor
der Autonomie des Individuums, die eine Voraussetzung jeder
vertrauensvollen Kooperation der Mitglieder einer Gesellschaft untereinander und damit einen fundamentalen Wert
darstellt. Unabhängig von der freiwilligen Zustimmung des
Patienten (bei therapeutischen Versuchen und bei wissenschaftlichen Versuchen) hat der Versuchsleiter darüber hinaus noch
die Verpflichtung, das Risiko, dem die Versuchspersonen ausgesetzt werden, gegen den möglichen Erkenntnisgewinn abzuwägen. Denn es kann nicht zugelassen werden, daß der Versuchsleiter durch die freiwillige Zustimmung des Probanden
zur Versuchsteilnahme gleichsam einen Freibrief dafür erhält,
welchen Risiken er seine Probanden aussetzen will. Die freiwillige Zustimmung nach Aufklärung über die Risiken eines Versuchs ist daher nur eine notwendige, nicht schon eine hinreichende Bedingung für eine moralisch zulässige Behandlung
von Versuchspersonen.

Gerade für den Teil der moralischen und rechtlichen Verantwortung des Versuchsleiters, der mit der Abschätzung von
Nutzen und Risiko zusammenhängt, ist eine Prüfung und

Begutachtung seines Projekts durch eine Ethik-Kommission, wie sie von der Helsinki-Tokio-Deklaration gefordert wird, besonders ratsam; denn der Forscher wird der Natur der Sache nach dazu neigen, die Bedeutung seines Projekts hoch einzuschätzen (sonst würde er es nicht unternehmen). Deshalb sollte ein unabhängiges Gremium hier objektivierend und notfalls korrigierend einwirken können.

Eine Reihe von Einzelproblemen, die sich hinsichtlich der freiwilligen Zustimmung im Fall von Patienten, insbesondere aber im Fall von Kindern und psychiatrischen Patienten ergeben, kann ich hier nicht ausführlich behandeln und muß dazu auf die Literatur verweisen[3]. Jedoch möchte ich zu diesem Problemkomplex das Folgende sagen: Einerseits scheint es mir nicht sachgerecht, generell zu unterstellen, daß ein Patient stets so abhängig von seinem Arzt sei oder sich jedenfalls so abhängig von ihm fühle, daß er sich nicht frei entscheiden könnte, ob er an einem von seinem Arzt geleiteten oder empfohlenen Versuch teilnehmen will. Noch auch halte ich, wie in der Literatur öfters zu lesen ist, psychiatrische Patienten in jedem Falle für unfähig, eine angemessene Abwägung vorzunehmen und eine Entscheidung über Teilnahme oder Nichtteilnahme zu treffen.

Auf der anderen Seite bin ich, wieder im Gegensatz zu manchen Autoren, die sich dazu geäußert haben, sehr skeptisch, ob man im Fall von Kindern den Erziehungsberechtigten die Entscheidung über die Teilnahme ihrer Kinder an einem Humanexperiment überlassen darf; ebenso im Falle von psychiatrischen Patienten, für die ein Vormund bestellt ist, diesen Vormündern. Denn die Entscheidung über die Hinnahme von Risiken im Interesse von Vorteilen für andere oder der Allgemeinheit scheint mir eine höchstpersönliche und insofern unvertretbare Entscheidung zu sein. Eltern und Vormünder haben die Interessen ihrer Schutzbefohlenen wahrzunehmen und sind nicht berechtigt, sie aufgrund von noch so einleuchtenden Überlegungen aufzuopfern oder gegenüber Gemeinschaftsinteressen zurückzustellen. Angesichts dieser Schranke, die durch fundamentale moralische Normen definiert ist, sollten wir, so die sich daraus ergebende Folgerung, bereit sein, auch Einschränkungen des wissenschaftlichen Fortschritts, oder jedenfalls eine erhebliche Verlangsamung desselben, zu akzeptieren. Auch die zukünftigen Patienten, zu deren Gunsten solche Experimente meist unternommen werden, haben nicht das Recht, von Erkenntnissen zu profitieren, die nur erreicht werden konnten, weil einleuchtende moralische Standards vernachlässigt worden sind.

Während ich bisher die Rechte der Versuchspersonen hervorgehoben habe, soll darüber hinaus allerdings nicht vergessen werden, daß die Patienten auch eine gewisse moralische Verpflichtung haben, einen Beitrag zur Weiterentwicklung z. B. der medizinischen Kenntnis zu leisten. Sie selbst profitieren von den bisher erreichten Einsichten, die nicht ohne entsprechende Opfer früherer Versuchspersonen hätten erreicht werden können. Daraus ergibt sich eine gewisse Verpflichtung, daß der heutige Patient auch seinerseits eine zumutbare Belastung und erträgliche Risiken auf sich zu nehmen bereit sei. Es wäre auch plausibel, anzunehmen, daß Patienten, die sich z. B. in Universitätskliniken oder in sonstigen forschungsintensiven Einrichtungen behandeln lassen, eine besondere moralische Verpflichtung haben, sich an den Aufgaben der medizinischen Lehre und der Forschung im Bedarfsfalle zu beteiligen. Der Vorteil einer dem neuesten Erkenntnisstand entsprechenden Behandlung, den sie in solchen Institutionen genießen, scheint eine zwar nicht rechtliche, aber doch moralische Verpflichtung zu einer entsprechenden Gegenleistung begründen zu können.

Wie wichtig das Prinzip des „informed consent" und der damit verbundenen Risikoabwägung in der Praxis ist, beleuchtet schlagartig ein vieldiskutierter Fall aus den USA: Im Juli 1963 wurden im Jewish Hospital and Medical Center in Brooklyn 22 geriatrischen Patienten lebende Krebszellen injiziert, um zu prüfen, ob die bei gesunden, nicht aber bei krebskranken Patienten regelmäßig beobachtete Abstoßung dieser Zellen auch bei kranken und geschwächten, aber nicht krebskranken Patienten erfolgt. Den Versuchspersonen wurde gesagt, es handle sich um „einige Zellen" („some cells"), ohne daß sie auf die Tatsache hingewiesen worden wären, daß es sich um Krebszellen handelte. Der Leiter des Versuchs, ein Dr. Southam, wurde nach Bekanntwerden des Versuchs in einem Verfahren vor dem zuständigen Gremium zum Entzug der Approbation für ein Jahr verurteilt; zwei Jahre später allerdings wurde er zum Vizepräsidenten der American Cancer Society gewählt[4].

Zur Frage der Nutzen-Risiko-Abwägung bei medizinischen Versuchen ist natürlich von erheblichem Gewicht der Unterschied zwischen einer Heilbehandlung mit einem Standardverfahren (die freilich in einem gewissen Sinne selbst stets ein Experiment bleibt, weil man die Wirkung im Einzelfall nicht mit Sicherheit voraussagen kann), einem therapeutischen Versuch (z. B. mit einem neuen, aussichtsreichen Verfahren, das eine bessere Heilungschance als die unbefriedigende Standardbehandlung verspricht, aber auch höhere Risiken mit sich bringen könnte) und schließlich einem Humanexperiment, das keinerlei Zusammenhang mit einer Behandlung von Leiden eines Patienten aufweist. Da im Fall des therapeutischen Versuchs der erhoffte Nutzen ebenso wie das Risiko dieselbe Person, nämlich den Patienten, betrifft, kann der Arzt in diesem Falle ein höheres Risiko in Kauf nehmen und den Patienten entsprechend beraten, als im Fall des Humanexperiments, in dem die Vorteile der Wissenschaft und anderen möglichen Patienten, das Risiko aber allein der Versuchsperson zukommt. Hier muß der forschende Arzt eine Abwägung besonders gewissenhaft vornehmen und sich z. B. fragen, ob er sich selbst oder einen seiner nächsten Angehörigen in gleicher Lage vergleichbaren Risiken auszusetzen bereit wäre. Es versteht sich von selbst, daß dabei z. B. die an sich schätzenswerte, vom Arzneimittelgesetz verlangte Versicherung von Versuchsteilnehmern gegen Schäden diese Risikoabwägung nicht beeinflussen darf.

Wir verlassen nun das Gebiet der medizinischen Versuche mit Menschen und wenden uns den entsprechenden Experimenten in den Sozial- bzw. Humanwissenschaften, besonders in der Psychologie, zu. Hier liegen die Probleme anders: Auf der einen Seite sind die Risiken, die Versuchspersonen auf sich nehmen, jedenfalls in aller Regel weniger gravierend; andererseits treten neue Probleme auf, besonders das der Täuschung oder, wie man etwas euphemistisch sagt, „Mißinformation" der Versuchspersonen durch den Versuchsleiter, eine Täuschung, die in vielen Fällen für die Validität der Versuchsergebnisse unvermeidlich sein mag, jedenfalls als unvermeidlich angesehen wird.

Es gibt ein verbreitetes Unbehagen, das sich in der Literatur gelegentlich ausspricht, angesichts der Tatsache, daß menschliches Verhalten überhaupt zum Gegenstand kontrollierter Experimente unter Laborbedingungen gemacht wird. Öfters wird die Vermutung geäußert, schon dies verstoße gegen die Forderung Kants, Menschen nie als Mittel, sondern stets als Zwecke an sich selbst zu behandeln. Diesem Einwand kann man durch den Hinweis begegnen, daß Kant keineswegs so weltfremd war, zu verbieten, unsere Mitmenschen auch als Mittel im Zusammenhang unserer eigenen Interessenverwirklichung zu nutzen. Das tun wir natürlich ständig, und diese Übung beruht auf Gegenseitigkeit. Was Kant allerdings verbietet, ist, daß wir unsere Mitmenschen bloß als Mittel und nicht zugleich auch als Zwecke behandeln. Dieser Forderung entsprechen wir schon dadurch, daß wir unsere Mitmenschen als autonome Individuen respektieren und sie z. B. nicht dazu zwingen, unseren Wünschen zu entsprechen, sondern ihnen, im Regelfall, eine Gegenleistung anbieten, die bei den normalen Transaktionen des Alltags in einer Entschädigung, Bezahlung bzw. Honorierung besteht.

Dieser Pauschaleinwand gegen wissenschaftliche Versuche mit Menschen in den Sozialwissenschaften kann also nicht durchschlagen. Darauf hat auch Hans Jonas in seinem schon zitierten Aufsatz mit Recht hingewiesen. Aber Jonas selbst hat einen anderen, ihm sehr bedenklich scheinenden Aspekt von Humanexperimenten hervorgehoben: Er sieht die Gefahr einer „Verdinglichung" von Personen, also ihrer schlechthin unangemessenen Behandlung, wenn sie zu „Objekten" von Versuchen gemacht werden. Aus dem Zusammenhang geht hervor, daß

Jonas wohl von der Tatsache beeindruckt war, daß historisch die experimentellen Verfahren zunächst in der Mechanik und Chemie entwickelt wurden und als Versuchsobjekte naturgemäß materielle Gegenstände und chemische Stoffe verwendet wurden. Daraus, so meint er nun, ergebe sich, daß bei der Ausdehnung der experimentellen Methode auf Personen und ihr Verhalten diese dadurch in die Rolle bloßer Gegenstände gedrängt werden, was keinesfalls zulässig sein könne.

Dies Argument nun scheint mir ziemlich schwach zu sein: Eine Person bleibt, was sie ist, auch wenn sie in einem Experiment auf ihr Verhalten unter kontrollierten Bedingungen untersucht wird. Wäre das Argument von Jonas akzeptabel, so müßte man unter der kontrafaktischen Annahme, daß in der Geschichte der Wissenschaften zuerst mit Menschen experimentiert wurde und man erst später zu Experimenten mit Kugeln, Hebeln und anderen bloß physischen Gegenständen übergegangen wäre, auch sagen können, daß neuerdings in ganz unangemessener Weise bloße Objekte wie Personen behandelt würden, was doch nicht sinnvoll scheint. Vielleicht ist Jonas bei seinen Überlegungen auch von der Tatsache beeindruckt, daß in der Wissenschaftssprache, und entsprechend auch in manchen der von mir schon zitierten Deklarationen, die Versuchspersonen gelegentlich als „objects" (z. B. Nuremberg Code, Ziff. 7) bezeichnet werden. Aber dieses sprachliche Faktum ist wohl auch daraus erklärlich, daß der sonst meist verwendete Ausdruck „subject" im Englischen die Nebenbedeutung des „Untergebenen" oder gar des „Untertanen" mit sich führt. Überhaupt kommt es, so meine ich, nicht so sehr darauf an, wie man die Leute nennt, die man als Teilnehmer für Versuche gewinnt, sondern viel eher darauf, wie man sie behandelt. Freilich wird man berücksichtigen müssen, daß durch eine bestimmte Terminologie bestimmte Verhaltensweisen nahegelegt werden können. Aber ebenso bedenkenswert scheint es, daß bloße Umbenennungen häufig die Funktion haben, nach außen hin eine Neuorientierung des Verhaltens zu demonstrieren, die man sich gerade ersparen will.

Ich stimme hierin Heinz Schuler voll zu, wenn er in seinem ausgezeichneten Buch „Ethische Probleme psychologischer

Forschung", aus dem ich auch sonst viel gelernt habe, die
Vorschläge, statt von „Versuchspersonen" doch lieber von
„Versuchsteilnehmern" (participants) oder gar von „Versuchs-
partnern" zu sprechen, als sachlich irreführend und zudem als
opportunistisch bezeichnet[5].

Es kommt also darauf an, wie man mit den Probanden umgeht,
und was wir für Teilnehmer an medizinischen Versuchen schon
erörtert haben, gilt natürlich mutatis mutandis auch hier: Freiwillige Zustimmung zur Teilnahme am Versuch bei voller
Kenntnis der Risiken und Belastungen, die mit dem Versuch
für die Versuchspersonen verbunden sind, ist eine notwendige
Voraussetzung der moralischen Korrektheit jedes Experiments.
Da der Versuchsleiter und die Institution Wissenschaft aus
solchen Experimenten Vorteile ziehen oder sich wenigstens
solche Vorteile erhoffen, sollte auch die Versuchsperson, um
das Verhältnis nicht einseitig zu machen, gewisse Kompensatio-
nen erhalten. Wenn es sich, wie üblich, um Studenten der
Psychologie handelt, wird neben einer angemessenen Honorierung des Zeitaufwands auch eine gewisse Förderung ihrer
Studieninteressen als Kompensation in Betracht kommen. Die
Studenten lernen ja auch etwas, wenn sie als Versuchspersonen
an der Forschung beteiligt werden, z. B., wie man Versuche
machen soll, gelegentlich wohl auch, wie man sie besser nicht
machen sollte. Auch gilt wohl, daß Studenten der Psychologie
eine gewisse spezielle Verpflichtung haben, an der Weiterentwicklung der Wissenschaft, deren Anwendung sie zu ihrem
Beruf machen wollen, auch als Versuchspersonen mitzuwirken
— ähnlich wie wir für die Patienten in Forschungskliniken
eine entsprechende Verpflichtung für gegeben halten. Auch hier
gilt aber, daß eine bloße akt-utilitaristische Betrachtungsweise
nicht ausreicht, die nur allgemein die Kosten eines Experiments
mit dem zu erwartenden Nutzen vergleicht, ohne zu fragen,
auf wen die Kosten und auf wen der Nutzen entfallen. Jedoch
scheinen die Möglichkeiten eines Interessenausgleichs unter
allen Beteiligten im Bereiche der Sozial- und Humanwissenschaften keine besonders schwierigen Probleme aufzuwerfen.

Ein wirkliches Problem liegt allerdings in der jedenfalls von
den meisten forschenden Psychologen und, soweit ich das

beurteilen kann, auch mit einleuchtenden Gründen behaupteten Notwendigkeit, in vielen Versuchen müßten die Teilnehmer an diesen Versuchen gegebenenfalls über den eigentlichen Versuchszweck im unklaren gelassen werden oder sogar aktiv getäuscht werden, und es sei auch nötig, ihnen in vielen Fällen während der Versuche falsche Informationen vorzugeben. (Nach Überprüfung einer großen Zahl von psychologischen Veröffentlichungen hat man geschätzt, daß mit zunehmender Tendenz siebzehn Prozent aller Versuche, über die berichtet wird, mit solchen Täuschungen arbeiten, wobei im Bereich der Sozialpsychologie der Anteil auf über fünfzig Prozent steigt.) Es ist zweifellos ein unerfreuliches Faktum, daß viele Versuche bei voller Information der Probanden nicht die erwünschten Ergebnisse mit hinreichendem Validitätsgrad erbringen können. Jedoch sollte man bei der moralischen Beurteilung dieses Faktums die nötigen Differenzierungen anbringen. Nicht jede unwahre Aussage ist eine Lüge, und nicht jede Lüge ist moralisch zu verurteilen. Der Dichter oder Schauspieler lügt nicht, wenn er fiktive Tatsachen vorträgt, und auch in realen Lebenszusammenhängen gibt es viele Situationen, wie jeder weiß, in denen eine Lüge moralisch erlaubt, ja geboten sein kann. Niemand wird dem freundlichen Geber unverblümt sagen wollen, wie abscheulich er die in bester Absicht geschenkte Krawatte findet, und jederman versteht es, wenn ein Arzt einen schwer leidenden Patienten nicht mit der vollen Härte der Prognose bekanntmacht. Der Fall des Experimentators liegt zwischen dem erstgenannten trivialen Fall und dem manchmal tragischen Fall des Arztes im Pflichtenkonflikt eher in der Mitte: Der Proband kann nicht erwarten, daß er über den Versuchszweck voll aufgeklärt wird, wenn das die Validität der Resultate ernstlich gefährden würde. Es handelt sich daher bei der Täuschung durch den Versuchsleiter um eine sozusagen technische Lüge oder „Mißinformation" aus Sachgründen, die den Privatinteressen des Versuchsleiters übergeordnet sind. Wenn also die sozusagen professionelle Täuschung über Versuchszweck und Einzelheiten der Methode akzeptiert werden kann, so ist doch gleichzeitig zu betonen, daß eine Täuschung über das Risiko, das die Versuchspersonen übernehmen müssen, in jedem Falle unerlaubt ist. Denn deren in jedem Einzelfall notwendige freiwillige Zustimmung wäre nichtig, wenn ihre Entscheidung von inkorrekten, aber für ihre Zustimmung wesentlichen Informationen bestimmt wurde. Hier kann es also keine moralische Rechtfertigung für Täuschungen geben; zur Milderung der Bedenken im Falle der „technischen" Täuschung ist es jedenfalls empfehlenswert, allen prospektiven Versuchspersonen hinreichend deutlich zu machen, daß sie mit lückenhafter oder irreführender Information hinsichtlich des Versuchszwecks und anderer methodischer Einzelheiten rechnen müssen.

Anders zu beurteilen sind die Risiken, die für die Versuchspersonen, teilweise infolge der unvermeidlichen Täuschungen, entstehen können.

In dem paradigmatischen Fall der Milgram-Experimente[6], bei denen die Bereitschaft von Versuchspersonen getestet wurde, anderen Versuchspersonen im Rahmen eines angeblichen Lernexperiments bei Fehlleistungen sogar — wenn auch fiktive — lebensgefährliche Stromstöße zu versetzen, mußte der Versuchsleiter mit massiven emotionalen Störungen bei Vorliegen der Ergebnisse und nach der Aufklärung über das Versuchsdesign bei den Versuchspersonen, oder jedenfalls bei einigen von ihnen, rechnen.

Ähnlich konnte man voraussehen, daß Untersuchungen über Einstellungsänderungen unter Gruppendruck (Asch 1952)[7] bei den Probanden erhebliche Störungen ihres Selbstwertgefühls auslösen könnten, wenn sie mit dem Ergebnis vertraut gemacht würden, daß sie sich dem auf sie ausgeübten Gruppendruck angepaßt hatten. Es dürfte dabei nicht ausreichen, zu fordern, was üblich ist, daß derlei Täuschungen nach Versuchsabschluß richtiggestellt werden müssen und daß psychische Folgeschäden der Versuchsteilnahme durch entsprechende Behandlung wieder aufgefangen werden sollen; das Letztere schon deshalb nicht, weil man hinsichtlich der Effizienz der vorhandenen Therapiemethoden begründete Zweifel haben kann. In diesen nicht auszuschließenden psychischen Folgeschäden liegt in der Tat ein nicht unerhebliches moralisches Problem vor. Wenn

solche Schäden von einiger Erheblichkeit bei einigen Versuchspersonen mit einer gewissen Wahrscheinlichkeit erwartet werden müssen, ist ein Versuchsprojekt nach meiner Meinung
moralisch disqualifiziert. Ich habe kaum Zweifel, daß ich persönlich das Milgram-Experiment, so wichtig seine Resultate
für den Fortschritt der Wissenschaft gewesen sind, aus den
genannten Gründen abgelehnt hätte, wäre ich ein Mitglied
einer Ethik-Kommission gewesen, die über die Durchführung
dieses Experiments hätte eine Empfehlung abgeben sollen.

Noch gravierendere Probleme ergeben sich hinsichtlich der
implizierten Täuschung bei Feldversuchen, in denen sich der
beobachtende Psychologe oder Soziologe nach Art eines „under cover agent" in eine Gruppe, unter Vertrauensmißbrauch,
einschleicht, deren Verhalten er zum Gegenstand wissenschaftlicher Beobachtung machen will. Ein in dieser Hinsicht besonders klarer Fall waren die Feldversuche von L. Humphreys[8],
der das Verhalten von Homosexuellen studierte, also einer
ohnehin schon in vieler Hinsicht in prekärer Lage befindlichen
Minorität. Er mußte zugeben, daß er das Vertrauen der unfreiwilligen Versuchspersonen mißbraucht und sie überdies erheblichen Risiken öffentlicher Bloßstellung oder sogar polizei-
licher Verfolgung ausgesetzt hatte. Er wies aber darauf hin,
daß die von ihm erhobenen Tatsachen dazu beigetragen hätten,
die Tendenzen zur Verfolgung homosexuellen Verhaltens bei
den Behörden erheblich zu reduzieren, und dies wohl mit
Recht. Es scheint mir aber einleuchtend, daß auch solche
günstigen Auswirkungen wissenschaftlicher Forschung die Verstöße gegen moralische Grundregeln, die im Forschungsver-
fahren selbst in Kauf genommen wurden, nicht kompensieren
können und daß die Wissenschaft auf Informationen, die nur
mit solchen Mitteln gewonnen werden können, verzichten
muß.

Lassen Sie mich zum Abschluß noch einen Befund erwähnen,
der jeden, der an der Einhaltung einleuchtender moralischer
Verhaltensregeln auch und gerade in Wissenschaft und Forschung interessiert ist, mit lebhaftem Mißbehagen erfüllen
muß: Aus mehreren voneinander unabhängigen Untersuchun-

gen scheint sich eindeutig zu ergeben, daß Wissenschaftler, je produktiver und in der Forschung erfolgreicher und engagierter sie sind, desto weniger sensibel zu sein pflegen für die moralischen Probleme, die sich im Zusammenhang mit ihrer Forschungsaktivität stellen können. Dies gilt in gleicher Weise für Wissenschaftler in biomedizinischen Gebieten und im Bereich der Psychologie[9]. Man würde sich doch gerade umgekehrt eine hohe positive Korrelation zwischen Forschungsleistung und moralischer Sensibilität wünschen. Man fragt sich: Forschen diejenigen, die weniger forschen, deshalb weniger oder gar nicht, weil sie durch moralische Skrupel gehemmt werden? Oder haben sie nur deshalb Zeit, über moralische Probleme nachzudenken, weil sie nicht so voll beschäftigt damit sind, sich immer neue Projekte auszudenken, Mittel für sie zu beschaffen und sie dann auch durchzuführen? Und haben die produktiven Wissenschaftler nur einfach keine Zeit, sich um moralische Probleme zu kümmern? Oder wirken sich bei ihnen expansive und aggressive Persönlichkeitsstrukturen ebensowohl in erfolgreicher Forschung wie leider auch im schonungslosen Umgang mit ihren Mitmenschen als Versuchspersonen aus?

Der Bericht von B. Barber über seine Untersuchungen[10] läßt freilich eine etwas hoffnungsvollere Diagnose zu: Die wirklich erfolgreichen, viel zitierten und allgemein anerkannten Aktivisten der Forschung sind nach seinen Befunden durchaus dazu bereit, moralische Probleme ihrer Tätigkeit ernstzunehmen und zu berücksichtigen; die geringste moralische Sensibilität fanden Barber und seine Mitarbeiter bei solchen Wissenschaftlern, die zwar viel publiziert hatten, aber ohne damit die erhoffte Resonanz zu erreichen, ferner bei den Wissenschaftlern, die zwar überregional als ausgezeichnete Fachleute anerkannt waren, aber in ihren Heimatinstitutionen, Universitäten und Kliniken nicht den Status erreicht hatten, auf den sie nach ihrem überregionalen wissenschaftlichen Ruf glauben durften, Anspruch zu haben. Wenn dies so ist, könnte die Neigung zur Vernachlässigung ethischer Aspekte etwas sein, was nicht eine Funktion wissenschaftlicher Produktivität als solcher ist, sondern es könnte darin eine Antwort auf gewisse Frustrationen, denen die Forscher in ihrer beruflichen Arbeit ausgesetzt sind, oder sich ausgesetzt fühlen, vorliegen.

Wie immer das nun auch sein mag: Aus allen in dieser Hinsicht geführten Untersuchungen geht eindeutig hervor, daß in der Ausbildung der Wissenschaftler, speziell der zukünftigen Forscher, bisher zu wenig Platz war für Lehrveranstaltungen und informelle Diskussionen, in denen die ethischen Dimensionen der Forschung, speziell der Forschung in der Humanwissenschaft, verdeutlicht wurden. Man wird es hoffentlich nicht als Fachimperialismus des Philosophen ansehen, wenn ich den Vorschlag mache, daß auch bei uns die zuständigen Gremien überlegen sollten, wie dieses immer noch klaffende Defizit in der Ausbildung besonders der angehenden Psychologen und Mediziner ausgefüllt werden könnte. Denn, um es noch einmal, diesmal mit den prägnanten Worten von Hans Jonas zu sagen: Unsere Gesellschaft ist „in der Tat gefährdet durch die Erosion jener sittlichen Werte, deren möglicher Verlust durch eine zu rücksichtslose Betreibung wissenschaftlichen Fortschritts dessen blendendste Erfolge des Besitzes unwert machen würde"[11].

Anmerkungen

1 Vgl. G. Patzig, Ethische Aspekte von Tierversuchen, Chimia 39 (1985) 373−376.
2 H. Jonas, Philosophical Reflections on Experiments with Human Subjects, in: P. A. Freund, Experimentation with Human Subjects, London 1970, S. 1−31. Dt. in: H. Jonas, Technik, Medizin und Ethik, Frankfurt a. M. 1985, S. 109−145.
3 Vgl. die Erörterungen von P. Schimikowski, Experimente am Menschen, Stuttgart 1980, S. 19−23.
4 Vgl. H. Schuler, Ethische Probleme psychologischer Forschung, Göttingen, Toronto, Zürich 1980, S. 81 f., und J. Katz, Experimentation with human beings, New York 1972, S. 9−65.
5 H. Schuler (Anm. 4). S. 179−180. Ein entsprechendes leichtes Unbehagen empfinde ich übrigens auch gegenüber dem Titel dieses Buches, das mit Bedacht von „Versuchen mit Menschen" statt

„Versuchen am Menschen" spricht — demnächst vielleicht „Versuche mit Mitmenschen"?

6 Dazu vgl. H. Schuler (Anm. 4), S. 69 ff., 94 ff., und S. Milgram, Behavioral study of obedience, Journal of Abnormal and Social Psychology, 67 (1963) 371 — 378.

7 S. E. Asch, Social Psychology, Englewood Cliffs 1952.

8 L. Humphreys, The Tea-room Trade. Impersonal Sex in Public Places, Chicago 1970; vgl. T. L. Beauchamp and J. F. Childress, Principles of Biomedical Ethics, New York — Oxford 1979, S. 76 u. 251 f.

9 H. Schuler (Anm. 4), S. 79 f.; B. Barber u. a. in: R. M. Kunz und H. Fehr (Hrsg.), The Challenge of Life, Basel — Stuttgart 1972, S. 357 — 373.

10 B. Barber u. Mitarbeiter (Anm. 9), S. 361 f.

11 H. Jonas (Anm. 2), S. 145 der dt. Ausgabe.

Literatur

A. Eser und K. F. Schumann (Hrsg.), Forschung im Konflikt mit Recht und Ethik, Stuttgart 1976.

H. Jonas, Das Prinzip Verantwortung. Versuch einer Ethik für die technologische Zivilisation, Frankfurt am Main 1979, stw 1085, Frankfurt am Main 1984.

Verantwortung und Ethik in der Wissenschaft, Ringberg-Symposium 1984, Max-Planck-Gesellschaft, Berichte und Mitteilungen 3/84, München 1984.

H. Lenk (Hrsg.), Humane Experimente? Genbiologie und Psychologie (Ethik der Wissenschaften Bd. 3), München — Paderborn 1985.

Die Autoren

Gerhard Baader, Prof. Dr. phil., geboren 1928, studierte Allgemeine Sprachwissenschaft, Klassische Philologie, Germanistik und Geschichte in Wien. 1954–1966 Wissenschaftlicher Mitarbeiter am Mittellateinischen Wörterbuch der Bayerischen Akademie der Wissenschaften in München, ab 1967 Akademischer Rat bzw. Oberrat am Institut für Geschichte der Medizin der Freien Universität Berlin, wo er sich 1979 habilitierte. Untersuchungen zur Alten Medizin und zur Sozialgeschichte der Medizin, besonders der Psychiatrie und der Medizin im Nationalsozialismus.

Hellmut Becker, Prof. Dr. h.c., geboren 1913, studierte Rechtswissenschaften in Freiburg, Berlin und Kiel; Kriegsteilnehmer; 1945–1963 Rechtsanwalt; 1963 Honorarprofessor für Soziologie des Bildungswesens der Freien Universität Berlin; 1956–1974 Präsident des Deutschen Volkshochschulverbandes, 1974–1985 Vorsitzender des Kuratoriums der Pädagogischen Arbeitsstelle des Deutschen Volkshochschulverbandes; 1963–1981 Direktor des Max-Planck-Instituts für Bildungsforschung, Berlin; 1966–1979 Mitglied des Deutschen Bildungsrats, 1971–1976 Stellvertretender Vorsitzender; seit 1981 Emeritus am Max-Planck-Institut für Bildungsforschung.

Karl W. Deutsch, Prof. Dr. Dr. h.c. mult., geboren 1912, Direktor am Wissenschaftszentrum Berlin und Stanfield Professor of International Peace i. R. an der Harvard Universität, erwarb Doktorate an der Karls-Universität Prag und an der Harvard Universität, erhielt Ehrendoktorate von sieben Universitäten in Europa und Amerika. Er war Präsident des Politologenverbandes der Vereinigten Staaten (1966–70), des Weltpolitologenverbandes, IPSA, (1976–79), der Society for General Systems Research (USA, 1984) und des Internationalen Instituts für Politische Philosophie, Paris (1983–85), ist

Mitglied des International Social Science Council, Paris, Fellow der National Academy of Sciences, Washington, D. C., und Fellow des Carter Centers an der Emory University, Atlanta, Ga. USA, und Träger des Sumner Preises der Harvard Universität, des großen Sudetendeutschen Kulturpreises und anderer internationaler Auszeichnungen.

Rainer Flöhl, Dr. phil. nat., geboren 1938 in Mannheim, hat in Frankfurt am Main Chemie studiert und auf biochemischem Gebiet promoviert. Bereits während der Studienzeit erste wissenschaftsjournalistische Versuche für die „Frankfurter Allgemeine Zeitung", in deren Feuilletonredaktion er 1967 eintrat. Seit 1980 ist er Leiter des F.A.Z.-Ressorts „Natur und Wissenschaft". 1979 wurde er mit dem Theodor-Wolff-Preis ausgezeichnet. Er ist Herausgeber von „Maßlose Medizin?" − Antworten auf Ivan Illich", „Genforschung − Fluch oder Segen?" und „Spitzenforschung in Deutschland".

Hanfried Helmchen, Prof. Dr. med., geboren 1933, studierte Medizin in Berlin und Heidelberg, habilitierte sich 1967 für Psychiatrie und Neurologie und wurde 1971 auf den Lehrstuhl für Psychiatrie an der Freien Universität Berlin berufen. Er ist geschäftsführender Direktor der Psychiatrischen Klinik und Poliklinik der Freien Universität Berlin. Wissenschaftliche Schwerpunkte: Psychiatrische Methodologie, Therapie- und Verlaufsforschung psychiatrischer Krankheiten.

Gerd Koch, Prof. Dr. phil., geboren 1922, studierte Ethnologie, Volkskunde, Urgeschichte und Geographie in Göttingen. Seit 1957 Leiter der Abteilung Südsee des Museums für Völkerkunde Berlin, seit 1962 Stellvertreter bzw. amtierender Direktor dieses Museums. 1985 pensioniert. 1951−1975 sechs Expeditionen in verschiedene Regionen Ozeaniens. Seit 1973 Koordinator des West-Irian-Projektes (SPP der DFG). Honorarprofessor der Freien Universität Berlin. Schwerpunkte/Publikationen: Traditionelle Kulturen Ozeaniens, Akkulturation, Filme als Forschungsmittel.

Fritz Krafft, Prof. Dr. phil., geboren 1935, studierte Klassische Philologie, Philosophie und Geschichte der Naturwissenschaften in Hamburg und habilitierte sich 1968 dort für Geschichte der Naturwissenschaft, seit 1970 Professor an der Johannes Gutenberg-Universität Mainz; Mitglied der Académie Internationale d'Histoire des Sciences (Paris) und der Deutschen Akademie der Naturforscher Leopoldina (Halle), 1977—83 Präsident der Gesellschaft für Wissenschaftsgeschichte und seit 1981 des Nationalkomitees der Bundesrepublik Deutschland in der International Union for History and Philosophy of Science (Division of History of Science). Herausgeber u. a. der Zeitschrift Berichte zur Wissenschaftsgeschichte (1978ff.). Hauptarbeitsgebiete: Allgemeine Wissenschaftsgeschichte, Geschichte der (exakten) Naturwissenschaften von der Antike bis ins 18. Jahrhundert, Geschichte der Astronomie und Kosmologie sowie der Atomistik (einschließlich Kernspaltung).

Günter A. Neuhaus, Prof. Dr. med., FRCP, geboren 1922, studierte Medizin in Bonn. Promotion 1949 in Bonn, Habilitation für Innere Medizin 1959 an der Freien Universität Berlin. 1968 o. Prof. und Direktor der Medizinischen Klinik und Poliklinik im Klinikum Westend der F. U. Berlin. Seit 1973 Ärztl. Direktor und Chefarzt der Inneren Abteilung der Schloßparkklinik Berlin. Wissenschaftliche Schwerpunkte: Kardiologie, Intensivmedizin, klinische Pharmakologie und Arzneimittelrecht. Vorstandsmitglied der Deutschen Gesellschaft für Innere Medizin (1974—1977), Vorsitzender 1976/77. Präsident der European Society of Toxicology (1975—1977). Vorsitzender der Zulassungskommission (Kommission A) für den humanmedizinischen Bereich beim Bundesgesundheitsamt (1981—1984), seit 1978 stellv. Vorsitzender.

Günther Patzig, Prof. Dr. phil., geboren 1926, Studium der Philosophie und Klassischen Philologie in Göttingen und Hamburg 1946—1951; Dr. phil. 1951, Habilitation für Philosophie in Göttingen 1958; Professor für Philosophie Hamburg 1960—1963, Göttingen seit 1963. Mitglied der Akademie der Wissenschaften zu Göttingen seit 1971, Vizepräsident der Akademie der Wissenschaften zu Göttingen 1986; Mitglied des Senats der Deutschen Forschungsgemeinschaft 1979–1985; Mitglied des Wissenschaftskollegs zu Berlin 1984–1985. Niedersachsenpreis für Wissenschaft 1983. Arbeitsgebiete: Antike Philosophie, Logik, Sprachphilosophie und Ethik.

Hans-Ludwig Schreiber, Prof. Dr. jur., geboren 1933, Studium der Rechtswissenschaften und der Philosophie in Bonn und München. Nach erster (1956) und zweiter juristischer Staatsprüfung (1962) zunächst als Richter tätig. 1966 Promotion in Bonn bei Hans Welzel mit einer Arbeit über das Verhältnis von Recht und Ethik. 1970 Habilitation mit einer Schrift über „Gesetz und Richter". Seit 1971 Professor für Strafrecht, Strafprozeßrecht und Rechtsphilosophie in Göttingen. Hauptarbeitsgebiete: Strafrechtliche Grundlagenprobleme; Strafverfahrensrecht, Recht der Medizin.

Heinz Schuler, Prof. Dr. rer. pol., Dipl.-Psych., geboren 1945, studierte Psychologie, Philosophie und Betriebswirtschaftslehre in München. Habilitation über ethische Probleme psychologischer Forschung. Ab 1979 Professor für Psychologie in Erlangen, seit 1982 an der Universität Hohenheim. Arbeitsgebiete Berufs- und Organisationspsychologie. Beteiligt an der Ausarbeitung berufsethischer Richtlinien für Psychologen.

Alexander Schwan, Prof. Dr. phil., geboren 1931, Studium der Philosophie, Geschichte, Politikwissenschaft und einiger theologischer Fächer an den Universitäten Bonn, Köln, Fribourg, Basel und Freiburg/Br. Promotion 1959 in Freiburg, 1959–1965 Wiss. Assistent am Seminar für wissenschaftliche Politik der Universität Freiburg, 1965 Habilitation, seit 1966 ordentlicher Professor für Geschichte der politischen Theorien an der Freien Universität Berlin, 1967–1968 Geschäftsführender Direktor des Otto-Suhr-Instituts an der FU Berlin, seit 1969 2. Vorsitzender des Arnold-Bergstraesser-Instituts Freiburg, 1975–1981 Mitglied des Senats der Deutschen Forschungsgemeinschaft, 1980–1981 Research Fellow am Woodrow Wilson International Center for Scholars, Washington

D.C., 1984 Visiting Fellow am Robinson College Cambridge (GB). Hauptarbeitsgebiete: Politische Philosophie, Demokratie- und Pluralismustheorie, Marxismusfragen, Kirche und Politik.

Karl Sperling, Prof. Dr. rer. nat., geboren 1941, Studium der Biologie und Chemie in Hamburg, Freiburg und Berlin, Habilitation für Allgemeine Biologie und Genetik, 1971 Ernennung zum Professor, seit 1976 Leiter des Instituts für Humangenetik an der Freien Universität Berlin. Zahlreiche Arbeiten auf dem Gebiet der experimentellen und vergleichenden Zytogenetik. Mitglied der Arbeitsgruppe beim Bundesminister für Forschung und Technologie „In Vitro-Fertilisation, Genom-Analyse und Gen-Therapie" („Benda-Kommission").

Manfred Stauber, Prof. Dr. med., geboren 1940, Studium der Medizin und Psychologie in Erlangen, Wien, Hamburg und Würzburg. Facharztausbildung und Oberarzt für Gynäkologie und Geburtshilfe an der Frauenklinik und Poliklinik Charlottenburg der Freien Universität Berlin, psychosomatische Zusatzausbildung, Habilitation 1977, Leitung der Arbeitsgruppen für Reproduktionsmedizin und für psychosomatische Gynäkologie, Römerpreis 1978 für Arbeiten zur Psychosomatik der sterilen Ehe, seit 1984 Präsident der deutschen Gesellschaft für psychosomatische Geburtshilfe und Gynäkologie.

Elmar Weingarten, Dr. rer. soc., Dipl. Volkswirt, arbeitete als Hochschulassistent am Institut für Soziale Medizin der Freien Universität Berlin. Als Medizinsoziologe befaßte er sich insbesondere mit dem Einfluß medizinischer Technologie auf die therapeutischen Beziehungen sowie mit Kommunikationsproblemen in der Arzt-Patienten-Beziehung. Seine Interessen in der Allgemeinen Soziologie liegen in der mikrosoziologischen Theorieentwicklung, insbesondere der Ethnomethodologie und der qualitativen Sozialforschung und bei kultur- und kunstsoziologischen Fragestellungen. Gegenwärtig betreut er das Musikprogramm der Berliner Festspiele.

Rolf Winau, Prof. Dr. phil. Dr. med., geboren 1937, studierte Philosophie, Germanistik und Geschichte in Bonn und Freiburg, Medizin in Mainz, habilitierte sich dort 1972 für Geschichte der Medizin. Seit 1976 ist er Lehrstuhlinhaber dieses Faches an der Freien Universität Berlin. Forschungen zum Biologismus, der Medizin im Nationalsozialismus, der Sozialgeschichte der Medizin und der Geschichte der Pharmakologie.

Namenregister

Sachregister

Winau · Rosemeier

Tod und Sterben

mit einem Geleitwort von Jörg Zink

12 x 18 cm. XVI, 430 Seiten. 1984. Kartoniert **DM 29,80**
ISBN 3 11 010001 0

Zum augenblicklich breit diskutierten Thema Tod erläutern hier führende Wissenschaftler in verständlicher
Weise die meist nicht berücksichtigten Grundlagen.
Bekannte Autoren aus den Fachgebieten der Philosophie, Theologie, Medizin, Biologie und Psychologie
beleuchten das Thema aus jeweils unterschiedlichen
Perspektiven:

Der vergangene und gegenwärtige Tod · Der bedachte
Tod · Der erforschte Tod · Der alltägliche Tod · Das
begleitete Sterben

Das Ziel dieses Buches ist es, die emotionale Betrof-
fenheit mit der notwendigen Information auszustatten.

„. . . ein erstaunliches, fast wunderbares Buch."
Hanno Kühnert in „Die Zeit"

de Gruyter

Jänicke · Simonis · Weigmann

Wissen für die Umwelt

17 Wissenschaftler bilanzieren

mit einem Geleitwort von Robert Jungk

12 x 18 cm. X, 319 Seiten. 1985. Kartoniert **DM 29,80**
ISBN 3 11 010270 6

Über ein Jahrzehnt nach Etablierung des Umweltschutzes in den Industrieländern machen die Umweltprobleme unvermindert Schlagzeilen: Smogalarm, Waldsterben, Bodenvergiftungen, Umweltschäden durch Umweltschutzanlagen (Müllverbrennung) und eine Chemiekatastrophe mit über 2000 Toten stellen eine neue Wissenschaft ins Rampenlicht: die **Umweltwissenschaft.** Was sind ihre Forschungsergebnisse zu diesen brisanten Themen? Was sind ihre **Diagnosen,** was die **Therapie?**
Die Umweltwissenschaft ist eine neue Fachrichtung, die auf die alten Disziplinen angewiesen ist. Der besondere Reiz dieses Bandes liegt nicht zuletzt darin, daß in ihm siebzehn anerkannte Vertreter unterschiedlicher Fachdisziplinen eine Bilanz des Umweltwissens aus heutiger Sicht ziehen. Dies schließt eine selbstkritische Analyse der Rolle der Universitäten als „Nachhut des öffentlichen Umweltbewußtseins" ein.

de Gruyter